Bewertungen in Umweltschutz und Umweltrecht

Springer
*Berlin
Heidelberg
New York
Barcelona
Budapest
Hongkong
London
Mailand
Paris
Santa Clara
Singapur
Tokio*

Volker Stelzer

Bewertungen in Umweltschutz und Umweltrecht

Mit 47 Abbildungen und 9 Tabellen

 Springer

Dr. Volker Stelzer
Universität Bonn
Geographisches Institut
Meckenheimer Allee 166
D-53115 Bonn

Privatadresse:
Colmantstraße 35
D- 53115 Bonn

Die Deutsche Bibliothek – CIP-Einheitsaufnahme

Stelzer, Volker:
Bewertungen in Umweltschutz und Umweltrecht / Volker Stelzer. – Berlin; Heidelberg; New York; Barcelona; Budapest; Hongkong; London; Mailand; Paris; Santa Clara; Singapur; Tokio: Springer, 1997
ISBN 3-540-62605-0

ISBN 3-540-62605-0 Springer-Verlag Berlin Heidelberg New York

Dieses Werk ist urheberrechtlich geschützt. Die dadurch begründeten Rechte, insbesondere die der Übersetzung, des Nachdrucks, des Vortrags, der Entnahme von Abbildungen und Tabellen, der Funksendung, der Mikroverfilmung oder der Vervielfältigung auf anderen Wegen und der Speicherung in Datenverarbeitungsanlagen, bleiben, auch bei nur auszugsweiser Verwertung, vorbehalten. Eine Vervielfältigung dieses Werkes oder von Teilen dieses Werkes ist auch im Einzelfall nur in den Grenzen der gesetzlichen Bestimmungen des Urheberrechtsgesetzes der Bundesrepublik Deutschland vom 9. September 1965 in der jeweils geltenden Fassung zulässig. Sie ist grundsätzlich vergütungspflichtig. Zuwiderhandlungen unterliegen den Strafbestimmungen des Urheberrechtsgesetzes.

© Springer-Verlag Berlin Heidelberg 1997

Die Wiedergabe von Gebrauchsnamen, Handelsnamen, Warenbezeichnungen usw. in diesem Werk berechtigt auch ohne besondere Kennzeichnung nicht zu der Annahme, daß solche Namen im Sinne der Warenzeichen- und Markenschutz-Gesetzgebung als frei zu betrachten wären und daher von jedermann benutzt werden dürften.

Einbandgestaltung: *design & production* GmbH, Heidelberg
Satz: Reproduktionsfertige Vorlage von dem Autor

SPIN: 10560311   30/3136 - 5 4 3 2 1 0 - Gedruckt auf säurefreiem Papier

Diese Arbeit widme ich meinen Eltern,
die mir
durch ihre Toleranz und ihr Vorbild
so viele Möglichkeiten eröffnet haben,
und,
Johannes Porrmann Moreno,
meinem Freund und Kollegen,
der während der Forschungen
zu seiner Promotion
so tragisch ums Leben kam.

Vorwort

Während meiner mehrjährigen Tätigkeit in einer Umweltverwaltung und einem Beratungsunternehmen bin ich immer wieder damit konfrontiert worden, Auswirkungen auf die Umwelt bewerten zu müssen. Das Methodeninventar zur Durchführung derartiger Bewertungen reichte von rein intuitiven Einschätzungen über formalisierte Checklisten bis hin zu komplexen mathematischen Berechnungen. Dabei ist mir aufgefallen, daß die Ergebnisse eines Bewertungsverfahrens selten von allen Gruppen, die mit dem konkreten Fall zu tun haben, akzeptiert werden.

Dies hat mit unterschiedlichen Schwierigkeiten bei der Bewertung von Umweltauswirkungen zu tun:
- Die Beteiligten haben unterschiedliche Vorstellungen davon, was Umwelt ist.
- Es gibt keine Übereinstimmung, welcher Zustand der Umwelt als gut, welcher als schlecht anzusehen ist.
- Die Umwelt ist hochkomplex und nicht vollständig erforscht.
- Die Zusammenhänge von menschlichen Tätigkeiten und Umwelt sind komplex und wenig erforscht.
- Die Bewertung wird oft von Spezialisten der unterschiedlichsten Fachrichtungen vorgenommen, die jeweils eine eigene Terminologie benutzen. Eine fachübergreifende Verständigung und eine Diskussion über Ergebnisse ist deshalb oft von Mißverständnissen überlagert.

Trotz des in den letzten Jahren gewachsenen Methodeninventars zur Bewertung von Umweltauswirkungen sind diese Probleme in der konkreten Anwendung bisher nicht oder nur unvollkommen gelöst.

Eine entscheidende Rolle bei der Entwicklung von Methoden spielen die Inhalte, die mit Hilfe der Methode behandelt werden sollen. Aus dieser Überlegung heraus habe ich in der vorliegenden Arbeit die inhaltlichen Aspekte der Bewertung von Umweltauswirkungen von der naturwissenschaftlichen Seite her objektiviert. Diese wertneutral ermittelten Inhalte habe ich zur Überprüfung der gesetzlichen Bewertung im Bundesimmissionsschutzrecht herangezogen.

Hierbei mußte ich feststellen, daß das deutsche Immissionsschutzrecht in bestimmten sachlichen Bereichen Lücken aufweist und Regelungen enthält, die ungenau oder sogar widersprüchlich sind.

Das Erstellen der Arbeit wäre für mich nicht ohne die vielfältigen Prägungen durch andere Menschen und ohne deren Anregungen, Ermutigungen und Kritik während der Ausarbeitung möglich gewesen. Deshalb möchte ich mich bei allen die zum Gelingen der Arbeit beigetragen haben bedanken.

An erster Stelle gilt mein Dank meinem verehrten Lehrer, Herrn Prof. Dr. Eberhard Mayer. Zum einen dafür, daß er mich während des Studiums aber auch in der Zeit danach auf meinem Weg zum integrativen und vernetzten Denken und Arbeiten unterstützt hat; zum anderen dafür, daß er die Betreuung dieser Arbeit im Überschneidungsbereich von Natur- und Rechtswissenschaften übernommen hat. Er ist damit zu Beginn der Arbeit, als noch nicht feststand, ob eine Verschränkung dieser unterschiedlichen Wissenschaftsgebiete überhaupt sinnvoll möglich ist, sicher ein Risiko eingegangen. Seiner positiven Beurteilung der Arbeit entnehme ich, daß das vorliegende Ergebnis ihn in seinem Entschluß Recht gegeben hat, sich auf dieses Vorhaben eingelassen zu haben.

Des weiteren danke ich Herrn Prof. em. Dr. Wilhelm Lauer für die freundliche Übernahme des Zweitgutachtens.

Bedanken möchte ich mich auch bei Herrn Dr. Bernhard Kraft und Frau Ingeburg Mordeja, durch die ich während meiner Tätigkeit im Umweltamt der Stadt Sankt Augustin den behördlichen Umweltschutz kennengelernt habe. Sie unterstützten mich auch beim Erstellen meiner ersten Umweltverträglichkeitsstudien.

Ein weiterer Dank gilt den Herren Dipl.-Berging. Horst Liesenhoff und Dipl.-Ing. Rainer Keese - meinen ehemaligen Vorgesetzten im Consulting Büro FRASER GfP - für das Vertrauen, daß sie mir entgegen brachten, indem sie mir bei der Betreuung der Genehmigungsverfahren in den alten und neuen Bundesländern freie Hand ließen. Ohne diese Jahre der Praxis hätte die Arbeit in der vorliegenden Form sicher nicht entstehen können.

Außerdem habe ich Herrn Edmund Spindler dafür zu danken, daß er mir in seiner Zeit als wissenschaftlicher Leiter des UVP-Zentrums in Hamm, jederzeit für Fragen zur Verfügung stand und daß er mir durch zahlreiche Kontakte zu Wissenschaftlern aus dem UVP-Bereich wertvolle Hilfestellungen gegeben hat.

Ein weiterer Dank gilt den Herren Dr. Karl Stelzer, Dr. Ulrich Walter und Dr. Michael Schade für die zahlreichen fruchtbaren Diskussionen und Anregungen.

Ich bedanke mich auch sehr herzlich bei Thomas Bernwallner für die fachkundige Einarbeitung in die Graphikerstellung und meiner Freundin, Christine Stemke, für ihre Anteilnahme, ihr Verständnis und ihre Geduld, vor allem in der letzten, heißen Phase dieser Arbeit.

Zuletzt, aber nicht als letztes bedanke ich mich bei den beiden Personen, denen ich es vor allem verdanke, daß ich diese Arbeit heute vorlegen kann - meinen Eltern.

Inhaltsverzeichnis

Vorwort

Inhaltsverzeichnis

Abkürzungsverzeichnis

1	**Ganzheitliche Bewertung im Umweltschutz: Hintergründe und Problemstellungen**	1
1.1	Ganzheitliche Bewertung reduziert Fehlentscheidungen und verringert Konflikte unter den Beteiligten	1
1.2	Durch ganzheitliche Bewertung ist eine deutliche Verbesserung von Genehmigungsverfahren möglich	4
1.3	Vorgehensweise, Methodik und Rahmenbedingungen der Untersuchung	5
2	**Bewertungen müssen systematisiert werden**	7
2.1	Realebene und Wertebene sind die Grundstruktur einer Bewertung	7
2.2	Vergleichbare Bewertungen erfordern ein Bewertungssystem	12
2.3	Die gesetzliche Bewertung der Auswirkungen von Industriebetrieben auf die Umwelt weist eine Realebene und eine Wertebene auf	14
2.4	Die ganzheitliche Bewertung der Auswirkungen von Industriebetrieben auf die Umwelt in Genehmigungsverfahren für UVP-pflichtige BImSch-Vorhaben ist teilweise gesetzlich geregelt	17
3	**Das Bewertungsobjekt sind die Auswirkungen von Industriebetrieben auf die Umwelt**	19
3.1	Generelle Charakteristika des Bewertungsobjekts	19
3.1.1	Generelle Charakteristika der Umwelt	19
3.1.1.1	Es gibt unterschiedliche Umwelten	20
3.1.1.2	Im Deutschen Recht wird unter Umwelt die Gesamtheit der physischen Merkwelten der existierenden und zukünftigen Lebewesen verstanden	25

3.1.1.3	Die Umwelt hat für alle Lebewesen generelle Funktionen	28
3.1.1.4	Für Menschen hat die Umwelt besondere Funktionen	34
3.1.2	Generelle betriebliche Ursachen für Umweltauswirkungen	36
3.1.3	Generelle Auswirkungen von Industriebetrieben auf die Umwelt	44
3.1.4	Generelle Sachverhalte für die ganzheitliche Bewertung der Auswirkungen von Industriebetrieben auf die Umwelt	49
3.2	Stofflicher Bereich des Bewertungsobjekts	51
3.2.1	Stoffliche Charakteristika der Umwelt	51
3.2.2	Stoffliche betriebliche Ursachen für Umweltauswirkungen	59
3.2.3	Stoffliche Auswirkungen von Industriebetrieben auf die Umwelt	60
3.2.4	Stoffliche Sachverhalte für die ganzheitliche Bewertung der Auswirkungen von Industriebetrieben auf die Umwelt	63
3.3	Energetischer Bereich des Bewertungsobjekts	64
3.3.1	Energetische Charakteristika der Umwelt	64
3.3.2	Energetische betriebliche Ursachen für Umweltauswirkungen	74
3.3.3	Energetische Auswirkungen von Industriebetrieben auf die Umwelt	76
3.3.4	Energetische Sachverhalte für die ganzheitliche Bewertung der Auswirkungen von Industriebetrieben auf die Umwelt	78
3.4	Räumlicher Bereich des Bewertungsobjekts	79
3.4.1	Räumliche Charakteristika der Umwelt	81
3.4.2	Räumliche betriebliche Ursachen für Umweltauswirkungen	86
3.4.3	Räumliche Auswirkungen von Industriebetrieben auf die Umwelt	89
3.4.4	Räumliche Sachverhalte für die ganzheitliche Bewertung der Auswirkungen von Industriebetrieben auf die Umwelt	91
3.5	Zeitlicher Bereich des Bewertungsobjekts	92
3.5.1	Zeitliche Charakteristika der Umwelt	93
3.5.2	Zeitliche betriebliche Ursachen für Umweltauswirkungen	97
3.5.3	Zeitliche Auswirkungen von Industriebetrieben auf die Umwelt	103
3.5.4	Zeitliche Sachverhalte für die ganzheitliche Bewertung der Auswirkungen von Industriebetrieben auf die Umwelt	105
4	**Das Bewertungssubjekt sind die rechtlich-inhaltlichen Vorgaben für die ganzheitliche Bewertung der Auswirkungen von Industriebetrieben auf die Umwelt bei Genehmigungsverfahren für UVP-pflichtige BImSch-Vorhaben**	**107**
4.1	Generelle rechtlich-inhaltliche Vorgaben	107
4.1.1	Generelle Vorgaben für die zu berücksichtigende Umwelt	120
4.1.2	Generelle Vorgaben für die zu berücksichtigenden vorhabenbedingten Ursachen für Umweltauswirkungen	128
4.1.3	Generelle Vorgaben für die zu berücksichtigenden Umweltauswirkungen	137
4.1.4	Generelle Vorgaben für die ganzheitliche Bewertung der Umweltauswirkungen von UVP-pflichtigen BImSch-Vorhaben	142
4.2	Rechtlich-inhaltliche Vorgaben zu stofflichen Sachverhalten	144

4.2.1	Vorgaben für die zu berücksichtigenden stofflichen Umweltcharakteristika	144
4.2.2	Vorgaben für die zu berücksichtigenden vorhabenbedingten stofflichen Ursachen für Umweltauswirkungen	145
4.2.3	Vorgaben für die zu berücksichtigenden stofflichen Umweltauswirkungen	146
4.2.4	Rechtlich-inhaltliche Vorgaben für den stofflichen Bereich der ganzheitlichen Bewertung der Umweltauswirkungen von UVP-pflichtigen BImSch-Vorhaben	147
4.3	Rechtlich-inhaltliche Vorgaben zu energetischen Sachverhalten	148
4.3.1	Vorgaben für die zu berücksichtigenden energetischen Umweltcharakteristika	149
4.3.2	Vorgaben für die zu berücksichtigenden vorhabenbedingten energetischen Ursachen für Umweltauswirkungen	149
4.3.3	Vorgaben für die zu berücksichtigenden energetischen Umweltauswirkungen	150
4.3.4	Rechtlich-inhaltliche Vorgaben für den energetischen Bereich der ganzheitlichen Bewertung der Umweltauswirkungen von UVP-pflichtigen BImSch-Vorhaben	150
4.4	Rechtlich-inhaltliche Vorgaben zu räumlichen Sachverhalten	151
4.4.1	Vorgaben für die zu berücksichtigenden räumlichen Umweltcharakteristika	152
4.4.2	Vorgaben für die zu berücksichtigenden vorhabenbedingten räumlichen Ursachen für Umweltauswirkungen	153
4.4.3	Vorgaben für die zu berücksichtigenden räumlichen Umweltauswirkungen	154
4.4.4	Rechtlich-inhaltliche Vorgaben für den räumlichen Bereich der ganzheitlichen Bewertung der Umweltauswirkungen von UVP-pflichtigen BImSch-Vorhaben	155
4.5	Rechtlich-inhaltliche Vorgaben zu zeitlichen Sachverhalten	156
4.5.1	Vorgaben für die zu berücksichtigenden zeitlichen Umweltcharakteristika	156
4.5.2	Vorgaben für die zu berücksichtigenden vorhabenbedingten zeitlichen Ursachen für Umweltauswirkungen	157
4.5.3	Vorgaben für die zu berücksichtigenden zeitlichen Umweltauswirkungen	158
4.5.4	Rechtlich-inhaltliche Vorgaben für den zeitlichen Bereich der ganzheitlichen Bewertung der Umweltauswirkungen von UVP-pflichtigen BImSch-Vorhaben	159

5	**Die Auswirkungen von Industriebetrieben auf die Umwelt werden in den gesetzlichen Vorgaben unterschiedlich berücksichtigt**	161
5.1	Die Sachverhalte lassen sich nach ihrer Berücksichtigung in den gesetzlichen Vorgaben in unterschiedliche Kategorien einordnen....	161
5.2	Einige Sachverhalte sind hinreichend klar geregelt	162
5.3	Einige Sachverhalte sind mehrdeutig und / oder widersprüchlich geregelt	167
5.4	Einige Sachverhalte bestehen sowohl aus hinreichend klar als auch aus nicht geregelten Teilsachverhalten	169
5.5	Es gibt keine Sachverhalte die nur aus mehrdeutig und / oder widersprüchlich geregelten Teilsachverhalten und aus nicht geregelten Teilsachverhalten bestehen	173
5.6	Einige Sachverhalte bestehen sowohl aus hinreichend klar als auch aus mehrdeutig und / oder widersprüchlich geregelten Teilsachverhalten	174
5.7	Eine Reihe von Sachverhalten sind gesetzlich nicht geregelt	175
6	**Die ganzheitliche Bewertung der Umweltauswirkungen bei Genehmigungsverfahren für UVP-pflichtige BImSch-Vorhaben könnte verbessert werden**	179
7	**Zusammenfassung und Ausblick**	185
	Literaturverzeichnisse	189
	Zitierte Literatur	189
	Weiterführende Literatur	205
	Sachverzeichnis	211

Abkürzungsverzeichnis

AbfG	=	Abfallgesetz
AbwAG	=	Abwasserabgabengesetz
AtomG	=	Atomgesetz
Atom-Recht	=	Gesamtheit der rechtlichen Vorgaben, die sich auf das AtomG beziehen
ATP	=	Adenosintriphosphat
BfANL	=	Bundesforschungsanstalt für Naturschutz und Landschaftsökologie
BGA	=	Bundesgesundheitsamt
BGBl	=	Bundesgesetzblatt
BGR	=	Bundesanstalt für Geowissenschaften und Rohstoffe
BR.-Drs.	=	Bundesratsdrucksache
BT.-Drs.	=	Bundestagsdrucksache
BImSchG	=	Bundes-Immissionsschutzgesetz
4. BImSchV	=	Vierte Verordnung zum Bundes-Immissionsschutzgesetz
9. BImSchV	=	Neunte Verordnung zum Bundes-Immissionsschutzgesetz
BImSch-Recht	=	Gesamtheit der rechtlichen Vorgaben, die sich auf das BImSch-G beziehen
BMUNR	=	Bundesministerium für Umwelt, Naturschutz und Reaktorsicherheit
BMZ	=	Bundesministerium für wirtschaftliche Zusammenarbeit
BNatSchG	=	Bundesnaturschutzgesetz
20c-Biotop	=	Ein Biotop, das nach § 20c des BNatSchG unter Schutz steht

ChemG	=	Chemikaliengesetz
CO_2-Senke	=	Strukturen, die zu einer Verringerung des CO_2-Gehaltes in der Atmosphäre führen (z. B. Pflanzen, Gewässer, Korallen)
DDT	=	Dichlordiphenyltrichlorethan
DFG	=	Deutsche Forschungsgemeinschaft
DIN	=	Deutsches Institut für Normung
DVBl	=	Deutsches Verwaltungsblatt
EG	=	Europäische Gemeinschaft
Enquete-Kommission SEA	=	Enquête-Kommission "Schutz der Erdatmosphäre" des Deutschen Bundestages
EU	=	Europäische Union
EU-ABl	=	Europäisches Amtsblatt
EWG	=	Europäische Wirtschaftsgemeinschaft
F1-Generation	=	Erste Generation nach den Eltern
FCKW	=	Fluorchlorkohlenwasserstoff
Fn-Generation	=	Alle folgenden Generationen
GG	=	Grundgesetz
GenTG	=	Gentechnikgesetz
GerSichG	=	Gerätesicherheitsgesetz
GewO	=	Gewerbeordnung
GMBl	=	Gemeinsames Ministerialblatt
GR	=	Geographische Rundschau
GUS	=	Gesellschaft für Umweltsimulation
IPCC	=	Intergouvernmental Panel on Climate Change
IPC-Richtlinie	=	Integrated Pollution Prevention and Control-Richtlinie
IVU-Richtlinie	=	Richtlinie über die integrierte Vermeidung und Verminderung der Umweltverschmutzung
KrW / AbfG	=	Kreislaufwirtschafts- / Abfallgesetz
NA	=	Natürliche Artenvielfalt
NB	=	Natural Biodiversity
Nb	=	Niob

Abkürzungsverzeichnis XV

NNA-Berichte	=	Berichte der Norddeutschen Naturschutzakademie Schneverdingen
NVwZ	=	Neue Zeitschrift für Verwaltungsrecht
PCB	=	Polychlorierte Biphenyle
Rahmen-AbwasserVwV	=	Rahmen-Abwasserverwaltungsvorschrift
RO-Recht	=	Gesamtheit der rechtlichen Vorgaben, die sich auf das Raumordnungsgesetz beziehen
SI-Einheit	=	Einheiten des Système International d'Unités
StGB	=	Strafgesetzbuch
StrVG	=	Strahlenschutzvorsorgegesetz
Super-GAU	=	Unfall, der den größten anzunehmenden Unfall (GAU, Auslegestörfall) in einem Kernkraftwerk übertrifft
SRU	=	Rat von Sachverständigen für Umweltfragen
Ta	=	Tantal
TA Abfall	=	Technische Anleitung Abfall
TA Luft	=	Technische Anleitung Luft
TA Lärm	=	Technische Anleitung Lärm
UAG	=	Umweltauditgesetz
UBA	=	Umweltbundesamt
UHG	=	Umwelthaftungsgesetz
UNEP	=	United Nations Environment Programme
UVP	=	Umweltverträglichkeitsprüfung
UVPG	=	Gesetz über die Umweltverträglichkeitsprüfung
UVP-pflichtiges BImSch-Vorhaben	=	Vorhaben bei deren Genehmigung eine UVP nach BImSchG durchgeführt werden muß
UVS	=	Umweltverträglichkeitsstudie
UVU	=	Umweltverträglichkeitsuntersuchung
UPR	=	Umwelt- und Planungsrecht
UVP-Recht	=	Gesamtheit der rechtlichen Vorgaben, die sich auf das UVPG beziehen

UVP-Richtlinie	=	Richtlinie des Rates vom 27.6. 1985 über die Umweltverträglichkeitsprüfung bei bestimmten öffentlichen und privaten Projekten (85/337/EWG)
UVPR-Umsetzungsgesetz	=	Gesetz zur Umsetzung der UVP-Richtlinie in Deutsches Recht
UVPVwV	=	Allgemeine Verwaltungsvorschrift zur Ausführung des Gesetzes über die Umweltverträglichkeitsprüfung
UVS	=	Umweltverträglichkeitsstudie
UVU	=	Umweltverträglichkeitsuntersuchung
V	=	Vanadin
VDE	=	Verband deutscher Elektrotechniker e.V.
VDI	=	Verein deutscher Ingenieure e.V.
WBGU	=	Wissenschaftlicher Beirat der Bundesregierung Globale Umweltveränderungen
WHG	=	Wasserhaushaltsgesetz
WH-Recht	=	Gesamtheit der rechtlichen Vorgaben, die sich auf das WHG beziehen
ZAU	=	Zeitschrift für angewandte Umweltforschung

1 Ganzheitliche Bewertung im Umweltschutz: Hintergründe und Problemstellungen

1.1 Ganzheitliche Bewertung reduziert Fehlentscheidungen und verringert Konflikte unter den Beteiligten

Nachdem der Mensch in der Anfangsphase seiner Entwicklung, sich an seine Umwelt anpassen mußte (Jahreszeiten, Nahrungsangebot, Schutz vor Unwetter u. a.), hat er es im Laufe seiner Entwicklung gelernt, die Umwelt nach seinen Vorstellungen zu gestalten. In jüngster Zeit ist die Erkenntnis gewachsen, daß dieses *menschliche Handeln* nicht nur Nutzen bringt, sondern *in zunehmendem Umfang auch die Lebensgrundlagen schädigt*.

Durch unterschiedliche politische, planerische, legislative und andere Maßnahmen wird deshalb seit einiger Zeit versucht, das menschliche Handeln so zu beeinflussen, daß es die Umwelt weniger oder nicht mehr schädigt. In diesem Zusammenhang wurden unterschiedliche Bewertungsverfahren entwickelt, um zu prüfen, inwieweit eine Handlung, ein Vorgehen oder eine Maßnahme umweltverträglich ist.

Bei der Anwendung dieser Bewertungsverfahren hat sich herausgestellt, daß eine Reihe von methodischen Problemen noch nicht gelöst sind. Neben den unterschiedlichen und z. T. fehlenden Wertmaßstäben, den fehlenden einheitlichen Erhebungs-, Modellierungs- und Umsetzungsmethoden zählt hierzu auch die bisher ungelöste sachgerechte Bestimmung der Inhalte, die in eine Bewertung einzustellen sind.

Da sich die anderen Verfahrensbestandteile - Erhebungs-, Modellierungs- und Umsetzungsmethoden - im wesentlichen nach der Art und Menge der in einem Bewertungsverfahren zu berücksichtigenden Inhalte richten müssen, kommt der sachgerechten Auswahl dieser Inhalte eine entscheidende Bedeutung zu.

Oft wird die Auswahl der inhaltlichen Vorgaben für eine Bewertung mehr intuitiv als systematisch vorgenommen. Die Auswahl der zu berücksichtigenden Inhalte folgt dabei meist folgenden Grundsätzen:
- Nur bekannte Sachverhalte werden ausgewählt.
- Sachverhalte, bei denen kein Bezug zum Problem gesehen wird, werden weggelassen.

Ganz wesentlich wird die Kenntnis von Sachverhalten und die Einschätzung des Problembezuges durch die spezielle fachliche Ausrichtung derjenigen Personen bestimmt, welche die Inhalte für das Verfahren auswählen.

In Bewertungsverfahren, bei denen der Schutz der Umwelt eine Rolle spielt sind meist viele Personen mit sehr unterschiedlichem Wissen und sehr unterschiedlichen Vorstellungen beteiligt. Um zu verhindern, daß diese Unterschiede zu Fehlentscheidungen, Mißverständnissen oder Konflikten führen, ist es notwendig, die Auswahl der Inhalte auf eine möglichst objektive Basis zu stellen.

Die vorliegende Arbeit geht davon aus, daß nur dann sachgerecht ausgewählt werden kann, welche Inhalte auf die jeweilige Bewertungssituation bezogen (Produktkauf, Planung, Gesetzesanwendung) sinnvollerweise berücksichtigt werden sollen, wenn bekannt ist, aus welcher Gesamtheit von Inhalten ausgewählt werden kann.

Vor dem Aufbau eines Bewertungssystems stellt sich demnach die Aufgabe herauszuarbeiten, welche Inhalte potentiell für eine Bewertung von Umweltauswirkungen in Frage kommen. In der folgenden Arbeit wird dies für *die Bewertung der Umweltauswirkungen von geplanten Industriebetrieben im BImSch- und UVP-Recht* untersucht.

Einen wesentlichen Anteil an der Veränderung der Lebensumwelt haben *Industriebetriebe*. Diese sind dadurch gekennzeichnet, daß bestimmte Stoffe unter Einsatz von Hilfsstoffen und Energie sowie menschlicher und maschineller Arbeit in andere Stoffe oder Energieformen umgewandelt werden. Hierbei fallen - je nach Art, Größe, Zustand, Organisation und Betrieb der Anlage - unterschiedliche Abfallstoffe und Abfallenergieformen an, welche in den Boden, in das Wasser und in die Luft freigesetzt werden. Diese Emissionen entstehen mehr oder weniger regelmäßig (Dauerbetrieb), teilweise aber auch plötzlich, z. B. bei einem Störfall oder einem Unfall.

Durch die Errichtung von Gebäuden bzw. die Schaffung von Verkehrswegen sowie durch Abgrabungen und Abfallablagerungen verändern diese industriellen Tätigkeiten das Bild der Erde grundlegend. Außerdem führen sie zu einer Verringerung der Reserven an Rohstoffen wie Erze, Rohöl und Wasser und damit zu einer nachhaltigen Veränderung der Qualität der elementaren Lebensgrundlagen. Hierdurch werden die Lebens- und Entwicklungsmöglichkeiten für die Menschen und viele andere heute existierende Lebewesen stark eingeschränkt oder völlig zerstört.

Als eine der Maßnahmen, diesen negativen Auswirkungen zu begegnen hat der Gesetzgeber in Deutschland verschiedene *gesetzliche Vorschriften zum Schutz der Umwelt* für die Errichtung und den Betrieb von Industrieanlagen erlassen. Diese Umweltschutzvorschriften wurden in den 70er und 80er Jahren v. a. auf die als schützenswert erachteten Umweltbestandteile wie Wasser und Luft ausgerichtet bzw. orientierten sich an den als problematisch angesehenen Tätigkeiten (z. B. Abfall-, Abwasser-, Abluftanfall). So entstanden z. B. das Wasserhaushaltsgesetz (WHG), das Abfallgesetz (AbfG) und das Bundes-Immissionsschutzgesetz (BImSchG).

1.1 Ganzheitliche Bewertung reduziert Fehlentscheidungen und verringert Konflikte

Aufgrund dieser Gesetze konnte die Situation in einigen Gebieten, zumindest in bestimmten kritischen Umweltbereichen, deutlich verbessert werden. Hierzu gehören z. B. die Gewässergüte des Rheins nach dem Saprobienindex, die SO_2-Konzentration der Luft im Ruhrgebiet und die allgemeine Reduzierung der wilden Abfallablagerungen.

In der Folge zeigte sich allerdings, daß andere Umweltbelastungen in der gleichen Zeit dramatisch zugenommen hatten (z. B. die globale Temperaturerhöhung, das Waldsterben, die Dioxinbelastung der Böden und der Muttermilch). Eine der Ursachen für diese gegensätzlichen Entwicklungen wurde darin gesehen, daß der *konsequente Schutz eines bestimmten Umweltbestandteils* durch entsprechende gesetzliche Regelungen in einer Reihe von Fällen zur *Belastung anderer Umweltbestandteile* geführt hat.

So ist beispielsweise seit der Verabschiedung des WHG der Ausbau der Klärwerkskapazitäten stark forciert worden. Damit ist zwar einerseits die Wasserqualität vieler Fließgewässer erheblich verbessert worden, dies führte aber auch andererseits dazu, daß die Boden- und Luftbelastung durch Klärschlämme, Faulgase und Klärschlammverbrennungsabgase lokal drastisch anstieg. Außerdem kam es durch die baulichen Anlagen für die Abwasserklärung stellenweise zu einer erheblichen Beeinträchtigung der Natur und der Landschaft.

Um derartigen Problemverschiebungen vorzubeugen, versucht der EG-Gesetzgeber seit Mitte der 80er Jahre *bei der Umweltschutzgesetzgebung für Industrieanlagen* zunehmend *ganzheitliche Bewertungsansätze* einzuführen. Beispiele hierfür sind:
- die Richtlinie des Rates vom 27. Juni 1985 über die Umweltverträglichkeitsprüfung bei bestimmten öffentlichen und privaten Projekten (85/337/EWG) (UVP-Richtlinie; vgl. CUPEI 1986; PETERS 1995a; HOPPE 1995, EUROPÄISCHE GEMEINSCHAFT 1997)
- die Verordnung (EWG) Nr. 1836/93 des Rates vom 29. Juni 1993 über die freiwillige Beteiligung gewerblicher Unternehmen an einem Gemeinschaftssystem für das Umweltmanagement und die Umweltbetriebsprüfung (Umwelt-Audit-Verordnung; vgl. EUROPÄISCHE GEMEINSCHAFT 1993; LINDLAR 1995; JANKE 1995)
- die Richtlinie über die integrierte Vermeidung und Verminderung der Umweltverschmutzung (IVU-Richtlinie; vgl. STELZER 1994a; 1996a; WASIELEWSKI 1995; EUROPÄISCHE GEMEINSCHAFT 1996)

In der 1985 verabschiedeten *UVP-Richtlinie* wurde z. B. eine zusammenfassende Bewertung der Auswirkungen auf die einzelnen Umweltbestandteile - einschließlich ihrer Wechselwirkungen - festgelegt. Diese Regelung wurde in Deutschland in die bestehenden Fachgesetze eingearbeitet (vgl. Kap. 4.1).

1.2 Durch ganzheitliche Bewertung ist eine deutliche Verbesserung von Genehmigungsverfahren möglich

Mit der Verabschiedung des Gesetzes zur Umsetzung der europäischen UVP-Richtlinie in deutsches Recht (*UVPR-Umsetzungsgesetz*) wurde festgelegt, daß eine *ganzheitliche Bewertung* der Auswirkungen von bestimmten Vorhaben auf die Umwelt durchzuführen ist. Es wurde jedoch *nur sehr grob bestimmt, wie die Durchführung dieser Bewertung in der Praxis erfolgen soll.*

In den ersten 6 Jahren der Umsetzung der UVP-Regelungen im deutschen Alltag, sind hierbei erhebliche Schwierigkeiten aufgetreten. So waren diese Jahre durch eine *immense Spannweite* an unterschiedlichen Vorgehensweisen und Bearbeitungstiefen sowie an unterschiedlichen räumlichen und zeitlichen Ausdehnungen der *Umweltverträglichkeitsuntersuchungen* (UVU) und *Umweltverträglichkeitsprüfungen* (UVP) geprägt.

Dies hatte unterschiedliche Auswirkungen. Zum einen wurde eine Reihe von Genehmigungsverfahren stark verzögert und verteuert, weil z. B. Gutachten, die nicht notwendig gewesen wären, erstellt wurden. Zum anderen stellte sich heraus, daß Betroffene oft verunsichert waren und den erstellten Gutachten wenig Vertrauen entgegen brachten. Schließlich zeigten die relativ vielen, mit Erfolg beklagten Genehmigungsentscheidungen, daß die gesetzlichen Vorgaben für die Behörden nicht ausreichten, um Rechtssicherheit bei Genehmigungsverfahren herstellen zu können.

Durch diese allgemein verbreitete Unsicherheit hinsichtlich der ganzheitlichen Bewertung kam es zu direkten Fehlsteuerungen bezüglich der geforderten Umweltschutzmaßnahmen. Ein Beispiel hierfür ist der aus der Sicht eines ganzheitlichen Umweltschutzes falsche Zwang zu übermäßiger Abwasserklärung mit der Folge der Freisetzung von toxischen Stoffen in Luft und Boden und eines hohen Rohstoffverbrauchs. Außerdem wurden durch diese Unsicherheit bei den Betroffenen häufig bestehende Widerstände gegen die Umsetzung von Umweltschutzmaßnahmen unterstützt oder neue Vorbehalte gegen derartige Maßnahmen geschaffen.

Als *eines der grundlegenden Probleme* stellte sich die *Auswahl der bei der Bewertung einzubeziehenden Sachverhalte* heraus. Oft ist diese Auswahl von den persönlichen Neigungen und Fähigkeiten der am Verfahren beteiligten, vom Vorhandensein oder Fehlen von Informationen oder der Sicht bestimmter Interessengruppen geprägt (vgl. STADT DORTMUND 1990, S. 3). Diese Subjektivität bei der Auswahl der Bewertungssachverhalte wird u. a. dadurch möglich, daß bisher weder eine vollständige Aufstellung vorhanden ist, wodurch die Errichtung eines Industriebetriebes sich auf die Umwelt auswirkt, noch einheitliche Verfahren zur Auswahl der erheblichen Sachverhalte bei einem konkreten Vorhaben entwickelt wurden.

In der vorliegenden Arbeit wird nun herausgearbeitet, wodurch *Auswirkungen von Industriebetrieben auf die Umwelt prinzipiell charakterisiert sind*. Mit der

Darstellung der Gesamtheit dieser Sachverhalte wird die Möglichkeit eröffnet, spezielle Regelungen zu den unterschiedlichen Sachverhalten zu entwickeln, die es den am Verfahren Beteiligten ermöglicht, sich *gezielt und nachvollziehbar* auf die im Zusammenhang mit einem konkreten Vorhaben *relevanten Fragestellungen zu konzentrieren*. Darüber hinaus werden Begriffe geklärt, deren unterschiedliche Anwendung die Kommunikation der am Bewertungsverfahren Beteiligten bisher erheblich erschwert hat.

Dieses Konzept einer bewußten und nachvollziehbaren Auswahl der Schwerpunktinhalte bei der Ermittlung und Bewertung der Umweltauswirkungen aus dem Spektrum aller zu berücksichtigenden Sachverhalte und die eindeutig festgelegten Begriffe können dazu beitragen, Genehmigungsverfahren zu beschleunigen, das Vertrauen von Antragstellern und Betroffenen in die behördlichen Entscheidungen zu stärken und den Umgang mit den Verfahren für die Behörden zu erleichtern. Außerdem würde die Umsetzung dieses Konzepts den am Verfahren Beteiligten Kosten sparen, da teure Gerichtsverfahren entfallen, und es würde weitestgehend verhindert, daß der Schutz eines Aspektes der Umwelt einen anderen schädigt. Dadurch würde die Umwelt nachhaltig geschützt.

1.3 Vorgehensweise, Methodik und Rahmenbedingungen der Untersuchung

Die Herausarbeitung der Sachverhalte, welche die Auswirkungen von Industriebetrieben auf die Umwelt charakterisieren erfolgt in *8* aufeinander aufbauenden *Arbeitsschritten*.

Im ersten Arbeitsschritt wird der *Vorgang der Bewertung*, wie er bei der Genehmigung von Industrieanlagen durchgeführt wird, auf seine *elementaren Wesenszüge* hin untersucht. Hierzu sind die gängigen Wertlehren der Betriebswirtschaftslehre (vgl. z. B. DEBREU 1976; OSARIO-PETERS u. SCHMIDT 1995) und der Philosophie (vgl. z. B. JONAS 1979; SCHELER 1954; KRAFT 1951) wenig hilfreich, da bei der Betriebswirtschaftslehre zu sehr auf die Bildung monetärer Werte abgehoben wird und die philosophische Ethik zu sehr auf die moralischen Grundwerte des Menschen ausgerichtet ist. Demgegenüber hat BECHMANN (1988) ein allgemeines Konzept der Bewertung entwickelt. Dieses wird auf die Problemstellung Bewertung der Umweltauswirkungen von Industrieanlagen in Genehmigungsverfahren angewendet und methodisch und begrifflich weiter ausgebaut (vgl. Kap. 2).

Der zweite Arbeitsschritt ermittelt die *generellen Charakteristika der Auswirkungen von Industriebetrieben auf die Umwelt* (vgl. Kap. 3.1-3.1.4). Hierbei werden Begriffe wie Umwelt, betriebliche Ursache für Umweltauswirkungen und kumulative Auswirkungen hergeleitet, systematisiert und festgelegt, um mit den durch diese Begriffe dargestellten Sachverhalten arbeiten zu können.

In einem dritten Schritt wird das Untersuchungsobjekt - die *Auswirkungen von Industriebetrieben auf die Umwelt* - auf seine grundlegenden physischen Erscheinungen hin analysiert (vgl. Kap. 3.2-3.5.4). Die Untersuchung erfolgt hierbei in den 4 Bereichen der physischen Welt: des stofflichen, des energetischen, des räumlichen und des zeitlichen Bereichs. Aus der Menge der Erscheinungen, die das Untersuchungsobjekt ausmachen, werden hierbei die übergeordneten Sachverhalte herausgearbeitet.

Ganz bewußt wird dabei nicht zwischen anscheinend selbstverständlichen, auf den ersten Blick einleuchtenden und anderen eher ungewöhnlichen Sachverhalten unterschieden. Vielmehr ist das Ziel eine möglichst umfassende Aufstellung der Merkmale ohne vorherige Gewichtung, Auswahl oder Bewertung. Diese subjektiven Vorgänge sollen der Aufstellung des jeweiligen Bewertungssystems vorbehalten bleiben.

Im vierten Schritt werden die *gesetzlichen Vorgaben* für die ganzheitliche Bewertung bei der Genehmigung UVP-pflichtiger Vorhaben nach Bundesimmissionsschutzrecht (BImSch-Recht) anhand der relevanten Regelwerke *ermittelt* (vgl. Kap. 4.1).

Als fünfter Schritt werden die Immissionsschutz-Regelungen daraufhin untersucht, welche Aussagen sich in ihnen über die bei der Bewertung *zu berücksichtigenden Sachverhalte* finden lassen und die gefundenen Vorgaben werden anschließend auf Widersprüchlichkeiten und auf ihre Eindeutigkeit hin untersucht (vgl. Kap. 4.2-4.5.4).

Schließlich wird in einem sechsten Schritt die *unterschiedliche Berücksichtigung* der ermittelten Sachverhalte in den bewertungsrelevanten gesetzlichen Regelungen *erläutert* (vgl. Kap. 5).

Im siebten Schritt erfolgt die Erarbeitung von *Vorschlägen*, wie die festgestellte rechtliche *Ungleichbehandlung einzelner Sachverhalte behoben werden könnte* (vgl. Kap. 6).

Der achte ist der letzte Schritt. In ihm werden die Ergebnisse der Untersuchung *zusammengefaßt* und ein *Ausblick* auf eine ganzheitliche Bewertung im Umweltrecht gegeben (vgl. Kap. 7).

2 Bewertungen müssen systematisiert werden

2.1 Realebene und Wertebene sind die Grundstruktur einer Bewertung

Eine *Bewertung* ist allgemein eine "*Einschätzung nach Wert und Bedeutung*" (BROCKHAUS 1987, S. 253) oder mit anderen Worten: Eine Bewertung ist ein Vorgang, bei dem einem Gegenstand, einer Situation, einem Zustand oder ähnlichem ein Wert zugeordnet wird (in diesem Sinn auch SCHRÖDER 1996, S. 149). Hierbei kann zwischen der Realebene und der Wertebene unterschieden werden (vgl. BECHMANN 1988, S. 8ff).

Das Bewertungssubjekt und das Bewertungsobjekt existieren in der Realebene. Die *Realebene* einer Bewertung ist die Ebene, in der sich das bewertende Subjekt und das zu bewertende Objekt konkret befinden. Sie schließt die real existierende Beziehung zwischen diesen beiden ein. Wenn z. B. eine Person eine Zeitungsnachricht liest, so ist der Sichtkontakt eine Beziehung auf der Realebene.

Nach NAKATEN u. POSCHMANN (1995) besteht eine Bewertung auf der Realebene aus 3 Bestandteilen (vgl. Abb. 1):
- *dem Bewertungssubjekt*, das die Bewertung durchführt. Hierbei kann es sich um ein einzelnes Individuum, um mehrere Individuen aber auch um eine bewertende Gruppe handeln.
- *dem Bewertungsobjekt*, das einer Bewertung unterzogen wird. Hierbei kann es sich um Sachgegenstände oder um Personen handeln aber auch um immaterielle Dinge wie Beziehungen, Konzepte oder Vorstellungen.
- *der Beziehung zwischen Bewertungssubjekt und Bewertungsobjekt*. Sie kann von sehr unterschiedlicher Art sein und reicht von starker direkter Betroffenheit (z. B. für die Besitzerin einer Eigentumswohnung die Information über den Bau eines großen, roten Gebäudes in direkter Nachbarschaft zu ihrer Wohnung) bis zu sehr geringer direkter Betroffenheit des bewertenden Subjekts (z. B. die Information über die Anzahl der großen, roten Gebäude, die in einem anderen Land errichtet werden).

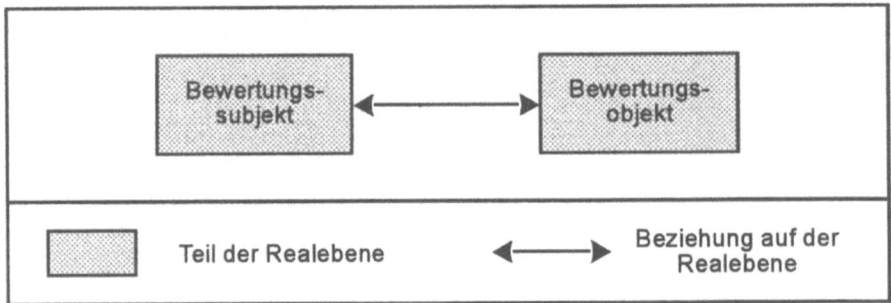

Abb. 1. Bestandteile einer Bewertung in der Realebene. Nach NAKATEN u. POSCHMANN 1996.

Der Bewertungsvorgang findet in der Wertebene statt. Der eigentliche Bewertungsvorgang findet in der *Wertebene* statt, die der Realebene gegenüber steht (z. B. stellt sich die Eigentümerin der Eigentumswohnung den Blick aus ihrem Wohnzimmerfenster auf das geplante Gebäude vor und kommt zu dem Schluß, daß sich die Aussicht verschlechtern wird). In der Wertebene besteht ein Bewertungsvorgang im einfachsten Fall aus 4 Elementen (vgl. Abb. 2):
- dem Modell des Bewertungsobjekts,
- dem Wertesystem,
- der Bewertung selbst,
- dem Bewertungsergebnis.

Das Bewertungssubjekt erfaßt das Bewertungsobjekt in der Regel nicht in allen seinen Sacheigenschaften (vgl. BECHMANN 1988, S. 15). Es schafft sich vielmehr ein *Modell des Bewertungsobjekts*. Dieses Modell - und nicht das reale Bewertungsobjekt - wird der Bewertung zugrunde gelegt (vgl. BECHMANN 1988, S. 15f; zur Modellierung allgemein auch MANHART 1995, S. 12).

Einer der Gründe für diese Modellierung ist, daß die Wahrnehmung ein sehr komplexer Vorgang ist und hierbei eine Umwandlung der Charakteristika des Bewertungsobjekts in Informationen über das Bewertungsobjekt stattfindet (*Transformation*).

Ein Beispiel für Transformation ist die Betrachtung eines Gegenstandes, der u. a. die Eigenschaft hat, daß er nur Lichtwellen von 630-770 nm reflektiert. Die zurückgeworfenen Wellen werden beim Auftreffen auf das Auge des Bewertungssubjekts (des Betrachters) gebrochen und bei Erreichen der Netzhaut in elektrochemische Impulse des Nervensystems umgewandelt. Diesen Impulsen wird - nach der Reizweiterleitung an das Gehirn - die Farbe Rot zugeordnet. Die tatsächliche Eigenschaft des Objekts - die selektive Reflektion von Strahlen - wird in diesem Beispiel dadurch transformiert, daß dem Objekt die Farbe Rot zugeordnet wird. Derartige Transformationen finden sowohl bei der Erfassung des Bewertungsobjekts durch Lebewesen als auch bei der Erfassung durch technische Geräte statt.

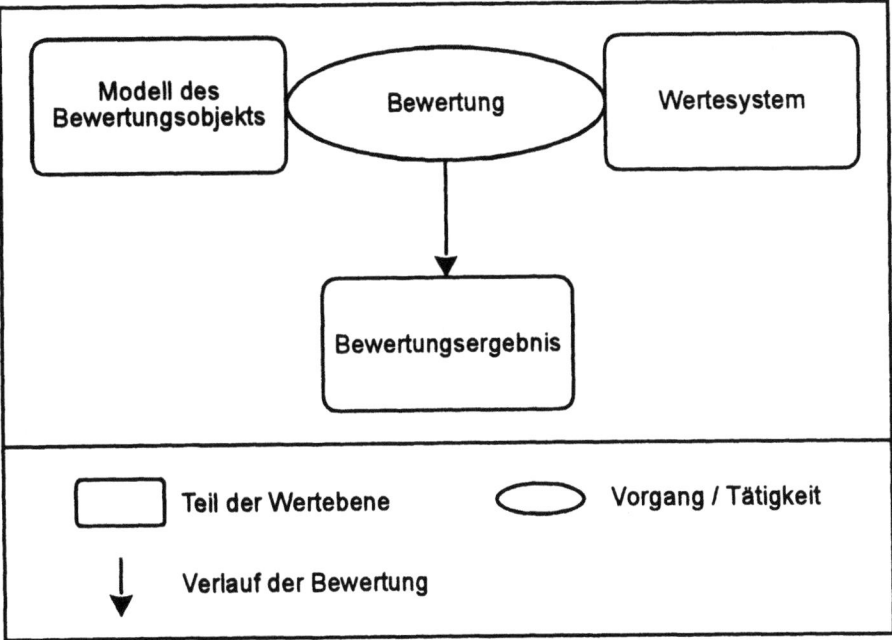

Abb. 2. Bestandteile einer Bewertung in der Wertebene.

Ein weiterer Grund für die Modellierung des realen Bewertungsobjekts ist, daß in der Regel eine Verringerung der Charakteristika des Objekts stattfindet (*Komplexitätsreduktion*). Diese Reduktion kann unterschiedliche Ursachen haben:
- Das Bewertungsobjekt ist derartig vielfältig, daß eine Ermittlung aller Charakteristika für das Bewertungssubjekt aus Zeit- oder Kapazitätsgründen nicht möglich ist (*Zeit- bzw. Kapazitätslimitierung*).
- Es stehen dem Bewertungssubjekt nicht die entsprechenden Techniken zur Erfassung der Charakteristika zur Verfügung (*Erfassungslimitierung*).
- Einzelne Charakteristika sind dem Bewertungssubjekt unbekannt (*Erkenntnislimitierung*).
- Das Bewertungsobjekt ist sehr vielfältig, es werden von dem Bewertungssubjekt aber nicht alle Informationen über alle Charakteristika zur Durchführung der Bewertung für notwendig erachtet. Dies führt zu einer Auswahl der für die Modellierung zu erfassenden Charakteristika durch das Bewertungssubjekt (Selektion). Wird diese Auswahl intuitiv durchgeführt, so kann man

von *affektiver Selektion*, wird sie bewußt durchgeführt von *kognitiver Selektion* sprechen.

Einer Bewertung liegt ein *Wertesystem* zugrunde (vgl. GIEGRICH et al. 1995, S. 5). Mit diesem wird das Modell des Bewertungsobjekts verglichen. Das Wertesystem kann relativ grob, z. B. 2 Klassen: gut / böse oder aber relativ fein sein, z. B. die Einordnung der Farbe eines Pixels aus einer Bildröhre, die in der Lage ist, über 16 Mio. Farben darzustellen, in ein zweidimensionales Farbraster. Das Wertesystem kann auch aus unterschiedlichen Ebenen bestehen (z. B. Bewertungsziel: Verbesserung des Stadtklimas, Bewertungsteilziel: Erhöhung des Grünanteils in der Stadt, Bewertungsunterziel: 10 % der Stadtfläche sollen mit Gehölzen bewachsen sein).

Die Trennung von Modellbildung und Wertzuordnung macht es möglich, die beiden unabhängig voneinander existierenden Komplexitäten - diejenige der realen Welt und diejenige der Bewertung - unabhängig voneinander zu bearbeiten (vgl. LUHMANN 1968, S. 14).

Die *eigentliche Bewertung* ist die Verbindung des Modells des Bewertungsobjekts mit dem Wertesystem (vgl. GIEGRICH et al. 1995, S. 15). Das *Bewertungsergebnis* oder nach SCHOLL-SCHAAF (1975, S. 77) das Werturteil bzw. nach GIEGRICH et al. (1995, S. 16) das Bewertungsurteil ist eine Zuordnung des Modells des Bewertungsobjekts zu einer oder mehreren Kategorien des Wertesystems (z. B. der Ausblick ist nicht schön, der Ausblick macht traurig und außerdem zornig).

Real- und Wertebene sind an mehreren Stellen miteinander verbunden. Je nachdem, ob durch die Bewertung eine Handlungssteuerung erfolgt oder nicht, sind *Real- und Wertebene* an 2 oder 3 Stellen *verbunden* (vgl. Abb. 3).

- Eine der Verbindungsstellen ist die *Umwandlung des realen Bewertungsobjekts in ein Modell des Bewertungsobjekts* (z. B. die Übertragung der Informationen über ein Bauvorhaben in die Vorstellung, wie der Errichtungsort nach dem Bau des Gebäudes aussieht). Hierbei spielen die oben dargestellten Vorgänge der Transformation und der Reduktion eine wesentliche Rolle (vgl. Abb. 3).
- Eine weitere Verbindung ist durch die Tatsache gegeben, daß der *Vorgang der Bewertung*, innerhalb des Bewertungssubjekts (z. B. die Besitzerin der Eigentumswohnung) stattfindet (vgl. Abb. 3).
- Die dritte Verbindungsstelle zwischen der Realebene und der Wertebene ist die *Umsetzung des Bewertungsergebnisses* (z. B. die Reaktion der Besitzerin der Wohnung (s. o.), Einspruch gegen den Bau des geplanten Gebäudes zu erheben). Diese Verbindung besteht nicht zwangsläufig bei jedem Bewertungsprozeß, da nicht jede Bewertung eine Handlung nach sich zieht (z. B. wenn eine Person die Information, daß 2.300 große Gebäude errichtet werden als interessant bewertet, sie dies aber zu keiner Reaktion verleitet). Bei Bewertungen mit Handlungssteuerung ist die Umsetzung des Bewertungsergebnisses der finale Vorgang des Bewertungsprozesses (vgl. Abb. 3).

2.1 Realebene und Wertebene sind die Grundstruktur einer Bewertung

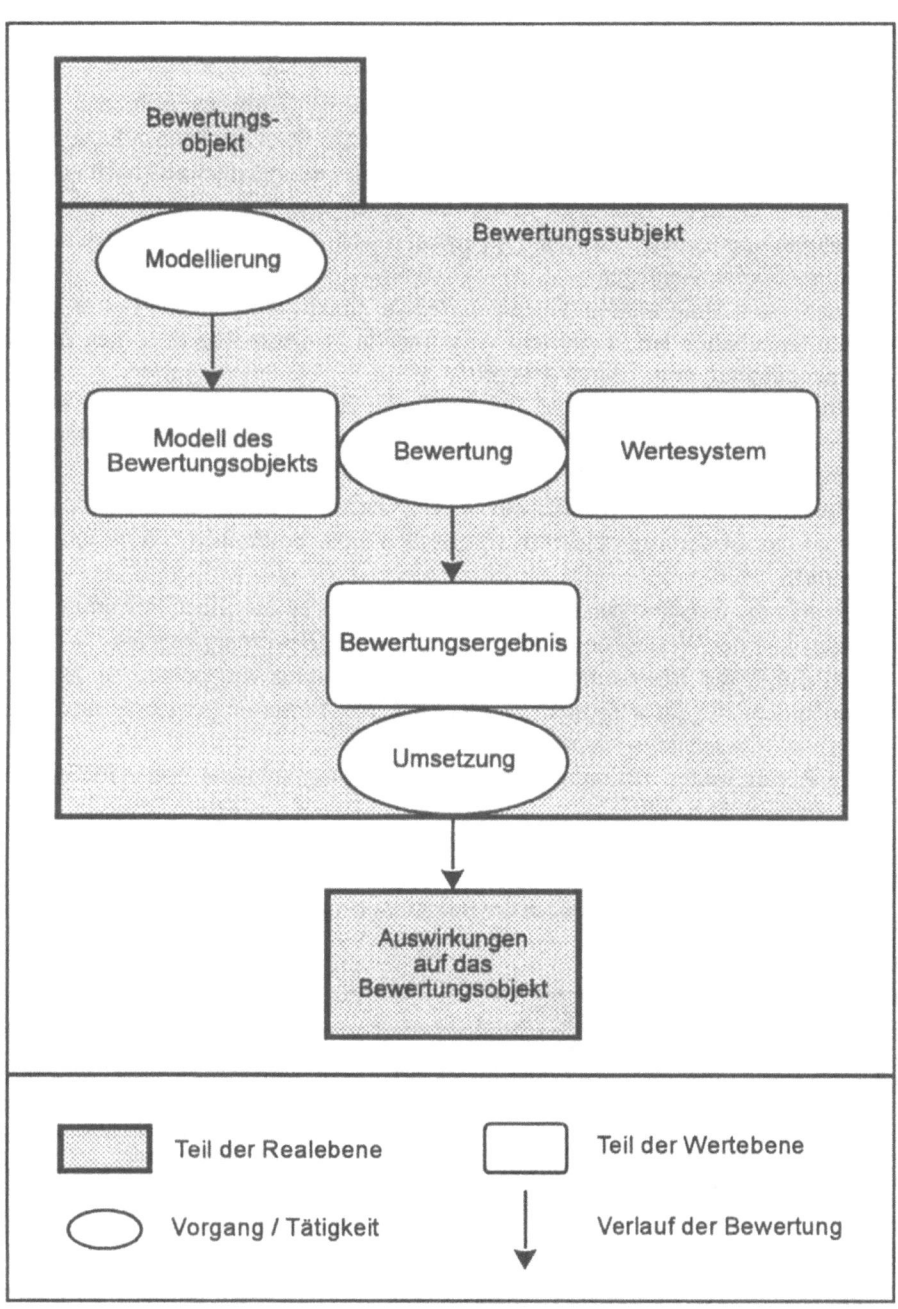

Abb. 3. Verknüpfung von Real- und Wertebene bei einer Bewertung mit Handlungssteuerung.

2.2 Vergleichbare Bewertungen erfordern ein Bewertungssystem

Werden verschiedene Objekte bewertet und soll gewährleistet sein, daß diese Objekte gleich behandelt werden (z. B. Grundsatz der Gleichbehandlung nach Art. 3 Abs. 1 des Grundgesetzes) so sollten die Bewertungen jeweils nach denselben Regeln erfolgen. Hierzu ist es notwendig, daß ein generell anwendbares *Bewertungssystem* entwickelt wird. Es empfiehlt sich, ein derartiges Bewertungssystem *in 2 Stufen* anzulegen.

In der ersten Stufe werden diejenigen *Regeln*, welche das konkrete Bewertungssystem einzuhalten hat, aufgestellt (vgl. Tabelle 1). Diese Regeln sollten relativ abstrakt gehalten sein. Hierzu gehören:
- Regeln die festlegen, welche Informationen über das jeweilige Objekt in die Bewertung einfließen müssen, wie diese Informationen auszusehen haben und wie sie umgeformt werden sollen (*Modellierungsregeln*),
- Regeln, welche den Aufbau des Wertesystems, mit dem die Informationen über das Bewertungsobjekt zu vergleichen sind, bestimmen (*Wertesystemregeln*),
- Regeln die festschreiben, wie die Informationen des jeweiligen Bewertungsobjekts und des Wertesystems zu vergleichen sind (*Bewertungsregeln*).
- Ist durch die Bewertung eine Handlungssteuerung vorgesehen, so müssen außerdem Regeln aufgestellt werden, wie das Bewertungsergebnis umzusetzen ist (*Umsetzungsregeln*).

Diese Regeln bilden zusammen die Bewertungsprogrammatik (vgl. GIEGRICH et al. 1995, S. 7f u. 130).

Tabelle 1. Zusammenhang zwischen der Bewertungsprogrammatik und dem Bewertungssystem.

Bewertungsprogrammatik	Bewertungssystem
Modellierungsregeln	Modellierungsmethode
Wertesystemregeln und Grundwerte	Wertesystem
Bewertungsregeln	Bewertungsmethode
Umsetzungsregeln	Umsetzungsmethode

In der zweiten Stufe sollten die Regeln in *konkrete Methoden* umgesetzt werden (vgl. Tabelle 1 u. Abb. 4). Die Gesamtheit dieser Methoden bildet - zusammen mit dem Wertesystem - das *Bewertungssystem*.

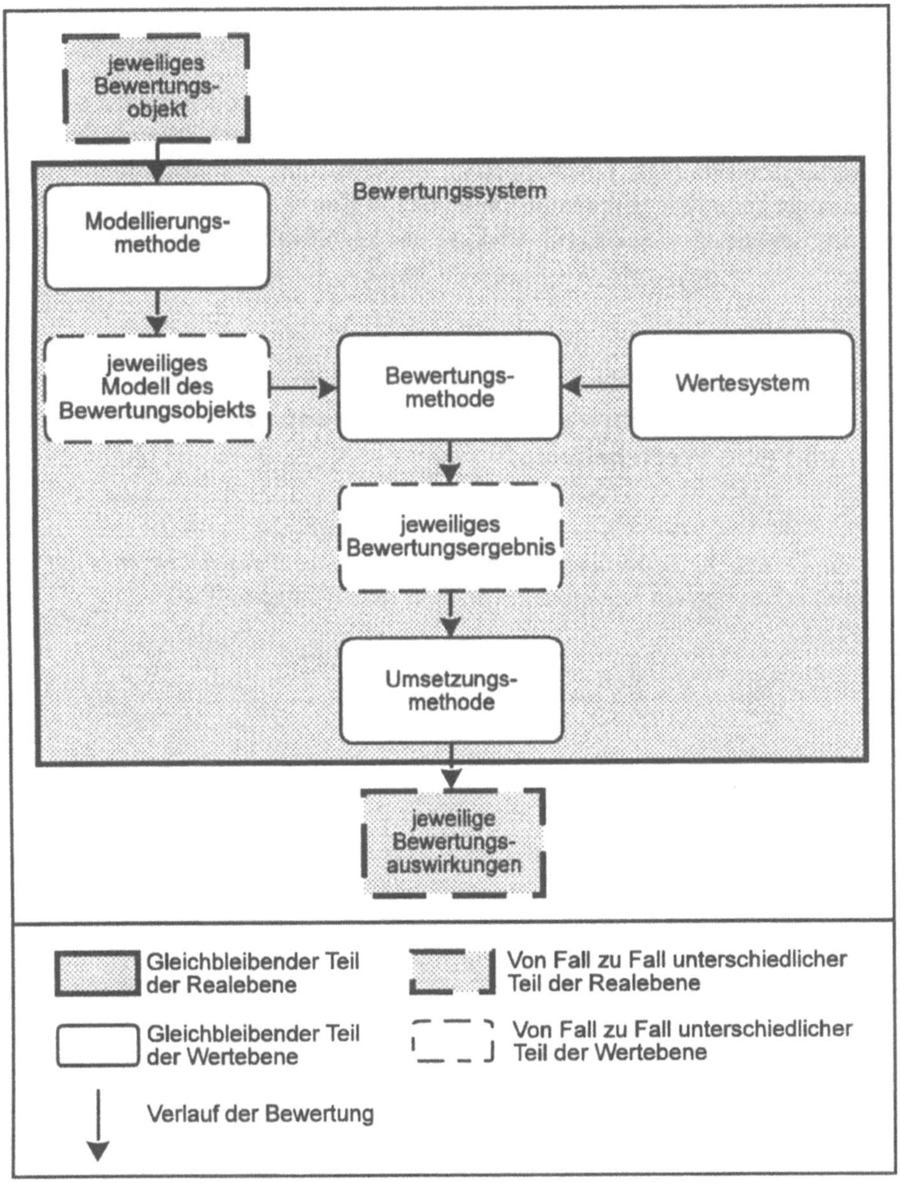

Abb. 4. Modell eines Bewertungssystems.

Die Inhalte bestimmen welche Bewertungsmethoden anzuwenden sind. Ein wichtiges Kriterium für die Beschaffenheit der Regeln und Methoden für ein Bewertungssystem ist *die Anzahl und die Art der Inhalte*, die in das Bewertungs-

14   2 Bewertungen müssen systematisiert werden

system einbezogen werden sollen. So kommt z. B. ein Bewertungssystem für die Sortierung von Schrauben nach ihrer Größe mit sehr viel einfacheren Regeln und Methoden aus, als ein Bewertungssystem zur Auswahl des günstigsten Standortes für eine chemische Anlage.

Welche Inhalte im konkreten Fall berücksichtigt werden sollen, richtet sich im wesentlichen nach den erfaßbaren und modellierbaren Sacheigenschaften des Bewertungsobjekts (vgl. Transformation, Zeitlimitierung, Kapazitätslimitierung, Erfassungslimitierung, Erkenntnislimitierung in Kap. 2.1) und nach den Interessen des Bewertungssubjekts (vgl. affektive und kognitive Selektion in Kap. 2.1).

2.3 Die gesetzliche Bewertung der Auswirkungen von Industriebetrieben auf die Umwelt weist eine Realebene und eine Wertebene auf

Für die *gesetzliche Bewertung der Auswirkungen eines Industriebetriebes auf die Umwelt* ergibt sich ein *Realmodell*, wie es in Abb. 5 dargestellt ist.

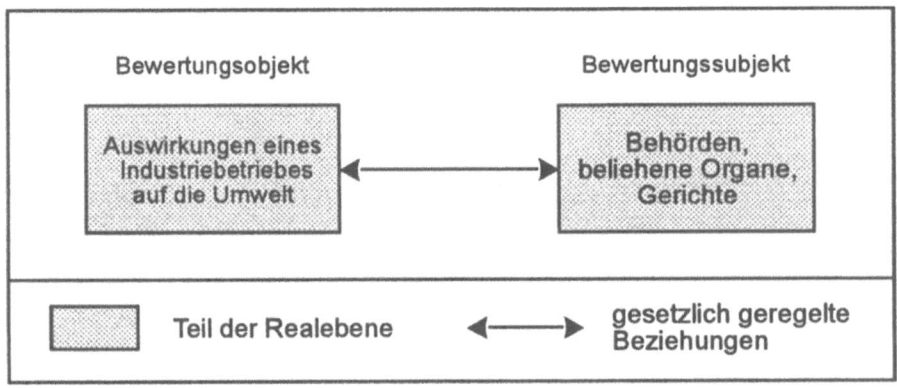

Abb. 5. Realebene der gesetzlichen Bewertung der Auswirkungen eines Industriebetriebes auf die Umwelt.

Das *bewertende Subjekt* ist hierbei, je nach der Zuständigkeit im Einzelfall
- eine Behörde,
- ein beliehenes Organ, welches für die Umsetzung der jeweiligen gesetzlichen Regelungen verantwortlich ist oder
- ein Gericht.

2.3 Die gesetzliche Bewertung der Umweltauswirkungen von Industriebetrieben

Unabhängig davon, welches Organ die Bewertung vorzunehmen hat, wird durch gesetzliche Normen geregelt, wie dabei vorzugehen ist. Aus diesem Grund könnte man auch sagen, daß das Bewertungsobjekt durch die gesetzlichen Regelungen verkörpert wird. Deshalb wird in der vorliegenden Arbeit auf Umsetzungsprobleme, die sich daraus ergeben, daß die Anwendung der Gesetze immer durch Menschen erfolgt (*psychologische, soziale, kulturelle und materielle Umsetzungsprobleme*), nicht eingegangen.

Das *zu bewertende Objekt* sind die Auswirkungen, die ein Industriebetrieb auf die Umwelt ausübt (bei bestehenden Betrieben) oder ausüben würde (bei geplanten Betrieben). Die *Beziehungen zwischen dem Bewertungssubjekt und dem zu bewertenden Objekt* sind durch gesetzliche Regelungen wie Gesetze, Verwaltungsvorschriften oder Dienstanweisungen geregelt.

Bei der *Bewertung selbst* (vgl. Kap. 2.1) wird in der Wertebene das Modell der Auswirkungen eines bestimmten Industriebetriebes auf die Umwelt mit den gesetzlich festgelegten Wertmaßstäben in Beziehung gebracht. Hierdurch kann den realen Auswirkungen des Industriebetriebes ein Bewertungsergebnis zugeordnet werden (vgl. Abb. 6).

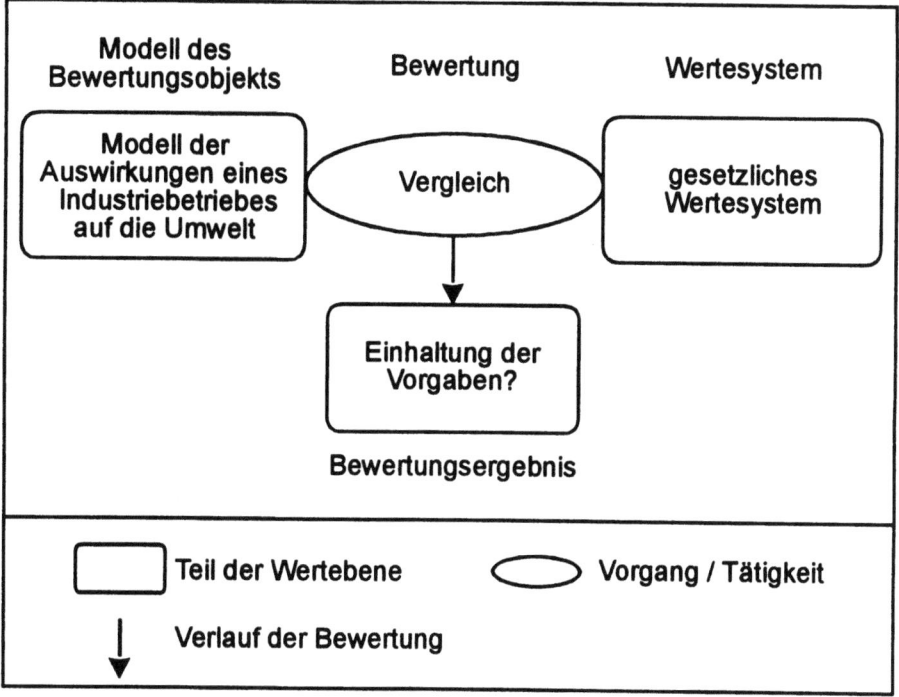

Abb. 6. Wertebene einer gesetzlichen Bewertung der Auswirkungen eines Industriebetriebes auf die Umwelt.

Betrachtet man die Realebene und die Wertebene im Zusammenhang, so werden die *Vorgänge bzw. Tätigkeiten im gesetzlichen Bewertungssystem* deutlich (vgl. Abb. 7):

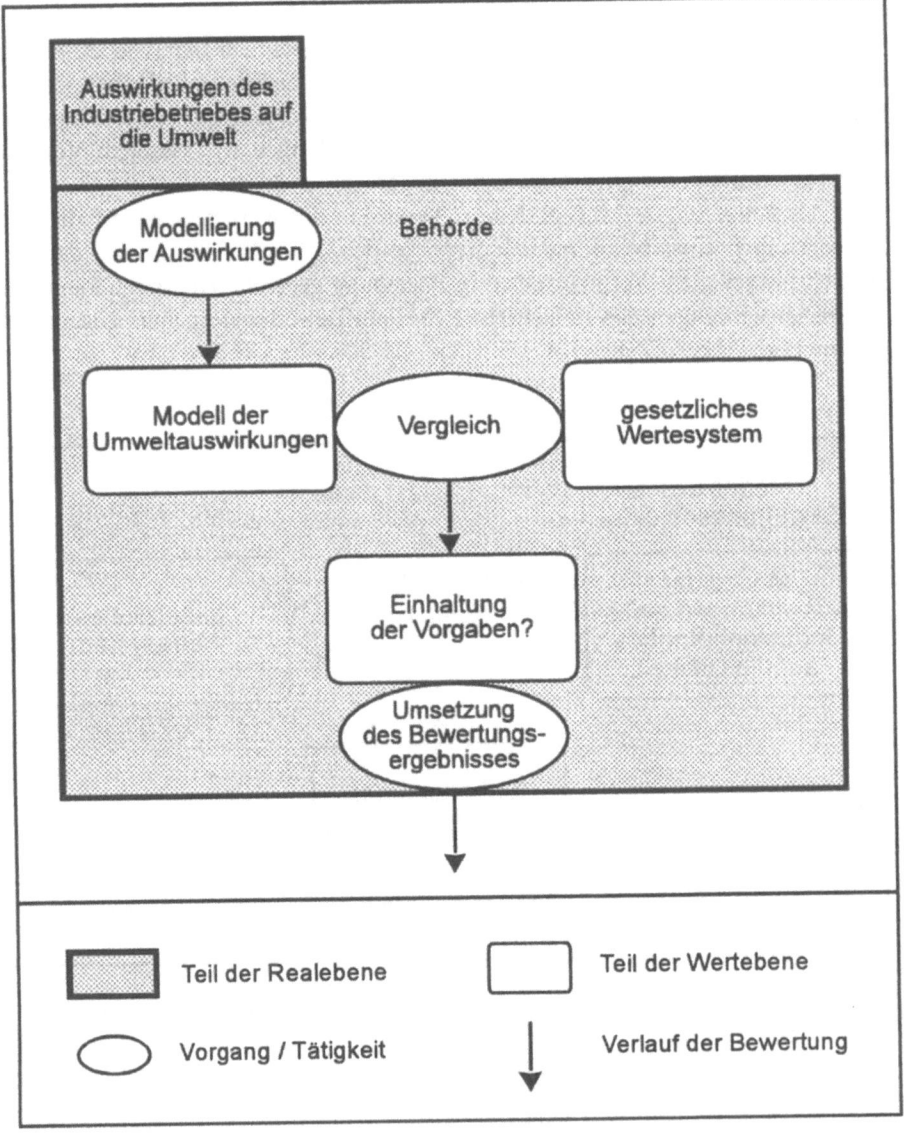

Abb. 7. Verknüpfung von Wertebene und Realebene bei einer gesetzlichen Bewertung der Auswirkungen eines Industriebetriebes auf die Umwelt.

2.4 Die gesetzliche Bewertung der Umweltauswirkungen von Industriebetrieben 17

- die *Modellierung der Auswirkungen*, des zu betrachtenden Industriebetriebes auf die Umwelt (z. B. die Vernichtung eines Biotops am geplanten Anlagenstandort)
- der *Vergleich* dieses *Modells der Auswirkungen* mit den vorgegebenen *Wertmaßstäben* (z. B. Vergleich der Informationen über das Biotop mit der Liste der Biotope nach § 20c BNatSchG)
- die *Umsetzung des dabei erzielten Bewertungsergebnisses* (z. B. eine verbale Beschreibung, warum das Biotop zu den 20c-Biotopen zu zählen ist)

2.4 Die ganzheitliche Bewertung der Auswirkungen von Industriebetrieben auf die Umwelt in Genehmigungsverfahren für UVP-pflichtige BImSch-Vorhaben ist teilweise gesetzlich geregelt

Für *Genehmigungsverfahren zur Errichtung UVP-pflichtiger BImSch-Vorhaben* ist die *Bewertung teilweise gesetzlich geregelt* (vgl. Abb. 8 u. Kap. 4.1). Eine besondere Schwierigkeit besteht darin, daß der Gegenstand eines derartigen Verfahrens nicht eine bereits bestehende, sondern eine geplante Anlage ist. Dies bedeutet, daß nicht direkt meßbare, sondern voraussichtliche Auswirkungen zu modellieren sind.

Gesetzlich klar festgelegt ist, daß die Bewertung auf der Grundlage einer *zusammenfassenden Darstellung* zu erfolgen hat (vgl. Kap. 4.1) und daß das Ergebnis der Bewertung *bei der Entscheidung über das Vorhaben berücksichtigt* werden soll (vgl. Kap. 4.1). Darüber hinaus gibt es im BImSch- und im UVP-Recht relativ allgemeine und interpretationsfähig gehaltene Modellierungs-, Bewertungs-, Wertesystem- und Umsetzungsregeln (vgl. Kap. 4.1).

Auch zu den bei der ganzheitlichen Bewertung *zu berücksichtigenden Inhalten* finden sich in den gesetzlichen Regelungen für UVP-pflichtige BImSch-Vorhaben einige Vorgaben (vgl. Kap. 4.2-4.5.4). Diese Vorgaben behandeln die realen Sachverhalte der Auswirkungen von Industriebetrieben auf die Umwelt (vgl. Kap. 3) allerdings *äußerst unterschiedlich* (vgl. Kap. 4 u. 5).

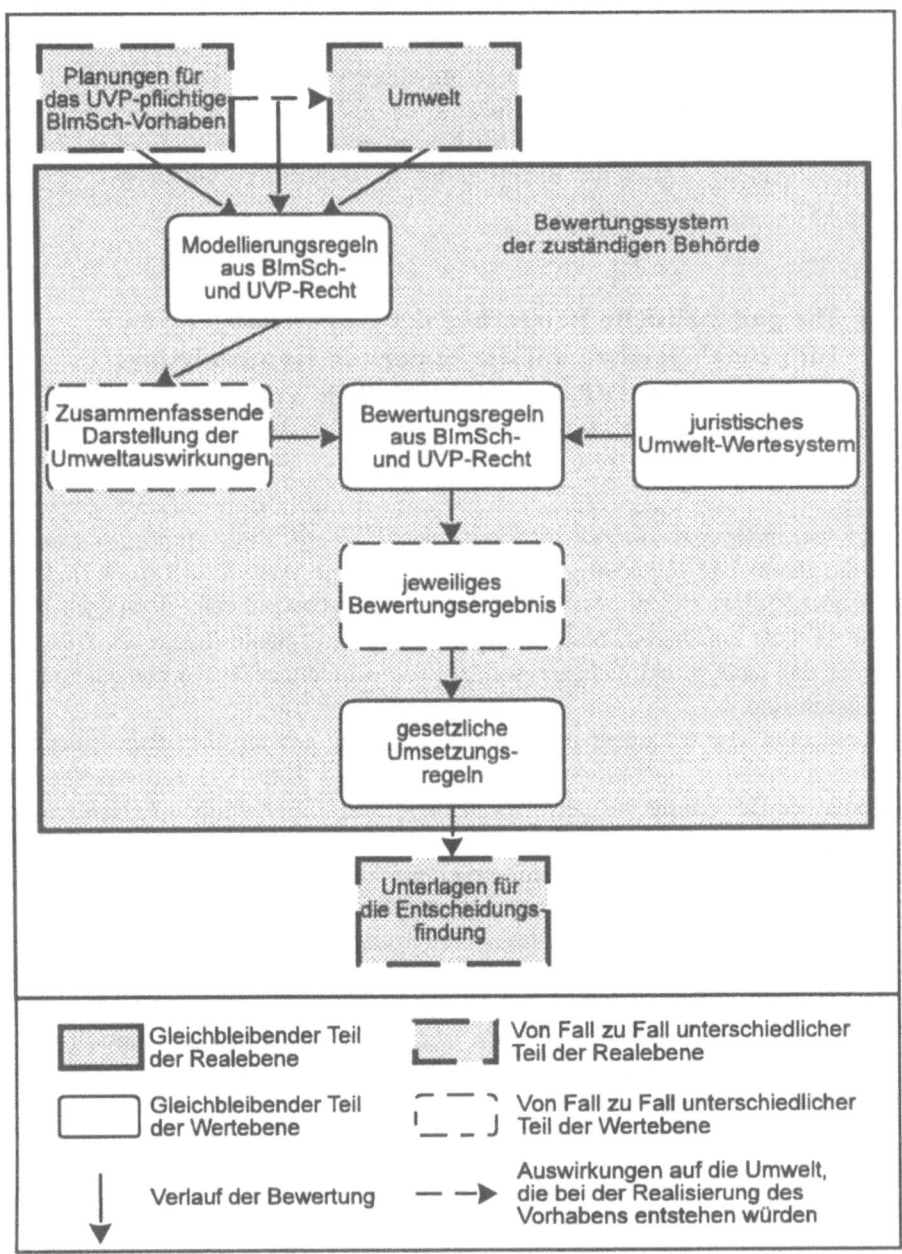

Abb. 8. Modell eines Systems zur ganzheitlichen Bewertung bei Verfahren für die Genehmigung UVP-pflichtiger BImSch-Vorhaben.

3 Das Bewertungsobjekt sind die Auswirkungen von Industriebetrieben auf die Umwelt

3.1 Generelle Charakteristika des Bewertungsobjekts

Die Auswirkungen von Industriebetrieben auf die Umwelt sind direkt abhängig von den Charakteristika der beiden sie bedingenden Komponenten (vgl. Abb. 9):
- *der Umwelt* und
- *den Industriebetrieben*.

Eine Untersuchung der Auswirkungen von Industriebetrieben auf die Umwelt erfordert demnach auch die Untersuchung der Umwelt und der Industriebetriebe.

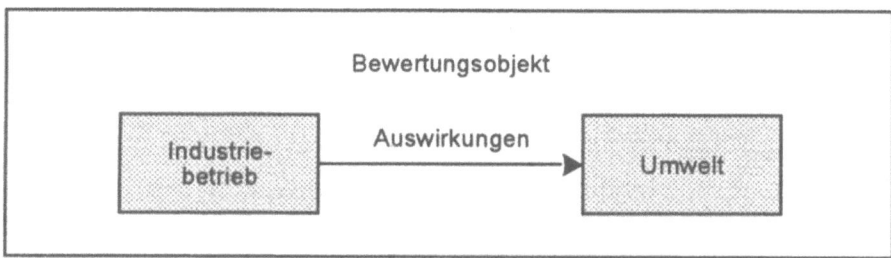

Abb. 9. Struktur des Bewertungsobjekts *Auswirkungen von Industriebetrieben auf die Umwelt* in der Realebene.

3.1.1 Generelle Charakteristika der Umwelt

Der *Begriff Umwelt* erscheint erstmals in einer Ode des dänischen Schriftstellers Jens Immanuel BAGGESEN im Jahr 1800. In die Naturwissenschaften wurde der Begriff 1909 von Jakob von UEXKÜLL eingeführt. Heute wird er sowohl in der Wissenschaft als auch in der Praxis recht unterschiedlich gebraucht. So versteht man unter Umwelt z. B.:

- die natürlichen Lebensgrundlagen für Mensch, Tier und Pflanze (vgl. FELLENBERG 1985, S. 2),
- der den Menschen umgebende Teil der Welt (vgl. SUMMERER 1989, S. 1),
- wirtschaftliche, technische, gesellschaftliche, politische und natürliche Umgebung einer Unternehmung (ARENTZEN et al. 1992, S. 3350),
- psychische Umweltbeziehungen eines Organismus, welche die Umwelt als eine Eigenwelt erscheinen lassen (vgl. LESER et al. 1992, S. 320),
- die spezielle Umgebung einer Lebenseinheit oder -gemeinschaft, welche mit dieser in einer wechselseitigen Beziehung steht (OLSSON u. PIEPENBROCK 1993, S. 322),
- die den Menschen umgebenden Medien Wasser, Boden, Luft mit der Gesamtheit der dort lebenden Organismen (vgl. KATALYSE 1993, S. 733),
- die kulturell-zivilisatorische Umwelt (Zivilisationsumwelt, Kulturumwelt) des Menschen (vgl. STREIT u. STREIT 1994, S. 667).
- die Menschen umgebenden Faktoren wie technische Zivilisation, Massengesellschaft, Großstadt (vgl. EIBL-EIBESFELDT 1996, S. 126).
- die auf ein Objekt einwirkenden Faktoren (vgl. GUS 1997).

3.1.1.1 Es gibt unterschiedliche Umwelten

Der Begriff *Umwelt* setzt sich aus dem Wort *Welt* und dem Präfix *Um* zusammen. Das Präfix Um bedeutet in dem hier betrachteten Kontext drumherum, umgeben von oder umschlossen sein von. Ein anderer Ausdruck für Umwelt wäre demnach *die Welt, die umgibt*.

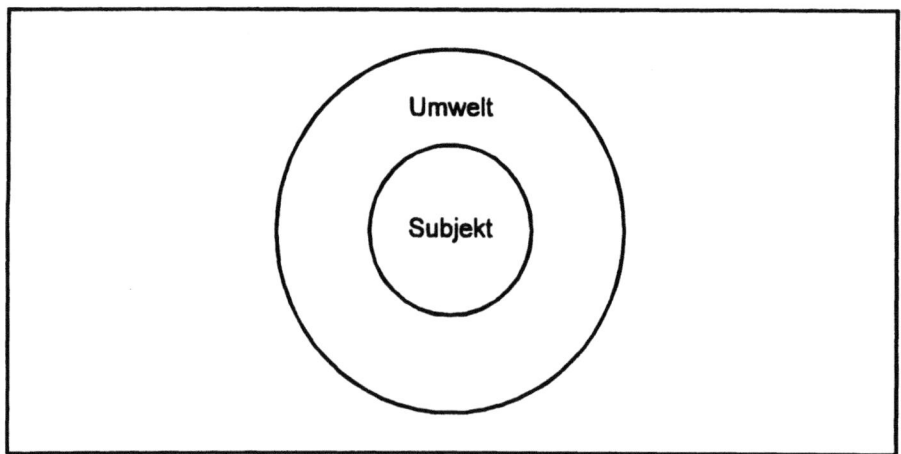

Abb. 10. Relation Subjekt - Umwelt. Nach HABER 1993, S. 2, verändert.

Dies hat HABER (1993, S. 1) folgendermaßen ausgedrückt: "Seinem Wortsinn gemäß bezeichnet "Um-Welt" ein Umgeben- oder Umschlossensein und setzt ein Bezugsobjekt voraus". Offengelassen wird, wer oder was umgeben ist.

Entgegen der Wortwahl von HABER (1993) wird im Folgenden nicht der Begriff *Bezugsobjekt der Umwelt*, sondern nach VON UEXKÜLL der Begriff *Subjekt der Umwelt* (vgl. Abb. 10 u. VON UEXKÜLL u. KRISZAT 1970, S. 15ff, BRÜLL 1977, S. 2f) angewandt, da die Erscheinungen der Welt erst durch den Bezug auf ein Lebewesen oder einen Gegenstand zur Umwelt werden. Das wer oder was umschlossen wird, ist demnach nicht passiv, wie es der Begriff Objekt suggeriert, sondern der bestimmende Part in der Beziehung Subjekt - Umwelt.

Der Begriff Subjekt der Umwelt darf dabei nicht mit dem Subjekt der Bewertung aus den Kap. 2.1-2.4 verwechselt werden. Das Subjekt der Umwelt ist - genau wie die Umwelt - Teil des Bewertungsobjekts (vgl. Abb. 5 in Kap. 2.3).

Unterschiedliche Subjekte haben unterschiedliche Umwelten. Die Zusammenhänge der Umwelten von 3 Subjekten sind in Abb. 11 schematisch dargestellt. Es wird deutlich, daß keines exakt die gleiche Umwelt hat wie eines der anderen. Außerdem ist zu erkennen, daß sich die Umwelten der einzelnen Subjekte überschneiden. Dies bedeutet, daß Erscheinungen der Welt von mehreren Lebewesen unterschiedlich wahrgenommen werden können und damit Bestandteile unterschiedlicher Umwelten sind.

Um zu bestimmen, was in einem konkreten Fall mit dem Begriff Umwelt gemeint ist, muß demnach geklärt werden, *von welchem Subjekt aus die Umwelt empfunden wird* (vgl. Abb. 11 u. 12; auch SUMMERER 1989, S. 3ff).

Wird die Umwelt auf ein einzelnes Lebewesen bezogen, wie es z. B. in der Autökologie der Fall ist (vgl. SUMMERER 1989, S. 6ff; HABER 1993, S. 4; STREIT u. STREIT 1994, S. 166f), so kann man von einer *Individualumwelt* sprechen (vgl. Abb. 12a). Ist das Subjekt der Umwelt eine Gruppe von Lebewesen, z. B. eine Tierart, ein Ökosystem oder die Bevölkerung eines Staates (vgl. z. B. VON UEXKÜLL 1909; HABER 1993, S. 3), so ist die Bezeichnung *Gruppenumwelt* (vgl. Abb. 12 b) angebracht.

Häufig wird die gesamte Menschheit als Subjekt der Umwelt angesehen (vgl. z. B. JONAS 1979, S. 76ff u. 184ff; PASSMORE 1986, S. 216; BIRNBACHER 1991, S. 281f; WALTER u. BRECKLE 1991, S. 514; SCHLITT 1992, S. 29ff; BRENNER 1994, S. 103; SRU 1994, S. 11). OLSSON u. PIEPENBROCK (1993, S. 322) verwenden hierfür die Bezeichnung *menschliche Umwelt* (vgl. Abb. 12c). Sie ist ein Spezialfall der Gruppenumwelt.

Andere Anwender gehen über diese anthropozentrische Begrifflichkeit hinaus und schließen neben den Menschen andere Lebewesen als Subjekte einer zu schützenden Umwelt ein. Bei minimal-biozentrisch ausgerichteten Personen (vgl. STELZER 1995b) werden als Subjekte einer zu schützenden Umwelt neben den Menschen bestimmte Tiere angesehen (vgl. Abb. 12d u. BIRNBACHER 1986; 1991, S. 282; FEINBERG 1986; GORRES 1988; SCHLITT 1992). Meist handelt es sich hierbei um Wirbeltiere, die in ihrem Schmerzempfinden und anderen

Eigenschaften dem Menschen als näher stehend angesehen werden, als andere Lebewesen. Dieser Ausschnitt aus der Welt könnte als *Ausschnitt der Lebensumwelt* bezeichnet werden.

Umfassend-biozentrisch ausgerichteten Personen (vgl. STELZER 1995b) bewerten alle Lebewesen als schutzwürdig (vgl. Abb. 12e u. SCHWEIZER 1981, S. 387; FRASER-DARLING 1986; TRIBE 1986; ROCK 1986; ALTNER 1987, S. 191ff; SUMMERER 1989, S. 31; BIRNBACHER 1991, S. 283; SCHLITT 1992, S. 99ff; BUNDESREGIERUNG DER BUNDESREPUBLIK DEUTSCHLAND 1995a, S. 8; PFORDTEN 1996, S. 203ff). Als Bezeichnung für deren Umwelt wäre der Begriff *Lebensumwelt* geeignet.

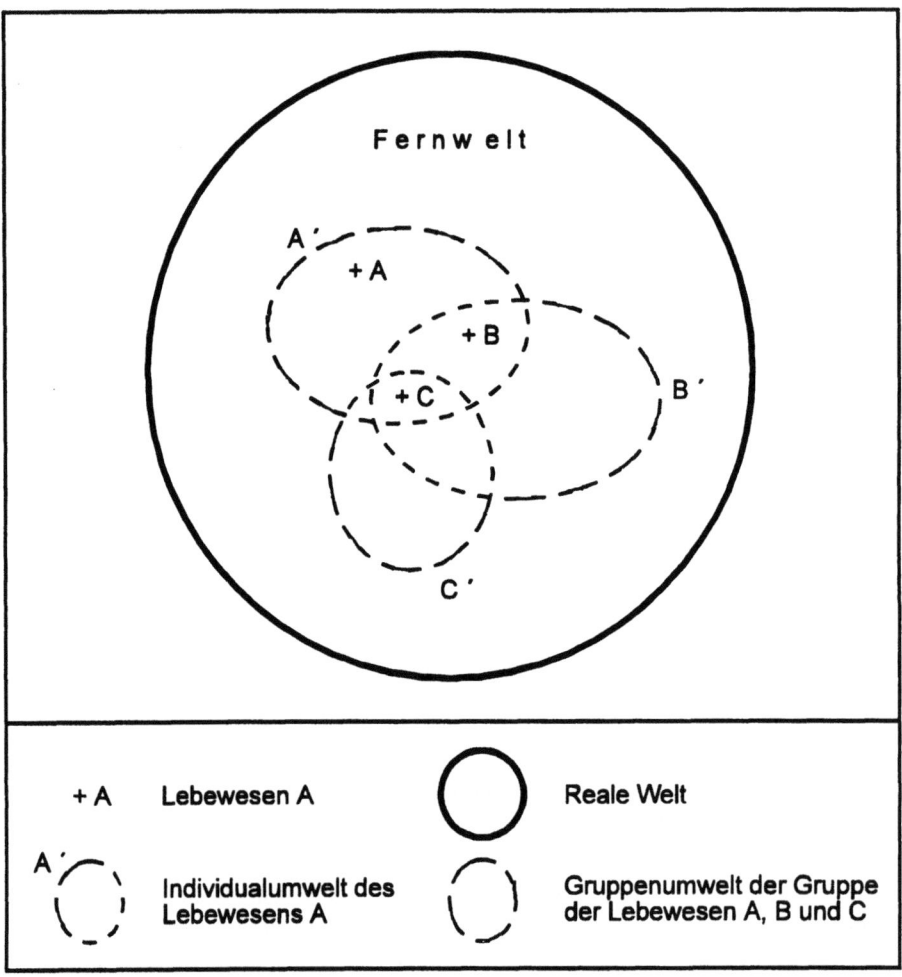

Abb. 11. Überschneidung der Umwelten verschiedener Lebewesen (Erläuterungen im Text).

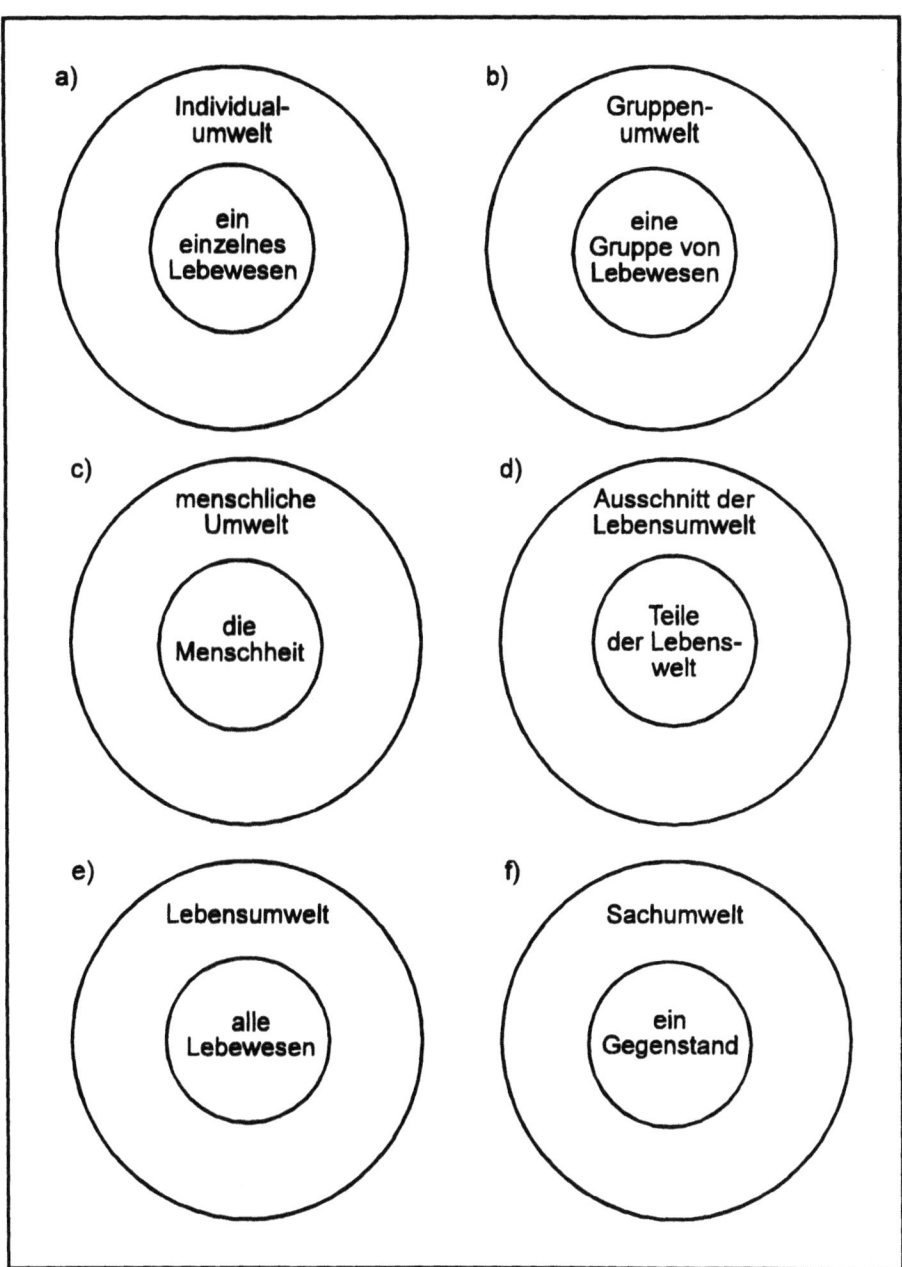

Abb. 12. Beispiele für Subjekte mit ihren unterschiedlichen Umwelten. Nach verschiedenen Quellen, Erläuterungen im Text.

Während VON UEXKÜLL (1909), WEBER (1937), VON UEXKÜLL u. KRISZAT (1970) und HABER (1993, S. 1) der Auffassung sind, daß nur Lebewesen oder Gruppen von Lebewesen Subjekte einer Umwelt sein können, haben andere Betrachtergruppen eine weitergehende Auffassung dieses Begriffs (vgl. z. B. BEGON et al. 1991, S. 5; BIRNBACHER 1991, S. 284f; SCHLITT 1992, S. 115ff, GUS 1997). Danach ist es unwesentlich, ob das Subjekt ein Mensch, ein Lebewesen oder ein unbelebter Gegenstand ist (vgl. Abb. 12f). Hierbei haben z. B. ein Berg, eine Stadt oder ein Industriebetrieb jeder für sich eine eigene Umwelt. Die Umwelt von unbelebten Subjekten könnte allgemein als *Sachumwelt* bezeichnet werden. Die Gesamtheit dieser Umwelten ist gleich der realen Welt.

Die Subjekt-Umwelt-Relation ist von Fall zu Fall unterschiedlich ausgeprägt. Ein weiterer Aspekt des Begriffs Umwelt ist, daß man unter Umwelt zwar das Umfeld eines bestimmten Subjekts versteht, das *Subjekt selbst aber nicht Bestandteil der Umwelt ist*. So sind z. B. bei der menschlichen Umwelt die Menschen selbst kein Bestandteil der Umwelt, da nur das erfaßt wird, was die Menschen umgibt. Auswirkungen, z. B. von Industriebetrieben auf die Umwelt, würden bei einer derartigen Begriffsauffassung die direkten Auswirkungen auf Menschen nicht berücksichtigen (z. B. Verletzung eines Arbeiters durch eine Maschine).

Die Einbeziehung des Subjekts in die Umwelt ist bei Gruppenumwelten dadurch möglich, daß unter Umwelt nicht nur das Umfeld der Gruppe, sondern die *Gesamtheit der Umwelten der Einzelindividuen* der Gruppe verstanden wird (vgl. Abb. 11 u. SRU 1988, S. 40). Für das Beispiel der menschlichen Umwelt bedeutet diese Begriffsauffassung, daß nicht nur das, was die Menschen umgibt unter Umwelt zu verstehen ist, sondern die Gesamtheit der Umgebungen jedes einzelnen Menschen. Hierdurch werden unter dem Begriff menschliche Umwelt auch die direkten Auswirkungen auf Menschen berücksichtigt, da diese einen Teil der Individualumwelt von anderen Menschen ausmachen. Allerdings werden Menschen hierbei als Funktion der Umgebung der anderen Menschen - nicht aber aus sich selbst heraus, als bedeutend betrachtet.

Aus den Ausführungen wird deutlich, daß die *Erscheinungen der Welt* ihre Zweckungebundenheit - *ihren Selbstzweck - verlieren*, wenn sie unter dem Blickwinkel Umwelt betrachtet werden (vgl. VON UEXKÜLL u. KRISZAT 1970; SRU 1988, S. 39). Sie sind in diesem Fall lediglich in ihrer *Relation zu* oder ihrer *Funktion für das Subjekt von Bedeutung*.

Bei VON UEXKÜLL (1909 u. 1936) wird dies dadurch ausgedrückt, daß in der Umwelt die *Merkwelt* und die *Wirkwelt* unterschieden werden. Die Merkwelt eines Subjekts ist die Gesamtheit der Faktoren, die auf das Subjekt einwirken. Die Wirkwelt bezeichnet die Gesamtheit der Faktoren, auf die das Subjekt einwirkt. Die Bestandteile der Welt, die nicht auf das Subjekt einwirken und auf die das Subjekt nicht einwirkt, gehören nicht zu seiner Umwelt (vgl. MÜLLER 1991, S. 151f). Sie können als *Fernwelt* bezeichnet werden (vgl. Abb. 11).

3.1.1.2 Im Deutschen Recht wird unter Umwelt die Gesamtheit der physischen Merkwelten der existierenden und zukünftigen Lebewesen verstanden

Für die Untersuchung, welche Sachverhalte bei der ganzheitlichen Bewertung für Genehmigungsverfahren für UVP-pflichtige Vorhaben nach BImSchG zu berücksichtigen sind, ist es notwendig, zu ermitteln, welche Umwelt bei den maßgeblichen gesetzlichen Regelungen gemeint ist.

In den *gesetzlichen Vorschriften*, welche die Genehmigung UVP-pflichtiger BImSch-Vorhaben direkt regeln, ist *keine eindeutige Definition des Umweltbegriffs* bzw. des Subjekts, auf das sich die Umwelt beziehen soll, enthalten (vgl. Kap. 4.1.1, 5.3, 6).

Allerdings läßt sich die nächsthöhere rechtliche Ebene - das *Grundgesetz* (GG) - zur Bestimmung des Subjekts der umweltrechtlichen Regelungen heranziehen, da dieses - neben bestimmten rechtlichen Regelungen der EU und des Völkerrechts - die auslegungsbestimmende Vorschrift für unbestimmte Rechtsbegriffe im bundesdeutschen Recht ist.

Der Begriff Umwelt wird im GG zwar nicht ausdrücklich angewandt, eine Hilfe bei der Erschließung dieses Begriffs bildet allerdings die Festlegung bestimmter Erscheinungen als in der deutschen Gesetzgebung primär zu schützende Sachverhalte. Diese sind bei den rechtlich nachgeschalteten Regelungen, in denen der Begriff Umwelt angewendet wird (z. B. BImSchG, UVPG, AbfG), als Subjekte der Umwelt anzusehen. Sie bestimmen demnach wesentlich, welche Erscheinungen der Welt im Umweltrecht zur Umwelt zu rechnen sind.

Unter den *Schutz des GG* werden zum einen *die Menschen* gestellt. Nach Abs. 1 des Art. 1 ist die staatliche Gewalt verpflichtet, die Menschenrechte zu achten und zu schützen. Eine Umweltdefinition allein auf der Grundlage dieses Art. würde die menschliche Umwelt als Auslegungsrichtung bei Umweltgesetzen festlegen.

Darüber hinaus wird in dem am 27.10.1994 ins GG eingeführten Art. 20a bestimmt: "Der Staat schützt auch in Verantwortung für die künftigen Generationen die natürlichen Lebensgrundlagen ..." (BUNDESREGIERUNG DER BUNDESREPUBLIK DEUTSCHLAND 1994a; vgl. auch UHLE 1993; LÜBBE 1994; LORZ 1994; PETERS 1995c; HOFFMANN-RIEM 1995; BECKER 1995; KUHLMANN 1995; HABEL 1995; HENNEKE 1995; STEIGER 1995; JARASS u. PIEROTH 1995, S. 448ff; KLOEPFER 1996a; SCHINK 1996a). Diese Vorschrift enthält 2 wichtige Festlegungen für die Bestimmung des Umweltbegriffs.

Zum einen wird von *Lebensgrundlagen* gesprochen. Die Verwendung dieses Ausdrucks ergibt nur Sinn, wenn das Leben als ein wichtiges zu schützendes Gut angesehen wird. Hätte der Verfassungsgeber nur die Grundlagen des Menschen schützen wollen, so hätte er Formulierungen wie etwa *die Grundlagen des menschlichen Lebens* oder *die natürlichen Lebensgrundlagen des Menschen* verwendet, wie dies in der Gemeinsamen Verfassungskommission des Bundestags und des Bundesrats in den Diskussionen über die Formulierung des Art. 20a GG lange diskutiert wurde (vgl. GEMEINSAME VERFASSUNGSKOMMISSION DER BUNDESREPUBLIK DEUTSCHLAND 1993; KUHLMANN 1995, S. 2).

Daß sich der Gesetzgeber schließlich bewußt gegen diese Möglichkeiten der Formulierung entschieden hat (vgl. SCHINK 1996a, S. 361), läßt den Schluß zu, daß nicht der Mensch, sondern das Leben an und für sich geschützt werden soll. Da die Lebewesen diejenigen Subjekte sind, in denen sich das Leben ausdrückt, kann mit Recht geschlußfolgert werden, daß *die Lebewesen* die im Art. 20a des GG geschützten Subjekte sind.

Zum anderen ist in Art. 20a eine zeitliche Komponente enthalten. Der Ausdruck *auch im Hinblick auf künftige Generationen* besagt, daß neben den existierenden auch künftige Lebewesen als schutzwürdig erachtet werden (zum Schutz zukünftiger Generationen vgl. BIRNBACHER 1988; LEIST 1991). Dadurch, daß keine Anzahl von Generationen oder eine andere Zeiteinheit vorgegeben wird, scheint der Gesetzgeber keine Begrenzung des zu betrachtenden Zeithorizonts zu wünschen. Hierdurch ist prinzipiell eine *unendliche Zeitspanne* in die Umweltgesetzgebung eingeführt worden, auch wenn dies schwerwiegende praktische Probleme nach sich zieht.

Da alle Lebewesen potentiell eine Abfolge von Generationen durchlaufen, ist die Vorschrift des Schutzes der künftigen Generationen kein Argument für eine Reduktion des Art. 20a auf die Menschen (vgl. KUHLMANN 1995, S. 2), wie dies UHLE (1993) und PETERS (1995c, S. 555) ableiten.

Darüber, daß es sich bei der Umwelt in den Umweltgesetzen im wesentlichen um die *physische Umwelt* handelt und die geistige Ebene (z. B. psychische, soziale, ökonomische Sachverhalte) nicht hierzu gehört, herrscht in der Literatur weitgehende Einigkeit (vgl. Kap. 4.1.1, 4.1.4, 5.3, 6 u. ERBGUTH u. SCHINK 1996, S. 37 u. 207).

Da in der vorliegenden Arbeit die Auswirkungen von Industriebetrieben auf die Umwelt untersucht werden sollen, muß nicht die gesamte Umwelt von Lebewesen einbezogen werden. Vielmehr geht es nur um die *Merkwelten* (vgl. Kap. 3.1.1.1) der Lebewesen. Die Wirkwelten von Lebewesen müßten z. B. in dem Fall einbezogen werden, wenn der Untersuchungsgegenstand die Auswirkungen von Lebewesen, z. B. von Menschen auf die Umwelt wäre.

Zusammengefaßt ergibt sich folgende Begriffsfestlegung für das deutsche Genehmigungsrecht für Industrieanlagen und damit für die nachfolgende Arbeit:

> Die Umwelt ist die Gesamtheit der physischen Merkwelten
> sowohl der existierenden und zukünftigen Menschen
> als auch der existierenden und zukünftigen nichtmenschlichen Lebewesen.

Durch diese Definition des Begriffs Umwelt gehören sowohl alle Lebewesen als auch alle physischen Faktoren wie z. B. Luft, Wasser, Temperatur, welche die einzelnen Lebewesen oder Gruppen von Lebewesen beeinflussen, zur Umwelt (vgl. Abb. 13). Sie schließt auch ein, daß Lebewesen sowohl Ausgangspunkt der Betrachtung, was zur Umwelt zu rechnen ist, sind (Subjekt) als auch, daß sie zur Umwelt anderer Lebewesen gehören (vgl. Abb. 13).

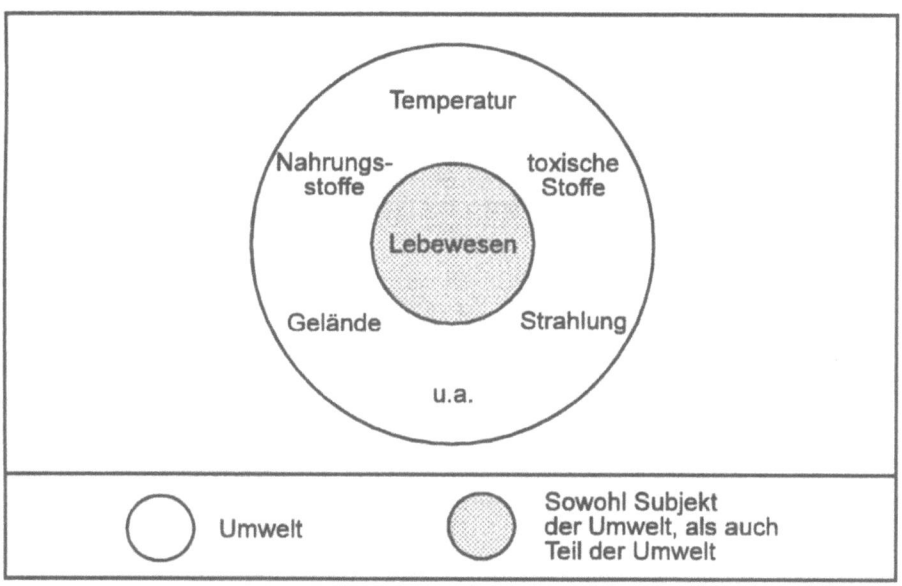

Abb. 13. Umwelt als Summe der Umwelten der Lebewesen.

Für den Vorgang der Bewertung bei Genehmigungsverfahren ergibt sich hieraus die *Doppelfunktion der Lebewesen* als *Bestandteile des Untersuchungsobjekts* und als *Maßstabgeber für das Bewertungssystem*. Dies spielt eine bedeutende Rolle bei der Ausarbeitung des Wertesystems, was allerdings nicht Gegenstand der vorliegenden Arbeit, sondern von Folgearbeiten sein soll (vgl. Kap. 1.2 u. 6). Dies bedeutet auch, daß Bestandteile und Phänomene, die keinen Einfluß auf Lebewesen haben, nicht betrachtet werden.

Lebewesen haben nach diesen Festlegungen *keinen Eigenwert*, sondern nur einen Wert über *ihre Funktion für andere Individuen*, da sie zu deren Umwelt gehören (z. B. Nahrungsfunktion, Beschattungsfunktion, Standraumfunktion). Der Eigenwert von Lebewesen wird nicht in Arbeiten über den Umweltschutz, sondern über Menschen-, Tier-, Pflanzen- oder Naturschutz behandelt.

Hervorzuheben ist außerdem, daß durch diese Definition des Begriffs Umwelt festgelegt ist, daß *es keine Umwelt eines Industriebetriebes gibt*, da ein Industriebetrieb kein Lebewesen ist. *Ein Industriebetrieb ist immer Teil der Umwelt.*

Diese Tatsache wird in der praktischen Anwendung des Umweltrechts oft verkannt. Ersichtlich ist dieser fehlerhafte Gebrauch an häufig verwendeten Formulierungen, wie z. B. die Umwelt des Industriebetriebes, die Anlagenumwelt, die betriebliche Umwelt.

Aus den Ausführungen ergeben sich die unterschiedlichen Anwendungen des Begriffs Umwelt in der folgenden Untersuchung (vgl. Tabelle 2). Für die Darstellung dessen, was ein konkretes Einzellebewesen oder eine Gruppe von Lebewesen umgibt, steht dementsprechend im Folgenden der Ausdruck *die Umwelt des Lebewesens* bzw. *die Umwelt der Gruppe von Lebewesen*. In den meisten Fällen handelt es sich um die aus den gesetzlichen Vorgaben abgeleitete Umwelt aller Lebewesen (Lebensumwelt, s. o.). Dies wird im Folgenden generell als *die Umwelt* bezeichnet. Bei einer nicht lebenden Erscheinung wie einem Industriebetrieb, einem Haus, einer Anlage wird der Ausdruck *der umgebende Umweltausschnitt* oder *die Umgebung von* verwendet (vgl. Tabelle 2).

Tabelle 2. Subjekt-Umwelt-Relation in der vorliegenden Arbeit.

Subjekt der Umwelt	Umwelt
Ein Lebewesen X	Die Umwelt von X
Eine Gruppe von Lebewesen Y	Die Umwelt von Y
Alle Lebewesen	Die Umwelt
Ein unbelebter Gegenstand Z	Der Z umgebende Umweltausschnitt oder die Umgebung von Z

3.1.1.3 Die Umwelt hat für alle Lebewesen generelle Funktionen

Die Umwelt besitzt gewisse Strukturen, die als Systeme unterschiedlicher Maßstäbe und Komplexitäten angesehen werden können. Bestimmt werden diese Strukturen dadurch, daß ihre Einzelbestandteile durch *Wirkungszusammenhänge* miteinander verbunden sind. BRÜNING (1996) ordnet diese unterschiedlichen Wirkungszusammenhänge in
- direkte *Ursache-Wirkung-Beziehungen* (vgl. Abb. 14a),
- mittelbare *Ursache-Wirkung-Beziehungen* (vgl. Abb. 14b),
- *Ursache-Wirkung-Beziehungen mit direkter Rückwirkung* (vgl. Abb. 14c) und
- *Ursache-Wirkung-Beziehungen mit indirekter Rückwirkung* (vgl. Abb. 14d).

Aus Gründen der verbal-logischen Stringenz sollten die mittelbaren Ursache-Wirkung-Beziehungen allerdings als *indirekte Ursache-Wirkung-Beziehung* bezeichnet werden.

Die Ursache-Wirkung-Beziehungen mit Rückwirkung (vgl. Abb. 14c, d) können auch als Wechselwirkungen bezeichnet werden. Von besonderer Bedeutung sind in der Umwelt die Ursache-Wirkung-Beziehungen mit Rückwirkungen in Form von Regelkreisen (vgl. VESTER 1991, S. 20ff), da es meist von diesen abhängt, ob bestimmte Prozesse sich zu Katastrophen aufschaukeln (bei ungebremster positiver Rückwirkung) oder in einem gewissen Rahmen bleiben (bei negativer Rückwirkung).

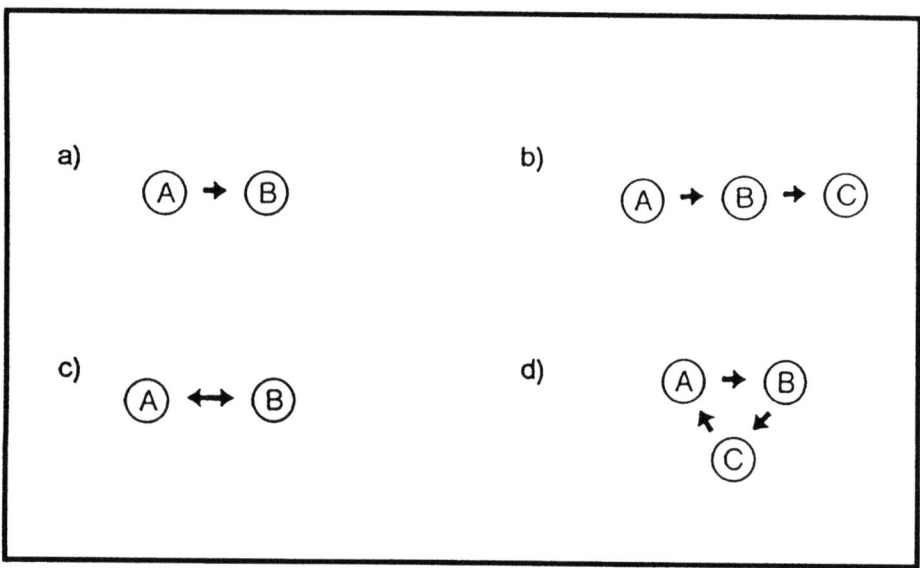

Abb. 14. Unterschiedliche Ursache-Wirkung-Beziehungen in der Umwelt. Nach BRÜNING 1996, S. 18, verändert; Erläuterungen im Text.

Über Ursache-Wirkung-Beziehungen sind die Bestandteile der Umwelt vernetzt (vgl. HOWE u. WESTLEY 1993; SRU 1994, S. 9ff). In diesem vernetzten System Umwelt nehmen die einzelnen Bestandteile der Umwelt bestimmte *Funktionen für die Subjekte der Umwelt* wahr (vgl. z. B. ODUM 1983, S. 10ff; REMMERT 1992, S. 210ff; TISCHLER 1993, S. 144ff; GOUDIE 1995, S. 377ff).

Für die Untersuchung, welche Auswirkungen ein Industriebetrieb auf die Umwelt hat, werden dementsprechend *die Funktionen, welche die Umwelt für die Lebewesen allgemein und für die Menschen im speziellen hat*, herausgestellt.

Um diese *funktional-systemischen Charakteristika* herauszuarbeiten, wird zuerst betrachtet, welche Eigenschaften die Lebewesen bestimmen. Dann wird untersucht, auf welche dieser Eigenschaften die Umwelt Einfluß nimmt und wie diese Einflußnahme geschieht.

Lebewesen haben spezielle Ansprüche an ihre Umwelt. *Das Leben ist eine grundsätzlich von unbelebten Erscheinungen unterschiedliche Erscheinungsform. Es zeichnet sich durch die in der Übersicht (s. u.) aufgeführten Charakteristika aus.*

Trotz dieser Gemeinsamkeiten aller Lebewesen ist die Ausprägung des Lebens sehr vielfältig. Heute leben ca. 13,6 Mio. verschiedenen Arten von Lebewesen auf der Erde (vgl. UNEP 1995, S. 111ff). Andere Autoren gehen sogar von 20-80 Mio. Arten aus (vgl. BARTHLOTT 1994, S. 105ff). Diese Arten unterscheiden sich mehr oder weniger in der Ausprägung von einem oder mehreren der dargestellten Charakteristika.

Grundlegende Charakteristika von Lebewesen*:

1. Ablauf bestimmter biochemischer Reaktionen
2. Erregbarkeit
3. Stoffwechsel
4. Energieumwandlung
5. Aufbau aus bestimmten organischen Stoffen
6. Besitz bestimmter Strukturen
7. Aufbau aus einer oder mehreren Zellen
8. Wachstum
9. Vergänglichkeit
10. Abhängigkeit von spezifischen Umweltbedingungen
11. Fähigkeit zur Fortpflanzung
12. Fähigkeit zur Vererbung
13. Fähigkeit zum Erbwandel

* Nach ODUM 1983, S. 11; STRASBURGER et al. 1991, S. 2f, 158, 242ff, 251ff, 414ff u. 473ff; SCHUBERT 1991, S. 154f; CZIHAK et al. 1992, S. 7ff, 52ff, 78ff, 263ff, 327ff, 583ff, 596ff u. 884ff; REMMERT 1992, S. 5f u. 101ff; KLÖTZLI 1993, S. 59ff; TISCHLER 1993, S. 21ff, 28, 35ff u. 46ff; DAWKINS 1995; KAZDA 1995, S. 191ff; MAY 1995, S. 148; STEINECKE 1995, S. 111ff.

Jede dieser Arten kann nur unter bestimmten Umweltbedingungen existieren (vgl. BICK 1993, S. 10ff; UNEP 1995, S. 111ff). Hierzu gehören z. B. Minimal-, Maximaltemperaturen, Minimum- und Maximumgehalte bestimmter Gase in der Atemluft, aber auch das Vorhandensein von Nahrungsstoffen (vgl. Kap. 3.2.1) und die Abwesenheit von toxischen Stoffen (vgl. Kap. 3.2.1). Die Bandbreite dieser Umweltansprüche ist für jede Art und für jedes Lebewesen festgelegt. Liegen ein oder mehrere der Umweltparameter außerhalb dieser spezifisch vorgegebenen Bandbreite, so kommt es zu Schädigungen oder zum Tod des Lebewesens (vgl. BICK 1993, S. 10ff; TISCHLER 1993, S. 21ff). Stirbt eine Art aus, so ist die Information über die von ihr gefundene Lösung der Anpassung an Umweltbedingungen - einschließlich des hierauf aufbauenden Potentials zur Reaktion auf zukünftige Umweltveränderungen - verloren (vgl. HABER 1993, S. 52).

Bei den meisten der heute existierenden Arten wird ein Teil der spezifischen Umweltansprüche von anderen Lebewesen gebildet (z. B. energiereiche Verbindungen der Pflanzen notwendig für Menschen und Tiere, Bestäubung durch

Insekten notwendig für Wiesenblumen, Assimilate der Gehölzpflanzen notwendig für Mycorrhizapilze). Die Individuen der abhängigen Arten sind meist ohne die Individuen der anderen Arten nicht lebensfähig. Aus diesem Grund bilden die unterschiedlichen Arten Lebensgemeinschaften oder *Biozönosen* (vgl. BLUME 1992, S. 358; WITTIG 1995, S. 89ff). Das Wirkungsgefüge aus Biozönose und dem Inventar an abiotischen Faktoren bilden Systeme, in denen jedes Systemteil seine besondere Funktion ausübt. Eine derartige funktional-systemische Einheit wird als *Ökosystem* bezeichnet (vgl. Abb. 15 u. z. B. TANSLEY 1935, S. 299ff; ELLENBERG 1973a; b; BLUME 1992, S. 358; GNAUCK et al. 1995; HABER 1995, S. 193ff).

In Abb. 15 wird - trotz seiner Schematisierung - ansatzweise deutlich, *wie vernetzt ein Ökosystem sein kann*. Wichtige Zusammenhänge sind z. B. Nahrungspyramiden (vgl. Abb. 21 in Kap. 3.2.1) und Energieumwandlungen (vgl. Abb. 26 in Kap. 3.3.1), aber auch Temperaturregulation (z. B. die Beschattung hitzeempfindlicher Kryptogamen durch den Baumbestand), Schutz vor Fraßfeinden (z. B. tropische Ameisen-Pflanzen(Cecropia)-Symbiosen) oder Hilfe bei der Vermehrung (z. B. Bestäubung von Pflanzen durch Insekten).

Das Zusammenwirken der unterschiedlichen Arten und die Ausprägung der abiotischen Umweltbedingungen am Standort des Ökosystems - dem Ökotop - sind für ein derartiges System charakteristisch (vgl. z. B. BLUME 1992, S. 358; KLÖTZLI 1995, S. 288ff). *Die Einzelbestandteile eines Ökosystems sind größtenteils voneinander abhängig* (vgl. z. B. WILSON 1995, S. 24). Diese Kopplung der Arten an ihre Ökosysteme hat zur Folge, daß die Vielfalt der Ökosysteme bewahrt werden muß, wenn die Vielfalt der Arten erhalten werden soll.

Ökosysteme haben ihrerseits spezifische Umweltansprüche (vgl. KLINK 1983, S. 146f). Ändern sich die Umweltbedingungen, an die das Ökosystem angepaßt ist wie z. B. die Temperaturverteilung, die Maximalniederschläge oder die Sonneneinstrahlung, geringfügig, so haben die Arten in einem Ökosystem in einem begrenzten Rahmen die Möglichkeit, sich an diese veränderten Bedingungen anzupassen.

Eine derartige Anpassung von Ökosystemen an veränderte Umweltbedingungen kann z. B.
- durch Bildung angepaßter Varietäten oder neuer Arten (vgl. Kap. 3.5.1) oder
- durch Ersatz einzelner Arten und Übernahme der Funktion der eliminierten Arten durch andere im Ökosystem vorhandene oder einwandernde Arten (vgl. TISCHLER 1993, S. 154f u. 187)

geschehen.

Das Ökosystem bleibt so als strukturelle Einheit im wesentlichen erhalten (vgl. WILSON 1995, S. 24f) und mit ihm sowohl die genetische Information als auch die Anzahl der Arten [*natürliche Artenvielfalt (NA)* oder *natural Biodiversity (NB)*]. Die Elastizität von Ökosystemen kann aber auch überschritten werden (vgl. Kap. 3.5.1 u. STREIT u. STREIT 1994, S. 47ff). Wenn dies passiert, bricht das Ökosystem zusammen, und für viele Arten ist der Lebensraum an diesem Ort

- zumindest für einen gewissen Zeitraum - verloren (vgl. GUDERIAN u. BRAUN 1995; UNEP 1995, S. 312ff).

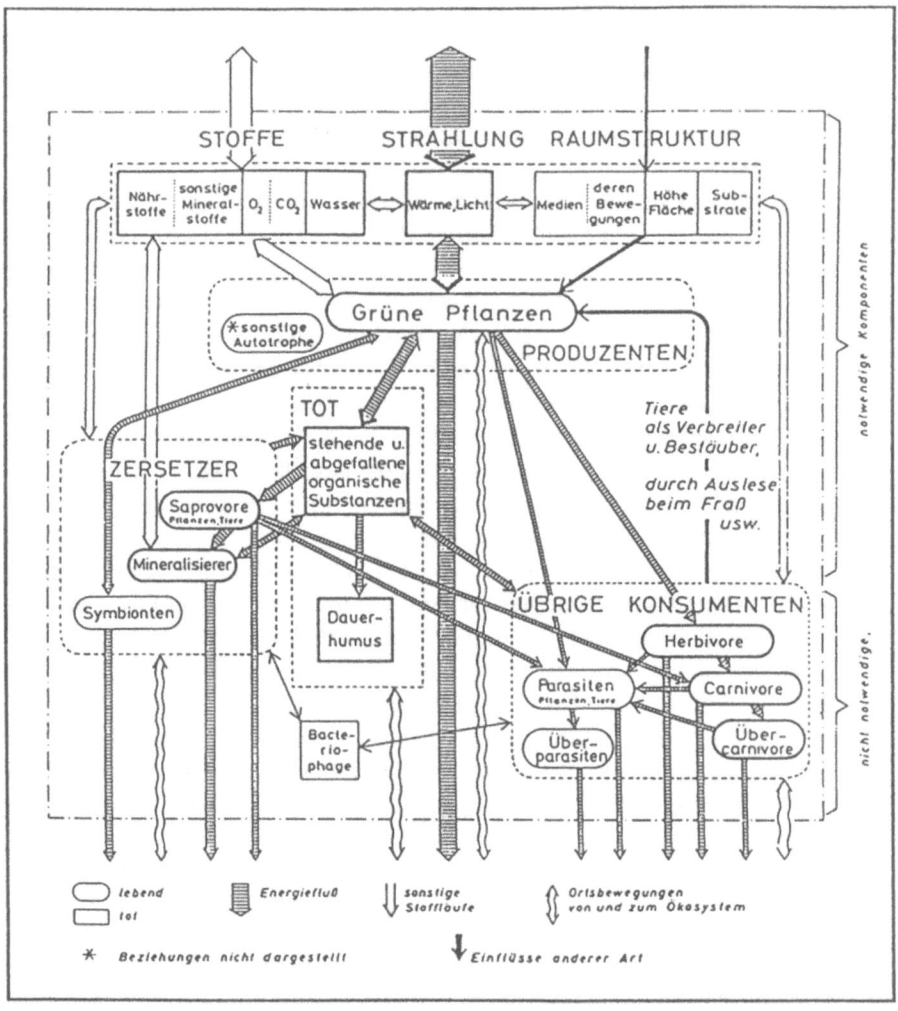

Abb. 15. Schema eines Ökosystems. Das Wirkungsgefüge ist durch Pfeile für den Energiefluß, sonstige Stoffläufe und für Ortswechsel angedeutet (ELLENBERG 1973b, S. 3; Erläuterungen gekürzt).

Je größer der Raum ist, der von den Umweltveränderungen betroffen wird, *und je krasser und schneller die Veränderungen* der Umweltbedingungen stattfinden, desto mehr Ökosysteme werden vernichtet, und desto mehr Arten sterben unwie-

derbringlich aus. Dies kann soweit gehen, daß ganze Biome vernichtet werden (z. B. der Naturwald der norddeutschen Lößgebiete).

Eine extreme Situation in dieser Hinsicht wäre z. B. gegeben, wenn aller Sauerstoff der Atmosphäre in Form von CO_2 gebunden wäre. Dann würden zumindest alle tierischen Organismen nach kurzer Zeit zugrunde gehen. Die extremste Form einer derartigen Umweltveränderung wäre die Vernichtung der Grundlagen des Lebens auf der Erde. Dies könnte z. B. dadurch geschehen, daß die Atmosphäre der Erde so stark aufgeheizt würde, daß die Gewässer verdampfen. Derartige Verhältnisse herrschen heute z. B. auf der Venus (vgl. NISBET 1994, S. 49). Oder die Atmosphäre würde so stark abkühlen, daß alle wäßrigen Flüssigkeiten gefrieren. Dies sind Bedingungen, wie sie heute auf dem Mars vorkommen (vgl. NISBET 1994, S. 50; KARGEL, STROM 1997).

"Seit der industriellen Revolution und insbesondere in den letzten 50 Jahren haben die Menschen kontinuierlich die ökologische Basis der lebenden Welt immer mehr unterhöhlt. In vielen Fällen sind Schädigungen komplexer Biosysteme irreversibel" (RAT DER EUROPÄISCHEN GEMEINSCHAFT 1993, S. 44). Dies führte dazu, daß eine Spirale des Artensterbens initiiert wurde, da viele Ökosysteme durch das Ausmaß und die Schnelligkeit der Umweltveränderungen überfordert sind, und die Arten es nicht schnell genug schaffen, neue angepaßte Arten hervorzubringen (vgl. WALTER u. BRECKLE 1991, S. 512ff). Durch die Tätigkeit des Menschen ist heute ein großer Teil der Arten vom Aussterben bedroht (vgl. UNEP 1995, S. 716). "Beim gegenwärtigen Tempo der Zerstörung von Ökosystemen und Lebensräumen wird in den nächsten 25 Jahren mit dem Aussterben von ca. 1,5 Mio. Arten gerechnet" (WBGU 1993, S. 136). Dies entspricht einer Auslöschungsrate von über 160 Arten pro Tag.

Die Ausprägung der Umwelt kann folgende Charakteristika von Lebewesen und Gruppen von Lebewesen ermöglichen:

- Das Leben der existierenden Lebewesen,
- Die Fortpflanzung / Vererbung der Lebewesen,
- Das Leben der Nachkommen (F1- bis Fn-Generation),
- Die Fortpflanzung / Vererbung der Nachkommen (F1- bis Fn-Generation),
- Die Existenz, den Fortbestand und die Entwicklungsmöglichkeit von Arten,
- Die Existenz, den Fortbestand und die Entwicklungsmöglichkeit von Ökosystemen.

Aus den dargestellten Sachverhalten ergeben sich folgende Inhalte, die bei der Bewertung der Auswirkungen von Industriebetrieben auf die Umwelt aus allgemeiner Sicht berücksichtigt werden sollten:

> **Spezielle Sachverhalte der Umwelt für alle Lebewesen**
>
> - Ursache-Wirkung-Beziehungen in der Umwelt
>   - Direkte Ursache-Wirkung-Beziehungen in der Umwelt
>   - Indirekte Ursache-Wirkung-Beziehungen in der Umwelt
>   - Ursache-Wirkung-Beziehungen mit direkter Rückwirkung in der Umwelt
>   - Ursache-Wirkung-Beziehungen mit indirekter Rückwirkung in der Umwelt
> - Funktionen für Lebewesen (als Subjekt der Umwelt)
>   - Funktionen für nichtmenschliche Lebewesen
>   - Funktionen für Arten
> - Funktionen für unterschiedliche Generationen
>   - Funktionen für existierende Lebewesen
>   - Funktionen für zukünftige Lebewesen
> - Funktionen für Ökosysteme
> - Funktionen für Ökosystemtypen
> - Wirkungen auf Lebensfunktionen
>   - Wirkungen auf Leben von Lebewesen
>   - Wirkungen auf Fortpflanzung / Vererbung von Lebewesen
> - Lebewesen als Umweltbestandteile
>   - Menschen
>   - Nichtmenschliche Lebewesen

3.1.1.4 Für Menschen hat die Umwelt besondere Funktionen

Die in Kapitel 3.1.1.3 beschriebenen *allgemeinen funktional-systemischen Charakteristika des Lebens*, welche die Lebewesen allgemein betreffen, *gelten auch für die Menschen*. Bei ihnen kommen allerdings *einige Besonderheiten* hinzu:
- *Die Subjekte, welche die Bewertung z. B. im Umweltrecht, der Umweltplanung oder der Umweltpolitik vornehmen, sind immer Menschen.*
- Der größte Teil der Menschen fordert über die für alle Lebewesen genannten Elementaransprüche der reinen physischen Existenz und der Fortpflanzung hinaus mittlerweile einen Anspruch auf eine gewisse *Lebensqualität*. Diese bestimmt sich v. a. aus der Befriedigung der Daseinsgrundfunktionen wohnen, arbeiten, sich versorgen, in Gemeinschaft leben, sich bilden, sich erholen, am Verkehr teilnehmen und kommunizieren (vgl. PARTZSCH 1970; HAMBLOCH 1982, S. 147; HAGEL et al. 1982, S. 39; SRU 1988, S. 40).
- Die erreichte *Lebensqualität* soll *auch für die nachfolgenden Generationen* erreichbar sein.

- Durch ihre geistige Entwicklung haben sich die Menschen eine spezielle Umwelt geschaffen. Diese *geistige Umwelt* mit ihren speziellen monetären, psychischen, sozialen, künstlerischen, mathematischen, philosophischen u. a. Aspekten wird - wie in Kapitel 3.1.1.2 ausgeführt - im Rahmen dieser Arbeit nicht untersucht.

Zur Deckung der Ansprüche, die sich aus der Erlangung und Bewahrung einer bestimmten Lebensqualität (z. B. Fahrzeuge, Zusatznahrung, Fernsehen) ergeben, werden große Flächen genutzt und erhebliche Mengen an bestimmten Stoffen [z. B. Holz (WIDMANN, LINSMEIER 1997), Eisen (NEUMANN 1995), Phosphor PRIESNER 1995)] und an nutzbarer Energie (BACH 1996) zur Verfügung gestellt.

Da sowohl die Flächen als auch die Stoff- und Energieressourcen auf der einen Seite endlich sind und diese auf der anderen Seite durch die Nutzung des Menschen in der Regel so umgewandelt werden, daß sie dem Menschen für eine weitere Nutzung nicht mehr zur Verfügung stehen (s. u.), wird die Verfügbarkeit dieser Ressourcen für den Menschen immer geringer (vgl. SCHMIDT-BLEEK 1994; BGR 1995).

Hinzu kommt, daß die Lebensgrundlagen der Menschheit durch den zunehmenden Rückgang der biologischen Vielfalt, d. h. den Verlust oder die Beeinträchtigung von Arten und ihren Lebensräumen, bedroht wird (vgl. FELLENBERG 1995, S. 485; BUNDESREGIERUNG DER BUNDESREPUBLIK DEUTSCHLAND 1995a, S. 3; WILSON 1995), da ihre Existenz und ihre Zukunft über Nahrungsketten, Stoffkreisläufe u. a. unabdingbar mit den Lebensgemeinschaften der Tiere und Pflanzen verknüpft ist (vgl. BUNDESREGIERUNG DER BUNDESREPUBLIK DEUTSCHLAND 1986a, S. 10; WBGU 1993, S. 137; SRU 1994, S. 9; WILSON 1995). Ein Großteil dieser möglichen Nutzfunktionen der NA für die Menschheit ist noch garnicht bekannt (vgl. ARNDT et al. 1987; HARTMANN 1992; BELLMANN 1995; GROß 1997).

Die Ausprägung der Umwelt kann - v. a. durch die Bereitstellung von Ressourcen - folgende spezielle Charakteristika von Menschen zusätzlich ermöglichen:

- Den heutigen Menschen eine gewisse Lebensqualität sichern,
- Den Nachkommen (F1- bis Fn-Generation) der heutigen Menschen eine gewisse Lebensqualität sichern.

Hieraus ergeben sich weitere Sachverhalte, die bei der Bewertung der Auswirkungen von Industriebetrieben auf die Umwelt aus allgemeiner Sicht berücksichtigt werden sollten:

> **Spezielle Sachverhalte für Menschen**
>
> - Funktionen für (existierende und zukünftige) Menschen,
> - Funktionen für die (existierende und zukünftige) Menschheit,
> - Wirkungen auf die Lebensqualität von (existierenden und zukünftigen) Menschen,
> - Menschen (existierende und zukünftige) als Umweltbestandteile.

3.1.2 Generelle betriebliche Ursachen für Umweltauswirkungen

Industriebetriebe. Ein *Industriebetrieb* ist "eine organisatorische Einheit innerhalb der gewerblichen Güterproduktion, die sich der Stoffgewinnung, -veredelung, -bearbeitung und -verarbeitung annimmt" (LESER et al. 1992, S. 266). Außerdem kann sie der Energieumwandlung dienen (z. B. Kernkraftwerk, Wasserkraftwerk, solarthermisches Kraftwerk).

Sowohl bei der Errichtung der Anlage als auch beim Produktionsprozeß eines Industriebetriebes spielen vielfältige ökonomische und psychische Prozesse eine Rolle. Diese geistige Ebene eines Industriebetriebes soll hier nicht Gegenstand der Betrachtung sein. Vielmehr geht auch der Industriebetrieb - wie schon die Umwelt (vgl. Kapitel 3.1.1.3) - nur *in seiner physischen Erscheinungsform* in die vorliegende Untersuchung ein.

Neben dieser Einengung des Betriebsbegriffs, wird er dahingehend weit gefaßt, daß *alle Handlungen und Tätigkeiten, die in unmittelbarem oder mittelbarem Zusammenhang mit der Anlage zur Herstellung des Produktes oder dem Produkt selbst stehen, als zum Betrieb gehörig* angesehen werden. Diese weite Definition des Betriebes ist unbedingte Voraussetzung, um die Auswirkungen der industriellen Produktherstellung auf die Umwelt umfassend einschätzen und die betrieblichen Ursachen für Umweltauswirkungen hieraus extrahieren zu können.

Durch diese Bestimmungen stimmt der *umweltrelevante Begriff des Industriebetriebes* von seinem Inhalt und seinem Umfang her nicht mit dem in der Betriebs- oder der Volkswirtschaftslehre gebräuchlichen Begriff überein.

In der physischen Ebene ist das Ziel eines Industriebetriebes die Herstellung von Produkten. Er kann grundsätzlich in
- *die Anlage* (die Infrastruktur) und
- *die Produktion* (die ablaufenden Prozesse)

unterteilt werden (vgl. Abb. 16 u. ENDRES 1994, S. 35f).
Eine Anlage setzt sich in der Regel aus folgenden Bestandteilen zusammen:
- ortsfeste technische Einrichtungen (z. B. Destillationskolonnen),
- bewegliche technische Einrichtungen (z. B. Fahrzeuge),
- Gebäude (z. B. für die Verwaltung),
- sonstige Einrichtungen (z. B. Zäune um das Betriebsgelände),

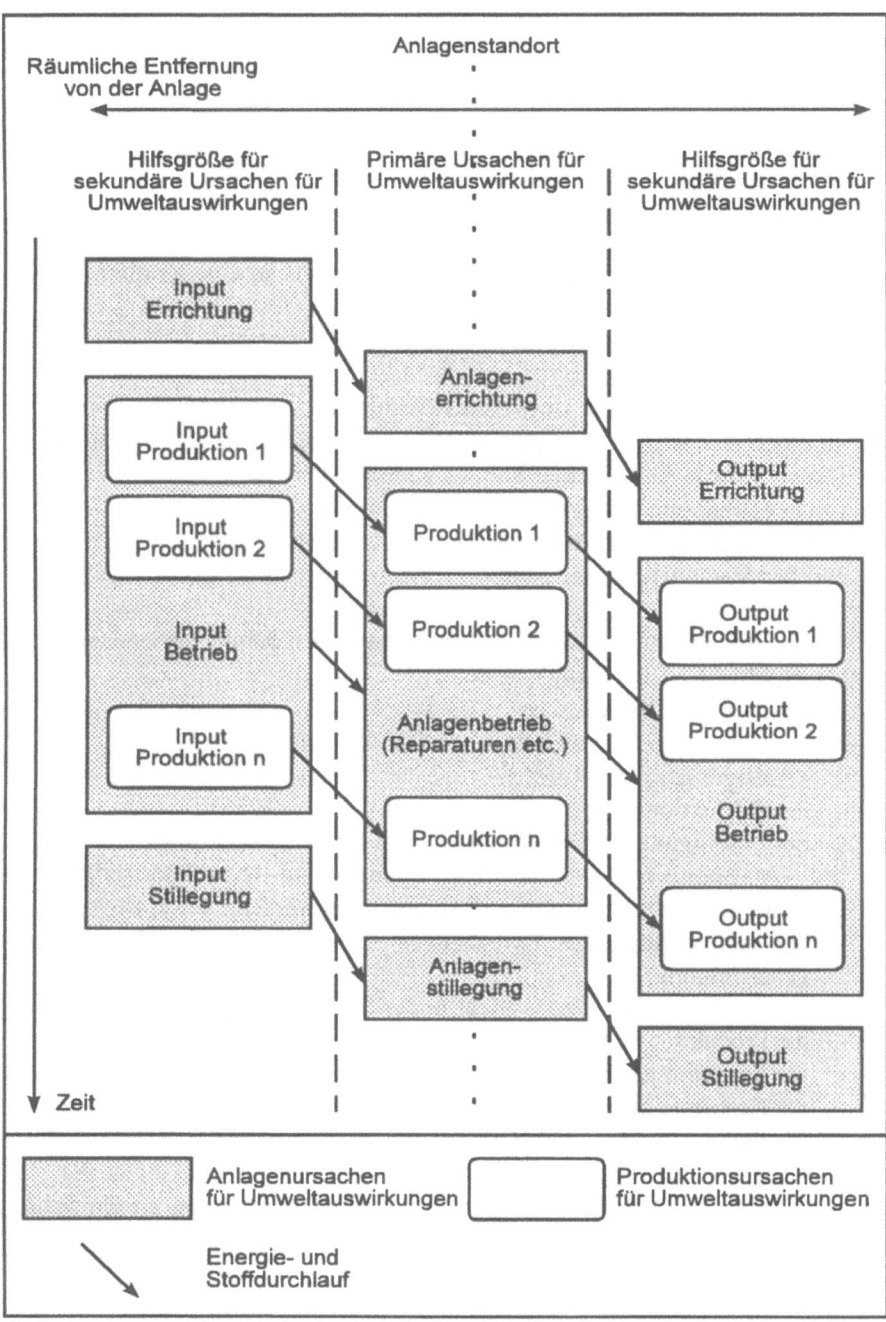

Abb. 16. Schematische Darstellung des Zusammenhangs zwischen der Anlage, der Produktion, dem Stoff- und Energiedurchlauf und der räumlichen Distanz zur Anlage.

- Flächen zum Bearbeiten (z. B. Fertigungsstraßen),
- Flächen zum Lagern (z. B. Palettenstellplätze),
- Verkehrsflächen (z. B. Zufahrten) und
- sonstige Flächen (z. B. Abstandsflächen).

Der Produktionsprozeß kann - je nach Betrieb - durch folgende Vorgänge geprägt sein (vgl. LESER et al. 1992, S. 266):
- Stoffgewinnung (z. B. Erdölförderung),
- Stoffveredelung (z. B. Erzeugung von Stahl),
- Stoffbearbeitung (z. B. Gerben von Leder),
- Stoffverarbeitung (z. B. Einarbeitung von Blechen in eine Kraftfahrzeugkarrosserie) und
- Energieumwandlung (z. B. Stromerzeugung aus Erdgas).

Betriebliche Ursachen für Umweltauswirkungen. Die meisten der Tätigkeiten, die in einem Industriebetrieb stattfinden, sind Ursachen für Auswirkungen auf die Umwelt. Diese Auswirkungen sind vielfältig. Sie reichen
- von der Erhöhung des Lebensstandards durch Produkte
- bis hin zur Zerstörung von Boden durch Versiegelung und
- von der Veränderung der Luftzusammensetzung durch gasförmige Emissionen
- bis hin zur Störung der Nachtruhe von Anwohnern durch Lärmemissionen

(vgl. z. B. FELLENBERG 1995, S. 462ff).

Grundlegend muß man zwischen
- den *betrieblichen Ursachen für Umweltauswirkungen*, wie z. B.
  - der Gewinnung der Rohstoffe,
  - der Produktionsprozeß und
  - der Beseitigung des Endproduktes nach dem Gebrauch sowie
- den *Umweltauswirkungen* selbst (Wirkungen auf Umweltbestandteile, die durch die betrieblichen Ursachen hervorgerufen werden), wie z. B.
  - die Vernichtung eines Trittsteinbiotops (betriebliche Ursache: die Anlagenerrichtung),
  - die Zerstörung der Ozonschicht in der Stratosphäre (betriebliche Ursache: die Produktion) und
  - die Emission gasförmiger, karzinogener Dioxine und damit die Erhöhung der Krebsrate bei Menschen in der Nähe der Abfallbeseitigungsanlage (betriebliche Ursache: die Verbrennung des Endproduktes nach dem Gebrauch)

unterscheiden. Im Folgenden werden die betrieblichen Ursachen für Umweltauswirkungen behandelt, wohingegen die Umweltauswirkungen selbst in Kapitel 3.1.3 dargestellt werden.

Entsprechend der Unterteilung eines Industriebetriebes in Anlage und Produktion (s. o.) können auch die betrieblichen Ursachen für Auswirkungen auf die Umwelt in *Anlagenursachen* und *Produktionsursachen* differenziert werden (vgl. Abb. 16).

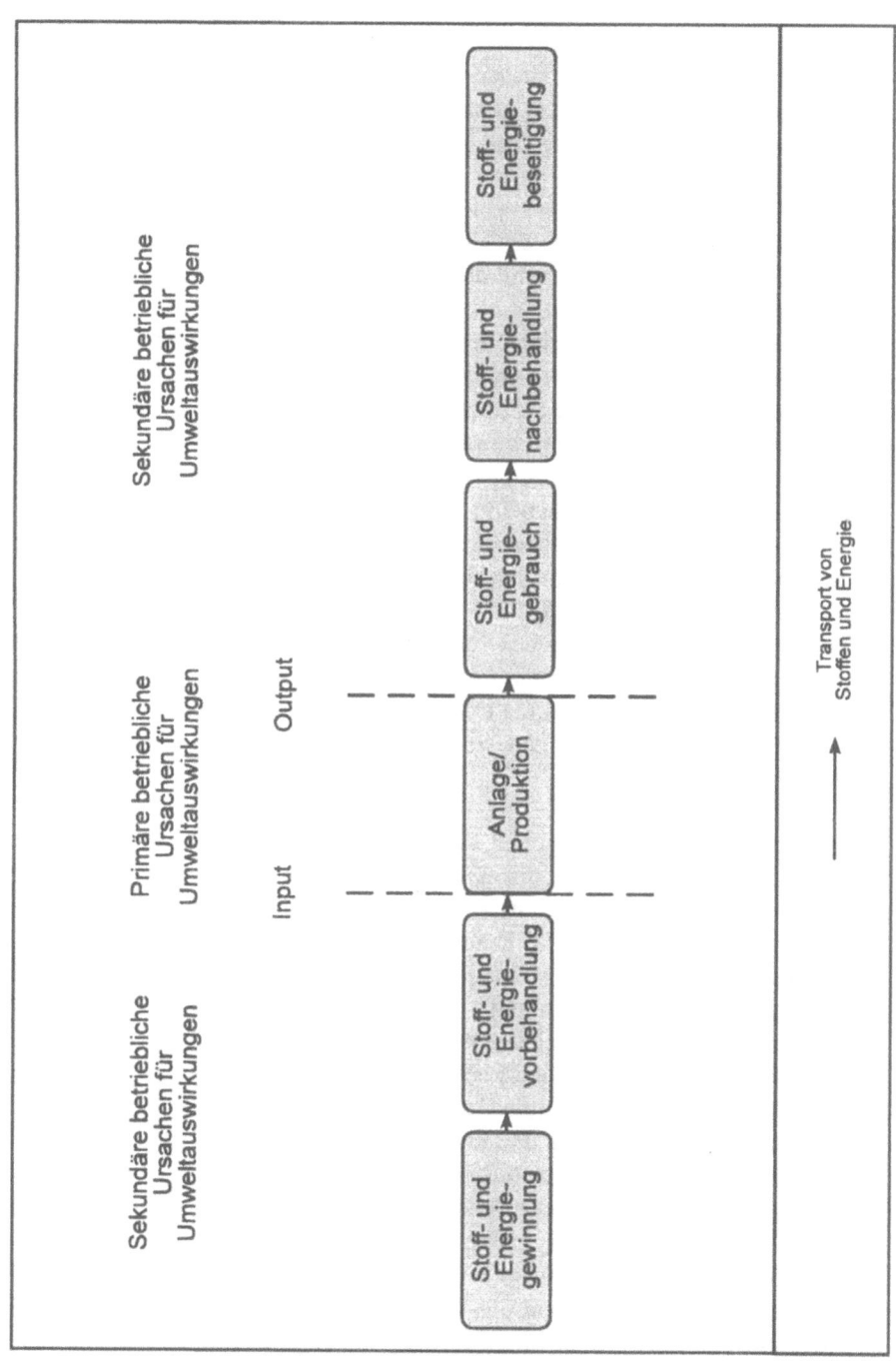

Abb. 17. Primäre und sekundäre betriebliche Ursachen für Umweltauswirkungen.

Zu beachten ist hierbei, daß
- die Anlagenursachen die gesamte Anlagenexistenz von der Wiese bis zur Wiese, einschließlich der gesamten Existenzzeit der Einsatzstoffe von der Rohstoffgewinnung bis zur Entsorgung (vgl. Kap. 3.5.2) und
- die Produktionsursachen die gesamte Produktexistenz von der Rohstoffgewinnung bis zur Entsorgung (vgl. Kap. 3.5.2)

umfassen.

Eine andere Einteilung der betrieblichen Ursachen für Auswirkungen auf die Umwelt richtet sich danach, ob die Ursachen in direktem räumlichen, zeitlichen und sachlichen Zusammenhang mit dem Produktionsprozeß am betrachteten Anlagenstandort stehen oder nicht.

Die Ursachen mit einem direkten derartigen Zusammenhang sind die *primären betrieblichen Ursachen für Umweltauswirkungen* (vgl. Abb. 17). Ist dieser direkte Zusammenhang nicht gegeben, so zählen die Ursachen zu den *sekundären betrieblichen Ursachen für Umweltauswirkungen* (vgl. Abb. 17).

Primäre betriebliche Ursachen für Umweltauswirkungen. Die *primären anlagenbedingten Ursachen für Umweltauswirkungen* sind die Anlagen selbst und die mit ihnen im Zusammenhang stehenden Tätigkeiten wie
- die Errichtung von Anlagen,
- die Reparaturen und Revisionen von bestehenden Anlagen sowie
- die Stillegung von bestehenden Anlagen.

Hiervon zu unterscheiden sind die *primären produktionsbedingten Ursachen für Umweltauswirkungen*. Hierbei handelt es sich um Tätigkeiten im Zusammenhang mit dem Produktionsprozeß.

Sekundäre betriebliche Ursachen für Umweltauswirkungen. Neben den primären betrieblichen Ursachen gibt es weitere Vorgänge, die mit der industriellen Produktion in Zusammenhang stehen und Ursachen für Umweltauswirkungen sind. Wie in Abb. 17 dargestellt, handelt es sich bei diesen *sekundären betrieblichen Ursachen für Umweltauswirkungen* um
- die Stoff- und Energiegewinnung,
- die Stoff- und Energievorbehandlung,
- den Gebrauch von Stoffen und Energie,
- die Nachbehandlung von Stoffen und Energie,
- die Beseitigung von Stoffen und Energie und
- die Transporte von Stoffen und Energie.

Ob Tätigkeiten als primäre oder sekundäre betriebliche Ursachen für Umweltauswirkungen anzusehen sind, hängt von dem jeweiligen zu betrachtenden Betrieb ab. So ist für einen Braunkohlentagebaubetrieb die Gewinnung der Rohstoffe eine primäre Ursache und die Verstromung der Braunkohle eine sekundäre Ursache für Umweltauswirkungen, für ein Braunkohlenkraftwerk hingegen ist die Umwandlung der Braunkohle in elektrische Energie eine primäre Ursache und die Braunkohlengewinnung eine sekundäre Ursache für Umweltauswirkungen.

Die Ursachen für Umweltauswirkungen eines Betriebes lassen sich auch als die Gesamtheit der Ursachen für Umweltauswirkungen, die durch die Herstellung des *Input*s und den Gebrauch und die Beseitigung des *Output*s entstehen zusammenfassen (vgl. Abb. 16 u. 17). Diese Aggregation der Ursachen für Umweltauswirkungen in *In- und Output-Ursachen* erleichtert eine Bilanzierung der sekundären betrieblichen Ursachen für Umweltauswirkungen und können deshalb als Hilfsgrößen herangezogen werden (vgl. Abb. 16).

Als *Input-Ursachen für Umweltauswirkungen* werden die Ursachen für Umweltauswirkungen bezeichnet, die sich daraus ergeben, daß Stoffe und Energie, zur Herstellung der Anlage (*anlagenbedingte Input-Ursachen*) und der Produkte (*produktionsbedingte Input-Ursachen*) genutzt werden. Die Inputs besitzen demnach meist eine Art *Rucksack an Ursachen für Umweltauswirkungen* (vgl. SCHMIDT-BLEEK 1994, S. 19). Dieser Rucksack reicht von der Rohstoffgewinnung und der Vorbehandlung bis zum Transport von Stoffen und Energie.

Als *Output-Ursachen für Umweltauswirkungen* werden die Ursachen für Umweltauswirkungen bezeichnet, die sich durch die Stoffe und die Energie, welche die Anlage (*anlagenbedingte Output-Ursachen*) oder nach der Produktion (*produktionsbedingte Output-Ursachen*) verlassen, ergeben. Auch sie bilden demnach meist einen *Rucksack an Ursachen für Umweltauswirkungen*. Dieser Rucksack reicht vom Gebrauch der Endprodukte und der Behandlung von Reststoffen bis hin zum Stoff- und Energietransport.

Bei den betrieblichen *Input*s kann es sich um folgende Erscheinungen handeln:
- Vorprodukte (z. B. Schrauben),
- Rohstoffe (z. B. Erze),
- Hilfsstoffe (z. B. Schmiermittel),
- Anlieferungspackmittel (z. B. PE-Folien) oder
- Energieinput (z. B. Strom) und

bei den betrieblichen *Output*s um
- Produkte (z. B. Kühlschränke),
- feste Abfälle (z. B. Grate),
- flüssige Abfälle (z. B. verbrauchte Galvanikbäder),
- gasförmige Abfälle (z. B. CO_2),
- Auslieferungspackmittel (z. B. Europaletten) oder
- Energieoutput (z. B. Abwärme).

Arten von betrieblichen Ursachen für Umweltauswirkungen bei unterschiedlichen Industriebetrieben. Je nach Art des Industriebetriebes können die Anteile der Arten betrieblicher Ursachen für Umweltauswirkungen an den betrieblichen Gesamtumweltauswirkungen sehr unterschiedlich sein. So
- nehmen die sonstigen Flächen bei einer Abfalldeponie oder einer Kiesgewinnung in der Relation zu den anderen Betriebsteilen einen weitaus größeren Teil ein als z. B. bei einem Galvanikbetrieb.

- ist der Anteil der Rohstoffe am Gesamtinput bei einem Stahlwerk höher als bei einem Werk zur Herstellung von Fernsehgeräten.
- ist der Anteil der gasförmigen Abfälle am Gesamtoutput bei Gasheizkraftwerken erheblich höher als bei einer Werft.

Der Zusammenhang zwischen der Anlage und der Produktion in Raum und Zeit ist in Abb. 16 schematisch dargestellt. Aus ihr wird z. B. deutlich, daß sich die Veränderung des Anlagenstandortes durch Anlagenerrichtung, Anlagenbetrieb und Anlagenstillegung (vgl. Kap. 3.5.2) mit den Veränderungen des Produktmaterials bzw. der Produktenergie durch Produktionsinput, Produktionsprozeß und Produktionsoutput zeitlich überschneiden (vgl. auch Kap. 3.5.2).

Betriebliche Ursachen für Umweltauswirkungen mit unterschiedlicher Anzahl von Auswirkungen. In den meisten Fällen hat eine betriebliche Ursache für Umweltauswirkungen nicht nur eine (*singuläre betriebliche Ursache für Umweltauswirkungen*), sondern mehrere Auswirkungen auf die Umwelt (vgl. Abb. 18 u. BEDFOR 1988; MCCOLD u. HOLMAN 1995). Ist dies der Fall, so handelt es sich um *multiple betriebliche Ursachen für Umweltauswirkungen* (vgl. Abb. 18). Ein Beispiel hierfür ist die Abfallverbrennung in einem Zementwerk, die sowohl zur Versauerung von Niederschlägen (durch SO_2) als auch zur Belastung von Lebensmitteln durch toxische Dioxine führt.

Betriebszustände als Ursachen für Umweltauswirkungen. Normalerweise ergeben sich die Auswirkungen auf die Umwelt aus dem *normalen Ablauf der unterschiedlichen Existenzphasen von Anlage und Produktion* (vgl. Kap. 3.5.2). Den größten Teil der Auswirkungen macht hierbei in der Regel der *Normalbetrieb des Produktionsprozesses* aus.

Es gibt aber auch Ursachen für Umweltauswirkungen, die sich aus Betriebsunterbrechungen ergeben. Hierbei ist grundsätzlich zwischen den *planmäßigen* und den *außerplanmäßigen* Betriebsunterbrechungen zu unterscheiden.

Zu den geplanten Betriebsunterbrechungen gehören Revisionen, Abnahmen und Sicherheitstests. In diesen Phasen besteht oft eine erhöhtes Störfallrisiko. Ungeplante Betriebsunterbrechungen können abnormale Situationen wie Störfälle und Unfälle sein. Diese sind für Industrieanlagen nie auszuschließen (vgl. HUTH 1996, S. 232).

Wahrscheinlichkeit der Entstehung von betrieblichen Ursachen für Umweltauswirkungen. Ein weiteres Unterscheidungskriterium bei den betrieblichen Ursachen für Umweltauswirkungen von Industriebetrieben ist die *Eintrittswahrscheinlichkeit* (zur Prognoseproblematik NEUMEISTER 1988, S. 202ff; LESER 1993, S. 418ff).

Während der Normalbetrieb relativ exakt vorhersehbar ist und über ihn in der Regel relativ gesicherte Informationen vorliegen, sind Zeitpunkt und Ausmaß für Störfälle und Unfälle kaum vorhersagbar. Ihre Eintrittswahrscheinlichkeit und ihr Auswirkungspotential (Risiko) können durch die Wahl der Technologien, der

Einsatzstoffe und den Betrieb der Anlagen stark beeinflußt werden (vgl. KOLLERT 1982; BAUMANN 1983; BENECKE et al. 1991; BECHMANN 1993; HÖHN 1993; KARL 1995, S. 327ff; JANZEN 1995, S. 348ff).

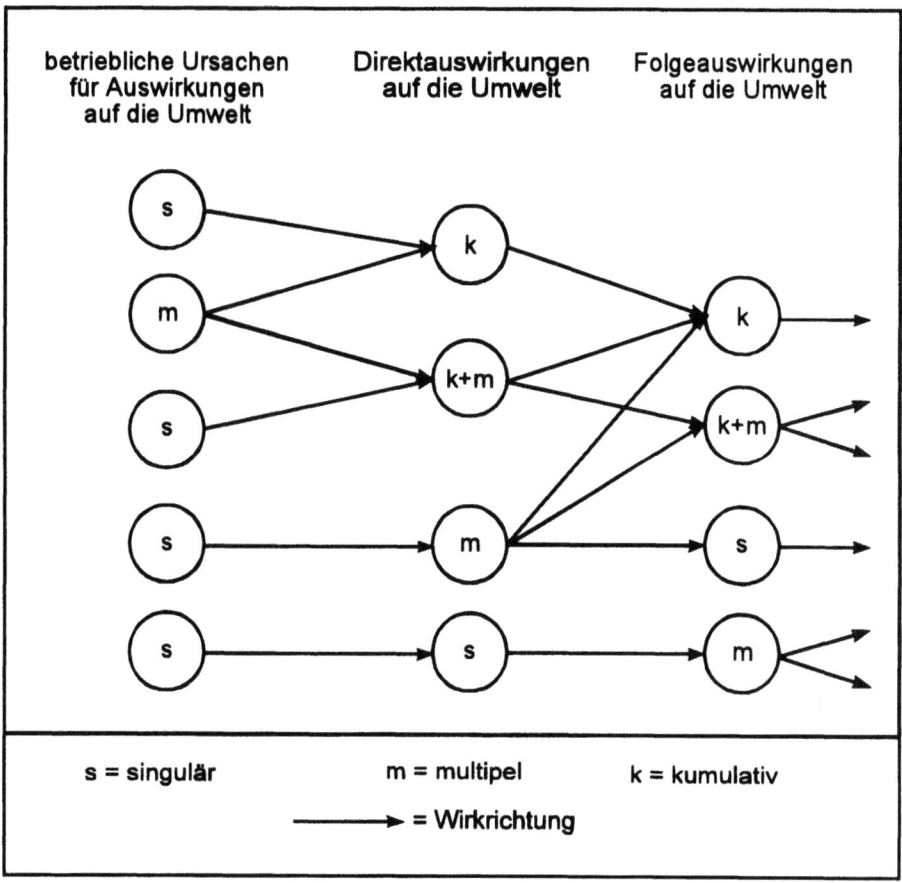

Abb. 18. Zusammenhang zwischen singulären und multiplen betrieblichen Ursachen für Umweltauswirkungen sowie singulären, multiplen und kumulativen Direkt- und Folgeauswirkungen.

Grundlegend kann bei den Ursachen für Auswirkungen auf die Umwelt zwischen
- den *sicheren betrieblichen Ursachen für Umweltauswirkungen* (z. B. das bestehende Anlagengebäude),
- den *wahrscheinlichen betrieblichen Ursachen für Umweltauswirkungen* (z. B. die prognostizierte Stückzahl der Endprodukte für das folgende Quartal) und
- den *möglichen betrieblichen Ursachen* (z. B. ein Brand in einer Lagerhalle)

unterschieden werden.

Man kann generell sagen, daß die Eintrittswahrscheinlichkeit um so schlechter vorhersehbar ist, je größer der Raum ist, für den die Prognose angefertigt wird und je weiter die Prognose in die Zukunft reicht. Spezielle Probleme bereiten seltene Ereignisse, die erhebliche Auswirkungen auf die Umwelt haben aber nur sehr schwer vorhersagbar sind (vgl. NEUMEISTER 1988, S. 202ff; LESER 1993, S. 419f). Ein konkretes Beispiel hierfür ist der Super-GAU von Tschernobyl.

Generelle betriebliche Ursachen für Umweltauswirkungen von Industriebetrieben

- Arten von Ursachen für Umweltauswirkungen
    - Anlagenursachen
    - Produktionsursachen
    - Primäre betriebliche Ursachen für Umweltauswirkungen
    - Sekundäre betriebliche Ursachen für Umweltauswirkungen
    - Input-Ursachen für Umweltauswirkungen
    - Output-Ursachen für Umweltauswirkungen
- Betriebliche Ursachen für Umweltauswirkungen mit unterschiedlicher Anzahl von Auswirkungen
    - Singuläre betriebliche Ursachen für Umweltauswirkungen
    - Multiple betriebliche Ursachen für Umweltauswirkungen
- Betriebszustände als Ursachen für Umweltauswirkungen
    - Normalbetriebszustände
    - Planmäßige Betriebsunterbrechungen
    - Außerplanmäßige Betriebsunterbrechungen
- Unterschiedliche Wahrscheinlichkeitsgrade der Entstehung von betrieblichen Ursachen für Umweltauswirkungen
    - Sichere betriebliche Ursachen für Umweltauswirkungen
    - Wahrscheinliche betriebliche Ursachen für Umweltauswirkungen
    - Mögliche betriebliche Ursachen für Umweltauswirkungen

3.1.3 Generelle Auswirkungen von Industriebetrieben auf die Umwelt

Umweltauswirkungsarten. Entsprechend der Unterscheidung von primären Ursachen und sekundären Ursachen für Umweltauswirkungen (vgl. Kap. 3.1.2) kann zwischen *primären Umweltauswirkungen* und *sekundären Umweltauswirkungen* unterschieden werden.

Bei den primären Umweltauswirkungen handelt es sich um Auswirkungen, die sich aus den in Kapitel 3.1.2 aufgeführten primären Ursachen für Umweltauswirkungen - also den Tätigkeiten, die in direkter Verbindung mit der Anlage und der Produktion stehen - ergeben. Zu den primären Umweltauswirkungen zählen demnach die Flächenveränderung durch die Errichtung der Anlage, die Emissionen in die Luft während der Anlagenerrichtung und die Renaturierung der Anlagenfläche nach der Einstellung der Produktion (*primäre Anlagenumweltauswirkungen*) aber auch die Emissionen in die Luft und die Direkteinleitung von Abwässern in Vorfluter aus der Produktion (*primäre Produktionsumweltauswirkungen*).

Die Auswirkungen, die sich aus den in Kapitel 3.1.2 dargestellten sekundären Ursachen für Umweltauswirkungen ergeben, sind die *sekundären Umweltauswirkungen*. Sie können - wie schon die sekundären Ursachen für Umweltauswirkungen - (vgl. Kap. 3.1.2) als Rucksäcke des Inputs und des Outputs dargestellt werden und reichen von der Inanspruchnahme von Flächen für die Rohstoffgewinnung und dem Verbrauch von Ressourcen bei der Herstellung von Vorprodukten bis hin zum Verbrauch von Boden für die Beseitigung der Abfallstoffe. Ob es sich hierbei um *sekundäre Anlagen-* oder *sekundäre Produktionsumweltauswirkungen* handelt, hängt davon ab, ob der jeweilige Input oder Output im Zusammenhang mit der Anlage oder der Produktion steht.

Wie bei den Ursachen für Umweltauswirkungen können auch die Umweltauswirkungen selbst als Input bzw. Output des Industriebetriebes bilanziert werden. Die *Input-* bzw. *Outputumweltauswirkungen* ergeben sich aus den Umweltauswirkungen der Anlage und der Produktion und den Auswirkungsrucksäcken der jeweiligen sekundären Ursachen (s. o.).

Darüber hinaus kann man bei den Auswirkungen von Industriebetrieben auf die Umwelt zwischen den *Direktauswirkungen* und den *Folgeauswirkungen* unterscheiden (vgl. Abb. 19 u. Tabelle 3). Folgeauswirkungen werden beim Ministerium für Natur und Umwelt des Landes Schleswig-Holstein als Sekundärauswirkungen (SCHLESWIG-HOLSTEIN 1994, S. 26) und bei GEISLER (1987, S. 86) als Folgewirkungen bezeichnet.

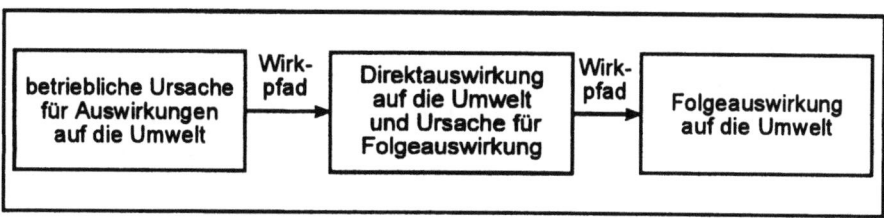

Abb. 19. Zusammenhang zwischen betrieblicher Ursache für Umweltauswirkungen, Direktauswirkung und Folgeauswirkung.

Tabelle 3. Darstellung einiger Wirkpfade für Auswirkungen von Industriebetrieben auf die Umwelt

Betriebliche Ursache für Umweltauswirkungen	Direktauswirkung auf die Umwelt	Folgeauswirkungen auf die Umwelt
Produktion =>	SO_2-Emissionen in die Luft =>	Veränderung der Luftzusammensetzung über dem Schornstein => Versauerung von Niederschlag => Versauerung von Boden => Lösung von Ca^{2+}-, Na^+- und K^+-Ionen aus Tonmineralen und Huminstoffen sowie Freisetzung von Al^{3+}-Ionen => Schädigung von Pflanzen => Verringerung des Bodenhaltevermögens der Pflanzen => Erhöhung von Erosion => Vermehrter Bodenabtrag => Geringere Infiltrationsrate => Höhere Hochwasserabflüsse => ...
Errichtung einer Lagerhalle =>	Veränderung der Landoberfläche =>	Verriegelung einer Kaltluftbahn => Verringerung des Luftaustausches talabwärts => Vermehrte Smogsituationen talabwärts => Erhöhung der kreislaufbelastenden Situationen talabwärts => ...

Abhängigkeiten zwischen den 3 Komponenten betriebliche Ursache, Direktauswirkung und Folgeauswirkung werden als *Wirkpfade* bezeichnet (vgl. Abb. 19) und lassen sich in sogenannten *Wirkketten* oder *Wirknetzen* darstellen (vgl. Tabelle 3). Hierbei werden nur diejenigen Sachverhalte, die direkt zu den betrieblichen Tätigkeiten zu rechnen sind, den *betrieblichen Ursachen für Umweltauswirkungen* zugerechnet. Bei Wirkketten ist zu beachten, daß die Folgeauswirkungen oft Folgeursachen für nachfolgende Umweltauswirkungen darstellen.

Entsprechend der Anzahl der Umformungsschritte, die zwischen der betrieblichen Ursache für Umweltauswirkungen und den Folgeauswirkungen liegen, kann man von Auswirkungen 1., 2. usw. Ordnung sprechen. Im Beispiel in Tabelle 3 wäre demnach die Versauerung des Bodens eine Folgeauswirkung 3. Ordnung der Produktion.

Ebenso wie betriebliche Ursachen für Umweltauswirkungen (vgl. Kap. 3.1.2) können Auswirkungen auf die Umwelt mehrere unterschiedliche Folgeauswirkungen haben (vgl. Abb. 18 in Kap. 3.1.2). Ein Beispiel für derartige *multiple Auswirkungen* sind die durch die Produktion (betriebliche Ursache für Umweltauswirkungen) entstandenen NO_x-Emissionen (Direktauswirkung) und als erste Folgeauswirkung die Versauerung der Niederschläge sowie als zweite Folgeauswirkung die Bildung von Ozon.

Wie in Abb. 18 dargestellt, hat jede Auswirkung eine oder mehrere Ursachen. Bei mehr als einer Ursache liegt ein *Ursachenbündel* (dies entspricht der Einwirkungsgarbe bei WBGU 1994, S. 144ff) vor.

Auswirkungen, die dadurch hervorgerufen werden, daß sie durch das Zusammenwirken mehrerer Ursachen entstehen, sind *kumulative Auswirkungen* (vgl. PETERSON et al. 1987; SONNTAG et al. 1987; RUNGE 1995, bei KLEEMANN 1995 als Summenwirkungen bezeichnet), z. B. Bei einem Braunkohlentagebaubetrieb mit angeschlossenem Kraftwerk wird ein Ökosystem sowohl von SO_2-Emissionen als auch von der Grundwasserabsenkung betroffen. Aber auch die *Kombinationswirkung*en von Chemikalien gehören hierzu. Kumulative Auswirkungen können *synergistisch*, *antagonistisch* oder *indifferent* sein (vgl. Tabelle 4).

Bei *synergistischen Auswirkungen* verstärken sich diese gegenseitig (vgl. Tabelle 4 u. WBGU 1994, S. 144ff). Dies ist z. B. bei dem oben dargestellten Beispiel des Braunkohlentagebaus der Fall. Ein Spezialfall der synergistischen Auswirkungen ist dann gegeben, wenn sich der Wert der Auswirkung durch einfache Addition der Werte der Ursachen ergibt (vgl. PETERSON et al. 1987; SONNTAG et al. 1987; RUNGE 1995, S. 175). Dies sind *positiv summarische Auswirkungen* (vgl. WBGU 1994, S. 144ff). Ein Beispiel hierfür ist die Absenkung des Seespiegels durch eine Wasserentnahme zur Kühlung und eine zusätzliche Wasserentnahme für die Produktion.

Die Ursachen für Umweltauswirkungen können sich auch gegenseitig abschwächen (*antagonistische Auswirkungen*, vgl. Tabelle 4 u. SCHLESWIG-HOLSTEIN 1994, S. 47). Ein Beispiel hierfür ist die Entnahme von Grundwasser und die Einleitung von Abwasser in das nahegelegene Oberflächengewässer, das Kontakt zu dem genutzten Grundwasserhorizont hat. Ein Spezialfall der antagonistischen Auswirkungen sind die *negativ summarischen Auswirkungen*. Bei ihnen ergibt sich der Wert der Auswirkung durch Subtraktion der Werte der Ursachen (z. B. Verringerung des Wasserspiegels eines Vorfluters durch Wasserentnahme und Erhöhung desselben Wasserspiegels durch direkte Abwassereinleitung).

Ein Sonderfall dieses Spezialfalls sind *neutrale Auswirkungen*. Diese liegen vor, wenn sich Auswirkungen gegenseitig aufheben. Ein Beispiel hierfür ist die potentielle Absenkung des Wasserspiegels eines Vorfluters durch Wasserentnahme um einen bestimmten Betrag und die potentielle Erhöhung desselben Wasserspiegels um denselben Betrag durch direkte Abwassereinleitung mit der Folge, daß der Wasserspiegel gleich bleibt.

Die Ursachen in einem Ursachenbündel können aber auch unterschiedliche Wirkrichtungen haben, ohne daß es nach dem zugrunde liegenden Kenntnisstand möglich ist, eine dominierende Wirkrichtung des Ursachenbündels abzuleiten. Eine derartige Konstellation könnte als *indifferente Auswirkungen* bezeichnet werden.

Tabelle 4: Einteilung kumulativer Auswirkungen.

	Unterschiedliche kumulative Auswirkungen	
	Art der Auswirkungen	**Bezeichnung**
Fall 1	Wirkungen in die gleiche Richtung (Wirkungsverstärkung)	*Synergistische Auswirkungen*
Spezialfall 1.1	Wirkungsbeträge lassen sich addieren	*Positiv summarische Auswirkungen*
Fall 2	Wirkungen in die entgegengesetzte Richtung (Wirkungsverringerung)	*Antagonistische Auswirkungen*
Spezialfall 2.1	Wirkungsbeträge lassen sich subtrahieren	*Negativ summarische Auswirkungen*
Sonderfall 2.1.1	Wirkungen heben sich gegenseitig auf	*Neutrale Auswirkungen*
Fall 3	Relative Wirkungsrichtung nicht erkennbar (unbekanntes Wirkungszusammenspiel)	*Indifferente Auswirkungen*

Eintrittswahrscheinlichkeit von Auswirkungen. Ein weiteres Unterscheidungskriterium innerhalb der Umweltauswirkungen ist die Eintrittswahrscheinlichkeit (zur Prognoseproblematik vgl. Kap. 3.1.2).

Für die Umweltauswirkungen stellt sich die Unterteilung nach der Wahrscheinlichkeit folgendermaßen dar:
- *sichere Umweltauswirkungen* (z. B. gemessene Immissionen),
- *wahrscheinliche Umweltauswirkungen* (z. B. berechnete zukünftige Immissionen),
- *mögliche Umweltauswirkungen* (z. B. geschätzte Immissionen eines Störfalls).

```
Generelle Umweltauswirkungen von Industriebetrieben

-  Umweltauswirkungsarten
     -  Anlagenumweltauswirkungen
     -  Produktionsumweltauswirkungen
     -  Primäre Umweltauswirkungen
     -  Sekundäre Umweltauswirkungen
```

> - Inputumweltauswirkungen
> - Outputumweltauswirkungen
> - Direktumweltauswirkungen
> - Folgeumweltauswirkungen
> - Zusammenhänge von Umweltauswirkungen mit ihren Ursachen
>   - Singuläre Umweltauswirkungen
>   - Multiple Umweltauswirkungen
>   - Kumulative Umweltauswirkungen
> - Unterschiedliche Wahrscheinlichkeitsgrade von Umweltauswirkungen
>   - Sichere Umweltauswirkungen
>   - Wahrscheinliche Umweltauswirkungen
>   - Mögliche Umweltauswirkungen

3.1.4 Generelle Sachverhalte für die ganzheitliche Bewertung der Auswirkungen von Industriebetrieben auf die Umwelt

Aus den generellen Charakteristika des Bewertungsobjekts ergeben sich als Anforderungen an ein System zur Bewertung der Auswirkungen eines Industriebetriebes auf die Umwelt:

> **Generelle Sachverhalte, die bei der Bewertung der Auswirkungen von Industriebetrieben auf die Umwelt berücksichtigt werden sollten:**
>
> - Ursache-Wirkung-Beziehungen in der Umwelt
>   - Direkte Ursache-Wirkung-Beziehungen in der Umwelt
>   - Indirekte Ursache-Wirkung-Beziehungen in der Umwelt
>   - Ursache-Wirkung-Beziehungen in der Umwelt mit direkter Rückwirkung
>   - Ursache-Wirkung-Beziehungen in der Umwelt mit indirekter Rückwirkung
> - Funktionen für Lebewesen (als Subjekte der Umwelt)
>   - Funktionen für Menschen
>   - Funktionen für die Menschheit
>   - Funktionen für nichtmenschliche Lebewesen
>   - Funktionen für Arten
> - Funktionen für unterschiedliche Generationen
>   - Funktionen für existierende Lebewesen
>   - Funktionen für zukünftige Lebewesen
> - Funktionen für Ökosysteme

- Funktionen für Ökosystemtypen
- Wirkungen auf Lebensfunktionen
  - Wirkungen auf das Leben
  - Wirkungen auf die Fortpflanzung / Vererbung
  - Wirkungen auf die Lebensqualität von Menschen
- Lebewesen als Umweltbestandteile
  - Menschen als Umweltbestandteile
  - Nichtmenschliche Lebewesen als Umweltbestandteile
  - Arten als Umweltbestandteile
  - Ökosysteme als Umweltbestandteile
- Primäre betriebliche Ursachen für Umweltauswirkungen
  - Anlagen
  - Produktionen
- Sekundäre betriebliche Ursachen für Umweltauswirkungen mit den sekundären Umweltauswirkungen
  - Inputs
  - Outputs
- Betriebliche Ursachen für Umweltauswirkungen mit unterschiedlicher Anzahl von Auswirkungen
  - Singuläre Ursachen für Umweltauswirkungen
  - Multiple Ursachen für Umweltauswirkungen
- Betriebszustände als Ursachen für Umweltauswirkungen
  - Normalbetriebszustände
  - Planmäßige Betriebsunterbrechungen
  - Außerplanmäßige Betriebsunterbrechungen
- Unterschiedliche Wahrscheinlichkeitsgrade von Ereignissen
  - Sichere Ereignisse
  - Wahrscheinliche Ereignisse
  - Mögliche Ereignisse
- Umweltauswirkungsarten
  - Direktauswirkungen
  - Folgeauswirkungen
- Zusammenhänge von Umweltauswirkungen und ihren Ursachen
  - Singuläre Umweltauswirkungen
  - Multiple Umweltauswirkungen
  - Kumulative Umweltauswirkungen

Das Bewertungsobjekt weist unterschiedliche Bereiche auf. Untersucht man das Bewertungsobjekt Auswirkungen von Industriebetrieben auf die Umwelt genauer, so kann man grundlegend *4 Bereiche* unterscheiden. Dies sind
- seine *stoffliche Zusammensetzung* (vgl. z. B. ODUM 1983, S. 133ff; TISCHLER 1993, S. 147ff; KLÖTZLI 1993, S. 96ff),

- sein *Energiegehalt* (vgl. z. B. ODUM 1983, S. 52ff; TISCHLER 1993, S. 144ff; KLÖTZLI 1993, S. 174ff),
- seine *räumliche Ausdehnung* (vgl. z. B. MAY 1980, S. 25ff; REMMERT 1992, S. 302ff; TISCHLER 1993, S. 166ff) und
- seine *zeitliche Existenz* (vgl. z. B. KLÖTZLI 1993, S. 9ff; TISCHLER 1993, S. 147ff; MAINZER 1995).

Hieraus ergeben sich unterschiedliche Bereiche, in denen Industriebetriebe auf die Umwelt wirken:
- stofflicher Bereich,
- energetischer Bereich,
- räumlicher Bereich und
- zeitlicher Bereich.

Ein Bewertungssystem muß diese unterschiedlichen Bereiche verarbeiten können, um sachgerechte Bewertungsaussagen zu treffen. Aus diesem Grund ist es notwendig, die Umweltauswirkungen in den unterschiedlichen Bereichen, in denen sie wirksam werden, genauer zu untersuchen und die Anforderungen, die ein Bewertungssystem in den unterschiedlichen Bereichen erfüllen muß, zu ermitteln.

3.2 Stofflicher Bereich des Bewertungsobjekts

Der *stoffliche Bereich der Welt* wird aus Atomen gebildet. Als Grundbausteine der Stoffe lassen sich bis heute 112 unterschiedliche Atomarten - die Elemente - unterscheiden. Die unterschiedlichen Kombinationen der Atome bilden die chemischen Verbindungen (z. B. Moleküle, Kristalle, amorphe Minerale) und die Gemenge (z. B. heterogene Legierungen, Gesteine, Böden). Die Untergliederung der Atome in ihre Elementarteilchen ist im Zusammenhang dieser Arbeit nicht notwendig.

Zum energetischen Bereich (vgl. Kap. 3.2-3.2.4) besteht ein Übergang, da Stoffe und Energie ineinander umgewandelt werden können (vgl. KUCHLING 1994, S. 526f).

3.2.1 Stoffliche Charakteristika der Umwelt

Stoffzusammensetzungen. Die Umwelt im Sinne dieser Arbeit ist aus sehr *unterschiedlichen Stoffen* aufgebaut (z. B. Kohlendioxid, Wasser, Beton).

Stoffumwandlungen. Die Stoffe in der Umwelt sind in *dauerndem Umbau* begriffen (vgl. z. B. NEUMEISTER 1988, S. 95ff; STEINBERG 1995b; MEYER 1995; JAHNKE u. FEIGE 1995). Bei diesen Veränderungen können auch - natürlicherweise oder durch die Technik des Menschen - neue Stoffe entstehen, die bis dahin in der Umwelt nicht vorhanden waren.

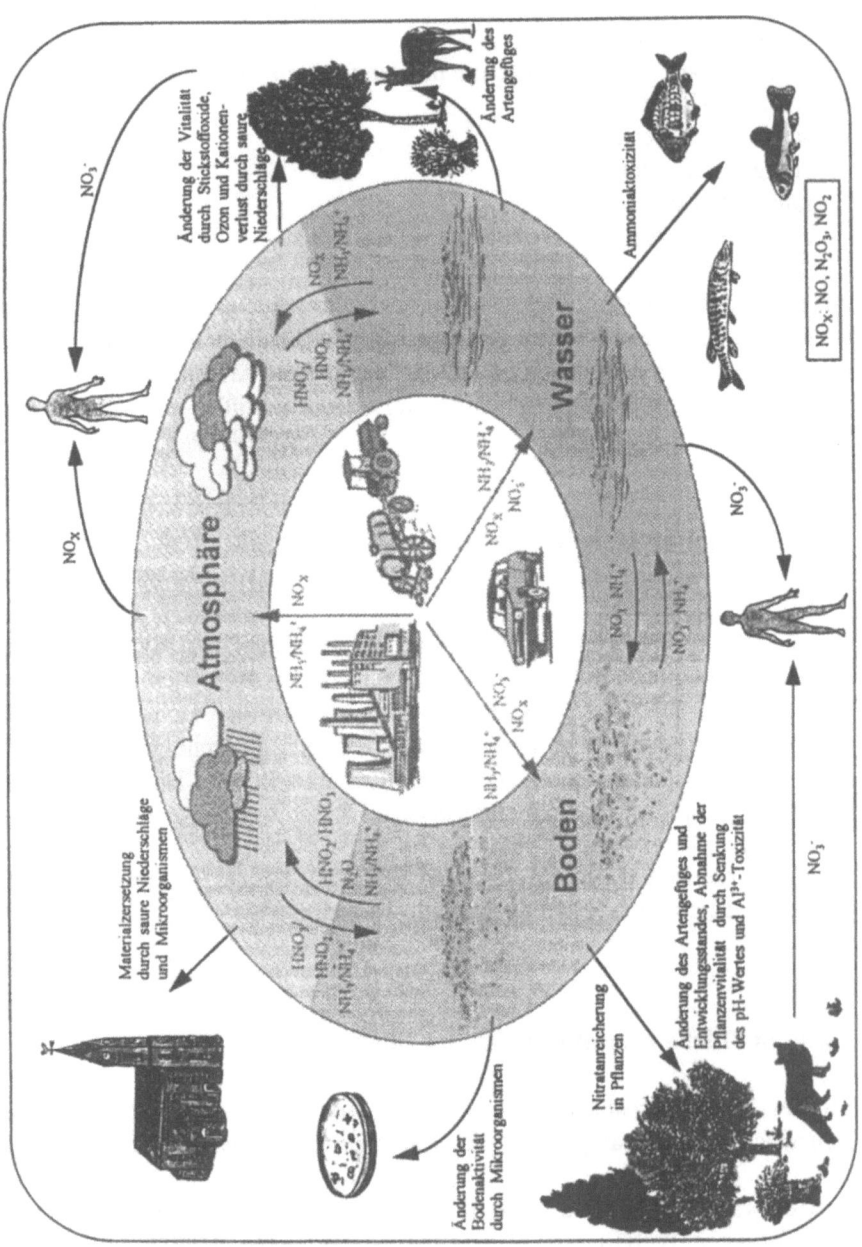

Abb. 20. Stoffliche Wechselwirkungen des Stickstoffhaushaltes (SRU 1994, S. 104).

Die natürlichen Stoffumwandlungen werden seit dem Beginn der Technisierung vor ca. 200 Jahren durch eine Vielzahl neuer Vorgänge ergänzt (vgl. Abb. 20). Hierzu gehört die Umwandlung großer Mengen mineralischer Rohstoffe, die zum größten Teil aus dem Untergrund gewonnen werden, zu den unterschiedlichsten Produkten für den Menschen. Dies hat mehrere Effekte:
- Es wird die Stoffmenge in der Umwelt erhöht, da die durch den Rohstoffabbau erschlossenen Stoffmengen und Räume bisher nicht zur Umwelt gehörten (vgl. Kap. 3.1.1.2).
- Hieraus ergibt sich v. a. ein Kapazitätsproblem für die Aufnahme der neuen Stoffe in die Umwelt, da sich der Umweltraum für die Aufnahme der Stoffe (vgl. Kap. 3.4ff) kaum ausgeweitet hat.
- Dadurch, daß der Mensch ganz gezielt bestimmte Stoffe in die Umwelt einbringt (z. B. Erdöl, Kupfer, Kalkstein), ergibt sich in der Umwelt auch eine Verschiebung der Anteile der Stoffarten zueinander. Diese selektive Stoffförderung steht im Gegensatz zur natürlichen Umwelt, die in der Regel darauf angewiesen ist, den Stoffbesatz, der - mehr oder weniger zufällig - das Substrat für den Boden ausmacht, zu nutzen.
- Durch die Herstellung künstlicher Stoffe (s. o.) wird die Anzahl der unterschiedlichen Stoffe in der Umwelt erhöht.

Größenordnungen von Stoffmengen. Die stofflichen Erscheinungen in der Umwelt kommen in sehr *unterschiedlichen Größenordnungen von Stoffmengen* vor. So hat ein Ozean eine Masse von mehreren 10^{12} kg, eine Brücke kann eine Masse von mehreren 10^9 kg haben und ein Insekt von weniger als 10^{-3} kg.

Die Gesamtstoffmenge der Umwelt wird durch den
- Eintrag von Stoffen aus der Lithosphäre (Vulkanismus, Verwitterung, Erosion) und der Kosmosphäre [kosmische Strahlung (vgl. CRONIN et al. 1997), Meteorite] sowie dem
- Austrag von Stoffen in die Lithosphäre (Subduktion, Sedimentation, Ausfällung) und in die Kosmosphäre (Diffusion)

reguliert. Hinzu kommt in gewissen Umfang die Umwandlung von Materie in Energie.

Aggregatzustände. Viele Stoffe können unter den Bedingungen der Umwelt in verschiedenen Zustandsformen (*Aggregatzuständen*) mit unterschiedlichen Eigenschaften vorliegen (vgl. Tabelle 5). Der für Lebewesen bedeutendste dieser Stoffe ist das Wasser mit seinen unterschiedlichen Aggregatzuständen Eis, Wasser, Wasserdampf. In welchem Zustand ein Stoff vorliegt, hängt von den energetischen Parametern Druck und Temperatur (vgl. Kap. 3.2ff) ab.

Nutzstoffe. In Kapitel 2.1.1.4 wurde darauf hingewiesen, daß kein Lebewesen ohne die Aufnahme und die Abgabe von Stoffen - also ohne *Stoffwechsel* - existieren kann. Die verschiedenen Lebewesen stellen allerdings sehr unterschiedliche Ansprüche an die Stoffe, die sie zum Leben aufnehmen müssen (vgl. z. B.

STEINECKE 1995). So benötigen grüne Pflanzen zumindest Nährsalze und CO_2, Pilze Mineralstoffe und Stoffwechselprodukte und der Mensch benötigt zumindest chemische Energie in Form von Fetten, Kohlenhydraten oder Eiweiß aber auch Mineralstoffe, Sauerstoff und bestimmte essentielle Aminosäuren.

Tabelle 5. Vergleich der Eigenschaften der unterschiedlichen Aggregatzustände.

Aggregat-zustand	Eigenschaft
Fest	Hohe Stoffdichte, hohes Gewicht, hohes Beharrungsvermögen, hohe Formstabilität, hoher Widerstand gegen mechanische Durchdringung, geringer Gehalt an Wärmeenergie, geringe Durchlässigkeit für Strahlen
Flüssig	Mittlere Stoffdichte, mittleres Gewicht, mittleres Beharrungsvermögen, geringe Formstabilität, mittlerer Widerstand gegen mechanische Durchdringung, mittlerer Gehalt an Wärmeenergie, mittlere Durchlässigkeit für Strahlen
Gasförmig	Geringe Stoffdichte, geringes Gewicht, geringes Beharrungsvermögen, keine Formstabilität, geringer Widerstand gegen mechanische Durchdringung, hoher Gehalt an Wärmeenergie, hohe Durchlässigkeit für Strahlen

Es gibt einige Stoffe, die alle Lebewesen benötigen, da aus diesen die *Grundbausteine des Lebens* aufgebaut sind. Hierzu gehören Kohlenstoff, Wasserstoff, Sauerstoff, Schwefel, Phosphor, Kalium und Natrium (vgl. z. B. KAZDA 1995). Unbedingte Voraussetzung für Leben ist das Vorkommen von *Wasser*, da sich die speziellen biologischen Reaktionen (vgl. Kap. 3.1.1.3) hauptsächlich in wässrigem Milieu abspielen. Die - selbst bei bester Anpassung an Trockenheit - eintretenden Wasserverluste eines Lebewesens müssen nach einiger Zeit ersetzt werden, wenn das Lebewesen seine Eigenschaft *lebendig sein* nicht verlieren soll. Wasser wird auch als eines der 3 Umweltmedien bezeichnet (vgl. z. B. KUTTLER u. STEINECKE 1995).

Von Bedeutung ist, wie *Nahrungsstoffe* in die Umwelt gelangen, wie sie weitergegeben werden und wie sie die Umwelt wieder verlassen. Die Quellen für Stoffe sind im allgemeinen die Luft, die Gewässer und das Gestein. In der Luft und dem Wasser befinden sich in der Regel nur sehr spezifische Stoffe, die unter den gegebenen Umständen (Temperatur und Druck) auf der Erde in den Aggregatzuständen gasförmig, dampfförmig, flüssig oder dispers vorkommen können. Für die restlichen Stoffe ist die Lithosphäre die Hauptquelle (vgl. Kap. 3.4.1).

Eine der wichtigsten natürlichen Mobilisierungen von Stoffen erfolgt über die Bodenbildung. *Boden* ist ein weiteres der Umweltmedien (vgl. z. B. KUTTLER u. STEINECKE 1995). Mikroorganismen, Kleinstlebewesen und Pflanzenwurzeln lösen unter Mithilfe von abiotischen Faktoren die Stoffe aus dem Ausgangsgestein, nehmen diese auf und bilden daraus organische Stoffe. Einen Teil scheiden sie wieder aus, und einen anderen verarbeiten sie zu körpereigenem Material. Andere Lebewesen, welche die Stoffe nicht direkt aus dem Gestein lösen können, erhalten die für sie notwendigen Substanzen, indem sie die ausgeschiedenen Stoffe oder auch die Organismen selbst, welche diese Stoffe aufgenommen haben, zu sich nehmen. Auch die Menschen gehören zu den Lebewesen, die ihre zum Leben notwendigen Nahrungsstoffe ohne erheblichen technischen Aufwand nicht direkt aus dem Gestein aufnehmen können und damit von den Stoffaufbereitern abhängig sind.

Da diese nährstoffmobilisierenden Organismen oder deren Rückstände wieder von anderen Organismen aufgenommen werden, bilden sich regelrechte *Nahrungsketten, Nahrungspyramiden* (vgl. Abb. 21) oder *Nahrungsnetze* (vgl. z. B. HEINRICH et al. 1991, S. 301ff; STEINECKE u. KUTTLER 1995). Derartige Abhängigkeiten von Lebewesen bei der Stoffaufbereitung gibt es in der Umwelt unzählige. Da die Lebewesen, die jeweils auf der nächsten Stufe der Nahrungspyramide stehen, oft sehr angepaßt an ihre Nahrung sind, kann das Verschwinden weniger Schlüsselarten das Verschwinden anderer Arten, die von deren spezifischen Stoffaufbereitung abhängig sind, nach sich ziehen.

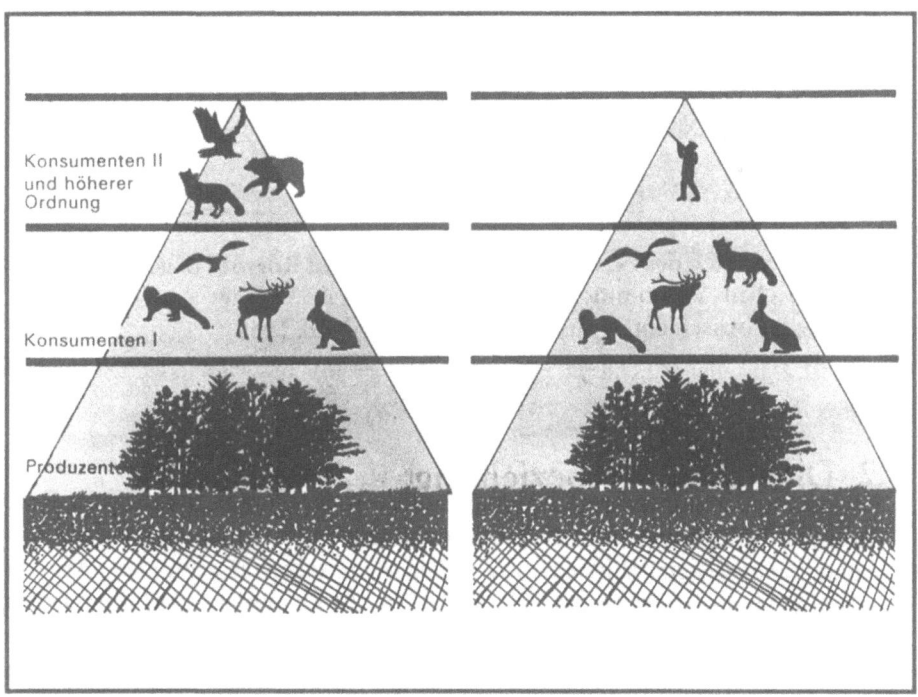

Abb. 21. Beispiele von Nahrungspyramiden in einem mitteleuropäischen Wald. *Links* der Naturzustand, *rechts* Kulturwald (BRÜLL 1970, aus KLÖTZLI 1993, S. 244).

Für die für alle Lebewesen sehr wichtigen Substanzen Kohlenstoff und Stickstoff ist die Hauptquelle nicht das Gestein, sondern die *Luft*. Diese ist auch ein Umweltmedium (vgl. z. B. KUTTLER u. STEINECKE 1995). Nach dem Aufschließen der Stoffe aus der Luft durch spezielle Lebewesen (z. B. Kohlenstoff durch grüne Pflanzen, Stickstoff durch Bodenbakterien) läuft die Weitergabe der Stoffe nach dem gleichen Schema wie bei den Stoffen, die aus Gestein gewonnen werden (s. o.). Auch der für die Tiere und den Menschen lebensnotwendige Sauerstoff wird von diesen direkt aus der Luft aufgenommen.

Mit Erreichen der Spitze der Nahrungspyramide scheiden die Stoffe nicht automatisch aus der Umwelt aus. Vielmehr werden die Rückstände der Lebewesen, die an der Spitze der Nahrungspyramide stehen, von den Destruenten (Zersetzern) aufgearbeitet und bilden danach die Nahrungsgrundlage für andere Lebewesen (vgl. Abb. 22).

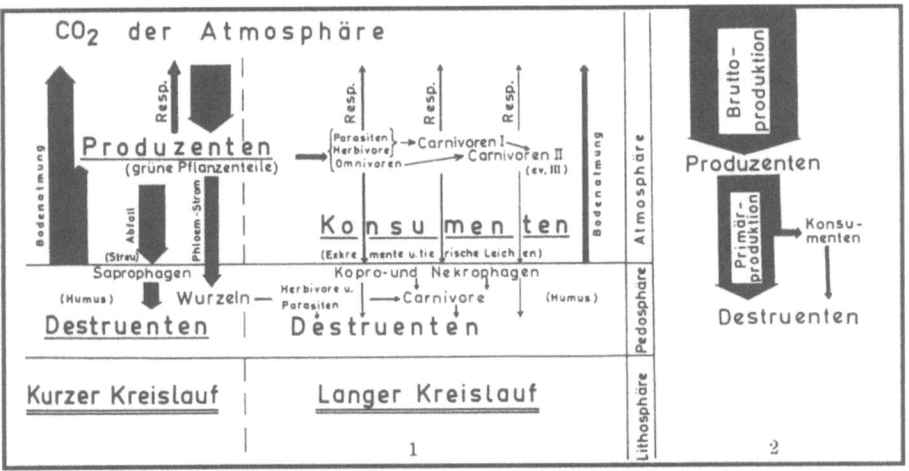

Abb. 22. Darstellung des kurzen und langen Kohlenstoff-Kreislaufes in einem Laubwald-Biogeozön. *1 = Stoffkreislauf, 2 = Energiefluß* (WALTER 1975, S. 170).

Ein Entzug der aufbereiteten Nahrungsstoffe aus der Umwelt findet in der Regel durch die Ablagerung in Meeren und die folgende Umwandlung oder den Einschluß in Festgestein (Bildung von fossilem organischem Material) oder das Aufgehen in Magma statt. In den Jahrmilliarden, die es mittlerweile Leben auf der Erde gibt, war die Neubildung von organischem Material in der Umwelt größer als der Entzug. Dadurch hat sich eine große Menge organischen Materials in Lebewesen und Böden (z. B. Wälder, Moore, Schwarzerden) angesammelt (historisches und rezentes organisches Material).

Lange Zeit war der Mensch in diese Kreisläufe der Nahrungsstoffe integriert. Seit der *Massenausbreitung des Menschen* und der *Technisierung der Umwelt* hat sich die Nachfrage nach spezifisch auf den Menschen ausgerichteten Nahrungsmitteln allerdings rapide erhöht. Dies führte durch gezielte, weiträumige, Beeinflussung von Biotopen zur Produktion von spezifisch menschlichen Nahrungsstoffen. Das Resultat war u. a. ein vermehrtes Aussterben von Arten und Biotopen, eine Verringerung von Wald- und eine Vermehrung von Grasökosystemen sowie die Entstehung von speziellen nahrungsliefernden Pflanzen.

Neben den Nahrungsstoffen benötigen Lebewesen in der Regel *weitere Stoffe*, um ihr Leben bis zum natürlichen Ende durchzuführen und um sich erfolgreich zu vermehren. Hierzu gehören Stoffe, die den Raum gestalten (vgl. Kap. 3.3ff) aber auch Material, das zum Bau einer Behausung (z. B. eines Hauses, eines Biberdamms, eines Vogelnestes) dient.

Eine dramatische qualitative und quantitative Veränderung der Nachfrage nach nicht-nahrungsbezogenen Nutzstoffen erfolgte durch die *vermehrten Ansprüche der Menschen an die Lebensqualität* über die reine Lebenserhaltung hinaus (vgl. Kap. 3.5.1). Die hierdurch hervorgerufene große Nachfrage nach Nutzstoffen führte zu einer massiven Vernichtung von Vegetation und Boden auf den Flächen, die überbaut (z. B. Gebäude, Verkehrsflächen, Erholungsflächen) oder zur Gewinnung des Baumaterials genutzt wurden. Dies hat auch die Kreisläufe der Nahrungsstoffe nachhaltig verändert. Vor allem sind viele lokal und regional angepaßte Biotope - einschließlich ihres Arteninventars - unwiederbringlich zerstört oder auf minimale Reste zurückgedrängt worden. Diese scheiden damit z. B. als Stofferschließer oder -aufbereiter aus der Umwelt aus.

Ein Problem, um den zukünftigen menschlichen Generationen ein Leben mit einer ähnlichen Lebensqualität wie der heutigen zu sichern, liegt in der Begrenztheit bestimmter hochkonzentrierter Vorkommen von Nutzstoffen (*stoffliche Ressourcen*) wie Kupfer, Zink und Zinn (BGR 1995, S. 25). Als Reaktion hierauf werden in jüngerer Zeit vermehrt Überlegungen zur Verringerung des Verbrauchs an Primärrohstoffen angestellt.

Schadstoffe. Für jedes Lebewesen gibt es Stoffe, die Schädigungen des Organismus (z. B. Stoffwechsel, spezielle biochemische Reaktionen, Organe) hervorrufen - *toxische Stoffe* oder Gifte. Darunter sind Stoffe, die für eine große Gruppe von Lebewesen schädlich sind (z. B. NaCl für die meisten Landpflanzen, Quecksilber und DDT für höhere Lebewesen; vgl. z. B. NEUMEISTER 1988, S. 104ff).

Bei den meisten potentiell toxischen Stoffen spielt die Menge bzw. die Konzentration des Stoffes eine wichtige Rolle, wie schon PARACELSUS im 16. Jahrhundert feststellte "... alle ding sind gifft, und nichts ohn gifft. Allein die Dosis macht, daß ein ding kein gifft ist." (MARQUARD u. SCHÄFER 1994, S. 5). Für diese Stoffe kann man oft - bezogen auf das jeweilige Lebewesen - Schwellenwerte angeben, ab denen mit einer pathologischen Veränderung im Organismus des Lebewesens zu rechnen ist (vgl. KOCH u. SCHÜÜRMANN 1994, S. 28).

Hierbei ist zu berücksichtigen, daß bei beständigen (persistenten) Stoffen unter Umständen eine *Bioakkumulation* erfolgt (vgl. NEUMEISTER 1988, S. 105; STEINECKE u. KUTTLER 1995, S. 202). Dies bedeutet, daß einmal aufgenommene Giftstoffe nicht in kurzer Zeit wieder ausgeschieden werden, sondern im Organismus verbleiben. Bei wiederholter Aufnahme von eigentlich unschädlichen Dosen derartiger Stoffe kann es nach einiger Zeit doch zu Schäden im Organismus kommen. Außerdem können sich hierdurch Stoffe innerhalb der Nahrungspyramide - v. a. in den Endgliedern der Pyramide (vgl. Abb. 21) - überproportional anreichern (z. B. DDT; 2, 3, 6, 7-Tetrachloro-p-dioxin; PCB; vgl. z. B. BRÜLL 1977, S. 267; DAUNDERER 1990).

Einige Stoffe wirken per se toxisch. Hierzu gehören Stoffe, die krebsauslösend oder krebsfördernd sind (z. B. Benzol, Vinylchlorid, Faserstäube; vgl. DFG 1995, S. 98ff). Für diese lassen sich keine unteren Wirkschwellen angeben, da es keine als unbedenklich anzusehenden Konzentrationen dieser Stoffe gibt (vgl. MARQUARD u. SCHÄFER 1994, S. 144f).

Führen die Stoffe zur Mutation einer Fortpflanzungszelle, so kann es zu einer Einschränkung der Fortpflanzungsfähigkeit kommen. Ist eine Zelle, die nicht der Fortpflanzung dient, betroffen, so kann es zu einer Wucherung der Zelle und zur Bildung von wuchernden Tochtergeschwülsten kommen (Krebs). Dies hat schädigende Auswirkungen auf das betroffene Individuum und kann zu seinem Tod führen.

Bei der *Ermittlung der Schadwirkung von Stoffen* treten 2 wesentliche Schwierigkeit auf. Dies sind:
- Selbst innerhalb einer Art reagiert nicht jedes Individuum gleich auf bestimmte toxische Stoffe (z. B. Allergiker / Nicht-Allergiker). Dies geht soweit, daß man sich durch Training an bestimmte Stoffkonzentrationen gewöhnen kann, die für untrainierte letal sind (z. B. Arsenikesser, vgl. BROCKHAUS 1987, S. 148).
- Auch bei Stoffen, bei denen die Wirkungen auf eine bestimmte Art gut untersucht sind, gibt es praktisch immer Erkenntnislücken bei den Kombinationswirkungen mit anderen Stoffen.

Seit ca. 100 Jahren produziert der Mensch in großem Umfang künstliche Stoffe (vgl. OBE u. NATARAJAN 1995). Diese entstammen nicht den Umsetzungsprozessen der natürlichen Stofferschließer und den weiteren natürlichen Umsetzungen. Es hat sich für einen Teil dieser Stoffe herausgestellt, daß sie ökotoxisch (schädlich für Organismen, Populationen und Lebensgemeinschaften bis hin zu Ökosystemen; vgl. MARQUARD u. SCHÄFER 1994, S. 748; DEBUS et al. 1995) und z. T. auch humantoxisch (schädlich für Menschen; vgl. BGA 1993; MARQUARD u. SCHÄFER 1994, S. 5ff; OBE u. NATARAJAN 1995, S. 134ff) sind (z. B. Lindan; DDT; 2, 3, 6, 7-Tetrachloro-p-dioxin). Für die meisten der künstlichen Stoffe ist die Wirkung auf Lebewesen nicht bekannt.

Eine *andere schädigende Wirkung als die toxischen Stoffe*, haben diejenigen, die eine Schädigung beim Kontakt des Lebewesens verursachen (z. B. Öl für Seevögel oder für Schildläuse, Säuren, Laugen).

Weitere Schadwirkungen von Stoffen können sein:
- Vernichtung von Nutzstoffen (z. B. Schädigung von Holz durch sauren Regen),

3.2 Stofflicher Bereich des Bewertungsobjekts   59

- Veränderung des Lebensraumes (z. B. Vernässung eines Trockenbiotops durch ansteigendes Grundwasser),
- Überdeckung von Boden und Vegetation (z. B. durch Ablagerungen mit Bodenaushub),
- Veränderung der energetischen Situation in der Umwelt (z. B. Erhöhung der kurzwelligen Strahlung durch FCKW in der Atmosphäre; vgl. auch Kap. 3.2ff).

3.2.2 Stoffliche betriebliche Ursachen für Umweltauswirkungen

Anlagenbedingte stoffliche Ursachen. Zur Errichtung von Anlagen werden sehr unterschiedliche Stoffe, zumeist in den Aggregatzuständen fest und flüssig aus der Umwelt entnommen (z. B. Kalkstein, Wasser). In früheren Zeiten handelte es sich hierbei fast ausschließlich um natürliche Stoffe. Mit zunehmender Einführung von Recyclingsystemen für gebrauchte Stoffe werden aber auch künstliche und vom Menschen hergestellte naturidentische Stoffe eingesetzt. Die Stoffe werden in der Regel mehr oder weniger vorbehandelt (z. B. zerkleinert, geschmolzen, chemisch umgewandelt) und dann in die Anlage eingebaut.

Bei dem weitaus größten Teil der *stofflichen Bestandteile von Industrieanlagen* (vgl. Abb. 23) handelt es sich um Gebäude und Fertigungsmaschinen. Sie bestehen in der Regel aus künstlichen, durchweg festen Stoffen. Nachdem sie in die Anlage eingebaut worden sind, verändern sie sich nur langsam (z. B. Korrosion, Abnutzung, Oxidation). Während der Existenzzeit des Betriebes gibt es Stoffveränderungen außerdem durch Reparaturen, Umrüstungen, Modernisierungen etc.

Bei der Stillegung der Anlage findet eine größere Umwandlung der Stoffe in Reststoffe oder Abfallstoffe statt. Diese werden zum größten Teil entweder durch Baustoffrecycling in andere Sachgüter eingebaut oder auf Deponien abgelagert. Ein Teil wird über die Abfallverbrennung in den gasförmigen Aggregatzustand überführt.

Produktionsbedingte stoffliche Ursachen. Da die Variationsbreite der Produkte, die in der Produktion erstellt werden, in der Regel über die stoffliche Variationsbreite bei Anlagen hinaus geht, sind *die Stoffe, die für die Produktion von Gütern* aus der Umwelt entnommen werden, auch vielfältiger. Außerdem können sie in allen 3 Aggregatzuständen vorliegen (z. B. Zinkblende, Wasser, Kohlendioxid).

Die Herstellung von Produkten besteht in der Regel aus einer Vielzahl von Arbeitsschritten. Aus diesem Grund sind die Produktionsinputstoffe meist schon erheblich durch den Menschen umgewandelt (z. B. Roheisen, Kunststoffplatten, Papier). Während des Produktionsprozesses erfahren sie weitere Umwandlungen und verlassen den Betrieb in einem anderen Zustand (Natürlichkeitsgrad, Stoffzusammensetzung, Aggregatzustand) als den, in dem sie in den Betrieb hereingelangt sind (vgl. Abb. 24).

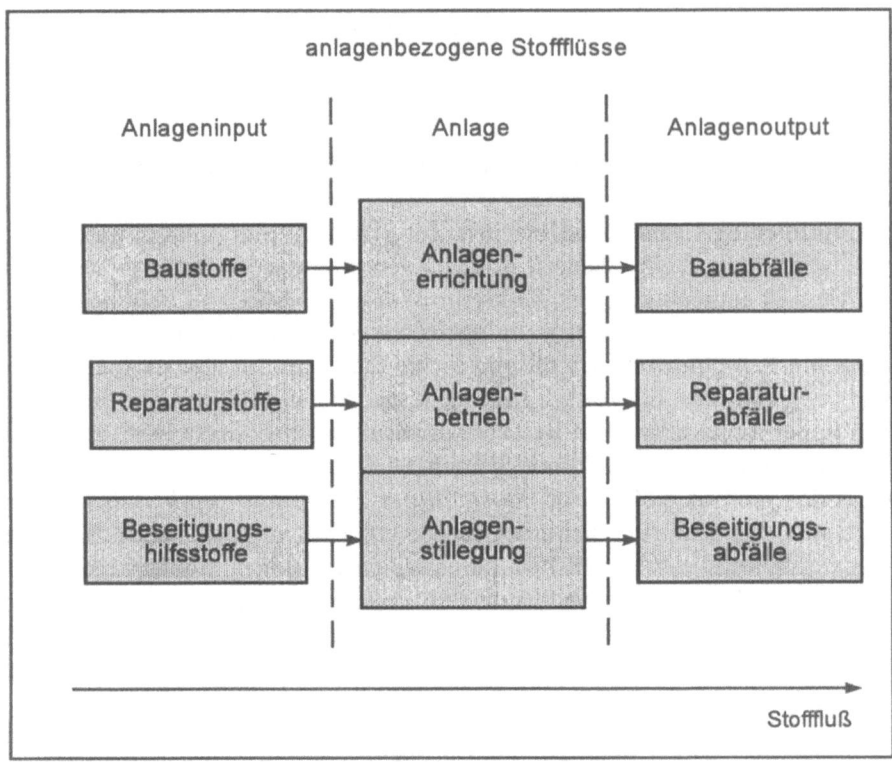

Abb. 23. Übersicht über die anlagenbezogenen Stoffflüsse.

Der Produktionsoutput (z. B. Produkte, Abfälle, Abgase) nimmt oft sehr unterschiedliche Wege. So wird ein Teil der Produkte in der Umwelt dispers verteilt (z. B. Bierdosen), ein Teil wird zu Rohstoff für andere Produkte oder Anlagen (z. B. recyceltes Aluminium) und wieder ein anderer wird in Deponien abgelagert.

3.2.3 Stoffliche Auswirkungen von Industriebetrieben auf die Umwelt

Stoffumwandlungen. Sowohl durch die anlagenbedingten als auch durch die produktionsbedingten stofflichen primären und sekundären Ursachen werden in der Umwelt *Stoffe umgewandelt* (z. B. Veränderung der Luftzusammensetzung durch die Produktion).

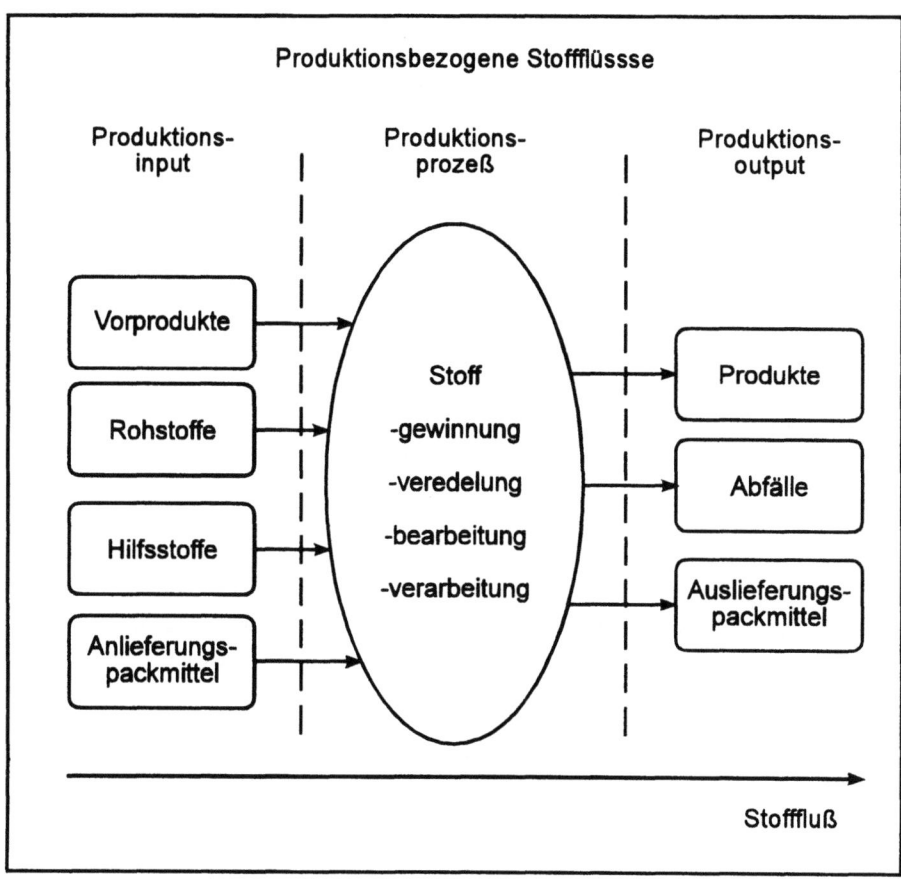

Abb. 24. Übersicht über die produktionsbezogenen Stoffflüsse.

Veränderung von Aggregatzuständen. Auch die *Veränderung von Aggregatzuständen* in der Umwelt wird durch die betrieblichen stofflichen Ursachen für Umweltauswirkungen hervorgerufen. Beispiele hierfür sind die Entnahme von Wasser aus Uferfiltrat und die Mischung mit Sand und Zement zur Herstellung von Beton, der nach dem Abriß der Anlage als fester Bauschutt auf eine Deponie abgelagert wird oder die Entnahme von Wasser aus einem Vorfluter und die Freisetzung von Wasserdampf aus einem Kühlturm.

Veränderung von Stoffmengen. Weitere Auswirkungen von Industriebetrieben auf die Umwelt haben in dem stofflichen Bereich ihre Ursache darin,
- daß in einem bestimmten Teil der Umwelt die Stoffmenge verringert wird, indem *Stoffe entnommen werden* oder
- daß in einem bestimmten Teil der Umwelt die Stoffmenge erhöht wird, indem *Stoffe eingebracht werden*.

Durch die Stoffentnahme wird als Direktauswirkung die stoffliche Struktur am Entnahmeort verändert bzw. die Menge an Feststoffen verringert (z. B. Hohlraumbildung bei Untertagebau, Veränderung der Topographie bei Tagebau, Verringerung von Grundwasser bei unterirdischer Wassergewinnung). Diese Direktauswirkungen haben Folgeauswirkungen auf die Stoffumsetzungsprozesse in der Umwelt (z. B. Veränderung des Wasserhaushaltes durch Setzungen nach Untertageabbau führt zu Veränderung der Vegetation, fehlende Vegetation in Tagebauen führt zu einer verringerten Kohlenstofffixierung, fehlende Grundwassernachlieferung führt zu sommerlichem Trockenfallen eines Baches).

Das Einbringen von Feststoffen führt zum einen zu deren Vermehrung in bestimmten Ausschnitten der Umwelt (z. B. Ablagerung von taubem Gestein, Abfall- und Reststoffdeponien, Gebäude). In vielen Fällen aber erfolgt durch das Einbringen von Stoffen in bestimmte Umweltausschnitte auch eine Veränderung der in diesem Ausschnitt schon vorhandenen Stoffe (z. B. Veränderung der Zusammensetzung des Vorfluterwassers durch Einleitungen von nitrathaltigen Abwässern, Veränderung der Zusammensetzungen der Luft über dem Schornstein durch Ableitung von gasförmigem SO_2, Veränderung des Bodenwassers nach dem Abregnen des in die Luft abgeleiteten SO_2).

Im zeitlichen Verlauf kann sich der Charakter eines Umweltausschnittes bezüglich des Entnahme- / Vermehrungscharakters ändern. Dies ist zum Beispiel der Fall beim Bau eines Gebäudes, wenn vorher ausgeschachtet werden muß.

Auswirkungen auf die stofflichen Umweltbestandteile Boden, Wasser, Luft und Sachgüter. Durch den Industriebetrieb finden *Auswirkungen auf alle stofflichen Umweltbestandteile* statt. So wird z. B. bei der Errichtung der Anlage und bei der Gewinnung der Rohstoffe für die Produktion *Boden* (Auswirkung auf den Boden) abgetragen. Dieser wird zwar an anderer Stelle wieder abgelagert, jedoch ist die Ablagerungsfläche in der Regel schon mit Boden bedeckt. Durch den Bodenauftrag auf einen funktionsfähigen Boden ist in der Regel kein Ersatz der am Abtragungsort verlorengegangenen Bodenfunktionen möglich. Die hierdurch indirekt hervorgerufene Verringerung des Pflanzenbestandes (erste Folgeauswirkung des Verlustes an Bodenfläche; Auswirkung auf Pflanzen) verändert z. B. die Sauerstoffproduktion und die CO_2-Bindung (zweite und dritte Folgeauswirkung; Auswirkung auf die *Luft*).

Außerdem kann dadurch, daß der Boden mit seinen Pflanzen durch ein festes, großflächiges Gebäude ersetzt wurde, die Grundwasserneubildung herabgesetzt sein (vierte Folgeauswirkung; Auswirkung auf Wasser) und der Brunnen auf einem Nachbargrundstück versiegen (fünfte Folgeauswirkung; Auswirkung auf ein Sachgut).

Verringerung von Nutzstoffen und endlichen stofflichen Ressourcen. Sowohl für die Errichtung der Anlage als auch für die Erstellung des Produktes werden *Nutzstoffe* verwendet. Ein Großteil dieser Nutzstoffe ist endlich. Eine Verringerung dieser Nutzstoffe in der Umwelt schränkt die Möglichkeiten für die Ernährung und die Lebensqualität der zukünftigen Generationen ein.

Vermehrung von Schadstoffen. Eine Freisetzung von *Schadstoffen* in den die Anlage umgebenden Umweltausschnitt kann zu einer Veränderung der Mutationsraten (z. B. durch Freisetzung von Vinylchlorid in die Atmosphäre) und zu einer Vernichtung von Arten (z. B. durch die Freisetzung von arttoxischen Stoffen, z. B. DDT für Greifvögel; vgl. z. B. BRÜLL 1977, S. 267ff) führen.

3.2.4 Stoffliche Sachverhalte für die ganzheitliche Bewertung der Auswirkungen von Industriebetrieben auf die Umwelt

Aus den Kapiteln 3.1 - 3.2.3 ergeben sich die nachfolgend aufgeführten Anforderungen an ein Bewertungssystem für die Auswirkungen von Industriebetrieben auf die Umwelt:

Stoffliche Sachverhalte, die bei der Bewertung der Auswirkungen von Industriebetrieben auf die Umwelt berücksichtigt werden sollten:

- Stoffzusammensetzungen
- Stoffumwandlungen
- Unterschiedliche Größenordnungen von Stoffmengen
    - Große Stoffmengen
    - Mittlere Stoffmengen
    - Geringe Stoffmengen
- Änderungen der Größenordnungen von Stoffmengen
- Unterschiedliche Aggregatzustände
    - Feste Stoffe
    - Flüssige Stoffe
    - Gasförmige Stoffe
- Änderungen von Aggregatzuständen
- Nutzfunktionen von Stoffen
- Stoffliche Umweltbestandteile
    - Wasser
    - Boden
    - Luft
    - Sachgüter
- Schadwirkungen von Stoffen

3.3 Energetischer Bereich des Bewertungsobjekts

"Unter Energie E versteht man die Fähigkeit eines Körpers, Arbeit zu verrichten. Energie = Arbeitsvermögen oder Arbeitsvorrat" (KUCHLING 1994, S. 106). Zum stofflichen Bereich besteht ein Übergang, da Energie und atomare Materie (Stoffe) ineinander umgewandelt werden können (vgl. Kap. 3.2).

3.3.1 Energetische Charakteristika der Umwelt

Energie kommt in der Umwelt in sehr unterschiedlichen Erscheinungsformen vor (z. B. Kernenergie, mechanische Energie, Strahlungsenergie), die ineinander umgewandelt werden können. Diese Umwandlungen werden als *Arbeit* bezeichnet.

Kernenergie. Die größte Menge der Energie in der Umwelt ist in den Atomkernen als *Kernenergie* gespeichert. Die Atomkerne sind unter den Bedingungen der Umwelt in der Regel äußerst stabil. Das bedeutet, daß die in ihnen vorhandene Energie selten in andere Energieformen umgewandelt wird. Ausnahmen sind der natürliche Zerfall radioaktiver Substanzen, der Zerfall radioaktiver Substanzen in Röntgenröhren und anthropogen hervorgerufene Kernspaltung in Kernkraftwerken und Kernwaffen. Allerdings ist auch für den Menschen bisher nur ein sehr kleiner Teil der in den Atomkernen gespeicherten Energie in andere Energieformen umwandelbar. Hierdurch ist das Potential an nutzbarer Kernenergie, d. h. *die Ressource Kernenergie* deutlich geringer als der Gesamtkernenergiegehalt der Umwelt. Die bei den aufgeführten Vorgängen freigesetzte Energie wird zum größten Teil direkt oder indirekt in Wärmeenergie umgewandelt (s. u.).

Strahlungsenergie. Zur *Strahlungsenergie* zählt v. a. das sichtbare Licht, die UV- und die Röntgenstrahlung. Vorkommen in der Umwelt sind z. B. die solare Strahlung, die auf die Erde trifft, Lichterscheinungen bei Feuer, Blitz und vulkanischen Aktivitäten sowie anthropogen erzeugtes elektrisches Licht. Ein Charakteristikum dieser Energieform ist, daß sie nicht an atomare Materie gebunden ist. Diese Eigenschaft ermöglicht es ihr, sich mit Lichtgeschwindigkeit durch den Weltraum zu bewegen. Sie hat praktisch keine Ruhemasse. Zu ihr zählt auch die als Wärmestrahlung bezeichnete Infrarotstrahlung. Diese ist von der Erscheinung des Wärmegehaltes eines Körpers (s. u.) zu unterscheiden.

In der Umwelt spielt die solare Strahlung durch ihren ständigen Energietransfer von der Sonne zur Erde eine herausragende Rolle. Der Anteil des sichtbaren Lichtes macht 45%, derjenige der langwelligen Infrarotstrahlung 46% und der Anteil der photowirksamen UV-Strahlung 9% der Gesamtenergiemenge der solaren Strahlung aus (vgl. LAUER 1995, S. 22). Ungefähr 43% der kurzwelligen solaren Strahlung, welche die Oberfläche der Erdatmosphäre erreicht, gelangt durch die Atmosphäre auf die Erdoberfläche. Ein Großteil von ihr wird von der Erdoberfläche in Wärme umgewandelt und ein geringer Teil als kurzwellige Strahlung reflektiert (vgl. Abb. 25). Ein weiterer Teil wird von Pflanzen in chemische Energie umgewandelt (s. u.).

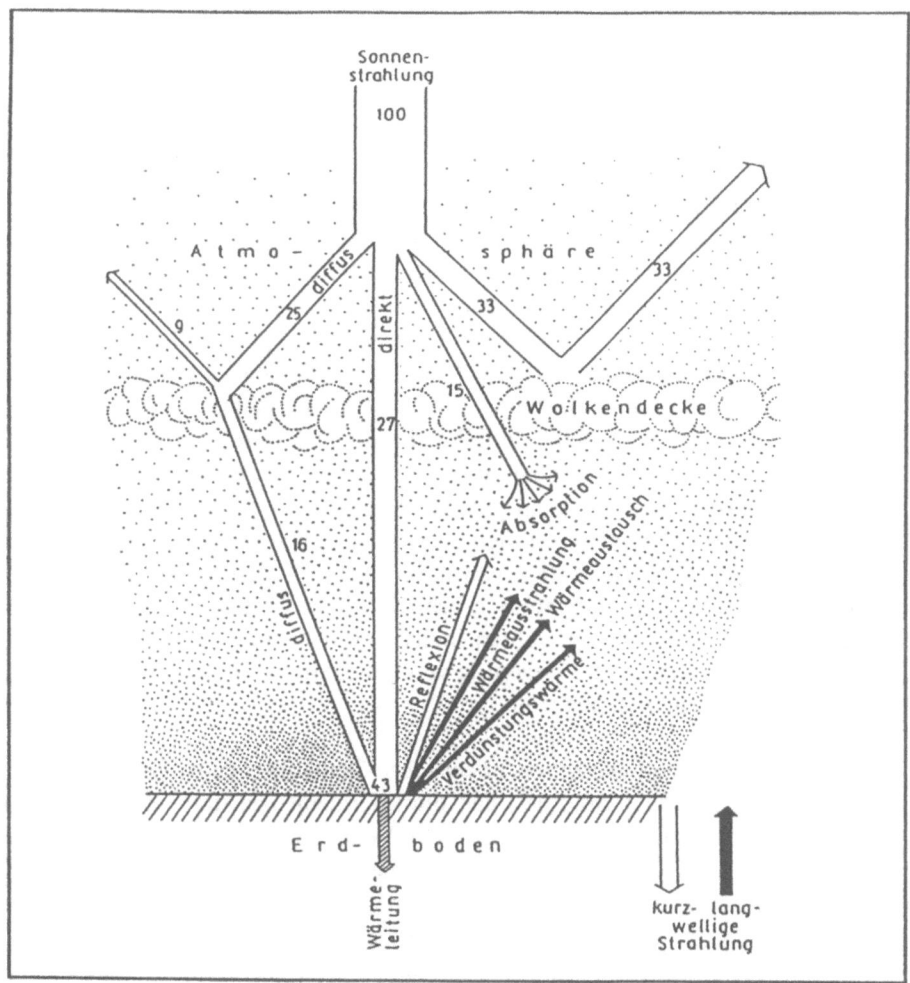

Abb. 25. Strahlungshaushalt an der Erdoberfläche in Prozent der Sonnenstrahlung (MÜLLER et al. 1991, S. 27; Erläuterungen gekürzt).

Die *UV-Strahlung* hat einen wichtigen Einfluß auf die menschliche Gesundheit. Hierzu gehören die Heilung und Verhinderung von Rachitis und der Schutz vor

Infektionskrankheiten durch die Abtötung von Bakterien (vgl. SCHERHAG u. LAUER 1982, S. 168).

Hohe Dosen von UV-Strahlung haben ähnliche negative Effekte für Lebewesen wie sie bei den Wirkungen mutagener Stoffe in Kapitel 3.2.1 dargestellt wurden. Durch eine hohe Konzentration mutagener Strahlen in der Atmosphäre kann die Fortpflanzung der Lebewesen allgemein nachhaltig beeinträchtigt sein, da das Prinzip der Übertragung der Erbinformationen von der Elterngeneration auf die Kindergeneration gefährdet ist. Würde sich die Menge der UV-Strahlung, die zum Erdboden gelangt, deutlich erhöhen, wären die Wasserlebewesen am besten gegen diese mutagenen Strahlen geschützt, da Wasser UV-Strahlung gut resorbiert.

Die größte potentielle Quelle dieser Form von Schadenergie ist die Sonne. Ein Teil (9%) der von ihr ausgehenden Strahlung gehört zu derartigen harten Strahlen (LAUER 1995, S. 22). Diese werden allerdings zu einem großen Teil durch einen Ozonschleier in der Strathosphäre abgefangen. Durch die Freisetzung von FCKW und anderer ozonabbauender Stoffe in die Atmosphäre wird diese - die Lebewesen vor den UV-Strahlen schützende - Ozonschicht in zunehmendem Maße verringert. Vor allem über dem Pol der Südhalbkugel bildet sich alljährlich im Südwinter ein regelrechtes Ozonloch aus (vgl. z. B. WBGU 1993, S. 29ff).

Eine weitere kurzwellige Strahlung, die Lebewesen schädigt, ist die *ionisierende Strahlung*. Diese wird beim Zerfall radioaktiver Elemente frei. Natürlicherweise ist sie in geringem Maße durch kosmische und terrestrische Strahlung vorhanden. Außerdem tritt sie lokal gehäuft dort auf, wo natürliche mineralische Vorkommen von radioaktiven Stoffen oberflächennah anstehen. In den 50er und 60er Jahren ist die Konzentration von radioaktiven Stoffen in der Umwelt v. a. durch oberirdische Kernwaffentests erheblich erhöht worden (vgl. KATALYSE 1993, S. 671ff). Seit den 70er Jahren findet eine Erhöhung hauptsächlich durch die Förderung, Nutzung und Lagerung von radioaktiven Stoffen zur zivilen und militärischen Energienutzung statt.

Chemische Energie. Auch in den *chemischen* Verbindungen ist *Energie* gespeichert. Hierbei gilt der Grundsatz, daß die Energiemenge, die zum Aufbau der Verbindung benötigt wird, beim Lösen der Verbindung wieder frei wird. Einer der bedeutendsten Wege zur Entstehung chemischer Energie ist die Umwandlung eines Teils der solaren Strahlungsenergie mit Hilfe grüner Pflanzen in chemische Energie. Hierdurch wird die Strahlungsenergie in organischem Material, wie z. B. Eiweiß, Kohlenhydrate oder Fette gebunden. Das uns bekannte Leben nutzt diese Stoffe als hauptsächliche Energiequelle (vgl. Kap. 3.3.1).

Wärmeenergie. Der Gehalt an *Wärmeenergie*, die ein Körper besitzt, drückt sich in seiner Temperatur aus. Ausgehend von den energetischen Umsetzungsprozessen im Innern der Erde und der stofflichen Beschaffenheit des Erdkörpers würde die Durchschnittstemperatur auf der Erde weit unter -15 °C liegen. Durch die solare Einstrahlung würde dieser Wert, wenn die Erde keine Atmosphäre hätte, bei ca. -15 °C liegen. Sie beträgt heute allerdings ca. +15 °C (WBGU 1993, S. 44). Die Temperaturdifferenz von 30 °C hängt mit bestimmten Eigenschaften der Atmosphäre zusammen.

Da alle Lebewesen zu einem Großteil aus Wasser bestehen und sich die grundlegenden physiologischen Vorgänge in den Zellen in wäßrigen Lösungen abspielen, können die meisten Lebewesen nicht längere Zeit in einer Umgebungstemperatur von weit unter 0 °C existieren. Ausnahmen sind speziell angepaßte niedere Pflanzen (vgl. z. B. WALTER u. BRECKLE 1991, S. 87) und einige warmblütige Tiere (z. B. Wolf, Ren, vgl. z. B. WALTER u. BRECKLE 1991, S. 88). Aber auch bei diesen Lebewesen werden ab gewissen unteren Temperaturniveaus die Zellen irreparabel geschädigt (vgl. z. B. TISCHLER 1993, S. 21ff).

Die existierenden Temperaturverhältnisse von weltweit durchschnittlich +15 °C (+17 °C nach CHARLSON u. WIGLEY 1997, S. 74) schaffen deshalb eine der elementaren energetischen Grundvoraussetzung für das bekannte Leben - der Einhaltung der *Mindestumgebungstemperatur*. An diese sind die Lebewesen auf der Erde angepaßt (für den Menschen vgl. SCHERHAG u. LAUER 1982, S. 168), wobei jede Art und jedes Ökosystem seinen speziellen Temperaturspielraum hat. Diese Spielräume reichen von antarktischen Ökosystemen mit Jahresdurchschnittstemperaturen unter 0 °C bis zu Ökosystemen, die sogar gelegentlich die Hitze von Bränden benötigen um zu existieren (vgl. z. B. REMMERT 1992, S. 73; BICK 1993, S. 98f).

Würde die Durchschnittstemperatur der Atmosphäre, wie oben dargestellt, unter -15 °C betragen, wäre ein Leben, wie wir es heute kennen, wahrscheinlich nicht möglich, da zumindest ein Großteil der Wasserflächen gefroren wäre.

Diese positive Wirkung der Temperatur auf Lebewesen ist nur in bestimmten Temperaturbereichen festzustellen. Ab gewissen *Maximalumgebungstemperaturen* - die auch wieder für jede Art mehr oder weniger charakteristisch sind - wird die Lebensfähigkeit eingeschränkt. Für jedes Lebewesen gibt es Temperaturobergrenzen, die es nicht über längere Zeit ertragen kann.

Die Höhe der Temperatur, auf die sich die Atmosphäre eingependelt, hängt v. a. von der Stärke des Treibhauseffektes und damit von der Konzentration der dominierenden treibhauswirksamen Atmosphärenbestandteilen CO_2, CH_4 und H_2O ab. Zeitweise werden Wärmeenergie und treibhauswirksame Gase bei vulkanischen Prozessen in die Umwelt eingebracht. Diese Effekte sind meist räumlich begrenzt. Durch unterschiedliche Vorgänge, wie das Abbrennen von Wäldern, Intensivviehhaltung oder Naßreisanbau, aber v. a. durch die Nutzung fossiler Kohlenwasserstoffe erhöht der Mensch seit dem Beginn der Technisierung in starkem Maße den Anteil der treibhauswirksamen Gase in der Atmosphäre. Zusätzlich führt die Umwandlung von natürlicherweise bewachsenen Flächen in vegetationslose Flächen (z. B. Gebäude, Verkehrsflächen, Rohstoffgewinnungsflächen) zu einer Verringerung von CO_2-Senken (Strukturen, die der Atmosphäre CO_2 entziehen). Dieser anthropogene zusätzliche Treibhauseffekt - in Zusammenhang mit der massiven Freisetzung von zusätzlichen Wärmeenergie aus historischen, fossilen und Kernenergieträgern - führt seit einiger Zeit zu einem

Anstieg der Temperaturen in der Atmosphäre, der das natürliche Maß übersteigt (vgl. ENQUETE-KOMMISSION SEA 1995; WBGU 1995a).

Eine Erhöhung des Treibhauseffektes über bestimmte Grenzen hinaus könnte eine Atmosphäre ähnlich der, die heute auf der Venus anzutreffen ist, entstehen lassen [trotz Wasserdampf keine Gewässer, trotz Kohlenstoff und Stickstoff in der Atmosphäre kein Leben, Oberflächentemperatur 470 °C (NISBET 1994, S. 37)]. Unter diesen Zuständen könnte das uns bekannte Leben nicht existieren (ebenda). Aber schon vor dem Erreichen derartig kritischer Zustände wirkt sich eine Erhöhung der Temperatur der Erdatmosphäre für einen Großteil der Lebewesen negativ aus, da die Erhöhung der Temperatur der Atmosphäre zu einer Verschiebung der Klimazonen - nach einer Studie des IPCC von 1996 um ca. 150 - 550 km polwärts in den kommenden 100 Jahren - führt (WBGU 1995a).

Durch diese Verschiebung wird eine lokale, regionale und weltweite Veränderung der klimatischen Parameter wie Lufttemperatur, Niederschlag, Sonneneinstrahlung, Luftfeuchte etc. hervorgerufen. Dies kann zu klimatischen Erscheinungen führen, die für die entsprechenden Regionen bisher untypisch sind (z. B. vermehrte Wirbelstürme, Platzregen in Trockengebieten, dramatische Trockenphasen in gemäßigten Breiten). Dies wird zur Folge haben, daß die vom Klima abhängigen Faktoren wie Bodenfeuchte, Wasserspiegelstände von Gewässern und Erosion sich erheblich verändern werden.

Die Veränderung dieser Parameter (der klimatischen und der abhängigen) wird, in lokalem und in regionalem Maßstab, die bestehenden natürlichen (z. B. naturnahe Wälder, naturnahe Seen, Moore) und anthropogenen Ökosysteme (z. B. Felder, Forste, Weiden) beeinträchtigen, die an ihre bisherigen Umgebungsbedingungen angepaßt sind sowie einen Teil der bestehenden technischen Einrichtungen in den betroffenen Gebieten zerstören. Die Folgen sind der Zusammenbruch von natürlichen und anthropogenen Ökosystemen mit der Auswirkung von Genverlusten, Ernteausfällen und Verlusten an landwirtschaftlicher Fläche (z. B. durch Erosion, Versalzung, Deflation). Diese Auswirkungen schränken die Entwicklungsmöglichkeiten der natürlichen Artenvielfalt und der zukünftigen menschlichen Generationen zunehmend ein.

Als weitere Folge einer allgemeinen Erhöhung der Temperatur der Atmosphäre dehnt sich das Wasser der Ozeane aus, da warmes Wasser ein größeres Volumen einnimmt als kälteres. Eine zusätzliche Volumenzunahme werden die Ozeane dann erlangen, wenn die Temperaturerhöhung so stark wird, daß die Inlandeismassen v. a. der Antarktis abschmelzen. Diese Effekte können - selbst bei erhöhter Verdunstung durch die höhere Lufttemperatur und dadurch einer Erhöhung der Albedo (s. u.) - zu einem Anstieg der Ozeane in den nächsten 100 Jahren um 48 cm und gesamt um über 60 m (vgl. WILHELMY 1981, S. 55; HABER 1993, S. 9; GOUDIE 1995, S. 49) führen.

Hierdurch würden ein Großteil folgender Gebiete dauerhaft überflutet:
- die teilweise sehr fruchtbaren und dicht besiedelten Deltagebiete (z.B des Howang-He, des Bramaputran/Ganges, des Mississippi)

- die flachen Inseln - v. a. Koralleninseln der tropischen Meere (z. B. Malediven, Mikronesien, Kleine Antillen) - aber auch der gemäßigten Breiten wie z. B. die friesischen und die dänischen Inseln
- die Mangrovengürtel der Tropen (z. B. in Brasilien, Kolumbien, Indonesien)
- die Wattenmeere (z. B. in Deutschland u. den Niederlanden)
- die flachen Küstenländer (z. B. Mississippi, Niederlande, Niedersachsen)

Eine Abschwächung des zusätzlichen anthropogenen Temperaturanstiegs der Atmosphäre hat in den letzten Jahrzehnten durch die Verstärkung der Rückstrahlung der kurzwelligen solaren Strahlung - der Albedo - von der Erdoberfläche stattgefunden. Diese Erhöhung der Albedo hat ihre hauptsächlichen Ursachen in der Beseitigung von Vegetation für die Siedlungs-, Verkehrs- und Rohstoffgewinnungsflächen, der Ausdehnung der Wüsten, der Umwandlung von natürlichen in landwirtschaftliche Flächen aber auch der Freisetzung von Schwefel in die Atmosphäre (vgl. CHARLSON u. WIGLEY 1997). Die Vegetationsfreiheit verringert die Umwandlung kurzwelliger solarer Strahlung in Wärme und Wärmestrahlung. Die reflektierte kurzwellige solare Strahlung wird nicht von der Atmosphäre auf die Erde zurückreflektiert, sondern strahlt direkt in die Kosmosphäre zurück (vgl. ENQUETE-KOMMISSION SEA 1995, S. 17f).

Mechanische Energieformen (Potentielle und kinetische Energie). Bei festen Gegenständen ist eine gewisse Menge an potentieller Energie in der *Form* gespeichert. Dies wird z. B. dadurch deutlich, daß die Form eines Gegenstandes nicht ohne Kraftaufwand (Energieaufwand, Arbeit) verändert werden kann. Bei flüssigen und gasförmigen Stoffen ist potentielle Energie in ihrem Aggregatzustand (vgl. Kap. 3.2.1) enthalten.

Beim *Übergang vom festen in den flüssigen und vom flüssigen in den gasförmigen Zustand* muß jeweils Energie zugeführt werden (z. B. Auftauen von Eis, Dampfentwicklung beim Wasserkochen, schwitzen). Bei dem entgegengesetzten Prozeß, also dem Übergang vom gasförmigen in den flüssigen und vom flüssigen in den festen Zustand, wird jeweils Energie frei (z. B. Nebel-, Reif-, Hagelbildung).

Auch die *Lage eines Gegenstandes in Relation zur Erde* ist ein Speicher für potentielle Energie. Wird der Gegenstand vom Erdmittelpunkt weg bewegt, so muß Energie aufgewendet werden. Wenn der Gegenstand aus dieser erhöhten Lage auf die Ausgangslage zurückfällt, wird Arbeit verrichtet. Beispiele hierfür sind die Erosion durch Fließgewässer, Wasserkraftwerke und die Gewichte bei alten Standuhren.

Eine weitere mechanische Energieform ist die Energie der *Bewegung* (kinetische Energie). Um einen Gegenstand in Bewegung zu versetzen, muß Arbeit verrichtet, d. h. es muß Energie eingesetzt werden. Der Energiegehalt einer Bewegung wird deutlich an der Verformung eines elastischen Gegenstandes beim abrupten Abbremsen der Bewegung, wie z. B. an der Verformung eines Autos, das frontal gegen eine Mauer gefahren ist.

Zu den Energieformen der Bewegung gehören auch die *mechanischen Wellen*, Schwingungen in einem ausgedehnten stofflichen Medium, z. B. *Erdbeben-, Wasser- und Schallwellen*.

Von den mechanischen Wellen hat v. a. *der Schall* (Geräusch) für die Kommunikation zwischen Tieren bzw. zwischen Menschen eine große Bedeutung.

Extremer Schall (*Lärm*) kann allerdings Schädigungen bei Lebewesen hervorrufen (vgl. ISING et al. 1997). Dieser Lärm wird v. a. durch technische Apparate wie Autos, Flugzeuge oder Fertigungsmaschinen erzeugt und kann zur Schädigung von Hörorganen und Herz-Kreislauf-Systemen führen.

Unter den atmosphärischen Bedingungen der Erde wird bei jeder Umwandlung mechanischer Energie - also jeder mechanischen Arbeit - durch Reibung auch Wärme frei.

Elektrische Energie. Ein elektrisches Feld entsteht dadurch, daß sich in einem neutralen Körper die Ladungen trennen. Für diese Ladungstrennung ist Energie notwendig (elektrische Energie). Durch den Ladungsausgleich wird diese *elektrische Energie* frei. Wird z. B. durch die Verbrennung von Erdöl oder Nutzung der Kernenergie ein Generator betrieben, so wird ein elektrisches Feld aufgebaut und Strom kann fließen. Die chemische Energie bzw. die Kernenergie wird in diesem Fall in elektrische Energie umgewandelt, die wiederum vom Menschen in unterschiedlicher Form in mechanische, Wärme- oder Strahlungsenergie umgewandelt wird (vgl. NIMTZ u. MÄCKER 1994, S. 35).

Natürliche Phänomene der elektrischen Energie sind die Entstehung von Blitzen als Ausgleich zwischen unterschiedlich geladenen Teilen der Atmosphäre oder zwischen Erdboden und Atmosphäre (vgl. NIMTZ u. MÄCKER 1994, S. 82), Spannungsdifferenzen zwischen lebenden Zellen und ihrer Umgebung, Frequenzen von Gehirnströmen und Entladungen von elektrischen Fischen (vgl. REMMERT 1992, S. 92f). Darüber hinaus ist sie an der Reizweiterleitung bei höheren Lebewesen beteiligt (vgl. CZIHAK et al. 1992, S. 701).

Magnetische Energie. Beim Vorhandensein eines Magneten oder eines stromdurchflossenen Leiters entsteht ein magnetisches Feld. Der Energiegehalt dieses Feldes entspricht der Energiemenge, die zum Aufbau des Feldes notwendig war. Diese *magnetische Energie* wird beim Zusammenbrechen des Feldes wieder frei. Bringt man magnetische Gegenstände in ein magnetisches Feld, so orientieren sich die im Stoff enthaltenen magnetischen Dipole in der Feldrichtung. Magnetfelder in der Umwelt sind z. B. das Erdmagnetfeld, magnetische Wechselfelder in Gehirnen, elektromagnetische Wechselfelder von stromdurchflossenen Leitern.

Die magnetische und die elektrische Energie erzeugen eine weitere Schadenergie, die in der Umwelt in sehr hohem Maße vom Menschen verursacht wird. Dies sind die *elektromagnetischen Felder*. Sie bestehen aus elektrischen und magnetischen Feldern. Im hochfrequenten Bereich sind diese Felder nicht eindeutig zu trennen, und es entstehen elektromagnetische Felder. Da jedes elektrische Gerät ein elektrisches und ein magnetisches Feld erzeugt und auch die Wellen der Radio-, Fernseh- und Funkübertragung aus elektromagnetischen Wellen bestehen, hat das Vorkommen von elektromagnetischer Energie seit der Elektrifizierung der Umwelt durch den Menschen stark zugenommen. Über die Schädlichkeit elektromagnetischer Energie gibt es unterschiedliche Aussagen. Die meisten der diskutierten Wirkungen auf Lebewesen sind bisher kaum gesichert erforscht (vgl. NIMTZ u. MÄCKER 1994).

Größenordnungen von Energiemengen. Die solare Einstrahlung, welche die Atmosphäre pro Minute erhält, beträgt durchschnittlich 10^{19} J (vgl. LAUER 1995, S. 20), die Produktion von 1.000 kg Stahlblech ca. 10^9 J (vgl. ENQUETE-KOMMISSION SEA 1995, S. 205) und der tägliche Energiebedarf eines Menschen einige 10^3 J (KLÖTZLI 1993, S. 178).

Klima. Ein Großteil der energetischen Sachverhalte, die sich in der Atmosphäre abspielen, lassen sich unter den Begriff der meteorologischen Erscheinungen einordnen. Hierzu gehören sowohl die energetischen Zustände der Atmosphäre als auch der größte Teil der Energieumsätze. Die wichtigsten Phänomene sind hierbei:
- die Temperatur der Atmosphäre,
- die Reflexion und Absorption von Strahlungsenergie,
- die Energieumsätze durch Zustandsänderungen des Wasserdampfes,
- die Bewegungen von Luftmassen und damit Energiemengen,
- die Freisetzung von Strahlungs- und Schallenergie bei Gewittern.

Die typische Zusammenfassung der meteorologischen Phänomene für einen Ort über längere Zeiträume in charakteristischer Häufigkeitsverteilung ist das Klima (vgl. SCHERHAG u. LAUER 1982, S. 7). Dieses ist einer der wichtigsten Faktoren für die Lebensfreundlichkeit oder Lebensfeindlichkeit der Umwelt (vgl. WALTER u. BRECKLE 1983, S. 15ff).

Nutzenergie. *Jedes Leben ist an Energieumwandlung gebunden* (vgl. Kap. 3.1.1.3 u. TISCHLER 1993, S. 28; BÄHRMANN 1995, S. 104). Wichtig hierbei ist nicht, ob Energie vorhanden ist, da dies überall auf der Erde in praktisch unbegrenztem Maße der Fall ist (s. o.). Wichtig ist, daß sie in der richtigen Form vorliegt. Eine wichtige Limitierung ist dadurch gegeben, daß kein bekanntes Lebewesen - außer dem Menschen mit seiner Technik - Energie, die in den Kernen der Atome gespeichert ist (s. o.), direkt nutzen kann.

Zwei energetische Funktionen sind für Lebewesen von grundlegender Bedeutung. Zum einen ist dies die Arbeitsenergie. Mit dieser Energie kann die Arbeit des Stoffwechsels, der Fortbewegung, der Revierabgrenzung usw. geleistet werden. Zum anderen ist dies die Einhaltung einer gewissen Mindestumgebungstemperatur (s. o. u. vgl. z. B. MÜLLER 1991, S. 160ff).

Die Bereitstellung der *Arbeitsenergie* erfolgt in der Natur fast ausschließlich durch den Vorgang der Photosynthese (vgl. z. B. JENSEN u. FEIGE 1995). Ausnahmen sind z. B. Mangan-, Eisen- und Schwefelbakterien (vgl. z. B. WAL-

TER u. BRECKLE 1991, S. 7; STRASBURGER et al. 1991, S. 251f). Bei der Photosynthese wandeln grüne Pflanzen einen Teil der Strahlung, die von der Sonne (s. o.) oder von technischen Lichtquellen ausgesandt wird, in chemische Energie um (vgl. Abb. 26 u. z. B. JENSEN u. FEIGE 1995).

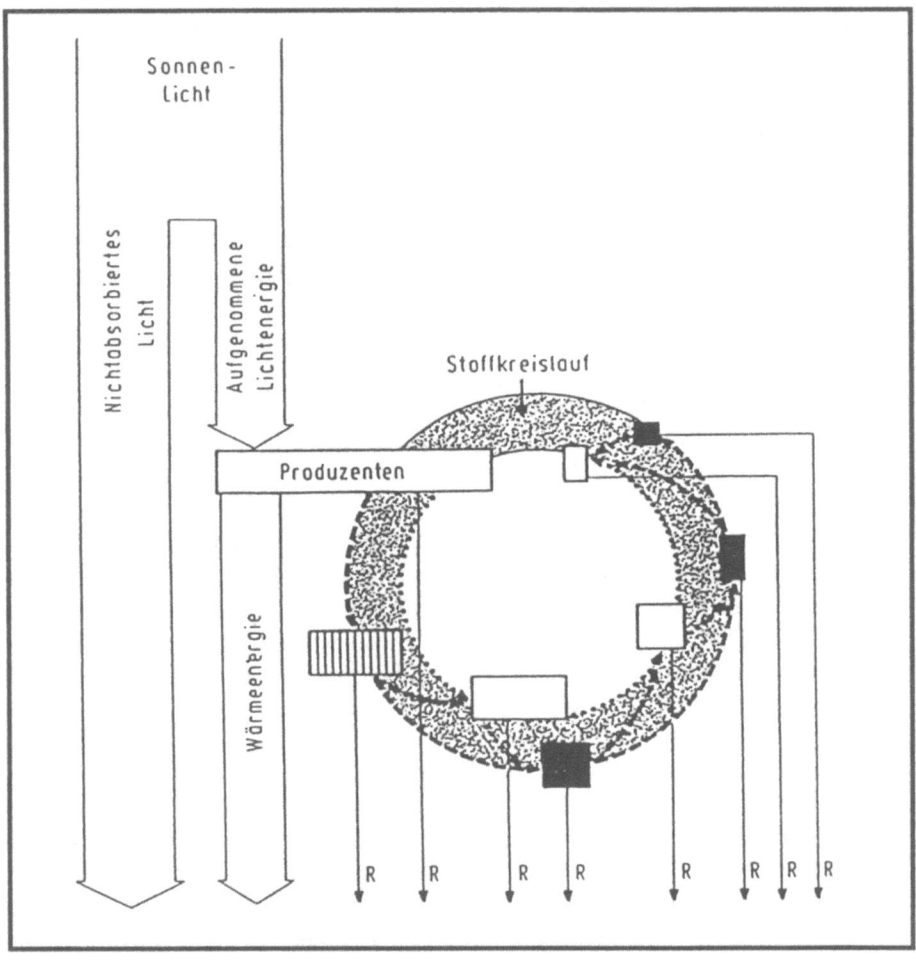

Abb. 26. Energietransfer und Stoffkreislauf in einem Ökosystem. *Schraffiert*: Herbivore, *schwarz*: Carnivore, *weiß*: Destruenten, R = Energieverlust durch Atmung (als Wärme) (TISCHLER 1993, S. 147, Erläuterungen verändert).

Als Energiespeicher dienen vornehmlich Kohlenhydrate wie Zucker oder Stärke, aber auch andere Stoffe (z. B. ATP, Fett, Eiweiß). Die in dieser Form festgelegte Energie ist sehr schnell mobilisierbar und kann z. B. für die Fortpflanzung, das

Wachstum oder die Bewegung genutzt werden. Bei der Verrichtung dieser Arbeiten werden die Stoffe, in denen die Energie gebunden war, zu Stoffen mit niedrigem Energiegehalt, zumeist CO_2 umgewandelt. Hieraus ergibt sich für Pflanzen sowohl eine Erzeugung als auch ein Verbrauch von chemischer Energie (vgl. z. B. JENSEN u. FEIGE 1995). In der Wachstumsphase überwiegt die Erzeugung von chemischer Energie.

Den Tieren und meisten anderen Lebewesen (Pilze, photoheterotrophe Bakterien, Viren) fehlt diese Möglichkeit der Bereitstellung von leicht nutzbarer Energie. Sie sind darauf angewiesen, die von den Pflanzen chemisch gebundene Energie zu nutzen. Die Pflanzenfresser oder Herbivore z. B. nehmen hierzu die lebenden Pflanzen selbst oder deren Rückstände (z. B. Samen, Früchte, Totholz) auf (vgl. Abb. 26), um mit dieser Energie ihrerseits Arbeit zu verrichten (z. B. Wachstum, Bewegung, Wärmeerzeugung). Genau wie bei den photoautotrophen Lebewesen werden die energiereichen Stoffe dabei in energieärmere Stoffe umgewandelt und schließlich zum Großteil als CO_2 abgegeben (vgl. z. B. BÄHRMANN 1995). Beim Abbrennen eines Pflanzenbestandes wird die chemische Energie direkt in Wärmeenergie umgewandelt, ohne vorher Bewegungs- oder Wachstumsarbeit etc. verrichtet zu haben.

Ein Teil der Energieträger wird jedoch auch von den Herbivoren in Form energiereicher Stoffen im Körper gespeichert. Andere Lebewesen - die Fleischfresser oder Carnivore - nehmen diese Tiere auf (vgl. Abb. 26), um deren energiereiche Stoffe für sich zu nutzen. Auch hier vollzieht sich der gleiche Prozeß wie bei den Herbivoren (vgl. z. B. BÄHRMANN 1995). Der Mensch kann sowohl an Stelle der Herbivoren als auch der Carnivoren in der Nahrungskette auftreten.

Da pflanzliches Material aus relativ energiereichen Stoffen besteht, folgt aus dem Überschuß an organischen Stoffen der letzten Jahrmilliarden, daß in dieser Zeit mehr Strahlungsenergie durch die Pflanzen fixiert als durch Wärmestrahlung an die Kosmosphäre abgegeben wurde. Ein Großteil dieser auf der Erde festgehaltenen Energie wird innerhalb (z. B. Torf, Schwarzerden, alte Wälder als historische Kohlenwasserstoffe) und außerhalb der Umwelt (fossile Kohlenwasserstoffe) festgehalten.

Ein Teil der chemisch gebundenen Energie vergangener Epochen wurde durch geomorphologische und geologische Prozesse der damaligen Umwelt entzogen und hat Lagerstätten in der Lithosphäre gebildet. Heute wird diese fossile chemische Energie vom Menschen zunehmend technisch in die Umwelt befördert und in mechanische und Wärmeenergie umgewandelt (s. u.).

Am Anfang seiner Entwicklung war der Mensch ein integraler Bestandteil der natürlichen Energieumwandlung. Selbst nachdem er gelernt hatte, Feuer zu nutzen, hat er lange Zeit ausschließlich die erst vor kurzem durch die Pflanzen festgelegte Sonnenenergie genutzt. Hieraus ergab sich, daß die Maximalzeitdifferenz zwischen natürlicher Energiefixierung und anthropogener Energiemobilisierung sich nach dem Alter der durch den Menschen genutzten Vegetation richtete. Dies galt auch noch zu Zeiten der ersten Dampfmaschinen, solange diese mit rezentem pflanzlichem Material betrieben wurden.

74 3 Das Bewertungsobjekt sind die Umweltauswirkungen von Industriebetrieben

Ein Schritt zum Auskoppeln aus diesem Kreislauf war die Nutzung von Torf und oberflächlich anstehender Kohle. Im Zuge der Technisierung wurde diese Loslösung mit großmaßstäbigen Abbau von Kohle aber erst recht mit der Förderung von Erdgas und Erdöl immens beschleunigt. Hierbei wird zwar auch pflanzlich gebundene chemische Energie zur Verrichtung der Arbeit genutzt, diese war jedoch lange vor der heutigen Zeit aus der Umwelt entfernt worden. Die in Kapitel 3.1.1.4 angeführte vermehrte Nachfrage nach hoher materieller Lebensqualität durch den modernen Menschen ist auch die Ursache für eine verstärkte Nachfrage nach leicht nutzbarer Energie, wie sie die fossilen Energieträger darstellen. Es ist vorstellbar, daß ohne die Möglichkeit der Nutzung dieser Energiequelle viel stärker auf rezente Pflanzenbestände zurückgegriffen worden wäre.

Eine Abkehr des Menschen von pflanzlich gebundener chemischer Energie erfolgt durch die direkte Nutzung der Kernenergie. Diese Form der Energiebereitstellung nutzt die Energie, die beim Zerfall schwerer radioaktiver Kerne freigesetzt wird. Aufgrund unterschiedlicher Probleme (vgl. z. B. ZORPETTE 1997) stagniert der weitere Ausbau dieser Energiebereitstellungsform seit einigen Jahren, obwohl die Nachfrage nach leicht nutzbarer Energie aus den genannten Gründen in der menschlichen Gesellschaft unvermindert hoch ist. Neuere Technologien wie die Photovoltaik, solare Wassererwärmung oder Windkraftanlagen nutzen die solare Energie ohne den Umweg über die Pflanze.

3.3.2 Energetische betriebliche Ursachen für Umweltauswirkungen

Während der unterschiedlichen Existenzphasen von Anlagen und während der Produktion finden Energieumwandlungen in vielfältiger Weise statt.

Anlagenbedingte energetische Ursachen für Umweltauswirkungen. *Bei Errichtung einer Industrieanlage wird Arbeit verrichtet.* Dies bedeutet, eine Energieform wird in eine andere überführt. Zum Bau der Anlage wird v. a. Energie, die in den Baumaterialien (dem Anlageninput) enthalten ist, eingesetzt. Da diese Energiespeicherung in der Regel selbst das Ergebnis industrieller Tätigkeiten ist, gilt für sie die weiter unten gemachten Ausführungen über den energetischen Bereich der industriellen Produktion.

Während der Anlagenbetriebszeit ist der Energieumsatz in den Anlagenmaterialien relativ gering. Hier findet v. a. eine Absorption von Sonnenstrahlung an der Außenfläche und von Wärme aus den Betriebsflächen statt. Beides wird kurzzeitig zum Teil in die Materialausdehnung, aber später in der Regel zum größten Teil als Wärme freigesetzt. Bei der Stillegung einer Anlage findet der weitaus größte Teil der Arbeit mit Hilfe chemischer Energie aus fossilen Energieträgern statt. Diese wird hauptsächlich in mechanische Energie umgewandelt.

Produktionsbedingte energetische Ursachen von Umweltauswirkungen. Auch bei der *Herstellung von Industrieprodukten wird Arbeit verrichtet* (vgl. Abb. 27).

Der größte Teil dieser Arbeit wird aus energiereichen Kohlenwasserstoff-Verbindungen wie Kohle, Erdöl, Erdgas oder Biomasse gewonnen (chemisch-energetischer Produktionsinput). Ein Industriebetrieb gewinnt seine Energie entweder selbst aus diesen Stoffen, oder er importiert sie in Form von elektrischer Energie (elektrischer Produktionsinput). Ein Teil der elektrischen Energie stammt heute auch aus Kernenergie. Strahlungsenergie wird für die industrielle Produktion erst in sehr geringem Umfang mit Hilfe von Solarkollektoren gewonnen. Mechanische Energie geht zum einen als Lageenergie (Wasserkraft) oder Bewegungsenergie (Windkraft) in die Erzeugung von elektrischer Energie ein.

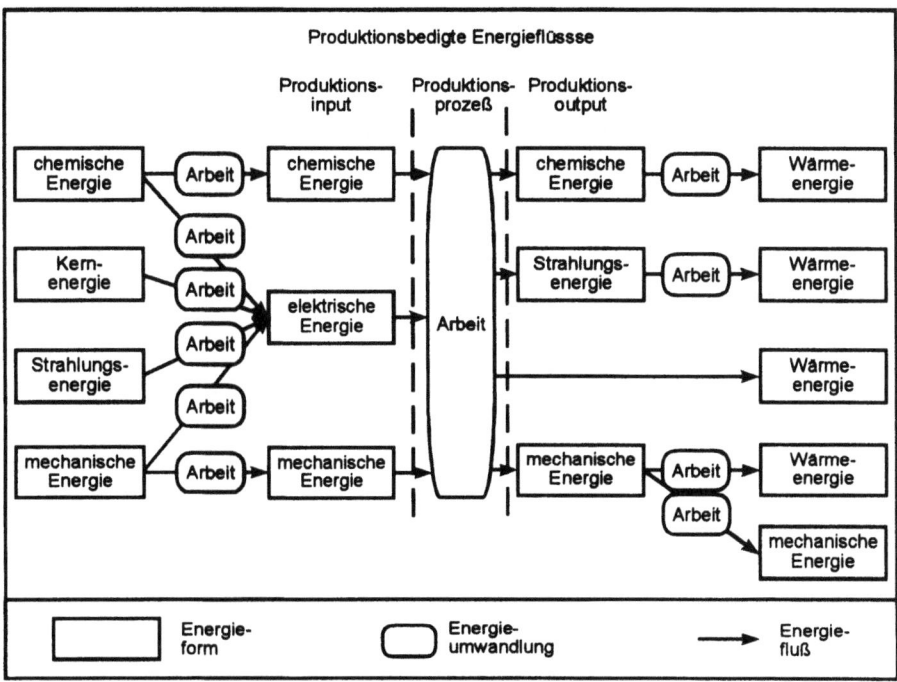

Abb. 27. Produktionsbedingter Energiefluß in einem Industriebetrieb.

Im Bearbeitungsprozeß wird der Energieinput vornehmlich in mechanische Energie und Wärmeenergie umgewandelt. Ein Teil wird auch in energiereichen Stoffen (z. B. organische Kunststoffe, Beton, Metalle), d. h. in Form von chemischer Energie festgelegt (vgl. Abb. 27). Der geringste Teil wird in Strahlungsenergie v. a. als Licht und Infrarotstrahlung umgewandelt. Sowohl die mechanische Energie als auch die chemische Energie und die Strahlungsenergie werden zu einem Großteil letztendlich durch Reibung, Verbrennung des ausgedienten Produktes, Absorption durch Aerosole u. a. Stoffe in Wärmeenergie überführt (vgl. Abb. 27 u. JONAS 1979, S. 336).

3.3.3 Energetische Auswirkungen von Industriebetrieben auf die Umwelt

Die *Auswirkungen eines Industriebetriebes auf die Umwelt beruhen im energetischen Bereich darauf,*
- daß in einem bestimmten Teil der Umwelt die *Menge an bestimmten Energieformen verringert wird,*
- daß in einem bestimmten Teil der Umwelt die *Menge an bestimmten Energieformen erhöht wird,*
- daß in einem bestimmten Teil der Umwelt *Energieformen verändert werden.*

Dementsprechend stellen sich die Umweltauswirkungen von Industriebetrieben aus energetischer Sicht folgendermaßen dar:

Auswirkungen auf die Kernenergie. Trotz des mittlerweile recht hohen Anteils der *Kernenergienutzung* an der industriebedingten Energieumwandlung in den mittel- und hochindustrialisierten Staaten ist der Einfluß der Kernenergieumwandlung auf den Gehalt an Kernenergie in der Umwelt gering, da nur ein verschwindend kleiner Bruchteil der in der Umwelt vorhandenen Kernenergiemenge der Umwelt entzogen wird und da sich der größte Teil der zur Umwandlung genutzten Kernenergie auch vor der Nutzung durch den Menschen außerhalb der Umwelt befand.

Auswirkungen auf die Strahlungsenergie. Eine *Beeinflussung des Strahlungshaushaltes der Erde* durch einen Industriebetrieb findet hauptsächlich durch
- die Verringerung der stratosphärischen Ozonschicht (vgl. Kap. 3.3.1) durch die Emission v. a. von FCKW,
- die Erhöhung der treibhauswirksamen Gase (ebenda) durch die Nutzung von fossilen und historischen Kohlenwasserstoffen,
- die Erhöhung der Albedo (ebenda) durch Beseitigung von Vegetation und Boden und indirekt durch Wüstenausbreitung und erhöhter Verdunstung durch die Förderung der Erwärmung (s. u.) und
- die Verringerung der Senken für treibhauswirksame Gase (s. u.)

statt.

Geringer sind diese Effekte, wenn nur wenig fossile oder historische Kohlenwasserstoffe zur Energiegewinnung eingesetzt werden, wenn zur Rohstoffgewinnung die Vegetationsdecke nicht eliminiert wird und die Anlagenoberfläche mit Vegetation oder Solarkollektoren bedeckt ist, da Solarkollektoren ähnliche Reflektions- / Absorptionseigenschaften wie die Vegetation haben.

Die von Industriebetrieben emittierten Strahlen (Licht, Infrarot, Ultraviolett) werden in der Atmosphäre - je nach Strahlungsart - zu einem größeren oder kleineren Teil in Wärme umgewandelt.

Auswirkungen auf die chemische Energie. Auf den Gehalt und die Verteilung der *chemischen Energie* in der Umwelt hat ein Industriebetrieb in mehrfacher Weise Einfluß. So trägt er dazu bei, daß mehr chemische Energie, v. a. aus fossilen Kohlenwasserstoffen, in die Umwelt gelangt (vgl. Kap. 3.3.1). Einen Teil dieser chemischen Energie nutzt der Industriebetrieb für Transport und Produktion. Ein anderer Teil verbleibt allerdings eine Zeit lang in der Umwelt (z. B. durch Blow Outs bei der Erschließung eines Erdölfeldes, Öltankerunfälle, defekte Gaspipelines).

Bei Nutzung von Biomasse als Energieträger und durch die Zerstörung von Boden und Vegetation bei der Errichtung der Anlage und der Gewinnung der Rohstoffe wird die chemische Energie umgeleitet. Anstatt in die natürliche Energieumwandlung (vgl. Kap. 3.3.1) einzugehen, wird sie zur Herstellung von Produkten genutzt und beim Abbau dieser Produkte zum Großteil als Wärme freigesetzt. Sie fehlt demnach als Träger von Nahrungsenergie für Menschen und nichtmenschliche Lebewesen.

Der Entzug von Flächen für das Pflanzenwachstum durch die Errichtung der Anlage und die Gewinnung der Rohstoffe verringert auch die Möglichkeit der Bindung von chemischer Energie durch Pflanzen.

Auswirkungen auf die Wärmemenge und das Klima. Die *Beeinflussung des Wärmehaushaltes der Umwelt* durch Industriebetriebe kann in 4 Auswirkungsbereichen betrachtet werden:
- Da Industriebetriebe in der Regel historische und fossile chemische sowie Kernenergie direkt oder indirekt in Wärme umwandeln, erhöhen sie - v. a. lokal - die Wärmemenge in der aktuellen Umwelt (vgl. Kap. 3.3.1).
- Die Freisetzung von klimarelevanten Stoffen führt in erheblichem Maße zu einer Temperaturerhöhung der Atmosphäre.
- Die Vegetations- und Bodenzerstörung führt zu einer Verstärkung des Treibhauseffektes, also zu einer globalen Erwärmung der Umwelt, da sie die Möglichkeit der Umwelt verringert, Wärmeenergie und Treibhausgase zu fixieren (Verringerung der Funktion als CO_2-Senke).
- Die Erhöhung der Albedo dämpft die Temperaturerhöhungswirkung der Treibhausgase (vgl. Kap. 3.3.1).

Da die Abkühlungswirkung durch die Albedoerhöhung in ihrem Effekt auf den Wärmehaushalt sehr viel geringer ist als die Effekte, die zu einem Anstieg der atmosphärischen Temperatur führen, tragen die konventionellen heutigen Industriebetriebe in der Regel zu einer Erwärmung der Umwelt bei. Geringer ist dieser Effekt bei Betrieben, die ihre Energie aus Solarenergie oder kurzfristig nachwachsenden Rohstoffen gewinnen. In diesem Fall wird die solare Strahlungsenergie zur Verrichtung der gewünschten mechanischen Arbeit genutzt und danach in Form von Wärme an die Umwelt abgegeben. Da dieser Schritt auch ohne den Zwischenschritt der mechanischen Arbeit in dem Industriebetrieb erfolgt wäre, wird die Atmosphäre nicht zusätzlich erwärmt.

Auswirkungen auf die mechanische Energie. In bezug auf die *mechanische Energie* ist v. a. die Veränderung der Bewegungs- und der Lageenergie des Wassers bei der Wasserkraftnutzung lokal von Bedeutung. Die Auswirkungen

78   3 Das Bewertungsobjekt sind die Umweltauswirkungen von Industriebetrieben

der Veränderung der Bewegungsenergie durch die Windkraftnutzung dürften höchstens sehr geringe lokale Auswirkungen auf die Bewegungsenergie der Luftmassen haben.

Eine weitere Auswirkung ist die Immission von *Schall*. Diese hat besonders dann Folgen, wenn sie die individuelle Lärmschwelle von Menschen oder Tieren überschreitet.

Der Rohstoffabbau für die Anlage und die Produktion sowie die Freisetzung der Stoffe nach der Nutzung als Abfälle verändern auch die Formenergie der Stoffe. Zu den Auswirkungen eines Industriebetriebes auf die Umwelt zählt auch, daß in der Umwelt Aggregatzustände von Stoffen verändert werden. Ein Beispiel hierfür ist die Umwandlung in Kühltürmen von flüssigem Wasser in Wasserdampf (vgl. GOSSMANN 1974).

Auswirkungen auf die magnetische und die elektrische Energie. Auf den Gehalt an *magnetischer und elektrischer Energie* in der Umwelt hat ein Industriebetrieb v. a. über die Nutzung von Strom aus entfernten Kraftwerken Einfluß, da Hochspannungsfreileitungen und Umspanneinrichtungen von elektromagnetischen Feldern umgeben sind.

Auswirkungen auf die energetischen Ressourcen für Menschen. Da *die nutzbaren Potentiale der Kernenergie sowie der fossilen und der historischen Kohlenwasserstoffe endlich sind*, schränkt der schnelle Verbrauch dieser konzentrierten nutzbaren Energievorkommen durch Industriebetriebe die Möglichkeiten der Lebensgestaltung der folgenden Generationen erheblich ein.

3.3.4 Energetische Sachverhalte für die ganzheitliche Bewertung der Auswirkungen von Industriebetrieben auf die Umwelt

Aus den Kapiteln 3.3 bis 3.3.3 ergeben sich die nachfolgend aufgeführten Anforderungen an ein System zur Bewertung der Auswirkungen von Industriebetrieben auf die Umwelt:

Energetische Sachverhalte, die bei der Bewertung der Auswirkungen von Industriebetrieben auf die Umwelt berücksichtigt werden sollten:

- Energieformen
  - Kernenergie
  - Strahlungsenergie

- Chemische Energie
- Wärmeenergie
- Mechanische Energieformen
  - Formenergie
  - Aggregatzustände
  - Lageenergie
  - Bewegungsenergie
    - Schall
    - Erschütterungen
  - Elektrische Energie
  - Magnetische Energie
- Energieumwandlungen
- Unterschiedliche Größenordnungen von Energiemengen
  - Große Energiemengen
  - Mittlere Energiemengen
  - Geringe Energiemengen
- Klima
- Nutzfunktionen von Energie
- Schadwirkungen von Energie

3.4 Räumlicher Bereich des Bewertungsobjekts

Der Aspekt der Welt, der sich durch die Parameter Länge, Breite und Höhe erfassen läßt, kann als sein *räumlicher Bereich* bezeichnet werden. Dieser hat im Raum-Zeit-Kontinuum einen Übergang zum zeitlichen Bereich (vgl. ELSNER 1994).

Der räumliche Bereich der Erde kann in unterschiedliche, sich gegenseitig beeinflussende und durchdringende *Sphären* (griech. Sphaira = Kugel, Kreis, Bereich) eingeteilt werden. Nach HABER 1993, S. 7 verändert, vgl. auch Abb. 28):
- Kosmosphäre (Weltraum ohne die Erde)
- Atmosphäre (Lufthülle)
- Hydrosphäre (oberirdische Gewässer, einschließlich der Eisflächen)
- Biosphäre (Raum, den die Lebewesen einnehmen, vgl. hierzu auch BRECKLE 1995)
- Pedosphäre (Gesamtheit der Böden)
- Lithosphäre (Untergrundgestein einschließlich geologischer Hohlräume und des Grundwassers)

Die Gesamtheit der Sphären - unter Ausschluß der Kosmosphäre - ist die Geosphäre.

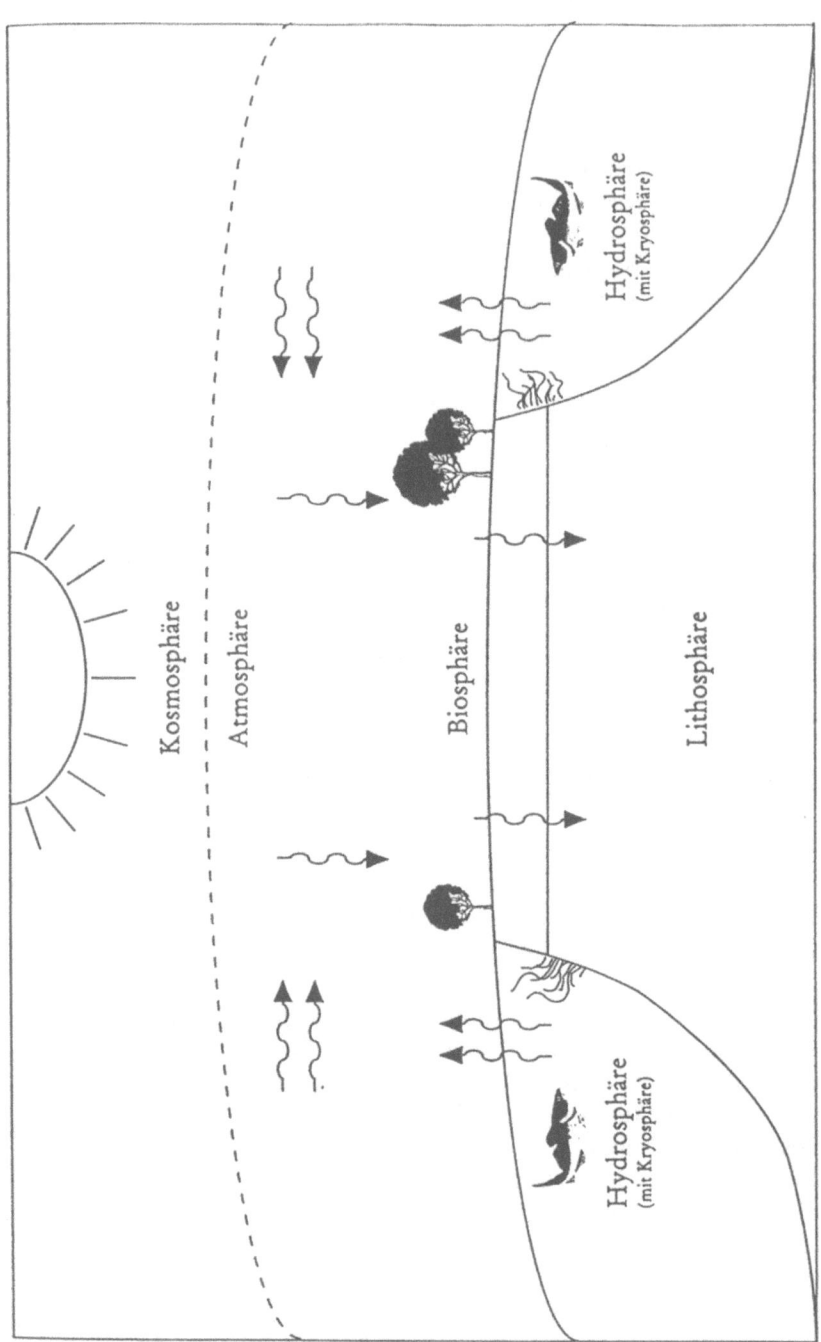

Abb. 28. Die Umweltsphären als allgemeine Hauptumweltbereiche. Die Pedosphäre ist als Bestandteil der Biosphäre dargestellt (HABER 1993, S. 11, Erläuterungen verändert).

3.4.1 Räumliche Charakteristika der Umwelt

Die Umwelt als die Summe der Merkwelten der Lebewesen (vgl. Kap. 3.1.1.2) umfaßt im räumlichen Bereich *die Geosphäre* (vgl. Kap. 3.4) *unter Ausschluß des äußeren Teils der Atmosphäre und des inneren Teils der Lithosphäre.* Die beiden ausgeschlossenen Regionen spielen zwar über ihre Auswirkungen in den unterschiedlichsten Formen eine wichtige Rolle für das Leben auf der Erde (z. B. Sonneneinstrahlung, Erdbeben, Vulkanausbrüche), sie sind jedoch nur unter ganz speziellen Bedingungen für Lebewesen direkt erfahrbar (z. B. Untertagebau, Weltraumfahrt). Sie gehören deshalb zur Fernwelt (vgl. Kap. 3.1.1.1).

Man kann im räumlichen Bereich der Umwelt (vgl. KLEMMER 1995, S. 324; NEUMEISTER 1988, S. 47ff) 2 grundsätzlich unterschiedliche Charakteristika unterscheiden - die Lagecharakteristika und die Körpercharakteristika.

Lagecharakteristika der Umwelt

Absolute Lage (Ort). *Im räumlichen Bezugssystem der Erde ist jeder Ort einmalig.* Auf der Oberfläche der Erde kann mit Hilfe eines Koordinatensystems annähernd jedem Umweltausschnitt durch die Angabe von Hoch- und Rechtswert ein bestimmter Koordinatenwert zugeordnet werden.

Dieses zweidimensionale Koordinatensystem wird durch die Angaben der Lage eines Ortes in Relation zum Meeresspiegel ergänzt. Für einen durch diese 3 Parameter bestimmten Ort sind bestimmte Umweltbedingungen (z. B. Klima, Relief, Bebauung) für bestimmte Zeiträume relativ gleich. Wichtig ist die absolute Lage von Umweltausschnitten, v. a. um kumulative Auswirkungen auf die Umwelt erkennen zu können.

Relative Lagebeziehungen. *Richtung.* Verschiedene räumlich fixierbare Erscheinungen sind auch durch die *räumliche Lage zueinander* charakterisiert. Je nach Bezugsebene und Situation kann diese Lage z. B. durch Richtungen wie oberhalb, unterhalb, nördlich, westlich, vor oder hinter beschrieben werden.

Für Fische ist es z. B. äußerst wichtig, ob ihr angestammtes Laichgebiet oberhalb oder unterhalb eines Stausees ist. Für einen Winzer ist es von Bedeutung, ob sein Weinberg nördlich oder südlich eines angrenzenden Hochwaldes liegt und für Eltern, ob ein Spielplatz sich vor oder hinter einer Schnellstraße befindet.

Distanz (Entfernung, Abstand). Ein anderes relatives Lagecharakteristikum ist *die Distanz.* Dies ist der Abstand von Umweltausschnitten oder räumlich fixierbaren Erscheinungen voneinander. Beispiele sind die Distanz von Kontinenten in einigen 10^6 m, der Abstand von einer Straßenseite zur anderen in einigen Metern und die Abstände von Getreidehalmen auf einem Feld in 10^{-2} m.

In der Umwelt sind wichtige Distanzen diejenigen zwischen Ökosystemen, die bestimmte Lebensraumfunktionen (Habitatfunktionen) für bestimmte Tierarten einnehmen (z. B. Distanz zwischen Sommer- und Winterquartier für Zugvögel,

Distanz zwischen Laichplätzen und Lebensraum von Amphibien, Distanz zwischen Habitaten der Larven und der adulten Tiere der Köcherfliege). Für Menschen sind dies z. B. die Distanzen vom Wohnort zum Arbeitsort, zum Einkaufszentrum und zum Urlaubsort.

Räumliche Veränderungen (Verlagerungen, Bewegungen). Im räumlichen Bezugssystem der Erde können auch *räumliche Veränderungen* (Verlagerungen, Bewegungen) *von Stoffen und Energie* erfolgen. Wichtige Verlagerungsprozesse sind in globalem Maßstab die atmosphärische Zirkulation der Luftmassen (vgl. z. B. GOUDIE 1995, S. 29ff), die Meeresströmungen (vgl. z. B. GOUDIE 1995, S. 51ff) und die technischen Stoffströme (vgl. Abb. 29 u. SCHMIDT-BLEEK 1994; HINTERBERGER et al. 1996). In kleineren Maßstäben gehören hierzu die Prozesse des Stoff- und Energietransports durch Fließgewässer oder lokale Luftmassenbewegungen aber auch Stoffbewegungen bei Bauvorhaben sowie die Energie- und Stoffaufnahmen und -abgaben von Menschen und Tieren.

Für eine Reihe von Stoffen und von Energieeinheiten kann man annäherungsweise *räumliche Kreisläufe* aufstellen (vgl. Abb. 29 u. FEIGE u. JENSEN 1995; MEYER 1995; BURGHARDT 1995; GOUDIE 1995, S. 51 u. 338), die den Stoff- und Energiegehalt in bestimmten Räumen relativ konstant halten. In langfristigen Dimensionen betrachtet ergeben sich aber auch Veränderungen des Stoff- und Energieinventars von Räumen (z. B. Entwicklung des O_2-Gehaltes von der sauerstofflosen Atmosphäre vor 5 Mrd. Jahren zur mit 21% O_2-angereicherten heutigen Atmosphäre, Vorkommen von Pflanzen und Tieren, d. h. größere Mengen chemisch gebundener Energie während der Pluviale in der Sahara, in der heute nur noch wenig chemisch gebundene Energie vorkommt, Gebäude städtischer Siedlungen anstatt der zuvor anzutreffenden Vegetation). Derartige lineare Stoffflüsse, d. h. Stoffflüsse ohne Kreislaufcharakter, scheinen seit der Technisierung der Umwelt stark zugenommen zu haben. Ein Beispiel hierfür ist der Transport großer Mengen an Kupfer aus dem Norden Chiles (Chuquicamata) nach Europa. Nur ein kleiner Teil dieses Kupfers gelangt in Form von Platinen oder Ähnlichem zurück nach Chile (vgl. Abb. 33 in Kap. 3.4.2).

Körpercharakteristika der Umwelt (Ausdehnungen). *Ausschnitte aus der Umwelt erstrecken sich in der Regel räumlich in unterschiedliche Richtungen* und können sehr unterschiedliche *Volumina* haben. Ein Ozean hat ein Volumen von mehreren 10^{13} m^3, ein Einfamilienhaus kann z. B. ein Volumen von einigen 10^2 m^3 erreichen und ein Bienenstock kommt mit einigen 10^{-3} m^3 Volumen aus.

Bei einigen Umwelterscheinungen dominiert die *Ausdehnung in 2 Richtungen*. Auch diese Erscheinungen weisen sehr unterschiedliche Größenordnungen (*Flächen*) auf. Ein Kontinent hat eine Fläche von mehreren 10^9 m^2, ein Sportplatz von einigen 10^3 m^2 und ein Spinnennetz von einigen 10^{-1} m^2.

Es fällt z. B. der Wasserspiegel eines Sees, wenn die Fläche seines Einzugsgebietes verkleinert wird, ohne daß andere Faktoren dies ausgleichen; für einen Staat findet ein Zugewinn an Ressourcen statt, wenn dieser sein Herrschaftsgebietes vergrößert; und eine Population ist zum Sterben verurteilt, wenn die Fläche ihres Lebensraumes unter die Größe des Minimumareals (s. u.) zurückgeht.

In der Umwelt sind auch Erscheinungen anzutreffen, bei denen die Ausdehnung in eine Richtung dominiert (*linienhafte Erscheinungen*). Beispiele für unterschiedliche *Längen* von derartigen Erscheinungen sind mehrere 10^6 m lange Straßen, mehrere 10 m hohe Bäume oder einige 10^{-2} m lange Tannennadeln.

Linienhafte Erscheinungen haben in der Umwelt oft Verbindungs- oder Trennwirkungen. Es verbindet zum Beispiel ein Bach eine Quelle mit einem Fluß, eine Straße ein Dorf mit einer Stadt, ein Tal ein Kaltluftentstehungsgebiet mit einem Kaltluftsee oder es trennt ein Waldrand ein Waldbiotop von einem Feldbiotop, eine Straße einen Laichplatz für Amphibien von deren Lebensraum und ein Höhenzug ein Wassereinzugsgebiet von einem anderen.

In der Umwelt sind neben den Größen auch die *Formen von Umweltausschnitten* von Bedeutung. So ist es für Wasserlebewesen ein großer Unterschied, ob ein See eine durchgehende gerade Uferlinie hat oder sehr buchtenreich ist oder ob ein Fließgewässer mäandriert oder als gerader Kanal durch die Landschaft fließt.

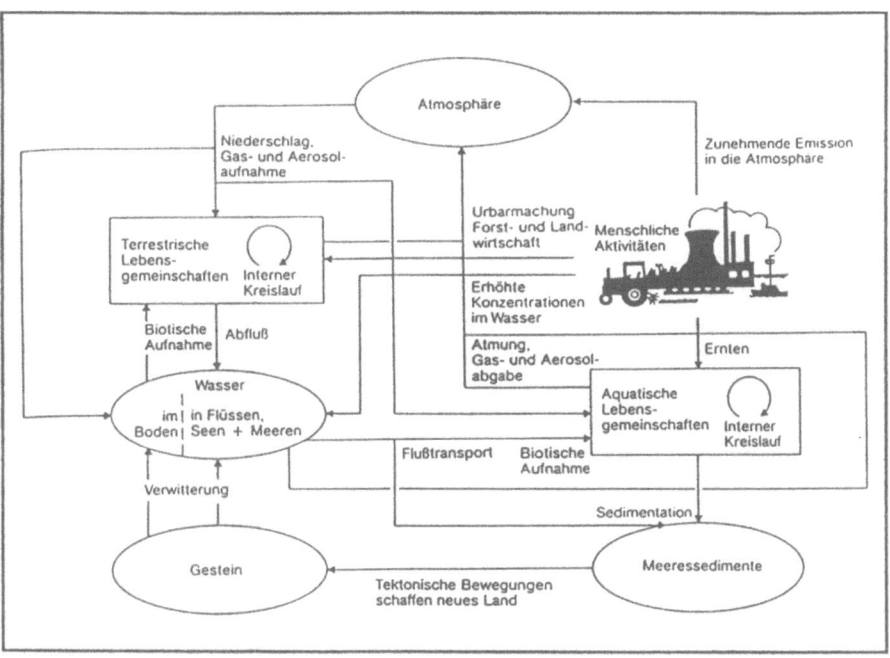

Abb. 29. Hauptsächliche globale Passagen von Nährstoffen. Menschliche Aktivitäten beeinflussen Nährstoffpassagen durch terrestrische und aquatische Lebensgemeinschaften sowohl direkt wie indirekt durch ihre Auswirkungen auf den globalen biogeochemischen Kreislauf (BEGON et al. 1991, S. 779, Erläuterungen gekürzt).

Landschaften. Die unterschiedlichen räumlichen Merkmale an einer konkreten Stelle der Erdoberfläche, einschließlich deren prozessualen und funktionalen Zusammenwirken, kann als *Landschaft* bezeichnet werden (BASTIAN u. SCHREIBER 1994; vgl. auch TROLL 1950; 1968; SCHMIDTHÜSEN 1973; KLINK 1978). Dadurch sind Landschaften besonders gut als komplexe Indikatoren für die funktional-systemischen räumlichen Sachverhalte der Umwelt geeignet.

Räume für die elementaren Lebensfunktionen. Jedes Lebewesen hat, hinsichtlich Quantität und Qualität, einen bestimmten *Raumanspruch* (vgl. z. B. MÜLLER et al. 1991, S. 118ff). Dieser umfaßt wenigstens den Raum, den das Lebewesen einnimmt (*Körperraum*). Durch ihr Wachstum vergrößert sich für die meisten Lebewesen ihr körperbezogener Raumanspruch.

Eine enge Korrelation zwischen dem körperbezogenen Raumanspruch und dem Gesamtraumanspruch besteht beim Plankton. Auch bei sessilen (ortsgebundenen) Lebewesen (z. B. die meisten Kormophyten, Pilze, Korallen) ergibt sich ein Großteil ihres Gesamtraumanspruchs aus ihrem körperbezogenen Raumanspruch, da sich die meisten, haben sie sich einmal an einem Standort festgesetzt, nicht mehr von diesem Ort entfernen.

Sie benötigen in der Regel einen Standort mit einem bestimmten Bodenangebot, eine gasförmige (bei aquatischen Lebewesen wäßrige) Umgebung des Körpers, ein bestimmtes Stoffinventar (vgl. Kap. 3.2.1), Zugang zu kurzwelliger Strahlung (nur bei den photoautotrophen Lebewesen, vgl. Kap. 3.3.1) und eine mehr oder weniger definierte Gestalt der Geländeoberfläche (Topographie).

Da die meisten dieser sessilen Lebewesen (vgl. SCHUBERT u. WAGNER 1991, S. 411) nicht alleine leben, sondern Biozönosen (vgl. Kap. 3.1.1.3) bilden, haben sie - zusätzlich zu ihren *individuellen Raumansprüchen* - auch *zönotische Raumansprüche*, die sich aus den Ansprüchen der notwendigen Partner der Biozönose ergeben. Weitere Raumansprüche ergeben sich aus der Tatsache, daß entsprechender Raum in Art und Umfang auch für die Nachkommen vorhanden sein muß (*Reproduktionsraum*). Wesentlich ist hierbei, daß die Fortpflanzungskeime die Möglichkeit haben müssen, diesen für die Nachkommen geeigneten Raum auch zu erreichen (z. B. durch Wind, Wasser, Tiere). Hierbei spielen relative Lagebeziehungen eine entscheidende Rolle.

Mobile (bewegliche) Lebewesen (vgl. BEGON et al. 1991, S. 37) benötigen oft *unterschiedliche Teillebensräume*, um unterschiedliche Entwicklungsphasen zu verbringen oder Bedürfnisse zu befriedigen. Hierzu gehören z. B. die Andersartigkeit von Lebens- und Laichplätzen bei Aalen und die Unterschiede von Schlaf- und Futterplätzen bei Fledermäusen. Auch die Entwicklung der Kaulquappe im Süßwasser zum adulten Frosch, der hauptsächlich unter atmosphärischen Bedingungen lebt, erfüllt diesen Aspekt (vgl. Abb. 30).

Zum Schutz mobiler Arten reicht es demnach nicht aus, nur einen bestimmten Lebensraum zu schützen, sondern es müssen, soll die Art erhalten werden, die unterschiedlichen Teillandschaften in einer Distanz, die für die Art überwindbar ist, geschützt werden. Räumlich sinnvolle Strukturen hierzu sind z. B. Biotopverbundsysteme oder Biotopnetze (vgl. z. B. JEDICKE 1994; ERZ 1994, S. 159). Die geringsten räumlichen Größen, die zur Befriedigung der Mindestansprüche von Arten notwendig sind, werden als Minimumareale (vgl. KLINK 1983, S. 147) oder Minimallebensräume bezeichnet (vgl. z. B. USHER 1994, S. 27f).

Der Artenrückgang wird v. a. durch die Zerstörung, Zersplitterung, Verkleinerung und Entwertung der Lebensräume wildlebender Tiere und Pflanzen ausgelöst. Beeinträchtigt werden diese Lebensräume durch
- das Überbauen, Versiegeln und Zerschneiden von Flächen,
- das früher praktizierte Ausräumen der Landschaft und die Beseitigung von Landschaftselementen wie Gehölzen, Hecken, Sträuchern und Gewässern,

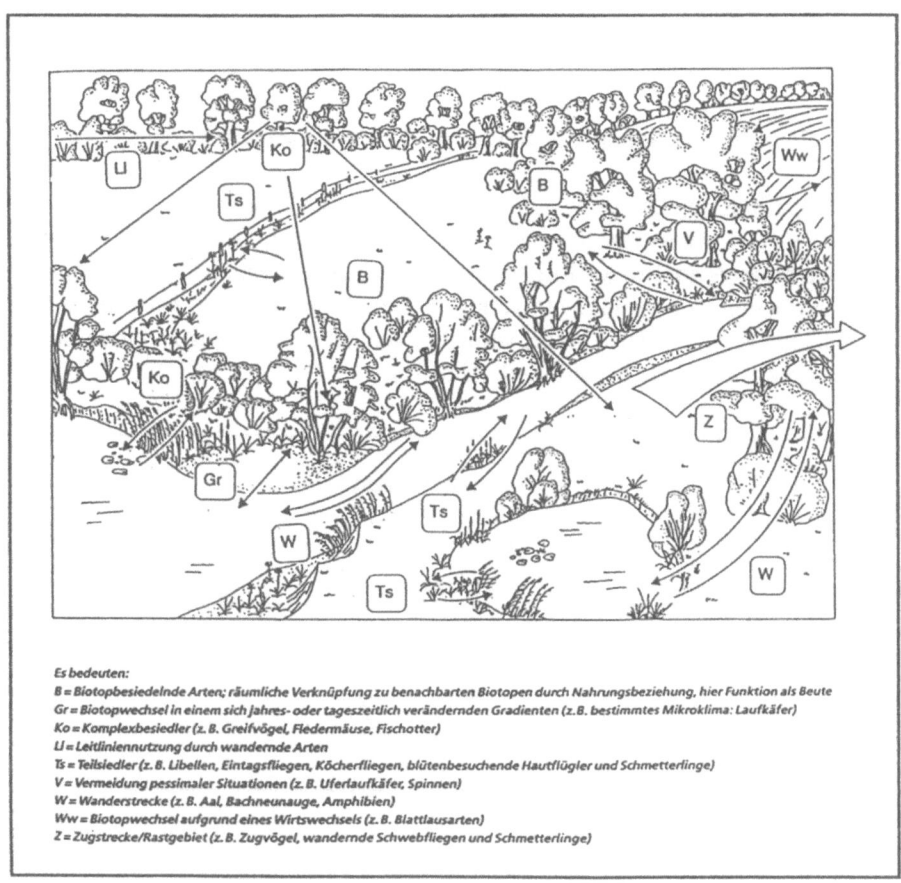

Abb. 30. Modellhafte Auswahl von durch Tierarten bzw. -gruppen repräsentierten räumlich-funktionalen Beziehungen in einem Landschaftsausschnitt (RIECKEN 1992 aus RIECKEN 1994, S. 7, Erläuterungen gekürzt).

- großflächige Belastungen mit Nähr- und Schadstoffen aus unterschiedlichen Quellen (z. B. Industrie, Verkehr, Landwirtschaft) und
- die Änderung des Wasserhaushalts von Flächen (vgl. BUNDESREGIERUNG DER BUNDESREPUBLIK DEUTSCHLAND 1995a, S. 6; UNEP 1995, S. 240ff).

Nichtlebensbezogene Raumfunktionen. Der Raumanspruch des heutigen Menschen geht in der Regel weit über den der meisten Tiere hinaus, da dieser neben dem Raum, um sich zu ernähren und zu wohnen, auch Raum zur *Befriedigung eines gewissen Lebensstandards* (vgl. Kap. 3.1.1.4) benötigt. Hierzu zählen v. a. Räume zur Erholung, für Verkehr, für Industrieanlagen und solche für Dienstleistungsunternehmen, aber auch Raumansprüche, die sich aus der Nachfrage nach Nutzstoffen (vgl. Kap. 3.2.1) und stofflich gebundener Energie (vgl. Kap. 3.3.1) ergeben.

3.4.2 Räumliche betriebliche Ursachen für Umweltauswirkungen

Absolute Lage. Die *Industrieanlagen und der Produktionsprozeß befinden sich in der Regel an einem fest definierten Ort.* Der Input (vgl. Kap. 3.1.2) ist normalerweise anfangs in einiger Entfernung vom Anlagenstandort gelegen und wird zur Verarbeitung zur Anlage hin verlagert. Der Output (ebenda) befindet sich anfänglich am Standort der Anlage, wird aber von der Anlage weg zu Orten in einiger Distanz zur Anlage bewegt (vgl. Abb. 31).

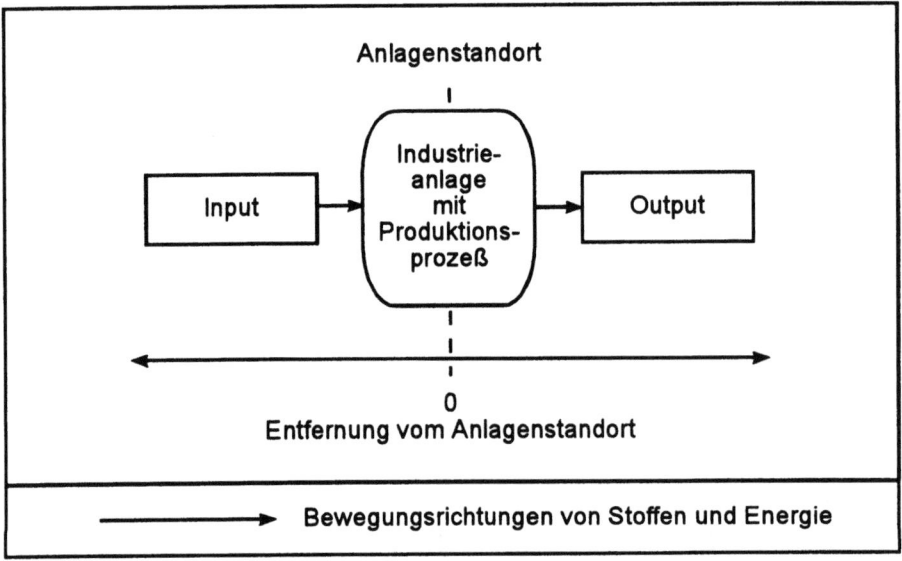

Abb. 31. Transporte von Stoffen und Energie in einem Industriebetrieb.

Relative Lage zum Anlagenstandort. Für die Beschreibung der relativen Lage von betrieblichen Ursachen für Umweltauswirkungen wird oft die *Entfernung zum Anlagenstandort* herangezogen. Hierbei können folgende Kategorien unterschieden werden (vgl. Abb. 32).

Als *Standortursachen* für Umweltauswirkungen können die Ursachen bezeichnet werden, die sich direkt am Standort des Industriebetriebes befinden. Hierzu gehören die Errichtung der Anlage und die Produktion.

Nahbereichsursachen für Umweltauswirkungen gehen von der direkten Umgebung des Betriebsstandortes aus. Dies ist beispielsweise eine Zufahrtsstraße.

Zu den *Fernbereichsursachen* für Umweltauswirkungen gehört in der Regel z. B. die Rohstoffgewinnung.

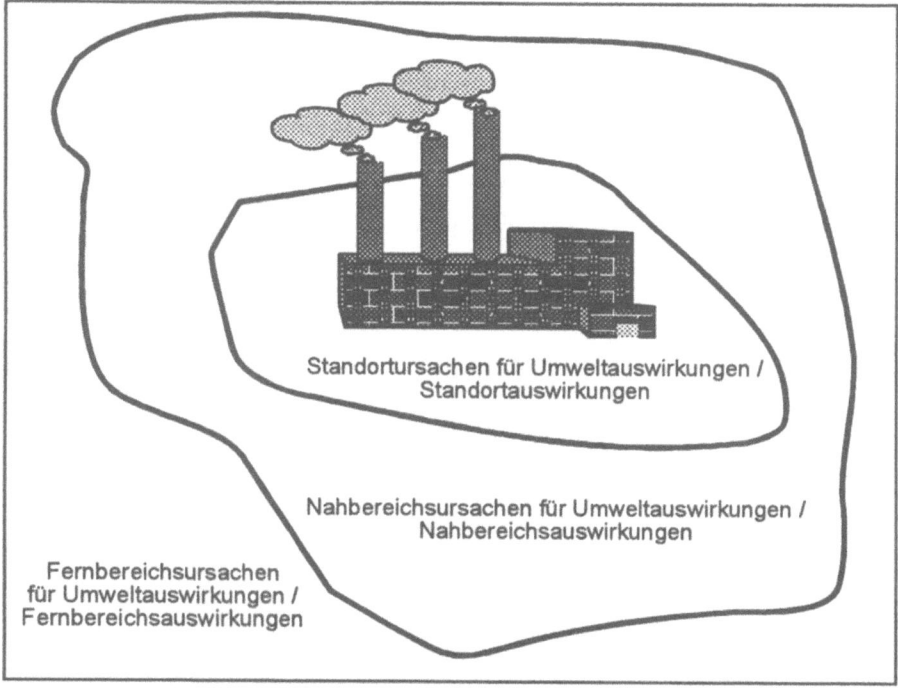

Abb. 32. Einteilung der Ursachen für Umweltauswirkungen und der Umweltauswirkungen nach ihren Distanzen zum Anlagenstandort.

Räumliche Veränderungen von Industrieinput und Industrieoutput. Ein großer Teil der in Kapitel 3.4.1 aufgeführten anthropogenen *räumlichen Veränderungen von Stoffen und Energie* machen der Input und der Output von Industriebetrieben aus (vgl. SCHMIDT-BLEEK 1994; HINTERBERGER et al. 1996). Beispiele für diese Stoffflüsse sind in Abb. 33 dargestellt.

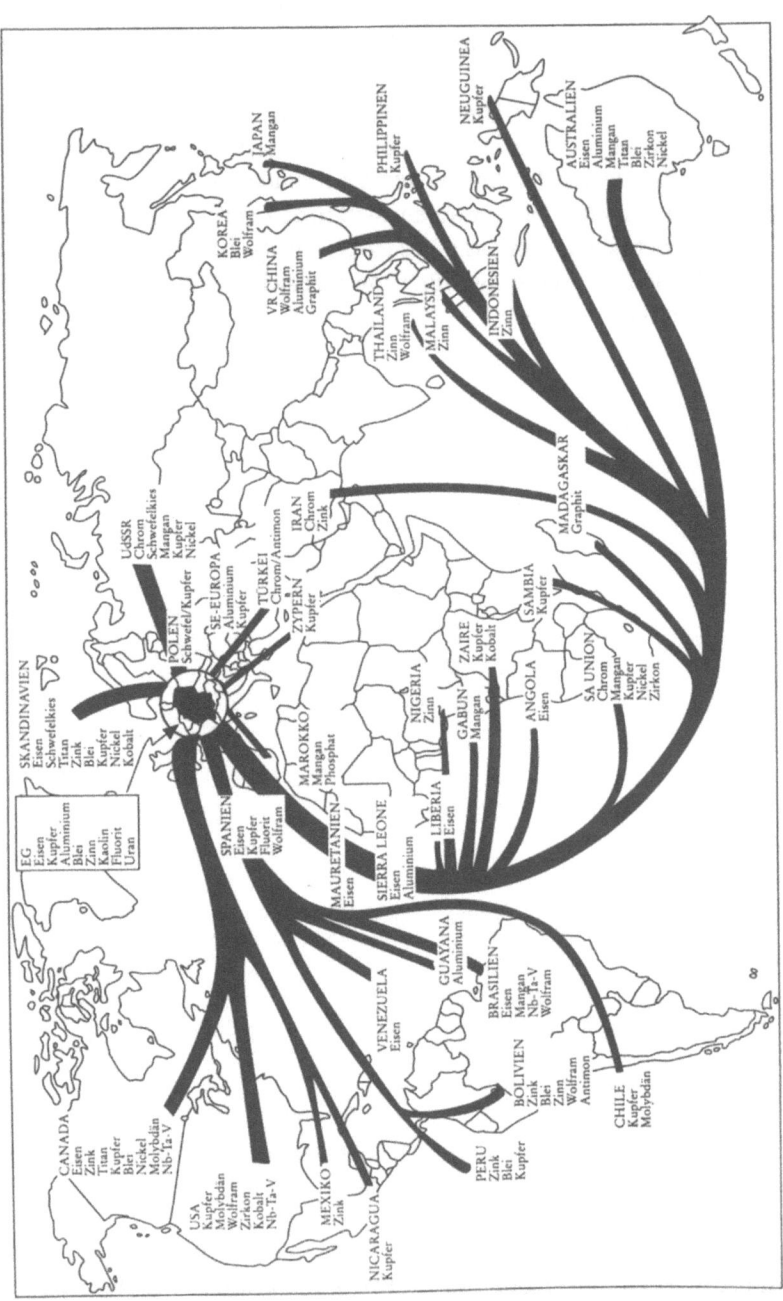

Abb. 33. Beispiele für globale, welthandelsbedingte Verlagerungen von lithosphärischen Ressourcen nach Deutschland, wo sie große Stoffanreicherungen und Stoffvermischungen bewirken und großenteils als Abfälle enden (HABER 1993, S. 68, Erläuterungen gekürzt).

Körpercharakteristika von Anlagen. Eine *Industrieanlage* kann eine *Seitenlänge* von einigen 10 bis einigen 10^3 m haben. Hieraus ergibt sich eine *flächenhafte Ausdehnung* von einigen 10^3 m^2 bis zu einigen 10^7 m^2. Die *vertikale Erstreckung* beginnt bei einigen Metern und ist selten größer als einige 10^2 m, wodurch sich Minimalvolumina von einigen 10^3 m^3 (z. B. eine kleine Montagehalle) und Maximalvolumina von einigen 10^{10} m^3 (z. B. einige Bergbaubetriebe) ergeben.

Die *Formen von Industrieanlagen* sind meist kantig und räumlich oder flächenhaft. Längliche Formen sind hohe Gebäude (z. B. Schornsteine, Kühltürme, Sendeanlagen) und horizontale linienhafte Bauwerke (z. B. Hochspannungsfreileitungen, Kanalisationen, Pipelines).

Körpercharakteristika von Produktionen. Schwieriger ist die Bestimmung der *Körpercharakteristika der Produktionsbestandteile*. Sie können bei kleinen Spezialbetrieben (z. B. Fertigung mikrochirurgischer Geräte) einige 10^2 m^3 / Jahr und bei großen, materialintensiven Industrien (z. B. PKW-Produktion) einige 10^7 m^3 / Jahr erreichen. Ihre Form variiert stark und richtet sich im wesentlichen nach dem herzustellenden Produkt.

3.4.3 Räumliche Auswirkungen von Industriebetrieben auf die Umwelt

Lagecharakteristiken von Auswirkungen auf die Umwelt

Absolute Lage von Auswirkungen. *Der Umweltausschnitt am Anlagenstandort* wird durch die Errichtung der Anlage stark umgewandelt. Gleiches gilt für die Umweltausschnitte, aus denen die Rohstoffe für den Input (vgl. Kap. 3.1.1) gewonnen werden, und für die Ausschnitte, in welche die Abfallstoffe und -energie, die sich aus dem Output (ebenda) ergeben, eingebracht werden.

Beispiele für die räumliche Veränderung durch die Entnahme von Stoffen und Energie sind die Veränderung der Topographie beim Tagebau, die Verringerung des Grundwassers bei unterirdischer Wassergewinnung und die Verringerung der chemisch gebundenen Energie beim Baumwollanbau im Gegensatz zum natürlicherweise vorkommenden Trockenwald. Die Einbringung von Stoffen und Energie verändert andere Ausschnitte der Umwelt (z. B. Emission von CO_2, Einleitung von Abwässern in einen Vorfluter, Freisetzung von Energie bei der Verbrennung von ausgedienter Baumwollkleidung). Im zeitlichen Verlauf kann sich der Charakter eines Umweltausschnittes bezüglich des Entnahme- / Vermehrungscharakters ändern. Dies ist z. B. beim Bau eines Gebäudes der Fall, für das vorher ausgeschachtet werden muß.

Sowohl die absolute Lagebeschreibung einer Umweltauswirkung (z. B. Veränderung der Oberflächenform in der Kupfergrube Chuquicamata / Chile für die Erzeugung des für die Produktion benötigten Rohkupfers) als auch die relative Lagebeschreibung (z. B. Erhöhung der Dioxinwerte um 1pg pro Tag und Quadratmeter im Boden bis zu einer Entfernung von einem Kilometer von einer Industrieanlage entgegen der Hauptwindrichtung) sind v. a. notwendig, um die Folgeauswirkungen (vgl. Kap. 3.1.2) zu ermitteln. Hierzu müssen die Direktauswirkungen mit den örtlichen Gegebenheiten (z. B. Windrichtung, Wassermenge, Bodenart) korreliert werden.

Außerdem sind die Lagebeschreibungen notwendig, um kumulative Wirkungen (vgl. Kap. 3.1.2) herauszuarbeiten (z. B. wird der gleiche Umweltausschnitt in der Nähe eines Braunkohlentagebaus mit angeschlossenem Kraftwerk sowohl von der veränderten Luftzusammensetzung als auch von der Absenkung des Grundwasserspiegels betroffen). Dies hat große Bedeutung bei der Abschätzung der Gesamtauswirkungen der Industriebetriebe.

Relative Lage von Auswirkungen. Für die *relative Lage von Auswirkungen* wird als relative Lagebeschreibung oft die *Distanz zum Anlagenstandort* beschrieben. Hierbei können folgende Kategorien unterschieden werden (vgl. Abb. 32):
- Als *Standortauswirkungen* können die Auswirkungen bezeichnet werden, die auf die Umweltqualität am Standort des Industriebetriebes Einfluß nehmen. Hierzu gehören sowohl die Vernichtung von Vegetation und von Lebensraum für Tiere durch die Errichtung der Anlage als auch die Raumluftkonzentrationen am Arbeitsplatz und die Lärmbelastungen der Maschinenführer während des Bearbeitungsprozesses.
- *Nahbereichsauswirkungen* sind die Wirkungen, welche auf die direkte Umgebung des Anlagenstandortes wirken. Dies sind beispielhaft die Zerschneidung eines anlagennahen Waldbiotops durch den Bau einer Zufahrtsstraße, die anlagennahe Landschaftsveränderung durch die Errichtung einer Hochspannungsfreileitung und die Lärmimmissionen in der Nachbarschaft durch den Lieferverkehr.
- Die *Fernbereichsauswirkungen* (z. B. Veränderung der stratosphärischen Ozonschicht durch die Freisetzung von FCKW, Veränderung des Salzgehaltes des Hauptgewässers durch die Einleitung von Salzen in einen Nebenvorfluter, Erhöhung der Dioxinbelastung beim Verbrennen des Endproduktes nach dem Gebrauch) ergeben sich meist aus den Folgeauswirkungen (vgl. Kap. 3.1.3).

Körpercharakteristika von Auswirkungen auf die Umwelt. Die *körperlichen Charakteristika* geben den Umfang der Umweltauswirkung im räumlichen Bereich an. Hierdurch machen sie u. a. die Auswirkungen unterschiedlicher Vorhabenalternativen oder unterschiedlicher Industriebetriebe vergleichbar (z. B. Vergleich der unterschiedlichen Volumina an Sand, an Eisen und an Holz für ein Stück eines Produktes).

Ein wesentliches Problem bei der Erfassung des *Volumens von Umweltauswirkungen* sind die unterschiedlichen Aggregatzustände der Umweltbestandteile, die beeinflußt werden, da sich mit einem Wechsel des Aggregatzustandes auch die Ausdehnung einer Stoffmenge ändert.

Flächenhafte Auswirkungen treten v. a. beim Anlagenbau, bei der Rohstoffgewinnung und der Ablagerung von Reststoffen auf. Hierzu gehören das Verringern von Arealgrößen und von landwirtschaftlichen Nutzflächen, die Verringerung von Bodenoberflächen und die Veränderung der Flächen mit hoher Albedo.

Oft werden die mit den *linienhaften Umwelterscheinungen* wie Kaltluftbahnen, Wildwechsel oder Bäche auftretenden Verbindungsfunktionen (vgl. Kap. 3.4.1) durch die Auswirkungen von Industriebetrieben durchtrennt.

Neben den Auswirkungen auf die Größen sind auch die Auswirkungen auf die *Formen in der Umwelt* von Bedeutung. In der Regel wird etwa der Standortfläche durch die Gebäude und die anderen Anlagen eine andere räumliche Form gegeben. Die erbauten Erhöhungen sind oft Barrieren für den Austausch von Kleinstlebewesen, Amphibien und Säugetiere. Sie unterbrechen aber auch oft Sichtbeziehungen und können das Mikroklima im Nahbereich des Standortes verändern. Weitere Formveränderungen durch Industriebetriebe sind z. B. die Reliefierung der Oberfläche durch Rohstoffgewinnung im Tagebau für die Produktion, die Einebnung einer rechteckigen Fläche für Parkplätze und die Begradigung eines Baches zur Errichtung eines Gebäudes im Auengebiet.

Auswirkungen auf Landschaften. Vor allem die baulichen Anlagen und die Rohstoffgewinnung verändern die räumlichen Strukturen und damit den *visuellen Erlebnisgehalt des Landschaftsbildes*.

Auswirkungen auf die Verfügbarkeit von geeignetem Lebensraum. Auswirkungen von Industriebetrieben *verringern die Gunsträume für Menschen und andere Lebewesen* v. a. durch die Inanspruchnahme von Flächen für die Anlage, die Rohstoffgewinnung und die Transportwege sowie für den Input und den Output. Diese Flächen bieten nach der Umwandlung oft nur noch sehr wenigen und anspruchslosen Arten Lebensraum. Die Flächeninanspruchnahme hat demnach große Auswirkungen auf die NA.

3.4.4 Räumliche Sachverhalte für die ganzheitliche Bewertung der Auswirkungen von Industriebetrieben auf die Umwelt

Aus den Kapiteln 3.4 - 3.4.3 ergeben sich die nachfolgend aufgeführten Anforderungen an ein System zur Bewertung der Auswirkungen von Industriebetrieben auf die Umwelt:

Räumliche Sachverhalte, die bei der Bewertung der Auswirkungen von Industriebetrieben auf die Umwelt berücksichtigt werden sollten:

- Absolute Lagen

- Relative Lagen
- Unterschiedliche Größenordnungen von Distanzen
  - Große Distanzen
  - Mittlere Distanzen
  - Kurze Distanzen
- Räumliche Veränderungen
- Ausdehnungen
  - Unterschiedliche Größenordnungen von Volumina
    - Große Volumina
    - Mittlere Volumina
    - Kleine Volumina
  - Unterschiedliche Größenordnungen von Flächen
    - Große Flächen
    - Mittlere Flächen
    - Kleine Flächen
  - Unterschiedliche Größenordnungen von Längen
    - Große Längen
    - Mittlere Längen
    - Kurze Längen
- Formen
- Landschaften
- Raumfunktionen
- Distanzen zum Anlagenstandort
  - Anlagenstandort
  - Anlagennahraum
  - Anlagenfernraum

3.5 Zeitlicher Bereich des Bewertungsobjekts

Die Zeit ist eine *"kontinuierliche Veränderliche, auf welche die Veränderung von Zuständen oder eine Ereignisfolge bezogen werden kann*; da es keine Möglichkeit gibt, eine ideale absolute Zeit (Newton) festzustellen oder zu messen, wird seit der Relativitätstheorie für jedes bewegte Bezugssystem eine eigene Zeit angenommen," (LEXIKONREDAKTION DES BIBLIOGRAPHISCHEN INSTITUTS 1980, S. 1995). So hat die Erde eine eigene Erdenzeit. Zeitliche Unterschiede innerhalb dieses Bereichs, die z. B. durch die Höhe über dem Meeresspiegel oder die Bewegung des Objektes entstehen, sind derart gering, daß sie für die vorliegende Untersuchung vernachlässigt werden können. Der räumliche und der zeitliche Bereich werden im Raum-Zeit-Kontinuum verknüpft (vgl. Kap. 3.4 u. ELSNER 1994; MINKOWSKI 1988).

3.5.1 Zeitliche Charakteristika der Umwelt

Man nimmt an, daß das *erste Leben* auf der Erde vor über 4 Mrd. Jahren entstand. Dies war automatisch auch die Entstehung der ersten Umwelt. Zu dieser Zeit bestand die Erde oberflächlich aus der Atmosphäre, der Lithosphäre und der Hydrosphäre. Die Bestandteile der Luft waren v. a. CO_2, N_2 und Wasserdampf (vgl. STAUDACHER u. SARDA 1993; NISBET 1994, S. 28). Erst durch die Lebewesen wurde Sauerstoff produziert, und es dauerte mehrere Milliarden Jahre, bis die reduzierende Ur-Atmosphäre in eine O_2-haltige umgewandelt war (vgl. KNOLL 1991, S. 104ff; JENSEN u. FEIGE 1995, S. 344). Hierdurch konnte sich vor ca. 400 Mio. Jahren, eine genügend mächtige Ozonschicht in der Strathosphäre ausbilden, welche die Erdoberfläche vor den lebensschädlichen UV-Strahlen (vgl. Kap. 3.3.1) schützt. Dies war die Voraussetzung dafür, daß sich Leben außerhalb des Wassers entwickeln konnte (vgl. SCHIDLOWSKI 1981; TISCHLER 1993, S. 190). Durch diese ersten Landlebewesen entwickelten sich mit der Zeit die terrestrische Biosphäre und die Pedosphäre, und der Sauerstoffgehalt der Atmosphäre stieg auf heute ca. 21%.

Die ersten Menschen haben sich vor ca. 2-5 Mio. Jahren entwickelt (vgl. z. B. GOUDIE 1995, S. 26; STREIT 1995; WILSON 1995, S. 72). Aber erst seit ca. 3.000 Jahren - lokal wie z. B. in Ägypten (vgl. z. B. MCDOWELL 1997), China (vgl. z. B. KOCH 1996, S. 104), Indien, Vorderer Orient (vgl. z. B. STONE, ZIMANSKY 1995; ZICK 1996), Griechenland (vgl. z. B. RUNNELS 1995) seit ca. 5.000 Jahren - werden die bis dahin unbeeinflußt abgelaufenen natürlichen Entwicklungsprozesse durch den Menschen nachhaltig verändert. Diese Beeinflussung der Umwelt wurde durch die aufkommende Technisierung, v. a. in den letzten 200 Jahren zunehmend beschleunigt und hat heute ein globales Ausmaß erreicht.

Absolute zeitliche Einordnung. Nach den in den Kapiteln 3.1.1.2 und 3.4 gemachten Feststellungen kann sich der zeitliche Bereich der Umwelt nur auf die Zeit des Bezugsystems Erde beziehen. *Die Zuordnung von Erscheinungen in der Umwelt zu Zeitpunkten oder Zeitabschnitten* (Datierung) ermöglicht es, unterschiedliche Erscheinungen zueinander in eine zeitliche Relation zu setzen (z. B. ein Jahr vorher, gleichzeitig, 3 Monate später). Als Bezugspunkt für diese Datierung wird heute meist der zeitliche Abstand zu einem festgelegten Nullpunkt (Christi Geburt) auf der Zeitskala (X Jahre vor Christi Geburt, Y Jahre nach Christi Geburt) verwendet.

Durch die feste Definition dieses Zeitpunktes auf der fortlaufenden absoluten Zeitskala der Erde sind relative Aussagen zu diesem Zeitpunkt (z. B. 1.986 Jahre, 4 Monate und 26 Tage nach Christi Geburt war der Unfall im Kernkraftwerk von Tschernobyl) auch immer absolute Zeiteinordnungen im Zeitsystem der Erde. Dies ist ein wichtiges Hilfsmittel zur Ermittlung der Kategorien vorher, gleichzeitig, nachher und damit auch für Abhängigkeiten von unterschiedlichen Erscheinungen in der Umwelt (s. o.). Außerdem können hierdurch *Reihenfolgen* von Erscheinungen oder Ereignissen ermittelt und dargestellt werden Dies spielt eine wichtige Rolle bei der Feststellung von Abhängigkeiten zwischen Ursachen und Auswirkungen und bei der Ermittlung von kumulativen Wirkungen.

Relative zeitliche Einordnung. Eine wichtige zeitliche Charakteristik ist die relative Zuordnung einer Erscheinung zu einer anderen. Hierbei können die Kategorien *vorher, gleichzeitig* und *nachher* unterschieden werden (z. B. die normale Leukämierate bei Kindern bis zum Unfall von Tschernobyl, die Gleichzeitigkeit vom Anstieg der CO_2-Konzentration in der Atmosphäre und dem Anstieg der Globaltemperatur und die Erhöhung der Leukämierate nach dem Unfall von Tschernobyl).

Eine der wichtigsten relativen Einordnungen auf der Zeitachse ist die Relation zur Gegenwart, dem Jetzt. Hierdurch wird das absolute Zeitkontinuum in 3 grundverschiedene zeitliche Ebenen eingeteilt (vgl. MÜLLER 1986; ALTNER 1987, S. 100ff; ELSNER 1994, S. 24f):
- Vorgänge in der *Vergangenheit* sind abgeschlossen und können nicht mehr beeinflußt werden (vgl. auch VON WEIZSÄCKER 1988).
- In der *Gegenwart* (dem Jetzt) sind Vorgänge nicht abgeschlossen, aber durch die Situation weitestgehend vorbestimmt. Nach ARISTOTELES (384-322 v. Chr.) hängt die Zeit im Jetzt stetig zusammen (vgl. ELSNER 1994, S. 24). Eine Einflußnahme auf gegenwärtige Ereignisse ist nur sehr bedingt möglich.
- *Zukünftige Vorgänge* sind dadurch charakterisiert, daß sie noch nicht abgeschlossen sind, und eine Beeinflussung des Vorgangs noch möglich ist (vgl. VON WEIZSÄCKER 1988). Eine Unterscheidung der zukünftigen Vorgänge kann durch den Grad der Sicherheit des Eintretens vorgenommen werden (vgl. JONAS 1979, S. 66ff; NEUMEISTER 1988, S. 201ff; LESER 1991, S. 418ff). Die Spanne reicht hierbei von Vorgängen, die mit großer Sicherheit eintreten werden (z. B. daß in der Stadt Lüdenscheid im nächsten Jahr die Durchschnittstemperaturen im Juli höher sein werden als im Januar) bis zu Vorgängen, deren Eintreten sehr unwahrscheinlich ist (z. B. daß in den nächsten 3 Tagen ein 10.000 t schwerer Meteorit in New York einschlägt, vgl. auch Kap. 3.1.2). Die Eintrittswahrscheinlichkeit ist auch einer der wichtigsten Faktoren bei der Risikoermittlung (vgl. SCHMIDT 1989; EIPPER 1995).

Durch den zeitlichen Verlauf geht die Zukunft ständig in die Gegenwart über und die Gegenwart in die Vergangenheit (vgl. ZUCKER 1986, S. 73f).

Zeitraum (Zeitspanne, Dauer). Den Erscheinungen in der Umwelt lassen sich unterschiedliche *Zeiträume* (Zeitspannen, Dauern) zuordnen (vgl. z. B. ELSNER 1994). Diese können den zeitlichen Abstand zwischen 2 Erscheinungen (z. B. der zeitliche Abstand zwischen dem Abschmelzen des Schnees und dem Erblühen der Narzissen) beschreiben oder zwischen 2 Zuständen der gleichen Erscheinung (z. B. Lebensspanne eines Menschen als zeitlicher Abstand zwischen der Geburt und dem Tod des Menschen).

In der Umwelt kommen extreme Unterschiede bezüglich der Zeiträume von Erscheinungen vor. Nach der Dauer der Erscheinungen kann man Langzeit- und Kurzzeiterscheinungen unterscheiden. So sind relevante Veränderungen durch die Plattentektonik, eustatische Meeresspiegelschwankungen und die Mineralisierung von Gesteinen nur in 10^{11}-10^{13} s bemerkbar. Natürliche Veränderungen von Pflanzengesellschaften laufen oft in 10^8 s ab, und bestimmte Phänomene in der Umwelt wie z. B. das Fangen einer Fliege durch ein Chamäleon, ein Blitz, der Takt in einer Atomuhr dauern nur Sekunden oder Bruchteile von Sekunden (weitere Beispiele z. B. bei NEUMEISTER 1988, S. 51ff; GOUDIE 1995, S. 39).

Zeitliche Verteilung von Erscheinungen. Erscheinungen in der Umwelt können ein einziges Mal oder mehrmals auftreten d. h. *einmalig* oder *mehrmalig* sein. Sich wiederholende Erscheinungen weisen oft eine *Periodizität* oder mit anderen Worten einen *Rhythmus* auf (z. B. die Temperaturjahreszeiten in den mittleren Breiten, der Wechsel von Tag und Nacht, die Verkehrsstaus zu Beginn und am Ende von Urlaubszeiten; vgl. auch z. B. BLUME 1992, S. 359; NEUMANN 1995). Jedes Einzelereignis hat hierbei den Charakter eines mehr oder weniger kurzzeitigen Ereignisses, durch die ständige Wiederholung hat das Gesamtphänomen allerdings einen langfristigen Charakter.

Geschwindigkeit. Die Geschwindigkeit steht in enger Korrelation zum Zeitraum (vgl. BÄHRMANN 1995, S. 110). Sie bezeichnet die Zeitdauer von Bewegungen, wie z. B. die Wanderungsgeschwindigkeiten der Forellen. Geschwindigkeiten können in hohe, mittlere oder geringe Geschwindigkeiten eingeteilt werden. Ein Effekt der Technisierung ist, daß sich die räumliche Stoff- und Energieverlagerung in der Umwelt erheblich beschleunigt haben (vgl. Kap. 3.2.1 u. 3.3.1).

Funktionale Eigenschaften von Zeit. Wichtige *funktionale Zeiträume* in der Umwelt sind die unterschiedlichen Lebens- und Generationszeiten von Lebewesen, die Mutationszeiten von Arten und die Sukzessionszeiten von Ökosystemen sowie die Lebenszeiten von Menschen und ihre technischen Zeitdimensionen. Außerdem spielt die zeitliche Charakteristik morphologischer, physiologischer und funktionaler Änderungen von Individuen, Arten und Ökosystemen (z. B. Unterschiede zwischen Kaulquappe und Frosch, zwischen Säugling und Erwachsenem, zwischen den Phasen im Mosaik-Zyklus von Ökosystemen) eine wichtige Rolle.

Darüber hinaus entscheiden auch die *Reihenfolgen* von Umweltveränderungen wesentlich darüber, welche Arten überleben und welche aussterben werden (vgl. VALENTINE 1986, S. 151). Für die Umwelt als die Merkwelt der Lebewesen ist im zeitlichen Bereich v. a. von Bedeutung, daß Menschen und andere Lebewesen, aber auch Arten und Ökosysteme gewisse Zeiträume brauchen, um sich an veränderte Umweltbedingungen anzupassen.

Wenn z. B. eine Pflanzenart normalerweise ein Wuchsoptimum von +6 °C und eine Temperaturtoleranz für langfristige Temperaturverhältnisse von -8 bis +20

°C hat, so kann es vorkommen, daß einzelne Individuen eine Temperaturtoleranz von -12 bis +16 °C haben und andere von -4 bis +24 °C. Treten jetzt schlagartig Temperaturen von +32 °C über einen längeren Zeitraum auf, so stirbt die betroffene Art an dem betroffenen Standort (die Population) aus.

Findet die Temperaturabnahme jedoch allmählich über einen längeren Zeitraum statt, so können sich nach einiger Zeit Individuen herausbilden, die bei diesen Temperaturen lebensfähig sind (vgl. Abb. 34), da von jeder neuen Kindergeneration diejenigen, die am besten an hohe Temperaturen angepaßt sind, eine größere Chance haben zu überleben bzw. sich fortzupflanzen und damit ihr besser angepaßtes Erbgut zu verbreiten (vgl. z. B. AYALA 1986; BEGON et al. 1991, S. 7). Derartige Anpassung bedürfen allerdings bestimmter Reaktionszeiten. Abbildung 34 stellt stark vereinfacht dieses Prinzip der Anpassung dar. Weitere Ausführungen finden sich hierzu z. B. bei DARWIN (1963), STRASBURGER et al. (1991, S. 503ff) und WILSON (1995, S. 80ff).

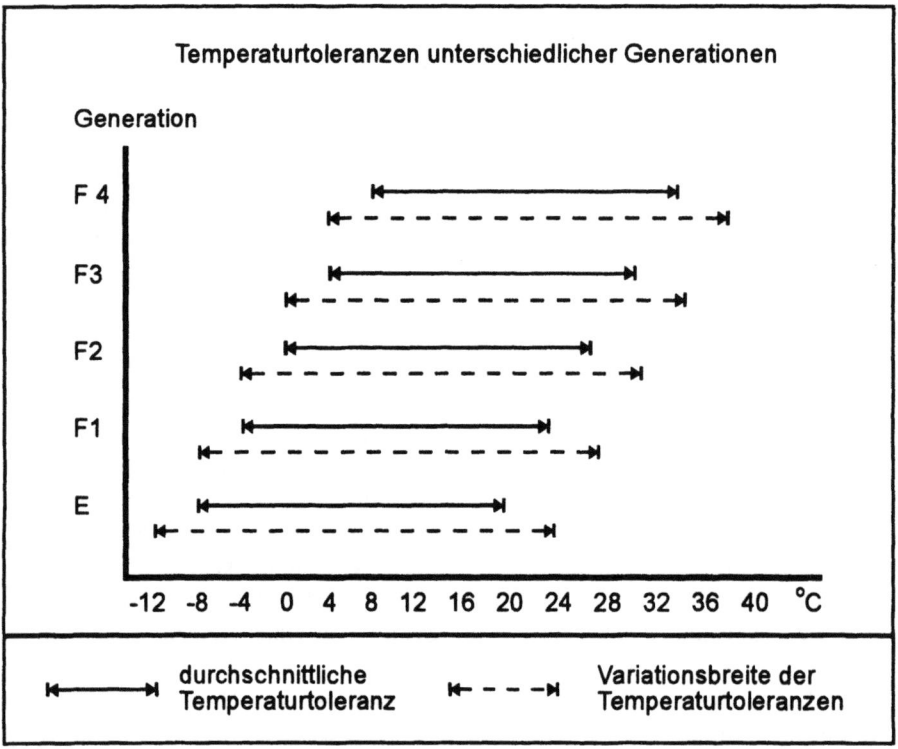

Abb. 34. Generative Veränderung der Temperaturtoleranz. Nach DARWIN 1963, S. 48ff; LEWONTIN 1986; ALTNER 1987, S. 92, STRASBURGER et al. 1991, S. 503ff; WILSON 1995, S. 69ff u. 77ff.

Kommen allerdings krasse Veränderungen und diese auch noch in kurzen Zeiträumen vor (z. B. anthropogene Eutrophierung eines Sees, Betonierung eines Flußlaufes, Vulkanausbruch), so kann die Elastizität eines Ökosystems überschritten werden. Die Folge kann das lokale Aussterben von Arten, die zentrale Funktionen im System haben, und damit das Zusammenbrechen des ökosystemaren Wirkungsgefüges sein. Da die im Ökosystem vorhandenen Arten in diesem Fall nicht genügend Zeit haben, sich an die veränderten Bedingungen anzupassen, hängt die Wiederbesiedlung in starkem Maße von den in der Umgebung vorhandenen Arten ab. Oft geht ein derartiges Ereignis mit einer lokalen Verringerung der Biodiversität und dem Aussterben endemischer Arten einher.

Bei der Beurteilung derartiger Zusammenbrüche ist deren Größenordnung von besonderer Bedeutung, da kleinräumige Zerstörungen bei den meisten Ökosystemen zu deren natürlichen zeitlichen Variabilitäten gehören. Ein Beispiel hierfür ist der Ökosystemwechsel Wald - Biber - See - Verlandung - Wald - Biber - usw. in den gemäßigten Breiten der Nordhalbkugel (vgl. REMMERT 1992, S. 226).

Auch für die Menschen ist es wichtig, daß Umweltveränderungen nicht abrupt, sondern über bestimmte Zeiträume erfolgen, damit sie sich auf die neue Situation einstellen können (z. B. Verlassen von überschwemmungsgefährdeten Gebieten, Anpassung der Landwirtschaft an veränderte Klimabedingungen, Anpassung der Bauten an häufigere Starkwinde). Wichtige Zeitspannen sind hierbei die Lebenserwartung von Menschen (je nach Land durchschnittlich 45-80 Jahre) und der Zeitraum einer Generation von etwa 33 1/2 Jahren (HAGEL et al. 1980, S. 117).

Viele Umweltfaktoren besitzen einen rhythmischen Charakter (vgl. z. B. MAYER 1983, S. 245; REMMERT 1992, S. 92ff u. 220ff; TISCHLER 1993, S. 178; MEIER-KOLL 1995). Beispiele hierfür sind die jährliche Änderung der Temperatur, nach denen sich die Wanderungen von Zugvögeln richten, der Tag-Nacht-Wechsel der Beleuchtungsverhältnisse für die Wach- und Schlafphasen von Tieren oder die jahreszeitlichen Schwankungen des winterlichen Schneefalls, der den Wintertourismus steuert (vgl. z. B. HEINRICH et al. 1991, S. 268ff; REMMERT 1992, S. 220ff; NEUMANN 1995, S. 377ff).

3.5.2 Zeitliche betriebliche Ursachen für Umweltauswirkungen

Anlagenexistenzphasen. Die *Existenzzeit einer Industrieanlage läßt sich in klar abgegrenzte Phasen einteilen* (vgl. Abb. 35 u. STELZER 1993b, S. 7.2.2.2f; ENDRES 1994, S. 42ff):
- Am Anfang steht die *Anlagenerrichtung*. Sie charakterisiert v. a. die Vorbereitung des Grundstücks, die Ausschachtungen und der Bau der Gebäude.
- Die zweite Phase ist die *Anlagenbetriebsphase*. Sie umfaßt im Normalfall den weitaus längsten Zeitraum der Anlagenexistenz. In ihr verändert sich der Gebäude- und Maschinenbestand z. B. durch Abnutzung, Witterungseinflüsse, Reparaturen. Zu ihr gehören auch die Betriebsunterbrechungen z. B. durch Revisionen, Reparaturen, produktionsbedingte Umbauten.

98   3 Das Bewertungsobjekt sind die Umweltauswirkungen von Industriebetrieben

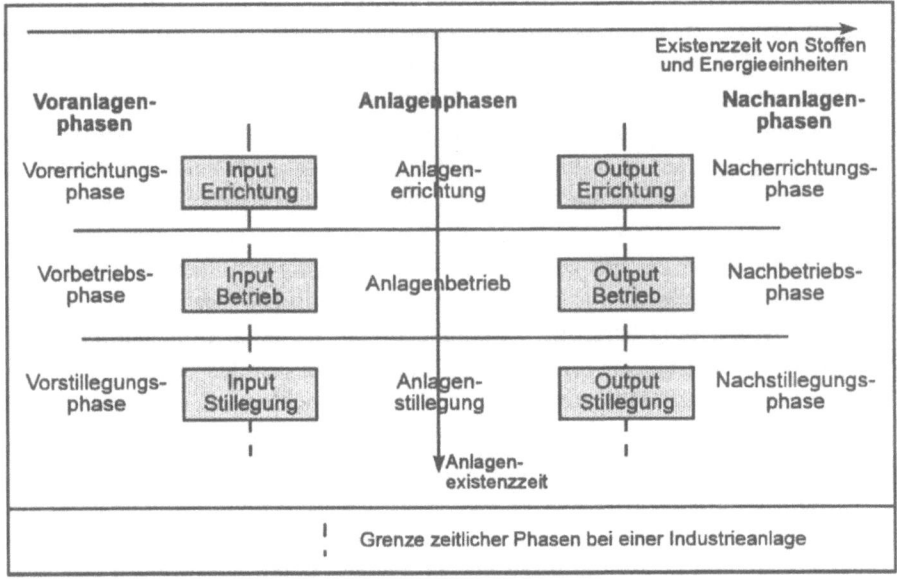

Abb. 35. Anlagenexistenzphasen eines Industriebetriebes. Nach STELZER 1993b, S. 7.2.2.2f, verändert und ergänzt.

- In der dritten Phase, der *Anlagenstillegung*, wird der Betrieb der Anlage eingestellt und die Anlage beseitigt (bei ENDRES 1994, S. 44f als Auflösung und Abwicklung bezeichnet). Auch hierbei ist die Zufuhr von Stoffen und Energie notwendig und es findet eine Freisetzung von Stoffen und Energie in die Umgebung statt.

Die Konzepterstellungsphase und die Planungs- / Genehmigungsphase, die bei STELZER 1993b der Errichtungsphase vorgeschaltet sind, machen sich nicht physisch in der Umgebung bemerkbar und werden deshalb in dieser Untersuchung nicht betrachtet.

Vielschichtiger ist der Sachverhalt, wenn nicht die Anlagenexistenz, sondern die *Existenzzeiten der Stoffe und Energieeinheiten*, die für die Anlage verwendet werden, betrachtet werden sollen. Wie in den Kapiteln 3.1.2, 3.2.2 und 3.3.2 festgestellt, müssen für die Anlage Stoffe und Energie bereit gestellt werden (Input), und Stoffe und Energie verlassen die Anlage (Output). Die Erstellung des Input kann hierbei jeweils als *Voranlagenphase* und die Beseitigung des Output jeweils als *Nachanlagenphase* bezeichnet werden. Da diese Voranlagenphasen und Nachanlagenphasen für die Stoffe und die Energieeinheiten von allen 3 Anlagenexistenzphasen vorhanden sind, ergeben sich die 9 in Abb. 35 dargestellten zeitlichen Phasen einer Industrieanlage (vgl. auch Abb. 16 in Kap. 3.1.2).

3.5 Zeitlicher Bereich des Bewertungsobjekts

Produktionsphasen. Auch beim Produktionsprozeß steht am Anfang der Input und am Ende der Output (vgl. Kap. 3.1.2, 3.2.2, 3.3.2). Aus diesem Grund lassen sich für die Stoffe und die Energieeinheiten, die in der Produktion verwendet werden, 3 unterschiedliche *Produktionsphasen* unterscheiden (vgl. Abb. 36):
- In einer *Vorproduktionsphase* werden die Rohstoffe gewonnen und außerhalb der betrachteten Anlage in Vorprodukte, Rohstoffe oder Hilfsstoffe - den Produktionsinput - umgewandelt (z. B. Umwandlung von Kupfererz in Feinkupfer zur Platinenherstellung).
- Im *Produktionsprozeß* werden aus den Einsatzstoffen und der Einsatzenergie die Produkte hergestellt (z. B. Herstellung einer Platine für einen Computer).
- In der *Nachproduktionsphase* verläßt der Produktionsoutput (z. B. eine Platine) den Betrieb, wird benutzt (z. B. in einen Computer eingebaut, der Computer wird verkauft und genutzt) und zerstört (z. B. Sonderabfallentsorgung) oder einer anderen Nutzung (z. B. Platinenaufbereitung) zugeführt.

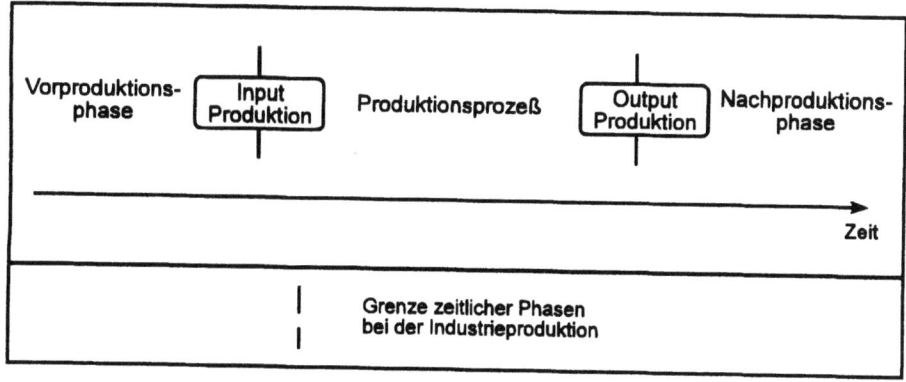

Abb. 36. Produktionsphasen eines Industriebetriebes.

Absolute zeitliche Einordnung der Anlagen. Allgemein gibt es Industriebetriebe erst seit dem 18. Jahrhundert. *Die unterschiedlichen Phasen eines Industriebetriebes können theoretisch auf der absoluten Zeitskala angeordnet werden.*

Für die Errichtungsphase und den vergangenen Teil der Betriebsphase ist eine zeitliche Einordnung meist ohne weiteres möglich (vgl. Abb. 37). Für die zukünftigen Anlagenphasen und die Stillegungsphase bereitet dies allerdings oft Schwierigkeiten, da sie in der Zukunft liegen und selten sicher vorhersehbar sind.

Sehr viel problematischer wird die *absolute Datierung*, wenn nicht die Anlage selbst, sondern die in der Anlage verwendeten *Stoffe und Energieeinheiten* betrachtet werden (s. o.). Die Datierung der *Vorproduktionsphasen* ist deshalb schwierig, da es sich bei dem Input meist um eine *Vielzahl von Stoffeinheiten oder Energieeinheiten* handelt, die jede für sich schon seit unterschiedlichen Zeiträume existieren, bevor sie in der Anlage verwendet werden (vgl. Abb. 38).

100 3 Das Bewertungsobjekt sind die Umweltauswirkungen von Industriebetrieben

So brauchen z. B. bei einer Stahlbetondecke der Kalk, der Sand und die Stahlmatten in der Regel unterschiedliche Zeiträume bis sie als Input in der Anlage ankommen.

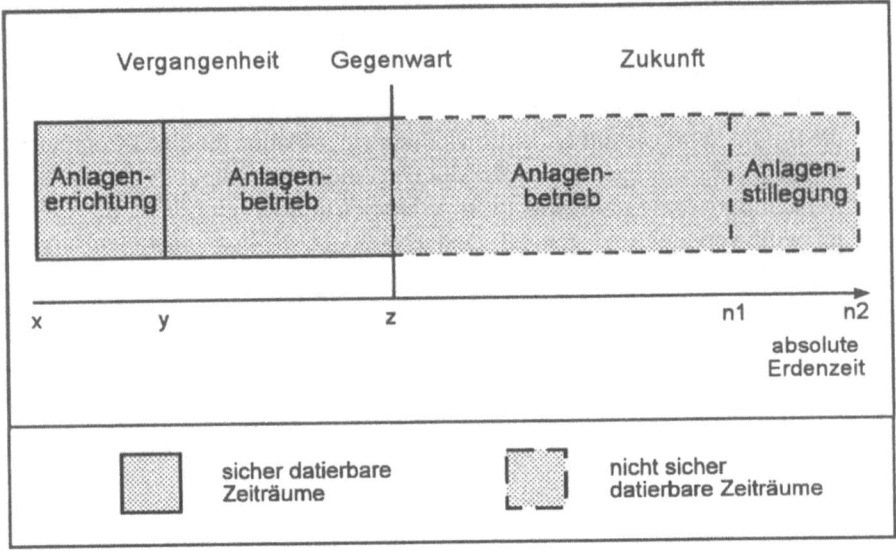

Abb. 37. Datierbarkeit einer Industrieanlage.

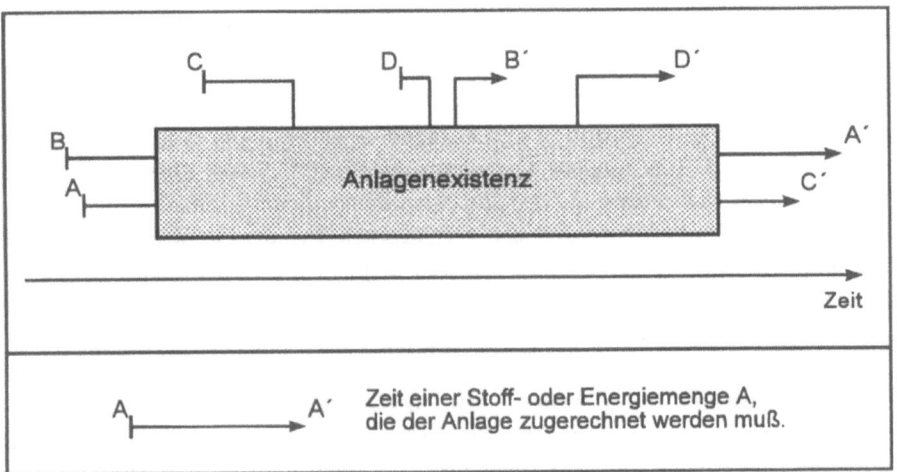

Abb. 38. Zeitlicher Bereich von Stoff- und Energieflüssen bei einer Industrieanlage.

Ein weiterer Grund ist, daß die unterschiedlichen *Outputeinheiten in den Nachanlagenphasen, unterschiedliche Wege mit unterschiedlichen Entsorgungswegen* gehen (vgl. Abb. 38). So kann das Bodenaushubmaterial, das bei den Ausschachtungsarbeiten für das Anlagengebäude anfällt oft nach einer Zwischenlagerung für landschaftsgestaltende Maßnahmen verwendet werden. Es werden auch Metallreste, die bei Reparaturen anfallen wieder zur Metallherstellung genutzt und Reste des Gebäudes nach der Stillegung als Einsatzstoffe beim Straßenbau verwendet. Für alle diese Stoffe gelten unterschiedliche Zeiträume.

Absolute zeitliche Einordnung der Produktionen. Die Abschätzung für die *absolute zeitliche Einordnung der Produktionsphasen* ähnelt im wesentlichen der absoluten zeitlichen Einordnung der Stoff- und Energieeinheiten bei einer Industrieanlage (vgl. Abb. 39).

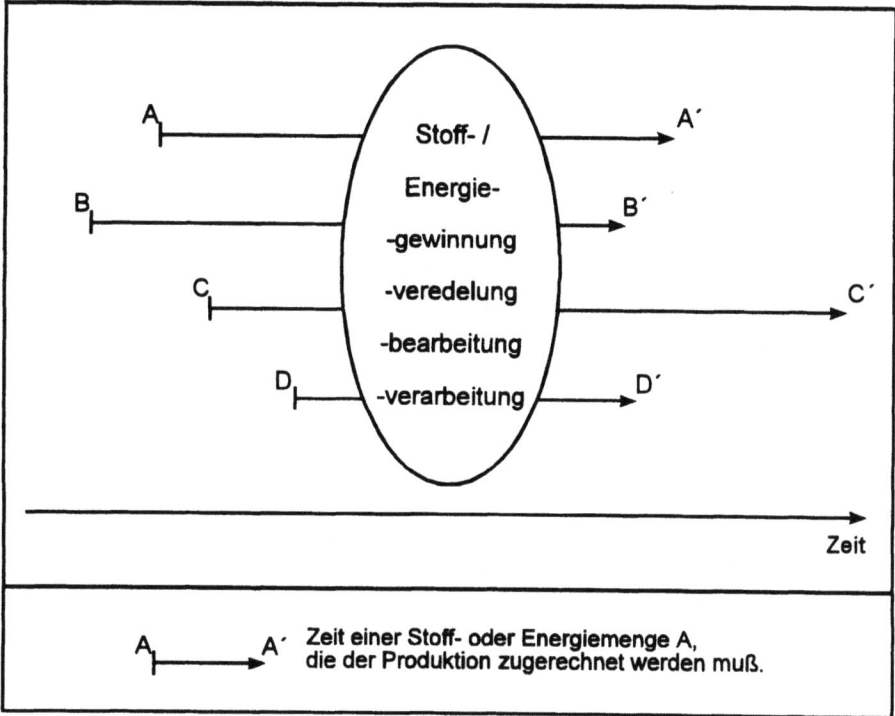

Abb. 39. Datierbarkeit der Produktion.

Die Einordnung der Vorproduktionsphase ist deshalb schwierig, da auch bei der Produktion meist eine *Vielzahl von Stoffen und Energieeinheiten als Input* Verwendung finden (vgl. Abb. 24 in Kap. 3.2.3), die in der Regel jeweils unterschiedliche Zeiträume einnehmen (vgl. Abb. 39). So brauchen z. B. bei einem Fruchtjoghurt die Erdbeeren, der Klebstoff für das Etikett und das Pfandglas unterschiedliche Zeitspannen, bis sie als Input in der Anlage ankommen. Ein weiterer Grund ist, daß der Output in der Nachproduktionsphase sehr unterschiedliche Wege mit unterschiedlichen Gebrauchszeiten und Entsorgungswegen geht (vgl. Abb. 39).

Für die Ermittlung der Umweltauswirkungen von Industriebetrieben bei einer Bewertung, sollten die Ursachen für Umweltauswirkungen der Vorphasen jeweils durch die Betrachtung des Input und die Umweltauswirkungen der Nachphasen durch die Betrachtung des Output einbezogen werden (z. B. über Ökobilanzen). Um keine Doppelbetrachtung derselben Sachverhalte vorzunehmen, dürfen deshalb im konkreten Anwendungsfall die Vorphasen und die Nachphasen von Anlagenexistenz und Produktion nicht zusätzlich zum Input und Output bei den zu behandelnden Sachverhalten aufgeführt werden.

Zeitraum, Geschwindigkeit, Rhythmus. *Industriebetriebe haben einen sehr viel engeren zeitlichen Rahmen als die Erscheinungen in der Umwelt allgemein.* Für die unterschiedlichen Anlagenexistenzphasen (s. o. und STELZER 1993b, S. 7.2.2.2f) gelten überschlagsweise folgende Zeiträume:
- Errichtungsphase (1 bis 2 Jahre),
- Betriebsphase (2 bis 120 Jahre),
- Stillegungsphase (1/12 bis 10 Jahre).

In der Regel bestehen die Anlagen in der Betriebsphase mehrere Jahrzehnte relativ konstant. Kurzzeitige Ereignisse sind in dieser Zeit v. a. Störfälle, Unfälle (vgl. Kap. 3.1.2) sowie Revisionen und Umbauten.

Der Stoffluß von der Entnahme über den Einbau bis zur Ablagerung oder zum Recycling umfaßt in der Regel einen Zeitraum von einigen Jahren bis einige zig Jahre.

In der Produktion haben die Phasen folgende Größenordnungen:
- Vorproduktionsphase des Input (Tage bis Jahre),
- Produktionsprozeß (Stunden bis Monate, bei Einschluß der Lagerung im Betrieb),
- Nachproduktionsphase des Output (Tage bis Jahrzehnte).

Der Stoffluß von der Entnahme über den Einbau bis zur Ablagerung oder zum Recycling hat in der Produktion meistens einen Zeitrahmen von einigen Monaten bis zu einigen Jahrzehnte.

Ein wichtiges Charakteristikum eines industriellen Prozesses ist die *Automation von Arbeitsabläufen*. Diese hat die periodische Abfolge und eine extreme Beschleunigung von Arbeitsabläufen zur Folge (z. B. Beförderung von 100 Teilen pro Sekunde bei einem Förderband).

Zeiträume der betrieblichen Ursachen für Umweltauswirkungen. *Zeiträume der betrieblichen Ursachen für Auswirkungen von Industriebetrieben* auf die Umwelt sind (vgl. Abb. 40):
- *betriebliche Kurzzeitursachen* (z. B. Verbrennung des Endprodukts),
- *betriebliche Langzeitursachen* (z. B. Anlagengebäude),
- *periodische betriebliche Ursachen* (z. B. Revisionsintervalle).

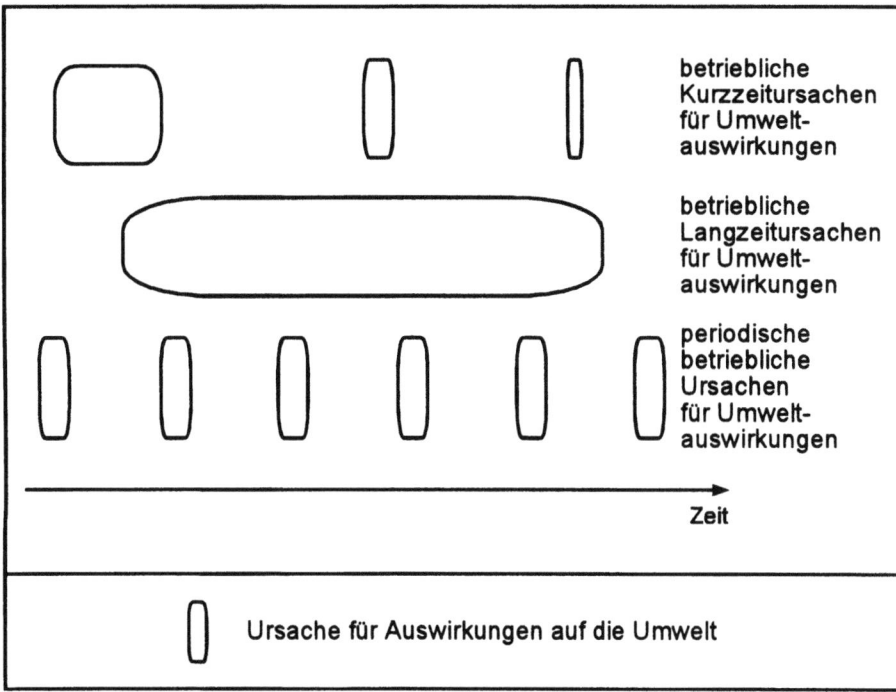

Abb. 40. Zeiträume von Ursachen für Umweltauswirkungen von Industriebetrieben.

3.5.3 Zeitliche Auswirkungen von Industriebetrieben auf die Umwelt

Zeitliche Aspekte von Auswirkungen. Eine Unterscheidung der verschiedenen Auswirkungen von Industriebetrieben auf die Umwelt ist v. a. durch den *relativen zeitlichen Zusammenhang der Umweltauswirkungen mit der die Auswirkung hervorrufenden betrieblichen Ursache* gegeben (vgl. Abb. 41). Man kann unterscheiden:
- *Sofortauswirkungen* (z. B. Gewässerverunreinigung beim Auslaufen eines Tanks in den Vorfluter, lokaler Artenverlust bei der Beseitigung der Vegetation für die Erschließung eines Rohstoffvorkommens, Störung der Ruhe der Anlieger durch Fahrzeuglärm),

104 3 Das Bewertungsobjekt sind die Umweltauswirkungen von Industriebetrieben

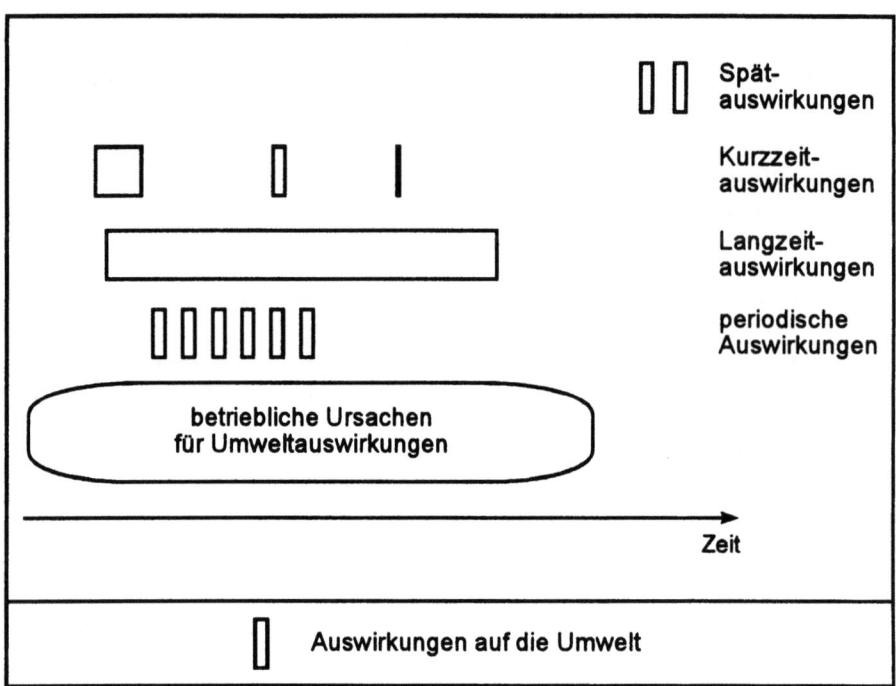

Abb. 41. Zeiträume der Umweltauswirkungen von Industriebetrieben.

- *Spätauswirkungen* (bei SCHEMEL 1989 als Langfristwirkungen bezeichnet). Beispiele hierfür sind der Abbau der Ozonschicht durch am Boden emittierte FCKW, Überschwemmen von Küstenländern aufgrund der Erwärmung der Erde durch die Erhöhung der Treibhausgase in der Atmosphäre, Anstieg der Leukämieerkrankungen nach einem Störfall in einem Kernkraftwerk mit Freisetzung von radioaktiven Stoffen.

Die Spätauswirkungen sind in der Regel durch eine höhere Unsicherheit bei der Prognose geprägt als die Sofortauswirkungen.

Absolute und relative zeitliche Einordnung von Auswirkungen. Da Industriebetriebe erst *seit Mitte des 18. Jahrhunderts* existieren, gibt es industrielle Auswirkungen auf die Umwelt auch erst seit dieser Zeit. Viele vergangene und gegenwärtige Auswirkungen von Industriebetrieben auf die Umwelt sind - v. a. nach der Stillegung der Anlagen - relativ gut zeitlich einzuordnen.

Gerade für zukünftige Auswirkungen ist es notwendig, zu wissen, wann die Auswirkungen zum Tragen kommen, um das zeitliche Aufeinandertreffen von Umweltauswirkungen (an bestimmten Orten, Gebieten oder Regionen oder auch in bestimmten Systemen oder Subsystemen) als kumulative Auswirkungen (vgl. Kap. 3.1.2) abschätzen zu können. Dies ist erforderlich, da es oft vorkommt, daß bestimmte einzelne Auswirkungen keine größeren Folgen nach sich ziehen, daß aber bei der zeitlichen Häufung von Auswirkungen ein starker - eventuell irreversibler - Schaden eintritt (z. B. die geringfügige Inanspruchnahme eines Biotops durch die Errichtung einer Anlage. Eine Zerstörung des Biotops als Lebensraum für bedrohte Arten erfolgt erst, nachdem auch eine zusätzliche Zufahrtsstraße und eine Abfalldeponie für die Entsorgung der Produkte gebaut werden).

Zeitraum (Zeitspanne, Dauer) von Auswirkungen. Zeiträume der Auswirkungen von Industriebetrieben auf die Umwelt (vgl. Abb. 41):
- *Kurzzeitauswirkungen* (z. B. Veränderung der Wasserzusammensetzung durch Löschwasseranfall bei einem Brand; kurzzeitige toxische Wirkung nach der einmaligen Freisetzung natürlich abbaubarer toxischer Stoffe; Störung der Anlieger durch Lärm beim Nachrüsten einer Filteranlage),
- *Langzeitauswirkungen* (z. B. Veränderung der Strahlenbelastung nach der Emission von radioaktiven Stoffen mit langer Halbwertszeit; langandauernde Vergiftung durch Eintrag von toxischen, persistenten Stoffen; kontinuierliche Veränderung der Umgebungsluft durch kontinuierliche Abwärmefreisetzung)
- *periodische Auswirkungen* (z. B. Lärmbelastung des periodischen Lieferverkehrs alle 7 Tage, Abgasfreisetzung bei Testläufen der Revision; sommerliches Fischsterben im Vorfluter bei konstanter Abwärmeeinleitung durch die sommerliche (periodisch wiederkehrende) natürliche Erwärmung des Gewässers).

Auswirkungen auf Funktionen von Zeit. *Die Auswirkungen von Industriebetrieben können - meist im Zusammenhang mit den Auswirkungen anderer Industriebetriebe - die Lebenszeiten von Menschen und anderen Lebewesen sowie die Existenzzeiten von Arten und Ökosystemen verändern.*

3.5.4 Zeitliche Sachverhalte für die ganzheitliche Bewertung der Auswirkungen von Industriebetrieben auf die Umwelt

Aus den Kapiteln 3.5 bis 3.5.3 ergeben sich die nachfolgend aufgeführten Anforderungen an ein System zur Bewertung der Auswirkungen von Industriebetrieben auf die Umwelt:

Zeitliche Sachverhalte, die bei der Bewertung der Auswirkungen von Industriebetrieben auf die Umwelt berücksichtigt werden sollten:

- Absolute zeitliche Einordnungen
- Relative zeitliche Einordnungen
  - Vorher
  - Gleichzeitig

- Nachher
- Relative zeitliche Einordnungen auf der Zeitachse
  - Vergangenheit
  - Gegenwart
  - Zukunft
- Unterschiedliche Zeiträume
  - Lange Zeiträume
  - Mittlere Zeiträume
  - Kurze Zeiträume
- Zeitliche Verteilungen
  - Periodische Erscheinungen
  - Aperiodische Erscheinungen
- Unterschiedliche Geschwindigkeiten
  - Hohe Geschwindigkeiten
  - Mittlere Geschwindigkeiten
  - Geringe Geschwindigkeiten
- Funktionen von Zeit
- Anlagenexistenzphasen
  - Anlagenerrichtungen
  - Betrieb von Anlagen
  - Anlagenstillegungen

4 Das Bewertungssubjekt sind die rechtlich-inhaltlichen Vorgaben für die ganzheitliche Bewertung der Auswirkungen von Industriebetrieben auf die Umwelt bei Genehmigungsverfahren für UVP-pflichtige BImSch-Vorhaben

4.1 Generelle rechtlich-inhaltliche Vorgaben

Historische Entwicklung des deutschen Umweltrechts für Industriebetriebe. *Gesetzliche Vorschriften, die sich mit den Umweltauswirkungen von Industriebetrieben befassen, haben in Deutschland eine lange Tradition* (vgl. KLOEPFER 1994, S. 9ff; WOLF 1986, S. 31ff). Die erste Vorschrift, in der dies zusammenfassend und landesweit geregelt wurde, war die preußische Gewerbeordnung von 1845 (vgl. WOLF 1986, S. 71ff; KLOEPFER 1994, S. 9ff; ULLRICH 1995, S. 52ff; RONELLENFITSCH 1995, S. 73ff). Diese wurde in den Jahren 1848, 1856 und 1861 an die jeweiligen neuen technischen Realitäten angepaßt. Sie bildete auch die Grundlage für die Gewerbeordnung des Norddeutschen Bundes von 1869, die nach der Reichsgründung unter der Bezeichnung Gewerbeordnung (GewO) auf das ganze Reich ausgedehnt wurde (vgl. EBEL 1994, S. 2368). Geregelt wurden in ihr neben der Feuergefährlichkeit von Betrieben auch deren Emissionen von Rauch, Geruch und Getöse (BENDER u. SPARWASSER 1990, S. 82; EBEL 1994, S. 2368).

In den folgenden Jahrzehnten wurden die Bereiche der GewO, die sich mit der Beziehung zwischen Industriebetrieb und Umwelt befassen, immer weiter ausgebaut (vgl. BENDER u. SPARWASSER 1990, S. 82; KLOEPFER 1994).

Seit Ende der 50er Jahre dieses Jahrhunderts begann in Deutschland eine Phase der vermehrten Verabschiedung von Umweltgesetzen (vgl. HOPPE u. BECKMANN 1989, S. 37). In diesen wurden die medialen, kausalen und vitalen Vorschriften, sowohl für die einzelnen Bürger als auch für die Behörden und Unternehmen geregelt. Als erste reine Umweltgesetze wurden das Wasserhaushaltsgesetz (WHG) und das Atomgesetz (AtomG) erlassen. In den 70er Jahren folgten u. a. das Bundes-Immissionsschutzgesetz (BImSchG), das Abfallgesetz (AbfG) und das Bundesnaturschutzgesetz (BNatSchG) (vgl. Abb. 42 u. z. B. STORM 1992, S. 28f). In diese Zeit fällt auch die Verabschiedung des ersten offiziellen Umweltprogramms der Bundesregierung (vgl. BUNDESREGIERUNG DER BUNDESREPUBLIK DEUTSCHLAND 1971).

108   4 Das Bewertungssubjekt sind die rechtlich-inhaltlichen Vorgaben

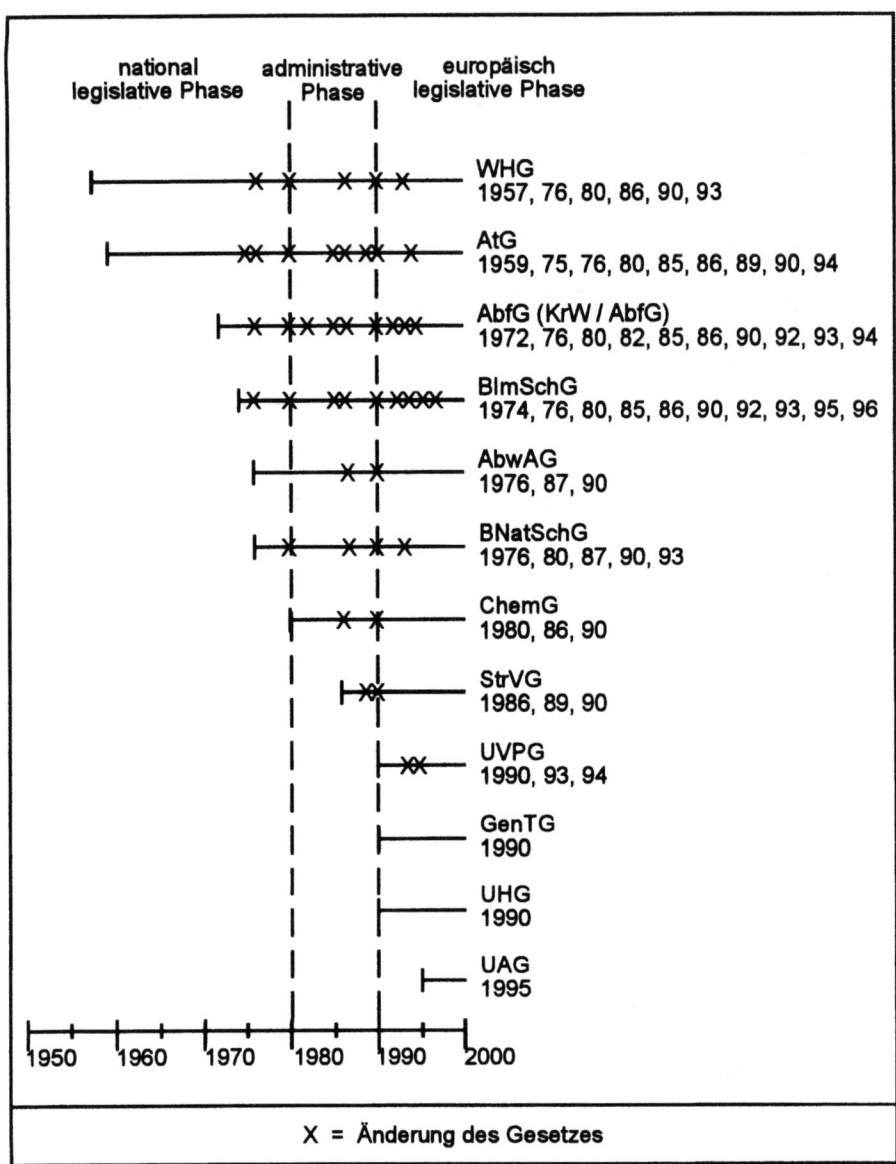

Abb. 42. Verabschiedungs- und Änderungsjahre der wichtigsten Gesetze, welche die Beziehungen von Industriebetrieben und Umwelt regeln. Nach Angaben aus STORM 1992; BURHENNE 1996; SCHINK 1994a; b; 1995a; b; c; 1996a; b.

Diese *national legislative Phase* reichte bis 1980. Sie schloß mit der Verabschiedung der ersten Fassung des Chemikaliengesetzes (ChemG) ab (vgl. Abb. 42; ähnlich STORM 1992, S. 28).

"Die starke Vermehrung des Bestandes an besonderen Gesetzen für einzelne Umweltpflegebereiche ... erzeugte einen Bedarf an untergesetzlicher Konkretisierung" (STORM 1992, S. 29). Der Gesetzgebungsphase folgte daher eine *administrative Phase*, in der die Rahmengesetze v. a. durch Verordnungen [z. B. die Verordnungen zum Bundes-Immissionsschutzgesetz (BImSchV)] konkretisiert wurden. Zusätzlich fand eine weitere untergesetzliche Regelung statt, durch
- Ausschüsse wie den Technischen Ausschuß für Anlagensicherheit oder die Störfallkommission,
- die Aufstellung von technischen Regeln durch private Träger wie DIN, VDE und VDI sowie
- die Entscheidungen der Judikative (vgl. STORM 1992, S. 30).

Das einzige für die Genehmigung von Industriebetrieben relevante Umweltgesetz, das in dieser Zeit neu geschaffen wurde, war das Strahlenschutzvorsorgegesetz (StrVG; vgl. Abb. 42).

Mehr oder weniger parallel zu dieser Konkretisierung und Verdichtung der materiellrechtlichen Anforderungen an die Umweltauswirkungen von Industriebetrieben wurde auch die Exekutive diesen neuen Anforderungen angepaßt. Maßnahmen hierzu waren v. a. der Erlaß von Verwaltungsvorschriften (z. B. Technische Anleitung Lärm (TA Lärm), Technische Anleitung Luft (TA Luft), Verwaltungsvorschrift zur Umweltverträglichkeitsprüfung (UVPVwV)) und der Aufbau spezieller Umweltverwaltungen [z. B. Umweltbundesamt (UBA), Bundesministerium für Umweltschutz (BMUNR), Landesumweltämter, kommunale Umweltämter)].

War bis Anfang der 80er Jahre die Entwicklung der Umweltschutzgesetze in der Bundesrepublik Deutschland noch weitgehend autochthon bestimmt, so gewinnt seit Ende der 80er Jahre - wie in vielen anderen Rechtsbereichen auch - der *Einfluß des EG-Rechts* zunehmend an Bedeutung (vgl. HOPPE u. BECKMANN 1989, S. 32ff; SCHEDLER 1992, S. 526ff; MAURER 1992, S. 28ff; BREUER 1993; JARASS 1994; STORM u. LOHSE 1994; DEMMKE 1994; JAHNS-BÖHM 1994; HANSMANN 1995; KRÄMER u. KROMAREK 1995; ROßNAGEL 1997). Beispiele hierfür sind das Umweltverträglichkeitsprüfungsgesetz (UVPG), das Umwelthaftungsgesetz (UHG) und das Umweltauditgesetz (UAG).

In diese Phase fällt auch die schon in Kapitel 3.1.1.3 diskutierte Einführung des *§ 20a in das Grundgesetz*, durch den der Umweltschutz in den Verfassungsrang erhoben wurde. Dies bindet v. a. den Gesetzgeber. Aber auch bei der behördlichen und gerichtlichen Ausfüllung von Ermessensspielräumen, bei denen die Umwelt berücksichtigt werden muß, hat der Umweltschutz hierdurch ein größeres Gewicht erhalten (vgl. BECKER 1995; PETERS 1995c; HOFFMANN-RIEHM 1995; KLOEPFER 1996a; SCHINK 1996a).

Für die Zukunft ist neben der Änderung einzelner Gesetze [z. B. dem BNatSchG, der Trinkwasser-Richtlinie (EUROPÄISCHE GEMEINSCHAFT 1995)], der Konkretisierung anderer Gesetze (z. B. durch Verordnungen zu speziellen Problemen des Kreislaufwirtschafts- und Abfallgesetzes) und der Verabschiedung einzelner neuer Gesetze [z. B. dem Bodenschutzgesetz, Richtlinie über die Prüfung der Umweltauswirkungen bestimmter Pläne und Programme (EUROPÄISCHE KOMMISSION 1996)] eine zusammenfassende Kodifizierung des Umweltrechts in Form eines Umweltgesetzbuches geplant (vgl. z. B. KLOEPFER et al. 1991; BREUER 1992; KLOEPFER 1994, S. 149f; JARASS et al. 1994; KLOEPFER 1995).

Allgemeine materiellrechtliche Bewertungsprinzipien und -ansätze des deutschen Umweltrechts für Industriebetriebe. Zur Beurteilung, welche Tätigkeiten oder Maßnahmen von Industriebetrieben gestattet, bzw. eingeschränkt gestattet oder verboten sind, werden in der Bundesrepublik Deutschland auf materieller Ebene 2 unterschiedliche Prinzipien angewendet.

Dort, wo konkrete Gefahren (zum Begriff Gefahr vgl. BENDER u. SPARWASSER 1990, S. 94f; KOCH u. RUBEL 1992, S. 106; MURSWIEK 1994) für eine erhebliche Beeinträchtigung der Umwelt bestehen, ist das materiellrechtliche Prinzip des Umweltrechts in der Regel das *Prinzip der Gefahrenabwehr* (vgl. BUNDESREGIERUNG DER BUNDESREPUBLIK DEUTSCHLAND 1986a, S. 12; BENDER u. SPARWASSER 1990, S. 15f; MURSWIEK 1994, S. 805ff; WINTER 1994b, S. 11, MEIXNER 1997) (z. B. Verhinderung der Freisetzung von gasförmigen Emissionen, die mit Sicherheit schon nach kurzer Zeit Gesundheitsschäden in der Nachbarschaft hervorrufen würden).

Das zweite rechtliche Prinzip im deutschen Umweltrecht ist *das Vorsorgeprinzip* (vgl. z. B. WOLF 1986, S. 388ff; BUNDESREGIERUNG DER BUNDESREPUBLIK DEUTSCHLAND 1986a, S. 12f; HOPPE u. BECKMANN 1989, S. 17ff u. 80ff; REHBINDER 1991; SCHMIDT 1992, S. 4f; SCHMIDT 1994; VON LERSNER 1994, S. 2703; FLEURY 1995; TOBIAS 1996, S. 221f). "Durch den frühzeitigen Einsatz entsprechender Maßnahmen soll über die präventive und repressive Abwehr von Gefahren und die Beseitigung von Schäden hinaus dem Entstehen potentieller Beeinträchtigungen der Umwelt möglichst an dessen Ursprung vor allem durch eine Minimierung von Risiken vorgebeugt und ein nachhaltiger, schonender Umweltnutzen erreicht werden" (STORM 1992, S. 18f). "All dies ist Zukunftsvorsorge jenseits des Bereichs der Gefahrenabwehr" (BENDER u. SPARWASSER 1990, S. 16). Aber "seine rechtliche Grenze findet das Vorsorgeprinzip an der Verhältnismäßigkeit von Mittel und Zweck" (STORM 1992, S. 19; vgl. auch RENGELING 1985, S. 37).

Bewertungsansätze im Umweltrecht für Industriebetriebe. Bei der Anwendung dieser materiellrechtlichen Bewertungsprinzipien dienen unterschiedliche Bewertungsansätze zur Entscheidungsvorbereitung, wobei zwischen umweltbezogenen und betriebsbezogenen Ansätzen unterschieden werden kann.

Die *umweltbezogene Bewertung* orientiert sich an einem Ist- und einem Sollzustand der Umwelt. Wenn der Istzustand (z. B. die SO_2-Konzentration der Luft) schlechter ist als der Sollzustand (z. B. Immissionsgrenzwert nach TA Luft; vgl. LUDWIG 1994, S. 30), können Maßnahmen der Zustandsänderung (z. B. Änderung der Anlage) oder der Verhaltensänderung (z. B. Änderung der Betriebszeiten) angeordnet werden.

Wenn bei einem Vorhaben am geplanten Anlagenstandort die Umweltsituation momentan noch dem Sollzustand entspricht, durch das Vorhaben aber die Sollwerte überschritten würden (z. B. Zerstörung eines schutzwürdigen Biotopes nach § 20c BNatSchG), so kann die Genehmigung zur Errichtung mit Auflagen und Bedingungen verbunden werden, welche eine Realisierung des Vorhabens unter Einhaltung der angestrebten Sollwerte ermöglichen. Ist dies nicht möglich, so kann die Realisierung des Vorhabens an der geplanten Stelle untersagt werden. Handelt es sich nicht um ein Genehmigungs-, sondern um ein Planverfahren, so hat die beurteilende Behörde einen planerischen Ermessensspielraum bei der Abwägung der unterschiedlichen Belange, die in die Planentscheidung eingestellt werden müssen.

Eine andere Vorgehensweise bei der Bewertung im deutschen Umweltrecht geht - unabhängig von der Beschaffenheit der Umwelt im Auswirkungsbereich des Betriebes - von bestimmten Anforderungen an Industrieanlagen aus *(betriebsbezogener Bewertungsansatz)*.

Eine betriebsbezogene Bewertung wird dadurch umgesetzt, daß die Anlagen spezifische, klar festgelegte Anforderungen einhalten müssen. Ein Beispiel hierfür ist die Einhaltung der Anforderungen aus der TA Abfall bei der Errichtung einer Deponie für besonders überwachungsbedürftige Abfälle. Hier wird detailliert beschrieben, wie z. B. die Deponieoberflächenabdichtungssysteme beschaffen sein müssen. Sind keine derartigen konkreten Anforderungen vorgegeben, so ist in den gesetzlichen Regelungen als Anforderungen an Industriebetriebe in der Regel festgelegt, daß diese

- die allgemein anerkannten Regeln der Technik (z. B. § 7a Abs. 1 Satz 1 WHG, § 3 Abs. 1 GerSichG, § 323 Abs. 1 StGB),
- den Stand der Technik (z. B. § 7a Abs. 1 Satz 3 WHG, § 3 Abs 6 Satz 1 BImSchG, § 4 Abs. 5 AbfG),
- den Stand von Wissenschaft und Technik (z. B. § 7 Abs. 2 Nr. 3 AtomG, § 13 Abs. 1 Nr. 4 GenTG, § 16 Abs. 1 Nr. 2 GenTG) oder
- den Stand der Wissenschaft o.ä. (z. B. § 1 Nr. 2 StrVG, § 7 Abs. 2 ChemG, § 13 Abs. 1 Satz 2 ChemG)

einhalten müssen (vgl. z. B. RENGELING 1985; BREUER 1994b).

Die aufgeführten anlagenbezogenen Anforderungen stellen *unbestimmte Rechtsbegriffe* dar, die sich im wesentlichen durch einen unterschiedlichen Fortschrittlichkeitsgrad der Anforderungen voneinander unterscheiden. Zum Begriff unbestimmte Rechtsbegriffe vgl. z. B. MAURER (1992) S. 128 und KOCH u. RUBEL (1992) S. 101ff.

Für Genehmigungsbehörden gibt es mehrere Möglichkeiten, wie sie die Bewertung von der personellen Seite her organisieren. Wenn der fachliche Sachverstand in ausreichendem Maße in der Behörde vorhanden ist, wird die Bewertung in der Regel von ihr selbst durchgeführt. Sollte dies nicht der Fall sein, so kann die Behörde

- von sachverständigen Gutachtern (vgl. BREUER 1994a) einzelfallbezogene Gutachten - sogenannte Sachverständigengutachten (z. B. nach § 13 der 9. BImSchV) - anfertigen lassen oder
- antizipierte Sachverständigengutachten bei ihrer Entscheidung heranziehen.

Bei antizipierten Sachverständigengutachten handelt es sich um publizierte Veröffentlichungen unterschiedlicher Stellen, bei denen ein entsprechender fachlicher Sachverstand über gewisse Arten von Anlagen vorausgesetzt wird. Bei diesen Vorschriften handelt es sich zumeist um technische Beschreibungen, aber auch z. B. Richt- und Grenzwerte. Zu den antizipierten Sachverständigengutachten zählen
- Verwaltungsvorschriften (z. B. TA Luft, Allgemeine Rahmen-AbwasserVwV, TA Abfall) und
- Regeln bestimmter privatrechtlicher Verbände (z. B. DIN, VDE, VDI).

Zum Begriff antizipierte Sachverständigengutachten vgl. auch WOLF (1986), S. 365ff; STORM (1992), S. 29; ENDRES (1993), S. 117ff; BREUER (1994b), S. 1877ff und KREMSER (1995).

Für die Auswahl der Methode, nach der die gesetzlich festgelegte Bewertung der Umweltauswirkungen von Industriebetrieben durchgeführt wird, ist es einerlei, ob bei der Behörde selbst der entsprechende Sachverstand vorhanden ist, dieser von Gutachtern zur Verfügung gestellt oder unter Zuhilfenahme von antizipierten Sachverständigengutachten erschlossen wird.

Bei jeder dieser Vorgehensweisen muß sichergestellt werden, daß die *inhaltlichen und die methodischen Anforderungen*, die sich
- aus dem *realen Sachverhalt*, hier den Auswirkungen der Industriebetriebe auf die Umwelt (vgl. Kap. 3.1.1-3.5.4) und
- aus den *gesetzlichen Vorgaben* (vgl. Kap. 4.1.1-4.5.4)

ergeben, *angemessen berücksichtigt* werden.

Legislativer Rahmen der Genehmigung von Industrieanlagen nach BImSch- und UVP-Recht. Bis in die 70er Jahre wurden Industrieanlagen hauptsächlich auf Grundlage der GewO (s. o.) genehmigt. Seit 1974 gilt allerdings für die meisten Industrieanlagen als *fachgesetzliches Genehmigungsgesetz das BImSchG* (vgl. PÜTZ u. BUCHHOLZ 1991; HANSMANN 1992; STEINBERG 1995; BUNDESREGIERUNG DER BUNDESREPUBLIK DEUTSCHLAND 1996; FELDHAUS 1995; KLOEPFER 1996b, HANSMANN 1997). Zweck der BImSch-Regelungen ist es u. a. die Umwelt vor schädlichen Umwelteinwirkungen durch Anlagen zu schützen und dem Entstehen schädlicher Umwelteinwirkungen vorzubeugen (vgl. BImSchG § 1).

In der Folgezeit wurden zur Konkretisierung einzelner Regelungsbereiche des BImSchG eine Reihe von Verordnungen (BImSchV) erlassen. Für die Genehmigung von Industrieanlagen sind allgemein v. a. die 4. und die 9. BImSchV (vgl. z. B. JARASS 1995, S. 787ff u. 838ff) von Bedeutung. In der 4. BImSchV wird geregelt, für welche Anlagenarten ein Genehmigungsverfahren durchzuführen ist. Sie wurde auf der Grundlage des § 4 Abs. 1 Satz 3 erlassen. Gegenstand der -

auf Grundlage des § 10 Abs. 10 BImSchG erlassen - 9. BImSchV ist die Durchführung des Genehmigungsverfahrens.

Zur Regelung des konkreten Verwaltungshandelns bei der Genehmigung von Anlagen dienen darüber hinaus die folgenden Verwaltungsvorschriften:
- *TA Lärm* (Allgemeine Verwaltungsvorschrift über genehmigungsbedürftige Anlagen nach § 16 der GewO; vgl. BUNDESREGIERUNG DER BUNDESREPUBLIK DEUTSCHLAND 1968)
- *TA-Luft* (Erste allgemeine Verwaltungsvorschrift zum BImSchG; vgl BUNDESREGIERUNG DER BUNDESREPUBLIK DEUTSCHLAND 1986b;. LUDWIG 1994, S. 17ff; SCHIEGL u. SCHORLING 1994)

Obwohl die TA Lärm rein formal auf Grundlage der Gewerbeordnung und nicht des BImSchG erlassen wurde, wird sie zum BImSch-Recht gerechnet, da die immissionsschutzrechtlichen Regelungszuständigkeiten für genehmigungsbedürftige Anlagen mit der Verabschiedung des BImSchG 1974 auf dieses übergegangen sind (s. o.).

Auch wenn die Vorschriften TA Lärm und TA Luft medienbezogen aufgebaut sind, müssen sie in dieser Arbeit betrachtet werden, obwohl es um die ganzheitliche Bewertung geht, da sie bei der Bewertung der Umweltauswirkungen UVP-pflichtiger BImSch-Vorhaben zur Bewertung herangezogen werden. Aus ihnen ergeben sich eine ganze Reihe der bei der ganzheitlichen Bewertung nach BImSch-Recht zu berücksichtigenden Vorgaben.

Um auf dem Gebiet der Europäischen Gemeinschaft (EG) die Zulassungen von Vorhaben, die erhebliche Auswirkungen auf die Umwelt haben können (z. B. Industrieanlagen, Verkehrswege, landwirtschaftliche raumbedeutsame Vorhaben) zu harmonisieren und "Umweltbelastungen von vorne herein zu vermeiden, statt sie erst nachträglich in ihren Auswirkungen zu bekämpfen" (EUROPÄISCHE GEMEINSCHAFT 1985, S. 85), verabschiedete die EG 1985 nach fast 10-jährigen Diskussionen und Abstimmungen die "Richtlinie des Rates vom 27. Juni 1985 über die Umweltverträglichkeitsprüfung bei bestimmten öffentlichen und privaten Projekten (85/337/EWG)", nachfolgend als *UVP-Richtlinie* bezeichnet.

Da diese Vorschrift in Form einer Richtlinie erlassen wurde, war sie nicht direkt in den Mitgliedstaaten gültig. Sie mußte durch nationale Regelungen umgesetzt werden. Mit dem Gesetz zur Umsetzung der Richtlinie des Rates vom 27. Juni 1985 über die Umweltverträglichkeitsprüfung bei bestimmten öffentlichen und privaten Projekten (85/337/EWG) - kurz *UVPR-Umsetzungsgesetz* - verabschiedete die BUNDESREGIERUNG DER BUNDESREPUBLIK DEUTSCHLAND am 12. Februar 1990 das entsprechende Ausführungsgesetz (vgl. Abb. 43 u. BUNDESREGIERUNG DER BUNDESREPUBLIK DEUTSCHLAND 1994b; ERBGUTH u. SCHINK 1996, S. 66ff).

Das UVPR-Umsetzungsgesetz besteht aus mehreren Art. Artikel 1 beinhaltet das *Gesetz über die Umweltverträglichkeitsprüfung* (UVPG) als Stammgesetz. In den folgenden Art. sind die durch die UVP-Richtlinie notwendig gewordenen Änderungen der Fachgesetze, nach denen in Deutschland genehmigungsbedürftige Anlagen auch schon vor der Verabschiedung des UVPG genehmigt wurden (z. B. BImSchG, WHG, AtomG), aufgeführt.

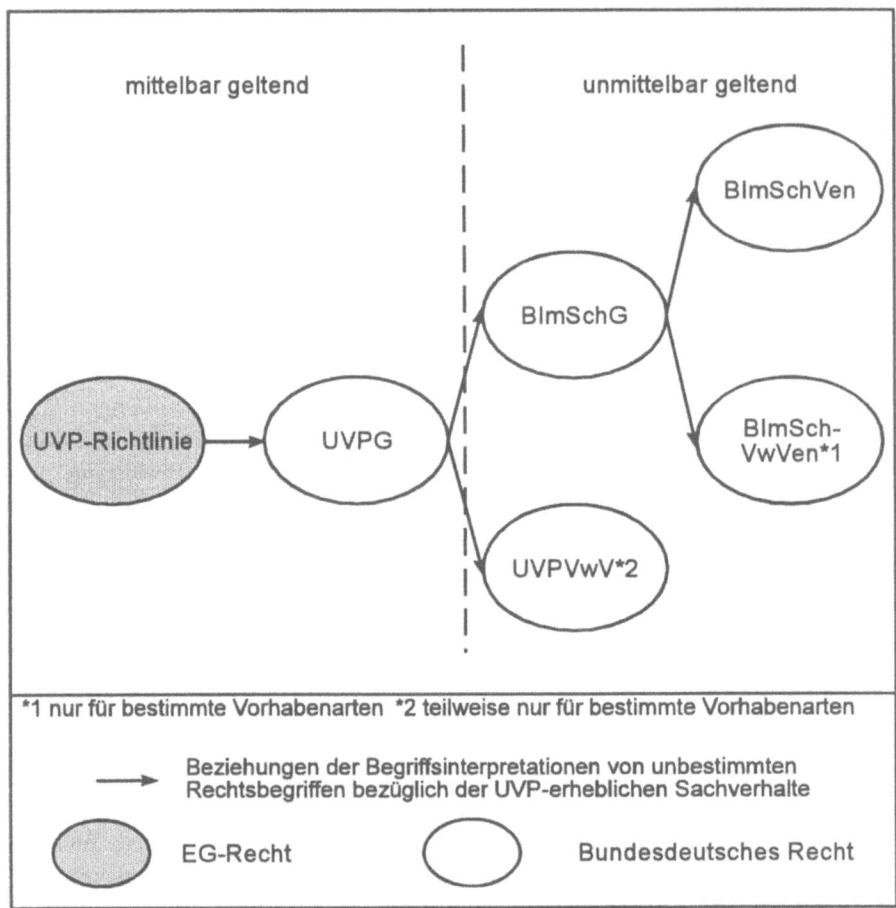

Abb. 43. Prinzipielles Verhältnis der gesetzlichen Vorgaben für Genehmigungsverfahren für UVP-pflichtige BImSch-Vorhaben in Deutschland zueinander.

Durch diese Art des Ausführungsgesetzes hat die Bundesrepublik die UVP-Richtlinie so umgesetzt, daß kein eigenständiges UVP-Genehmigungsverfahren eingeführt wird. Vielmehr sind die bestehenden gesetzlichen Regelwerke erhalten geblieben (z. B. WH-Recht für Vorhaben mit Beeinflussungen von Gewässern, BImSch-Recht für Anlagen mit Emissionen in die Atmosphäre, At-Recht für Anlagen zum Umgang mit radioaktiven Stoffen). In diese bestehenden fachgesetzlichen Regelungen wurden die Vorgaben aus der UVP-Richtlinie eingearbeitet (vgl. ERBGUTH u. SCHINK 1996, S. 41ff). Das UVPG gilt als Auffanggesetz. Dies bedeutet, falls eine der fachgesetzlichen Regelungen nicht den Vorgaben aus dem UVPG entsprechen sollte, so gilt im Rückgriff das UVPG.

Auch die UVP-Richtlinie hat mittelbar weiterhin für die deutschen Behörden Geltung. Diese sind "gehalten, jedwede mitgliedstaatliche Vorschrift unter Berücksichtigung der gemeinschaftsrechtlichen Vorgaben auszudeuten und anzuwenden" (GELLERMANN 1994, S. 257, vgl. auch JARASS 1995, S. 55f; SCHINK 1996a, S. 373f; ERBGUTH u. SCHINK 1996, S. 57ff u. 62ff).

Am 18. September 1995 wurde die *Verwaltungsvorschrift zum UVPG* (UVPVwV) (vgl. BMUNR 1995) erlassen. Sie soll den Behörden bei der Ausführung der UVP-Regelungen helfen. Die UVPVwV ist aus 2 Teilen aufgebaut. Ein allgemeiner Teil regelt das grundlegende Vorgehen für alle Verfahren die der UVP unterliegen. In einem speziellen Teil sind für jede Art der Genehmigungsverfahren spezielle Regelungen aufgeführt. Für die vorliegende Arbeit sind neben den allgemeinen Regelungen der Nr. 0. v. a. die speziellen Anforderungen an Genehmigungsverfahren nach BImSch-Recht von Bedeutung (Nr. 1).

Die Regelungszuständigkeiten der gesetzlichen Normen, die für die Genehmigung UVP-pflichtiger BImSch-Vorhaben in der Regel mindestens gültig sind, werden in Abb. 43 dargestellt. Aus ihr wird deutlich, daß bei der Bewertung in einem Verfahren zur Genehmigung von Industrieanlagen das Fachrecht (BImSchG, BImSchV) und die UVPVwV für die Behörden bindend sind. Sollten einzelne Regelungen dieser Rechtsnormen nicht dem UVPG entsprechen, so gilt für diesen Regelungsbereich das UVPG direkt. Unbestimmte Rechtsbegriffe sind in der Regel im Sinne der UVP-Richtlinie auszulegen.

Gesetzlich vorgegebener Ablauf von Verfahren zur Entscheidung über die Genehmigung von UVP-pflichtigen BImSch-Vorhaben. Der *Ablauf von Genehmigungsverfahren für BImSch-Vorhaben richtet sich im wesentlichen nach der 9. BImSchV*. In ihr sind die speziellen Vorgaben für UVP-pflichtige BImSch-Vorhaben aus dem UVPR-Umsetzungsgesetz ganzheitlich worden. Einige verfahrenskonkretisierende Angaben finden sich außerdem in der UVPVwV.

Aus diesen gesetzlichen Vorgaben ergibt sich folgender Ablauf eines Bewertungsverfahrens (vgl. auch Abb. 44):

1. Der Vorhabenträger stellt erste Überlegungen über das Vorhaben an und macht erste Planungen und Entwürfe u. a. zum Standort der Anlage.
2. Der Vorhabenträger informiert die Behörden über das Vorhaben.
3. Die Behörden prüfen die Informationen des Vorhabenträgers.
4. Es findet eine erste Einschätzung statt, welche Auswirkungen das Vorhaben auf die Umwelt haben könnte.
5. Die Behörden entscheiden, nach welchen gesetzlichen Vorgaben das Vorhaben voraussichtlich zu genehmigen ist. Im Fall dieser Arbeit sind dies die Vorgaben aus dem BImSch-Recht für Genehmigungsverfahren für UVP-pflichtige Vorhaben.

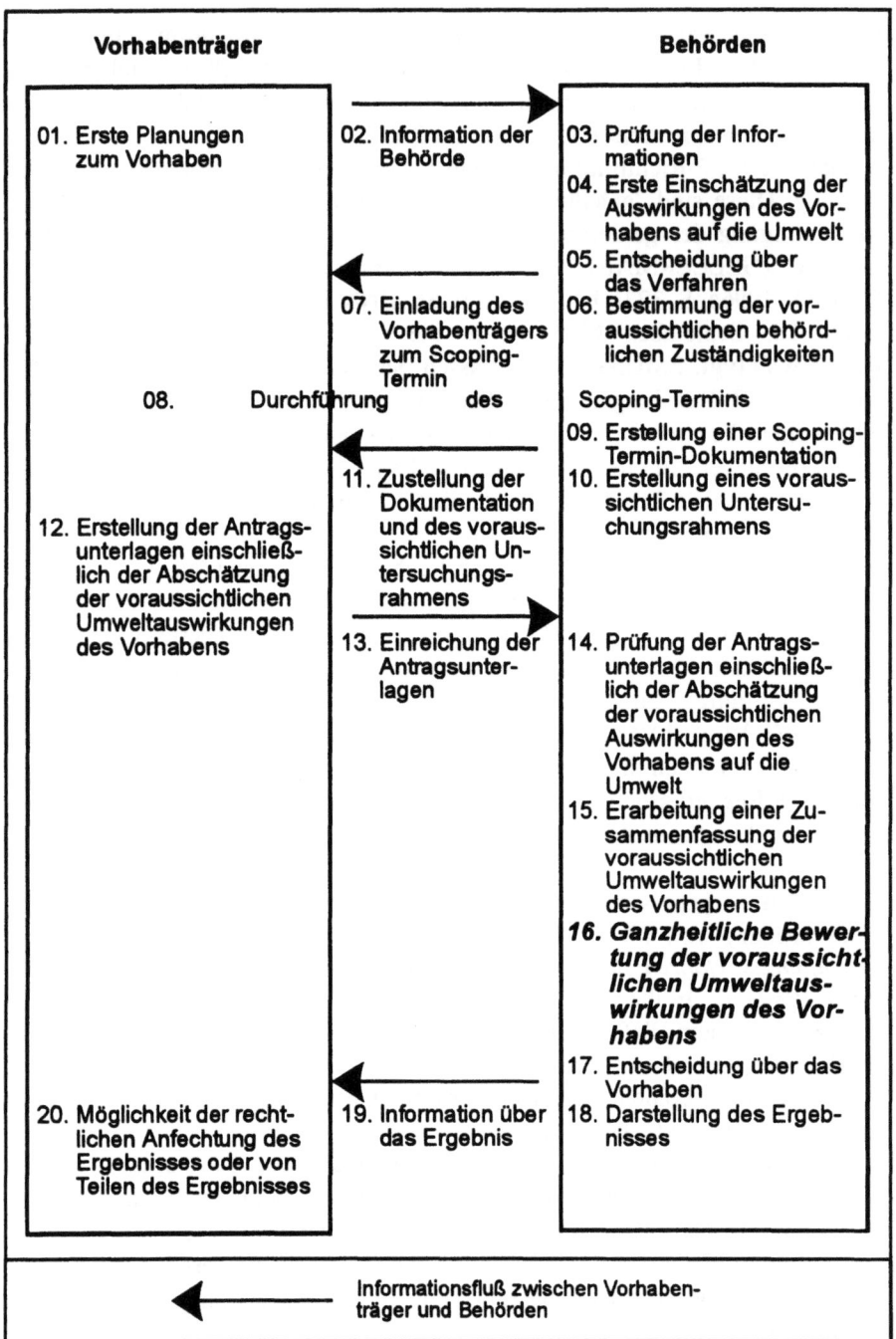

Abb. 44. Schritte in einem Verfahren für die Genehmigung von UVP-pflichtigen BImSch-Vorhaben. Nach Angaben aus STELZER 1994b; c; d; f; 1995a; 1996b; ERBGUTH u. SCHINK 1996.

4.1 Generelle rechtlich-inhaltliche Vorgaben

6. Behördenintern werden die Zuständigkeiten geklärt.
7. Der Vorhabenträger und die voraussichtlich am Verfahren zu beteiligenden Behörden werden zu einem Vorbereitungs- oder Scoping-Termin eingeladen. Der Vorhabenträger kann auf die Durchführung dieses Termins verzichten.
8. Ein Scoping-Termin wird durchgeführt. Hierbei sollen alle die Fragen besprochen werden, die den voraussichtlichen Untersuchungsaufwand zur Erstellung der Unterlagen zur Bewertung der Umweltauswirkungen des Vorhabens betreffen. Dieser Untersuchungsaufwand ist stark davon abhängig, welche Untersuchungsinhalte in die Bewertung der Umweltauswirkungen eingehen sollen.
   Die Behörden sollten sich also - soweit es der Sachstand erlaubt - bereits zu diesem Zeitpunkt über die in der Bewertung einzubeziehenden Inhalte klar sein. Spätestens jedoch sollte kurz nach dem Termin die erforderliche Klarheit herrschen.
9. Die zuständige Behörde erstellt eine Dokumentation des Scoping-Termins.
10. Außerdem erstellt sie einen *voraussichtlichen Untersuchungsrahmen* für die Untersuchungen über die voraussichtlichen Auswirkungen des Vorhabens auf die Umwelt. Hierbei muß sie auf der einen Seite sehr genau darauf achten, daß sie keine Sachverhalte vergißt, die der Vorhabenträger dann später nachträglich einreichen muß, da hierdurch unter Umständen eine unzumutbare Verfahrensverzögerung erfolgt. Auf der anderen Seite darf sie nicht beliebig viele Unterlagen von dem Vorhabenträger verlangen, die dann eventuell gar nicht für die Bewertung relevant sind. Auch dies kann zu einer unverhältnismäßigen Belastung des Vorhabenträgers führen, gegen die dieser unter Umständen Rechtsmittel einlegen kann.
11. Die Dokumentation des Scoping-Termins und die Information über den voraussichtlichen Untersuchungsrahmen stellt die Behörde dem Vorhabenträger zu.
12. Der Vorhabenträger erstellt die Antragsunterlagen. In diesen Unterlagen muß die Abschätzung, welche Auswirkungen das Vorhaben voraussichtlich auf die Umwelt haben wird, enthalten sein. Für diese Abschätzungen bedient sich der Vorhabenträger in der Regel Gutachter.
13. Die Antragsunterlagen werden vom Vorhabenträger an die Behörde eingereicht.
14. Sind die Unterlagen vollständig, so werden die Unterlagen von den zuständigen Behörden geprüft und eine Öffentlichkeitsbeteiligung durchgeführt.
15. Auf Grundlage der eingereichten Unterlagen sowie der Stellungnahmen der beteiligten Behörden und der Öffentlichkeit erstellt die Behörde eine Zusammenfassung der voraussichtlichen Auswirkungen des Vorhabens auf die Umwelt.
16. *Die Genehmigungsbehörde bewertet auf der Grundlage der zusammenfassenden Darstellung die voraussichtlichen Auswirkungen des Vorhabens auf die Umwelt. Dies ist die ganzheitliche Bewertung im eigentlichen Sinn.*

17. Die Genehmigungsbehörde entscheidet über die Genehmigung des Vorhabens. Hierbei hat sie die Bewertung der voraussichtlichen relevanten Umweltauswirkungen zu berücksichtigen.
18. Die Behörde stellt das Ergebnis der Entscheidung dar.
19. Der Vorhabenträger und die Beteiligten werden über das Ergebnis unterrichtet.
20. Binnen einer bestimmten Frist haben der Vorhabenträger oder andere beteiligte Dritte die Möglichkeit die Entscheidung gerichtlich anzufechten.

Bestimmung der Vorgaben zu den ermittelten bewertungserheblichen Sachverhalten. *Für welche Sachverhalte in den gesetzlichen Regelungen Vorgaben gemacht werden sollten, ergibt sich v. a. aus den Charakteristika der Realstruktur des Bewertungsobjekts* (vgl. Kap. 3). Deshalb werden die gesetzlichen Vorgaben für die ganzheitliche Bewertung UVP-pflichtiger BImSch-Vorhaben daraufhin untersucht, inwieweit in ihren Vorgaben zu den in Kapitel 3 aufgeführten Sachverhalten gemacht werden.

Da es in der vorliegenden Arbeit um die Darstellung der allgemeinen Rahmenbedingungen für die Bewertung der Umweltauswirkungen von geplanten Industrieanlagen geht, sind Vorgaben für Spezialfälle wie
- Anlagen, die der Störfallverordnung unterliegen,
- Großfeuerungsanlagen oder
- Anlagen die neben dem BImSch-Recht anderen rechtlichen Zulassungsregelungen wie dem WH-Recht oder dem RO-Recht unterliegen,

hier nicht berücksichtigt.

Die Ermittlung der gesetzlich-inhaltlichen Vorgaben erfolgt entsprechend den Kriterien:
- Direktheit der Vorgaben für die Behörden,
- rechtliche Bindungswirkung entsprechend der legislativen Normenhierarchie,
- Spezialregelungen für bestimmte Vorhabenarten.

Hierbei werden die einzelnen Sachverhalte bzw. Teilsachverhalte, welche bei der Untersuchung der Realstruktur ermittelt wurden (vgl. Kap. 3), entsprechend der folgenden *Vorgehensweise* untersucht:
1. Bestimmung, ob die BImSch-Verordnungen (4. u. 9. BImSchV) und der allgemeine Teil der UVPVwV Regelungen über den zu bestimmenden Sachverhalt enthalten. Diese gesetzlichen Vorgaben werden als erstes untersucht, da sie diejenigen allgemeinen Regelungen sind, die das Verwaltungshandeln direkt bestimmen.
2. Überprüfung, ob das BImSchG zu den entsprechenden Sachverhalten Aussagen macht. Außerdem wird das BImSchG als Auslegungsregel für unbestimmte Rechtsbegriffe in den BImSch-Verordnungen herangezogen.
3. Untersuchung, welche Regelungen das UVPG zu diesem Sachverhalt enthält.
4. Überprüfung, ob die Regelungen der UVPVwV und UVP-relevanten Regelungen des BImSch-Rechts mit denen des UVPG übereinstimmen. Wenn

hierbei Abweichungen vom UVPG festgestellt werden, so werden die Regelung des UVPG festgehalten und unbestimmte Rechtsbegriffe in Richtung des UVPG ausgelegt, da das UVPG für diese Sachverhalte in der Regel die stärkere rechtliche Bindungswirkung hat (s. o.). In den Fällen, in denen das UVPG keine weiterreichenden oder anderen Vorgaben in bezug auf den Sachverhalt macht, wird in der Regel auf das UVPG nicht eingegangen.
5. Untersuchung, welche Regelungen die UVP-Richtlinie zu diesem Sachverhalt enthält.
6. Interpretation der unbestimmten Rechtsbegriffe aus dem UVP-Bereich des BImSch-Rechtes und dem UVPG in Richtung der UVP-Richtlinie, da diese letztendlich meist die übergeordnete Bindungswirkung entfaltet (s. o.). Hierbei werden nur die Paragraphen, die für die Nationalstaaten bindend sind, herangezogen. Nicht berücksichtigt wird z. B. Art. 5 Abs. 1 einschließlich des Anhangs 3 der UVP-Richtlinie obwohl, in ihm recht detaillierte Angaben zu den Inhalten in einer UVP gemacht werden, da es in das Ermessen der Nationalstaaten gestellt wurde, ob sie diese Vorschriften umsetzen oder nicht.
In den Fällen, in denen die UVP-Richtlinie keine weitergehenden Aussagen als die direkten gesetzlichen Regelungen macht, wird im Text bei der Behandlung des Sachverhaltes nicht auf sie eingegangen.
7. Als letztes werden die nur für bestimmte Vorhaben relevanten Vorschriften des Anhangs 2 der UVPVwV sowie der TA Lärm und der TA Luft bezüglich des zu untersuchenden Sachverhaltes betrachtet. Auch hier wird darauf geachtet, daß die Auslegung unbestimmter Rechtsbegriffe durch das legislative BImSch-Recht, das UVPG und die UVP-Richtlinie erfolgen muß.

Grundlage für die Untersuchung sind jeweils die *Vorgaben, welche direkt die Inhalte der Bewertung regeln*. Darüber hinaus werden auch die inhaltlichen Vorgaben für die beim *Scoping-Termin* zu behandelnden Inhalte (vgl. ERBGUTH u. SCHINK 1996, S. 349ff) und die für die *Antragstellung beizubringenden Unterlagen* (vgl. ERBGUTH u. SCHINK 1996, S. 355ff u. 373ff) herangezogen.

Dies ist deshalb angezeigt, weil die Behörden keine Anforderungen an den Vorhabenträger stellen dürfen, die nicht notwendig sind (s. o.). Aus diesem Grund müssen auch die inhaltlichen Vorgaben, der aufgeführten Regelungen als in die Bewertung einzustellen angesehen werden. Bei den BImSch-Vorschriften wird dabei darauf geachtet, daß nur die UVP-Sachverhalte und nicht die zur Ermittlung anderer Sachverhalte gemachten Vorgaben berücksichtigt werden.

Als dritter Regelungsbereich werden die Vorgaben, welche in die *zusammenfassende Darstellung* (vgl. ERBGUTH u. SCHINK 1996, S. 434ff) eingestellt werden sollen, berücksichtigt, da diese zusammenfassende Darstellung die Informationsgrundlage ist, auf der die Behörde ihre Bewertung durchführen soll (s. o.). Demnach ist auch bei den Vorgaben für die zusammenfassende Darstellung davon auszugehen, daß sie bei der Bewertung zu berücksichtigen sind.

4.1.1 Generelle Vorgaben für die zu berücksichtigende Umwelt

Struktur der Umwelt. In Nr. 0.3 der UVPVwV werden nähere Ausführungen dazu gemacht, was Auswirkungen auf die Umwelt sind. In Satz 1 heißt es: "Auswirkungen auf die Umwelt ... sind Veränderungen ... der ... Beschaffenheit einzelner Bestandteile der Umwelt oder der Umwelt insgesamt ..." Hieraus geht hervor, daß der UVP eine Umwelt zugrunde liegt, die ein Ganzes ist, das aus einzelnen Bestandteilen aufgebaut ist.

Zum anderen heißt es in Satz 2 Punkt f) der gleichen Nr. der UVPVwV: "Auswirkungen auf die Umwelt können ... systemfördernd (funktional) oder systembeeinträchtigend (disfunktional) - sein."

Dies macht deutlich, daß nach den Vorgaben für die UVP *in der Umwelt Systeme vorkommen oder die Umwelt im Ganzen als ein System angesehen wird*. Die Gleichsetzung von systemfördernd mit funktional und systembeeinträchtigend mit disfunktional kann dahingehend interpretiert werden, daß einzelne Bestandteile der Systeme in der Umwelt bestimmte Funktionen haben und die Beeinflussung dieser Funktionen für diese Umweltsysteme positiv oder negativ sein kann. Es kann aber auch angenommen werden, daß die Systeme bestimmte Funktionen erfüllen, welche durch Umweltauswirkungen unterstützt oder beeinträchtigt werden. Um welche Funktionen es sich hierbei handelt, bleibt offen.

Außerdem werden diese Systeme als wesentliche Bestandteile der Umwelt angesehen, da sonst die Auswirkungen auf dieses Umweltcharakteristikum nicht bei der UVP betrachtet zu werden brauchten.

§ 1a der 9. BImSchV enthält einen Hinweis mit folgendem Wortlaut darauf, welche Merkmale dem Systemcharakter in der Umwelt zugrunde liegen:
"... Das Prüfverfahren ... umfaßt ... die Ermittlung, Beschreibung und Bewertung der ... bedeutsamen Auswirkungen ... auf
1. Menschen, Tiere und Pflanzen, Boden, Wasser, Luft, Klima und Landschaft, einschließlich der jeweiligen Wechselwirkungen
2. Kultur- und sonstige Sachgüter."

Demnach wird in der UVP nach BImSch-Recht davon ausgegangen, daß die Umweltbestandteile Menschen, Tiere und Pflanzen, Boden, Wasser, Luft, Klima und Landschaft untereinander durch *Wechselwirkungen* verbunden sind. Die Umweltbestandteile Kultursachgüter und sonstige Sachgüter sind von diesen Wechselwirkungen ausgenommen.

Zusätzlich wird in Anhang 2 der UVPVwV davon gesprochen, daß die *Funktions- und die Leistungsfähigkeit des Naturhaushaltes oder des Landschaftsbildes* sowie die *Wirkungsgefüge der belebten und unbelebten Faktoren des Naturhaushaltes* (z. B. Lebensraum für Tiere und Pflanzen, Wasser, Klima/Luft und Boden), betrachtet werden müssen.

Dies sagt aus, daß der Naturhaushalt und das Landschaftsbild Teile der Umwelt sind und diese Teile Leistungen erbringen. Welche Leistungen dies sind, wird nicht dargelegt. Außerdem heißt dies, daß der Naturhaushalt durch ein Wirkungsgefüge strukturiert ist.

Subjekt der Umwelt. In keiner der bei BImSch-Verfahren zugrunde liegenden rechtlichen Vorgaben wird explizit vorgegeben, um *welche Subjekte der Umwelt bzw. welche Umwelten es sich bei der ganzheitlichen Bewertung in Genehmigungsverfahren für UVP-pflichtige BImSch-Vorhaben handelt*. An mehreren Stellen werden allerdings indirekt Feststellungen hierzu getroffen.

Wie in Kapitel 3.1.1.1 dargelegt, ist es für die Ermittlung der zu berücksichtigenden Sachverhalte der relevanten Umwelt unbedingt notwendig, das Subjekt zu kennen, von dem aus die Welt betrachtet werden soll.

In § 1a der 9. BImSchV heißt es: "**§ 1a Gegenstand der Prüfung der Umweltverträglichkeit**. Das Prüfverfahren ... umfaßt ... die Ermittlung, Beschreibung und Bewertung der ... bedeutsamen Auswirkungen ... auf
1. Menschen, Tiere und Pflanzen, Boden, Wasser, Luft, Klima und Landschaft, einschließlich der jeweiligen Wechselwirkungen
2. Kultur- und sonstige Sachgüter."

Betrachtet man den Satz nach der Artikelüberschrift (Die Artikelüberschrift ist im Zitat wie im Vorschriftstext durch Fettschrift hervorgehoben), ist jeder der aufgeführten Bestandteile der Welt für sich gesehen Gegenstand der Prüfbestimmung. Unklar bleibt hierbei, ob diese einzelnen Bestandteile jeweils die Subjekte einer eigenen Umwelt sind. Wäre das der Fall, so hieße dies, daß neben den aufgeführten Lebewesen Menschen, Tiere und Pflanzen auch die teilbiotischen und die abiotischen Bestandteile Boden, Wasser, Luft, Klima, Landschaft, Wechselwirkungen, Kultursachgüter und sonstige Sachgüter jeweils eine eigene Umwelt besitzen würden.

Eine andere Möglichkeit ist, daß es sich hierbei nicht um die Aufzählung der Subjekte der Umwelt, sondern um die zu betrachtenden Bestandteile der Welt handelt, welche die Umwelt ausmachen. Wäre die Formulierung in diesem Sinne gemeint, würde erst einmal unklar bleiben, wer oder was das Subjekt der Umwelt ist, das sich aus den aufgeführten Bestandteilen zusammensetzt.

Einen Anhaltspunkt bei der Frage, ob es sich bei den in § 1a der 9. BImSchV aufgeführten Prüfsachverhalte um die Subjekte der Umwelt oder die Umweltbestandteile handelt, bietet der Umstand, daß es sich nach der Überschrift des Art. bei dem aufgeführten Prüfverfahren um die Prüfung der Umweltverträglichkeit handelt (s. o.).

Der Ausdruck *Prüfung der Umweltverträglichkeit* sagt aus, daß eine Prüfung der Verträglichkeit für die Umwelt und nicht eine Prüfung der Verträglichkeit für die Subjekte der Umwelt vorgenommen werden soll, da die Subjekte der Umwelt sonst auch in der Bezeichnung der Prüfung ausgedrückt werden müßten. Dies legt die Annahme nahe, daß es sich bei den aufgeführten Prüfsachverhalten um die Bestandteile der Umwelt handelt, die zu betrachten sind, und nicht jeweils um Subjekte eigener Umwelten. Unklar bleibt an dieser Stelle allerdings, wer oder was das Subjekt (bzw. die Subjekte) der Umwelt sein sollen.

Anders sieht es aus, wenn § 1 des BImSchG in die Untersuchung einbezogen wird (vgl. Abb. 45). Hier heißt es: "Zweck diese Gesetzes ist es, Menschen, Tiere und Pflanzen, den Boden, das Wasser, die Atmosphäre sowie Kultur- und sonstige Sachgüter vor schädlichen Umwelteinwirkungen ... zu schützen, ..."

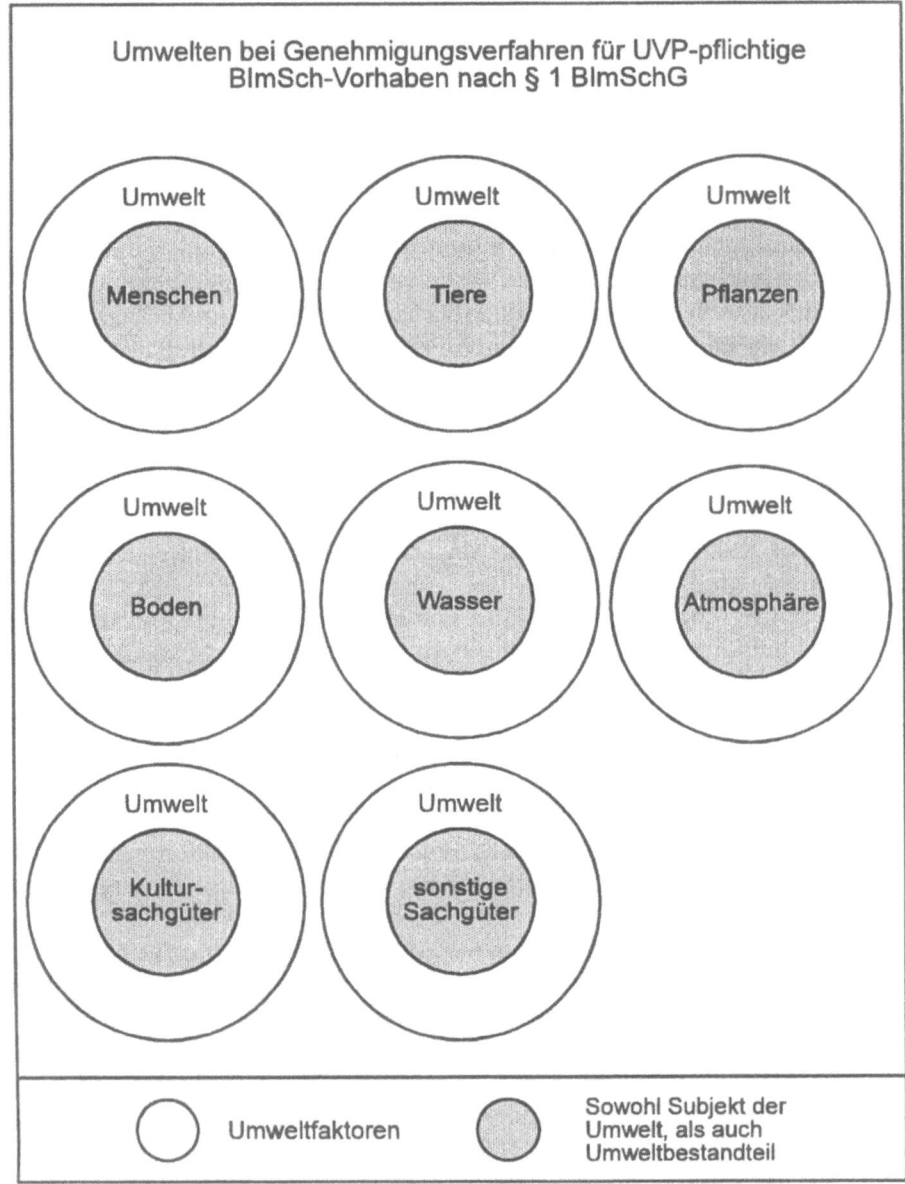

Abb. 45. Zu berücksichtigende Umwelten bei Genehmigungsverfahren für UVP-pflichtige BImSch-Vorhaben nach § 1 BImSchG.

4.1 Generelle rechtlich-inhaltliche Vorgaben

Hiernach scheint es eindeutig, daß die aufgeführten Bestandteile der Welt jeweils die Subjekte der Umwelt sind, deren Umwelt zu schützen ist. Es gibt demnach eine Umwelt des Menschen, eine Umwelt der Tiere, eine Umwelt der Pflanzen, eine Umwelt des Bodens, eine Umwelt des Wassers, eine Umwelt der Atmosphäre, eine Umwelt der Kultursachgüter und eine Umwelt der sonstigen Sachgüter, die jeweils zu schützen sind (vgl. Abb. 45). Der Begriff Umwelteinwirkungen im BImSch-Recht entspricht von der Anwendung her dem Begriff Umweltauswirkungen im UVP-Recht (vgl. Kap. 4.1.3)

Da das BImSchG das normprägende Gesetz der 9. BImSchV ist, wäre somit klar, worum es sich bei den Subjekten der Umwelt im BImSch-Recht handelt. Diese Klarheit wird allerdings durch die Abs. 1 und 2 des § 3 des BImSchG wieder in Frage gestellt.

Hier heißt es: "Schädliche Umwelteinwirkungen im Sinne dieses Gesetzes sind Immissionen, die nach Art, Ausmaß oder Dauer geeignet sind, Gefahren, erhebliche Nachteile oder erhebliche Belästigungen für die Allgemeinheit oder die Nachbarschaft herbeizuführen." (§ 3 BImSchG Abs. 1) und

"Immissionen im Sinne dieses Gesetzes sind auf Menschen, Tiere und Pflanzen, den Boden, das Wasser, die Atmosphäre sowie Kultur- und sonstige Sachgüter einwirkende Luftverunreinigungen, Geräusche, Erschütterungen, Licht, Wärme, Strahlen und ähnliche Umwelteinwirkungen." (§ 3 BImSchG Abs 2).

Dies heißt zum einen, daß schädliche Umweltauswirkungen Immissionen sind, und daß Immissionen auf Menschen, Tiere und Pflanzen, den Boden, das Wasser, die Atmosphäre sowie Kultur- und sonstige Sachgüter einwirkende Luftverunreinigungen etc. sind. Hierdurch werden die Auswirkungen auf die aufgezählten Sachverhalte Menschen, Tiere, Pflanzen etc. als Umwelteinwirkungen bezeichnet. Danach sind Menschen, Tiere, Pflanzen usw. die Bestandteile der Umwelt, nicht jedoch die Subjekte der Umwelt.

Zum anderen heißt es im gleichen Paragraphen in Abs. 1, daß schädliche Umwelteinwirkungen Immissionen sind, die bestimmte negative Auswirkungen auf
- die Allgemeinheit oder
- die Nachbarschaft

haben (s. o.).

Die Subjekte der Umwelt wären demnach
- *die Allgemeinheit und*
- *die Nachbarschaft*

(vgl. Abb. 46).

Durch diese beiden Begriffe, die sich durch ihre unterschiedliche Weite unterscheiden, werden als Betrachtungsobjekte nur Personen bzw. Interessen von Personen betrachtet (vgl. JARASS 1995, S. 89ff).

Zum Begriff *Allgemeinheit* führt JARASS (1995, S. 89ff) aus, daß alle Personen, die nicht zur Nachbarschaft gehören (s. u.), die aber von Einwirkungen der Anlage betroffen sein können, Teil der Allgemeinheit sind. Zum Beispiel gehören hierzu Personen, die sich nur zufällig oder gelegentlich, d. h. ohne besondere persönliche Bindung, etwa aufgrund von Ausflügen oder Reisen oder als Kunden, im Einwirkungsbereich aufhalten.

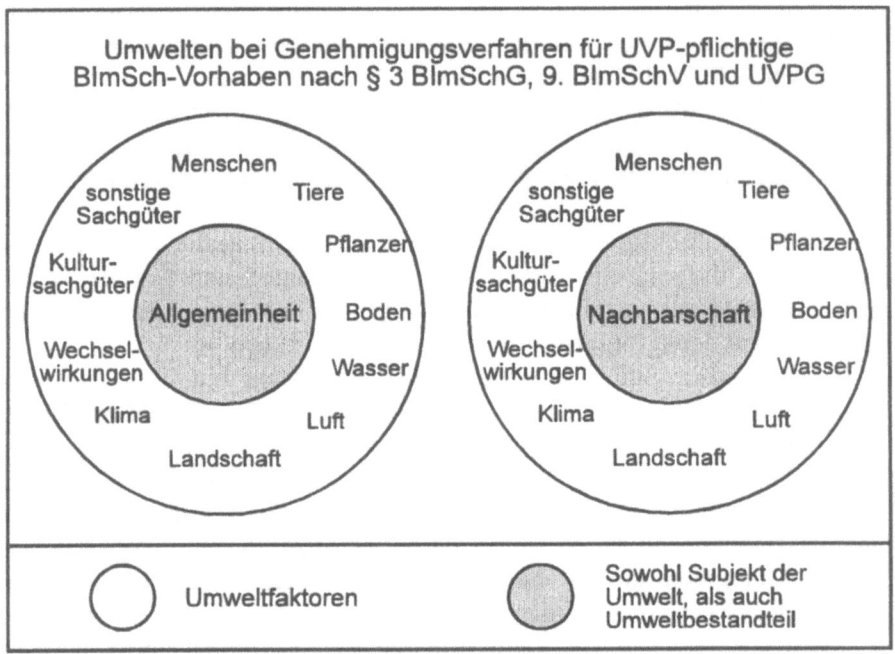

Abb. 46. Zu berücksichtigende Umwelten bei Genehmigungsverfahren für UVP-pflichtige BImSch-Vorhaben nach § 3 BImSchG, 9. BImSchV und UVPG.

Über die *Nachbarschaft* heißt es an gleicher Stelle: "Zu den Nachbarn zählen Eigentümer und Bewohner der im Einwirkungsbereich gelegenen Grundstücke ... Erfaßt werden auch Mietparteien in dem Gebäude, in dem die Anlage betrieben wird. Nachbarn sind außerdem jene Personen, denen im Einwirkungsbereich befindliche Tiere, Pflanzen, Sachen oder Umweltmedien gehören ... Das können auch Gemeinden sein."

Auch im UVPG findet sich eine Definition von Umwelt und Subjekt der Umwelt über den Begriff der Umweltauswirkung, wie es in der 9. BImSchV der Fall ist. Dies unterstützt die Auffassung, daß die Subjekte der Umwelt die Allgemeinheit und die Nachbarschaft sind.

Ein weiterer Hinweis hierauf ist, daß auch in der TA Lärm und der TA Luft die Nachbarschaft und die Allgemeinheit die eigentlichen Schutzziele sind (vgl. Nr. 2.11 TA Lärm, Nr. 1 TA Luft). Bei der noch aus dem Jahre 1968 stammenden

TA Lärm wird hierbei anstatt des Begriffs Allgemeinheit der in diesem Zusammenhang gleichbedeutende Begriff Dritte benutzt.

Da es in den gesetzlichen Regelungen keine eindeutige Lösung dieses Problems gibt, wird *im Folgenden - ungeachtet der Probleme in der praktischen Anwendung (s. u.) - der weitere Ansatz für das Subjekt der Umwelt zugrunde gelegt*. Hiernach haben die Menschen, die Tiere, die Pflanzen, der Boden, das Wasser, die Atmosphäre, die Kultursachgüter und die sonstigen Sachgüter jeweils eine eigene Umwelt. Die Nachbarschaft und die Allgemeinheit sind dabei in dem Subjekt Menschen enthalten.

Die Wahl dieses weiten Ansatzes ist für die in dieser Arbeit durchgeführte Bestimmung der Inhalte, welche bei der Bewertung der Umweltauswirkungen zu berücksichtigen sind, deshalb sinnvoll, da die abiotischen Weltbestandteile, welche die Umwelt der abiotischen Faktoren ausmachen, in die Umwelt der Lebewesen einzubeziehen sind, weil auch Wirkketten, in denen abiotische Faktoren vorkommen, auf Lebewesen wirken. Die abiotischen Weltbestandteile sind demnach sowohl als Umwelt der Lebewesen, als auch als Umwelt der abiotischen Subjekte zu berücksichtigen.

Schwierig wird es allerdings, wenn in späteren Arbeiten Bewertungsmaßstäbe für das Bewertungssystem ermittelt werden sollen, da *die Subjekte der Umwelt die Erscheinungen sind, von denen aus die Welt bewertet wird*. Bei dem weit gefaßten Subjektbegriff würde man in diesem Fall vor dem Problem stehen, herausfinden zu müssen, was für Qualitätskriterien die abiotischen Subjekte der Umwelt an ihre Umwelt anlegen (vgl. zu diesem Problem STELZER 1995b u. Kap. 6).

In § 15 der 9. BImSchV wird der Umweltbegriff eingeschränkt. Hier wird festgelegt, daß Einwendungen gegen ein Vorhaben, die auf besonderen privatrechtlichen Titeln beruhen, nicht in einem Erörterungstermin im Rahmen einer UVP, sondern vor ordentlichen Gerichten einzufordern sind. Dies heißt im Rückschluß, daß Belange, die auf besonderen privatrechtlichen Titeln beruhen, nicht Gegenstand einer UVP sind. Die sich hierdurch ergebenden Belange sind demnach nicht als zu schützende Umwelt bei der ganzheitlichen Bewertung in Genehmigungsverfahren UVP-pflichtiger BImSch-Vorhaben einzustellen.

Hieraus ergibt sich, daß *die Nachbarschaft und die Allgemeinheit, bzw. die Funktionen der Umwelt für die Nachbarschaft und die Allgemeinheit, die nicht unter privatrechtliche Titel fallen, die Subjekte der Umwelt bei Genehmigungsverfahren für UVP-pflichtige BImSch-Vorhaben sind*.

Lebende Umweltbestandteile. Wie aus dem Zitat des § 1a der 9. BImSchV ersichtlich (s. o.), *besteht die in der UVP zu betrachtende Umwelt aus den lebenden Bestandteilen Menschen, Tiere und Pflanzen*. Außerdem wird in § 5 Abs. 1 Nr. 4 des BImSchG gefordert, daß bei bestimmten Vorhaben *Dritte, die sich zur Abnahme von Wärme bereit erklärt haben*, in die Betrachtung integriert werden müssen.

Für bestimmte Vorhaben werden weitere allgemeine Detaillierungen der Umwelt in Anhang 2 der UVPVwV gemacht. Aus dieser Auflistung der für die Antragstellung beizubringenden Unterlagen läßt sich ableiten, daß zumindest die folgenden generellen Sachverhalte bei der Genehmigung UVP-pflichtiger BImSch-Vorhaben der Umwelt zuzurechnen sind:
Nr. 2.1 des Anhangs 2 der UVPVwV insbesondere:
- Biotope,
- gefährdete und bedeutsame Tierarten,
- gefährdete und bedeutsame Pflanzenarten,
- gefährdete und bedeutsame Tiergesellschaften,
- gefährdete und bedeutsame Pflanzengesellschaften.
Nr. 2.2 des Anhangs 2 der UVPVwV:
- belebte Faktoren des Naturhaushaltes in dem betroffenen Landschaftsraum,
- unbelebte Faktoren des Naturhaushaltes in dem betroffenen Landschaftsraum.

Generationen. Welche Generationen von Lebewesen als Subjekte der Umwelt zu betrachten sind wird in den dieser Untersuchung zugrunde liegenden gesetzlichen Regelungen nicht festgelegt. Allerdings ist bei der bestehenden Rechtsanwendungspraxis davon auszugehen, daß mindestens jeweils die zu dem Zeitpunkt des Verwaltungsverfahrens *existierenden Lebewesen* unter die entsprechenden Regelungen fallen.

Darüber hinaus wird im GG in Art. 20a bestimmt: "Der Staat schützt auch in Verantwortung für die künftigen Generationen die natürlichen Lebensgrundlagen ..." (vgl. Kap. 4.1). Diese Vorschrift enthält eine zeitliche Komponente. Der Ausdruck *auch im Hinblick auf künftige Generationen* besagt, daß neben den existierenden auch künftige Lebewesen als schutzwürdig erachtet werden. Dadurch, daß keine Anzahl von Generationen oder eine andere Zeiteinheit vorgegeben wird, scheint der Gesetzgeber keine Begrenzung des zu betrachtenden Zeithorizonts zu wünschen. Hierdurch ist prinzipiell eine *unendliche Zeitspanne* in die Umweltschutzgesetzgebung eingeführt worden.

Nicht-physische Belange als Bestandteile der Umwelt? Die Aufzählung der Bestandteile der Umwelt, die bei einer UVP nach BImSch-Recht zu betrachten sind, werden in § 1a der 9. BImSchV, unter Punkt 1 aufgeführt (s. o.). Daß es sich bei allen aufgeführten Bestandteilen (Menschen, Tiere, Pflanzen etc.) um Erscheinungen der physischen Welt handelt, legt nahe, daß die Umwelt sich bei einer UVP nach BImSch-Recht ausschließlich auf physische Erscheinungen erstreckt.

Schwieriger wird es allerdings dadurch, daß in Art. 3 der UVP-Richtlinie anstatt Kultur- und sonstige Sachgüter die Bezeichnung Sachgüter und kulturelles Erbe angewendet wird. Die Bezeichnung kulturelles Erbe bedeutet, daß die Beeinträchtigung nicht unbedingt ein Sachgut und damit nicht unbedingt eine physische Erscheinung sein muß. Da die UVP-Richtlinie die juristisch EG-verbindliche Grundlage des UVPG ist, und diese auch unmittelbar nationalstaatliche Geltung hat (vgl. Kap. 4.1), sind in Deutschland in der UVP auch nicht-physische Belange, die sich auf das kulturelle Erbe beziehen, bei der ganzheitlichen Bewertung zu berücksichtigen.

Durch Aussagen in der UVPVwV wird die *generelle Beschränkung der Umwelt auf die physischen Erscheinungen* unterstützt. So sollen nach Nr. 0.3 der UVP-VwV zumindest die Einzelbestandteile der Umwelt explizit in ihrer physikalischen, chemischen oder biologischen Beschaffenheit betrachtet werden. Aspekte der geistigen Ebene wie kulturelle, psychische oder monetäre Aspekte der einzelnen Bestandteile der Umwelt spielen demnach keine Rolle:

"Auswirkungen auf die Umwelt ... sind Veränderungen der menschlichen Gesundheit oder der physikalischen, chemischen oder biologischen Beschaffenheit einzelner Bestandteile der Umwelt oder der Umwelt insgesamt ..."

Unklar bleibt hiernach, ob dieser Ausschluß der geistigen Ebene auch für die Umwelt als Ganzes zutrifft, da sich dem Satzbau nach der Satzteil "der physikalischen, chemischen oder biologischen Beschaffenheit" nur auf die einzelnen Bestandteile der Umwelt, aber nicht auf die Umwelt insgesamt bezieht.

Da in Nr. 0.3 der UVPVwV *die menschliche Gesundheit* explizit vor die Aufzählung "der physikalischen, chemischen oder biologischen Beschaffenheit" (s. o.) gestellt wird, liegt die Vermutung nahe, daß bei der UVP der Gesundheitsbegriff in bezug auf den Menschen über die aufgezählten physischen Aspekte hinaus als Umwelt angesehen werden soll. Zu denken ist hier v. a. an die psychische Gesundheit.

Außerdem heißt es in Nr. 0.4.3 der UVPVwV bei der näheren Bestimmung des Scoping-Termins: "Belange, die für die Durchführung der Umweltverträglichkeitsprüfung nicht erheblich sind (z. B. wirtschaftliche, gesellschaftliche oder soziale Auswirkungen des Vorhabens), dürfen nicht in den Verfahrensschritt eingeführt werden." Mit Verfahrensschritt ist hier der Scoping-Termin gemeint.

Und in Nr. 0.6.1.1 Abs. der 2 UVPVwV wird bei der Erläuterung der Bewertung ausgeführt: "Außer Betracht bleiben für die Bewertung nichtumweltbezogene Anforderungen der Fachgesetze (z. B. Belange der öffentlichen Sicherheit und Ordnung oder des Städtebaus) und die Abwägung umweltbezogener Belange mit anderen Belangen (z. B. Verbesserung der Verkehrsverhältnisse, Schaffung oder Erhalt von Arbeitsplätzen)." (vgl. hierzu auch PETERS 1994b, S. 29f).

Durch diese Ausführungen werden die *geistigen Umweltaspekte*:
- *wirtschaftliche,*
- *gesellschaftliche und*
- *soziale Belange*

explizit von der UVP ausgenommen. Gleiches gilt für die Belange der öffentlichen Sicherheit und Ordnung sowie für Verkehrsverhältnisse und für Arbeitsplätze.

Generelle Vorgaben für die zu berücksichtigenden Funktionen. Allgemeine Aussagen zu den bei der Bewertung zu berücksichtigenden Funktionen, die für alle UVP-pflichtigen BImSch-Vorhaben gelten, gibt es in den gesetzlichen Regelungen kaum. Lediglich in Nr. 0.3 der UVPVwV wird die *menschliche Gesundheit* besonders hervorgehoben, obwohl der Mensch in den einzelnen Bestandteilen schon enthalten ist.

Allerdings werden in Anhang 2 der UVPVwV einige Angaben dazu gemacht, welche Funktionen der Umwelt zu berücksichtigen sind, wenn erwartet wird, daß das Vorhaben die Funktions- und Leistungsfähigkeit des Naturhaushaltes oder des Landschaftsbildes nachhaltig beeinträchtigt.

Aus der Auflistung der für die Antragstellung beizubringenden Unterlagen läßt sich ablesen, daß zumindest bei diesen Vorhaben die folgenden allgemeinen funktionalen Sachverhalte der Umwelt zuzurechnen sind:

Nr. 2.2 des Anhangs 2 der UVPVwV:
- die Funktionsfähigkeit des Naturhaushaltes in dem betroffenen Landschaftsraum,
- die Leistungsfähigkeit des Naturhaushaltes in dem betroffenen Landschaftsraum.

Nr. 2.5 des Anhangs der UVPVwV bei Ersatzmaßnahmen:
- die beeinträchtigten Funktionen.

Was in diesem Sinne der Naturhaushalt ist und welche Funktionen in Nr. 2.5 gemeint sind wird nicht weiter ausgeführt.

4.1.2 Generelle Vorgaben für die zu berücksichtigenden vorhabenbedingten Ursachen für Umweltauswirkungen

Bei UVP-pflichtigen Vorhaben, die in einem Verfahren nach BImSch-Recht zu genehmigen sind, handelt es sich im wesentlichen um die *Planungen zur Errichtung von Industrieanlagen, die von Art und Umfang her erhebliche Auswirkungen auf die Umwelt haben können* (ERBGUTH u. SCHINK 1996, S. 247ff u. 524ff). Welche Arten von Industrieanlagen konkret hierzu gehören, wird in der Spalte 1 des Anhangs zur 4. BImSchV aufgeführt. Einige Anlagenarten sind Anlagen zur Stahlerzeugung, zur Raffinerien für Erdöl und zur Herstellung von Zementklinkern.

Darüber, welche Aspekte eines Industriebetriebes als betriebsbedingte Ursachen für Umweltauswirkungen (vgl. Kap. 3.1.2) bei der Bewertung der Umweltauswirkungen zu berücksichtigen sind, gibt es einige ganz allgemeine Aussagen.

So wird nach § 5 Abs. 1 Nr. 4 BImSchG gefordert, daß die *Art des Vorhabens* berücksichtigt werden muß. Diese Forderung stellt auch § 6 Abs. 3 Nr. 1 UVPG auf und fordert darüber hinaus, auch den *Umfang der Anlage* zu berücksichtigen.

Bei Vorhaben, durch die Immissionen entstehen, für die aber keine Immissionswerte in Rechts- und Verwaltungsvorschriften (z. B. TA Luft, TA Lärm) gelten, müssen ganz allgemein die Sachverhalte, die für die Bewertung der *durch die Anlage hervorgerufenen Immissionen und ihrer Auswirkungen* erforderlich sind, in die Bewertung eingestellt werden (§ 4e Abs. 2 der 9. BImSchV).

In § 4e der 9. BImSchV fordert eine allgemeine Formulierung, daß die Sachverhalte, die *sonstige erhebliche Auswirkungen* auf die Umweltschutzgüter erwarten lassen, zu berücksichtigen sind. Unter diese Auffangklausel können prinzipiell alle Ursachen für Umweltauswirkungen fallen.

Nicht-physische Sachverhalte als Ursachen für Umweltauswirkungen. Aussagen dazu, ob *nicht-physische Belange des Vorhabens* wie die wirtschaftlichen Verhältnisse, soziale oder psychische Aspekte des Vorhabens bei der UVP betrachtet werden sollen, werden kaum gemacht. Lediglich wird nach § 6 Abs. 4 UVPG die Vorlage einzelner Unterlagen u. a. von der Zumutbarkeit abhängig gemacht. Diese Zumutbarkeit bezieht sich auf das Verhältnis der Kosten, welche der Vorhabenträger für die Vorlage der Unterlagen aufbringen müßte, zu der finanziellen Situation des Vorhabenträgers.

Da die Behörden durch diese Vorschrift nicht davon entbunden werden, alle UVP-erheblichen Sachverhalte zu prüfen, müssen sie in diesem Fall selbst die Kosten tragen. Da die Unterlagen so oder so erstellt werden müssen, hat die Einbeziehung dieser nicht-physischen Umweltbelange in die Bestimmung der Antragsunterlagen keine Auswirkungen auf die Bewertung selbst.

Allerdings wird in § 5 Abs. 1 Nr. 4 des BImSchG die Abgabe von in der Anlage entstehender Wärme an Dritte unter den Zumutbarkeitsvorbehalt gestellt. Dies bedeutet, daß nach dieser rechtlichen Regelung Informationen zur wirtschaftlichen Situation des Betriebes bei der UVP berücksichtigt werden müßten. Dies steht im Widerspruch zu eindeutigen Äußerungen in der UVPVwV. Zur näheren Bestimmung des Scoping-Termins heißt es hier, daß wirtschaftliche, gesellschaftliche oder soziale aber auch Belange der öffentlichen Sicherheit und Ordnung oder des Städtebaus (vgl. Kap. 4.1.2) außer Betracht bleiben sollen.

Primäre betriebliche Ursachen für Umweltauswirkungen. In Art. 3 der UVP-Richtlinie heißt es: "Die Umweltverträglichkeitsprüfung ... bewertet ... die unmittelbaren und mittelbaren Auswirkungen eines Projekts ...".

Da nicht näher bestimmt wird, was unmittelbare und was mittelbare Auswirkungen sind, läßt diese Formulierung *2 Interpretationsrichtungen* zu. Zum einen sollen

- neben den *primären Auswirkungen* (z. B. Beeinträchtigung des Landschaftsbildes), *die sich aus den primären betrieblichen Ursachen* (z. B. dem Anlagengebäude; vgl. Kap. 3.1.2) *ergeben* (unmittelbar), auch
- die *sekundären Auswirkungen* (z. B. die Verunreinigung des Bodens), die sich *aus den sekundären betrieblichen Ursachen* (z. B. die nicht sachgemäße Ablagerung von besonders überwachungsbedürftigen Abfällen aus dem Produktionsprozeß; vgl. Kap. 3.1.2) ergeben (mittelbar),

berücksichtigt werden. Die andere Interpretationsrichtung bezieht sich auf die Bestimmung des Auswirkungsbegriffs und wird in Kapitel 3.1.4 erläutert.

Anlagen als Ursachen für Umweltauswirkungen. Die grundlegende Quelle für Angaben darüber, *welche Aspekte von Anlagen in der Bewertung berücksichtigt werden sollen,* macht § 3 Abs. 5 BImSchG. Hier wird definiert, was Anlagen im Sinne des BImSchG sind:

" 1. Betriebsstätten und sonstige ortsfeste Einrichtungen,
2. Maschinen, Geräte und sonstige ortsveränderliche technische Einrichtungen sowie Fahrzeuge, soweit sie nicht der Vorschrift des § 38 unterliegen, und
3. Grundstücke, auf denen Stoffe gelagert oder abgelagert oder Arbeiten durchgeführt werden, die Emissionen verursachen können, ausgenommen öffentliche Verkehrswege."

Der im Zitat erwähnte § 38 BImSchG regelt die Zulassung zum öffentlichen Verkehr.

Dies entspricht den Vorgaben des UVPG und der UVP-Richtlinie. In § 2 UVPG heißt es bei der Definition von Vorhaben mit Bezugnahme auf die im Anhang näher bestimmten Vorhaben:

" 1. bauliche Anlagen, die errichtet und betrieben werden sollen,
2. sonstige Anlagen, die errichtet und betrieben werden sollen, ..."

Explizit ausgeschlossen von der UVP-Pflicht nach BImSch-Recht werden die Anlagen bzw. Anlagenteile, die den Vorschriften des Atomgesetzes unterliegen, soweit es sich um den Schutz vor den Gefahren der Kernenergie und der schädlichen Wirkung ionisierender Strahlen handelt (§ 2 Abs. 2 Satz 2 BImSchG).

Erläuternd heißt es zu den Anlagen in Abs. 2 des § 1 der 4. BImSchV:
" Das Genehmigungserfordernis erstreckt sich auf alle vorgesehenen

1. Anlagenteile, die zum Betrieb notwendig sind, und
2. Nebeneinrichtungen, die mit den Anlagenteilen und Verfahrensschritten ... in einem räumlichen und betriebstechnischen Zusammenhang stehen und die für
   a) das Entstehen schädlicher Umwelteinwirkungen,
   b) die Vorsorge gegen schädliche Umwelteinwirkungen ...
   von Bedeutung sein können."

Über die nach Nr. 2a zu berücksichtigenden *Nebeneinrichtungen,* die für das Entstehen von schädlichen Umweltauswirkungen von Bedeutung sind, gibt es kaum konkrete Bestimmungen.

Allgemein kann hierzu Abs. 1 § 4e der 9. BImSchV herangezogen werden. Darin wird festgelegt, daß die Sachverhalte, die zur Ermittlung, Beschreibung und Bewertung der durch die Anlage hervorgerufenen Immissionen und deren Auswirkungen auf die Umwelt dienen können, Teil der Antragsunterlagen sein müssen. Hierzu gehören natürlicherweise auch alle Angaben zu den Anlagen, die mit der Emission der Umweltagenzien zusammenhängen (z. B. Art und Dimension des Elektrostahlofens, Leistungsdaten der Destillationskolonnen, Angaben zur Verbrennungskammer einer Sonderabfallverbrennungsanlage).

Ein recht bescheidener Hinweis ist, daß nach § 4a der 9. BImSchV die Art der Emissionsquellen in die Bewertung einzustellen ist.

Für die Vorhaben, die nach der TA Lärm zu bewerten sind, wird ausgeführt, daß speziell die Teile des Vorhabens zu betrachten sind, die Schall (Geräusch) emittieren.

Weitaus mehr und konkretere Bestimmungen gibt es über die nach Nr. 2b des Abs. 2 des § 1 der 4. BImSchV zu berücksichtigenden Nebeneinrichtungen, die für die Vorsorge gegen schädliche Umwelteinwirkungen von Bedeutung sind.

Nach § 5 Abs. 1 Nr. 2, 3 u. 4 des BImSchG müssen Anlagenteile berücksichtigt werden, die:
- Emissionen begrenzen,
- Abfälle vermeiden, verwerten oder beseitigen,
- Wärme nutzen (vgl. auch § 4d 9. BImSchV).

Beispiele hierfür sind Elektrofilter, Schredder oder Blockheizkraftwerke.

In eine ähnliche Richtung weist Nr. 1.3.2 UVPVwV. Hier wird anhand von exemplarischen Fallbeispielen dargestellt, daß auf jeden Fall Maßnahmen, die zum Schutz der Umwelt errichtet werden, in die Bewertung mit eingehen müssen und genauso zu behandeln sind wie die Produktionsanlagen. Hierbei werden genannt:
- Immissionsschutzmaßnahmen,
- Abwasserbehandlungsmaßnahmen und
- Abfallentsorgungsmaßnahmen.

Beispiele für anlagenbezogene Maßnahmen sind Abgasfilter, Kläranlagen oder Abfalldeponien.

In § 4b der 9. BImSchV wird bestimmt, daß neben den Maßnahmen zum Schutz der Umwelt auch folgende Schutzmaßnahmen zu berücksichtigen sind:
- vorgesehene Maßnahmen zum Schutz der Allgemeinheit und der Nachbarschaft vor sonstigen Gefahren, erheblichen Nachteilen und erheblichen Belästigungen ...,
- vorgesehene Maßnahmen zum Arbeitsschutz.

Beispiele hierfür sind Bauabstandsflächen zur Verhinderung des Übergreifens bei einem möglichen Brand, Löschwasserrückhaltesysteme und Sicherheitsbodenbeläge.

Nach § 4c der 9. BImSchV gehört für bestimmte Anlagen hierzu auch die Behandlung der Reststoffe. Hierunter fallen die Maßnahmen zur Vermeidung oder Verwertung von Reststoffen oder deren Beseitigung als Abfälle (z. B. Granulierung von Stanzrückständen).

Für die Vorhaben, die nach der TA Lärm zu bewerten sind, wird ausgeführt, daß speziell die Teile des Vorhabens zu betrachten sind, die auf die Schallausbreitung Einfluß nehmen.

In Nr. 3.1.2 Abs. 4 und den Nummern 3ff der TA Luft finden sich außerdem Vorgaben, daß unter bestimmten Umständen bei den Anlagen nach TA Luft auch technische Maßnahmen betrachtet werden sollen. Ein Beispiel hierzu ist die Ableitung der Abgase über einen Schornstein (vgl. auch Nr. 3.3.2.15.1 TA Luft).

Produktionen als Ursachen für Umweltauswirkungen. Direkte Vorgaben, ob und welche *Aspekte des Produktionsprozesses* in die Bewertung einfließen sollen, gibt es nur an 2 Stellen. So heißt es in Abs. 2 des § 1 der 4. BImSchV:
"Das Genehmigungserfordernis erstreckt sich auf alle vorgesehenen
1. ... Verfahrensschritte, die zum Betrieb notwendig sind ...", und
nach § 4b der 9. BImSchV sind Unterlagen über
- ... Verfahrensschritte ... und
- vorgesehene Verfahren
beizubringen.

Allerdings gibt es eine ganze Reihe von Vorgaben, aus denen sich die zu berücksichtigenden Charakteristika der Produktion ergeben. So wird in § 4a der 9. BImSchV festgelegt, daß auch Art, Menge und Beschaffenheit der Zwischenprodukte zu berücksichtigen sind und nach Nr. 6 desselben Paragraphen ist unter bestimmten Umständen auch das Rohgas vor einer Vermischung oder Verdünnung einzubeziehen.

Darüber hinaus werden in § 5 BImSchG in Abs. 1 produktionsbedingte Umwelt-Qualitätskriterien an den Betrieb einer BImSch-Anlage vorgeschrieben:
"(1) Genehmigungsbedürftige Anlagen sind so zu ... betreiben, daß

...

2. Vorsorge gegen schädliche Umwelteinwirkungen getroffen wird, insbesondere durch den Stand der Technik entsprechende Maßnahmen zur Emissionsbegrenzung,
3. Abfälle vermieden werden, es sei denn, sie werden ordnungsgemäß und schadlos verwertet oder, soweit Vermeidung und Verwertung technisch nicht möglich oder unzumutbar sind, ohne Beeinträchtigung des Wohls der Allgemeinheit beseitigt, und
4. entstehende Wärme für Anlagen des Betreibers genutzt oder an Dritte, die sich zur Abnahme bereit erklärt haben, abgegeben wird, soweit dies nach Art und Standort der Anlagen technisch möglich und zumutbar sowie mit den Pflichten nach den Nummern 1 bis 3 vereinbar ist."

Hierzu erläuternd wird in § 3 BImSchG bestimmt:
"(3) Emissionen im Sinne dieses Gesetzes sind die von einer Anlage ausgehenden ... Geräusche, Erschütterungen, Licht, Wärme, Strahlen und ähnliche Erscheinungen.

...

(6) Stand der Technik im Sinne dieses Gesetzes ist der Entwicklungsstand fortschrittlicher Verfahren, ... oder Betriebsweisen, der die praktische Eignung einer Maßnahme zur Begrenzung von Emissionen gesichert erscheinen läßt. Bei der Bestimmung des Standes der Technik sind insbesondere vergleichbare Verfahren, ... oder Betriebsweisen heranzuziehen, die mit Erfolg im Betrieb erprobt worden sind."

Aus den aufgeführten Angaben wird deutlich, daß die Verfahrens- und Betriebsweisen, die
- Emissionen begrenzen,

4.1 Generelle rechtlich-inhaltliche Vorgaben 133

- Abfälle vermeiden, verwerten oder beseitigen,
- Wärme nutzen

bei einer UVP zu berücksichtigen sind.

Beispiele hierfür sind die Berücksichtigung des Anfalls an Emissionen bei der Verbrennungsführung, die computergesteuerte rohstoffausnutzende Stanzung von Flachblechen oder die Anpassung einer exothermen Produktion mit Abwärmenutzung an Wärmenachfragespitzen.

Wie schon bei den Vorgaben für die Anlagen ausgeführt, wird in Nr. 1.3.2 UVPVwV anhand von exemplarischen Fallbeispielen dargestellt, daß auf jeden Fall Maßnahmen, die zum Schutz der Umwelt ergriffen wurden, in die Bewertung mit eingehen müssen und genauso behandelt werden, als wenn sie ein Bestandteil der Produktionsverfahren wären. Als Beispiele hierfür werden genannt:
- Immissionsschutzmaßnahmen,
- Abwasserbehandlungsmaßnahmen und
- Abfallentsorgungsmaßnahmen.

Da Maßnahmen nicht nur auf die Anlagen, sondern auf auch die Steuerung der Produktion bezogen sein können, sind diese Vorgaben auch an dieser Stelle relevant. Beispiele hierfür sind die Feuerungsführung bei einem Drehrohrofen, die Kappung von Belastungsspitzen durch Prozeßsteuerung und die Abfalltrennung.

In § 4b der 9. BImSchV wird bestimmt, daß folgende Schutzmaßnahmen zu berücksichtigen sind:
- vorgesehene Maßnahmen zum Schutz vor und Vorsorge gegen schädliche Umwelteinwirkungen,
- vorgesehene Maßnahmen zum Schutz der Allgemeinheit und der Nachbarschaft vor sonstigen Gefahren, erheblichen Nachteilen und erheblichen Belästigungen ...,
- vorgesehene Maßnahmen zum Arbeitsschutz.

Produktionsbezogene Beispiele für derartige Schutzmaßnahmen sind die Prozeßsteuerung unter Einbeziehung von Emissions- und Immissionswerten sowie der Explosivität und der Toxizität von Stoffen.

Nach § 4c der 9. BImSchV gehören für bestimmte Anlagen hierzu auch die Behandlung der Reststoffe. Hierunter fallen die Maßnahmen zur Vermeidung oder Verwertung von Reststoffen oder deren Beseitigung als Abfälle (z. B. abfallsparende Maschinenführung)

Außerdem ist nach § 4d 9. BImSchV für bestimmte Anlagen die Wärmenutzung einzubeziehen. Hierbei handelt es sich um die vorgesehenen Maßnahmen zur Nutzung der entstehenden Wärme oder die Möglichkeiten ihrer Abnahme durch Dritte (z. B. Kopplung von exothermen und endothermen Prozesse durch Prozeßsteuerung).

In Nr. 3.1.2 Abs. 4 und den Nummern 3ff der TA Luft finden sich außerdem einige Vorgaben dahingehend, daß unter bestimmten Umständen bei den Anlagen nach TA Luft auch betriebliche Maßnahmen betrachtet werden sollen. Hierzu kann z. B. die Optimierung von An- und Abfahrvorgängen gehören.

Inputs als Ursachen für Umweltauswirkungen. Konkrete *Input-Vorgaben* für alle Anlagenarten finden sich lediglich in § 4a der 9. BImSchV. In Nr. 3.1.2 Abs. 2 und 3, Nr. 3.2.2.1 Abs. 3 und Nr. 3.2.3.1 Abs. 3 der TA Luft sind darüber hinaus Vorgaben für Anlagen, die unter die TA Luft fallen, aufgeführt. In allen genannten Fällen wird ausgeführt, daß Einsatzstoffe zu berücksichtigen sind. Nach der TA Luft wird der Begriff Einsatzstoffe durch den Zusatz Roh- und Hilfsstoffe konkretisiert.

Da die Steuerung des Inputs auch mit zu den betrieblichen Maßnahmen gehört, sind diejenigen Vorgaben, die ganz allgemein bestimmen, daß betriebliche Maßnahmen zu berücksichtigen sind (s. o.), je nach Einzelfall auch für die Inputs relevant.

In Nr. 1.3.2 UVPVwV wird anhand von exemplarischen Fallbeispielen dargestellt, daß u. a. Immissionsschutzmaßnahmen in die Bewertung mit eingehen müssen. Ein Beispiel für eine Immissionsschutzmaßnahme, die über den Input wirkt, ist die Verwendung emissionsarmer Brennstoffe.

In § 4b der 9. BImSchV wird bestimmt, daß Informationen z. B. über folgende Schutzmaßnahmen zu berücksichtigen sind:
- vorgesehene Maßnahmen zum Schutz vor und Vorsorge gegen schädliche Umwelteinwirkungen,
- vorgesehene Maßnahmen zum Schutz der Allgemeinheit und der Nachbarschaft vor sonstigen Gefahren, erheblichen Nachteilen und erheblichen Belästigungen ...,
- vorgesehene Maßnahmen zum Arbeitsschutz.

Beispiele hierfür sind die Nutzung emissionsarmer Brennstoffe; Anlieferung der explosiven Inputstoffe nur mit Fahrzeugen, die mindestens den Anforderungen der Technischen Regeln Gefahrgut Straße (TRGS) entsprechen; Anlieferung von Gefahrstoffen nur in zugelassenen Gefahrgutbehältern.

Outputs als Ursachen für Umweltauswirkungen. *Der Output* setzt sich aus unterschiedlichen stofflichen und energetischen Erscheinungen zusammen, für die zum Großteil differenzierte Regelungen vorhanden sind. Aus diesem Grund werden diese bei den stofflichen Vorgaben (vgl. Kap. 4.2.3) und den energetischen Vorgaben (vgl. Kap. 4.3.2) betrachtet.

Betriebliche Ursachen für Umweltauswirkungen mit unterschiedlicher Anzahl von Auswirkungen. Einleuchtend ist, daß auf jeden Fall *singuläre Ursachen für Umweltauswirkungen* zu berücksichtigen sind. In wieweit *multiple Ursachen* einzubeziehen sind, wird in den Vorschriften nicht ausgeführt.

Maßnahmen zur Vermeidung, Verminderung oder zum Ersatz von erheblichen Auswirkungen auf Natur und Landschaft als Ursachen für Umweltauswirkungen. Nach dem BNatSchG sind *erhebliche Eingriffe eines Vorhabens auf die Natur oder die Landschaft* zu vermeiden und unvermeidbare Eingriffe auszugleichen. Bei nicht ausgleichbaren, aber vorrangigen Eingriffen müssen Ersatzmaßnahmen durchgeführt werden. Auf diese Eingriffe in Natur und Landschaft bezieht sich unter anderem der Anhang 2 der UVPVwV.

Bei den Maßnahmen zur Vermeidung von Eingriffen in Natur und Landschaft handelt es sich in der Regel um bauliche und technische Maßnahmen wie die Stellung, Dimension und Form der Gebäude, die Lage und Dimension der Zufahrtsstraßen oder die flächensparende Organisation der Errichtungsphase.

Ausgleichs- und Ersatzmaßnahmen haben in der Regel einen grundsätzlich anderen Charakter. Es handelt sich hierbei meist um die Umwandlung von Flächen mit einer geringerwertigen ökologischen Funktion in Flächen mit höherer ökologischer Bedeutung (z. B. der Umwandlung eines Maisackers in einen naturnahen Wald, der Wiedervernässung einer Weide, dem Rückbau eines kanalisierten Baches).

In der Regel gilt für Ausgleichs- und Ersatzmaßnahmen:
- Sie sind nicht an der Produktion von Gütern oder Dienstleistungen orientiert.
- Sie sind wenigstens z. T. aus lebenden Objekten aufgebaut.
- Sie orientieren sich maßgeblich an den Kriterien der Funktionen zur Erhaltung der Lebensgrundlagen für Menschen und andere Lebewesen.
- Sie bestehen nur zu einem geringen Teil aus künstlichen Stoffen.
- Sie dienen nicht der kurzfristigen monetären Ertragserwirtschaftung.

Da die Ausgleichs- und Ersatzmaßnahmen bei der Bewertung der Umweltauswirkungen als zum Vorhaben gehörig angesehen werden müssen (vgl. Nr. 2.3, 2.4, 2.5 Anhang 2 der UVPVwV, § 6 Abs. 3 Punkt 3 UVPG), werden dem Vorhaben völlig neue Charakteristika zugeordnet, welche bei der Betrachtung von betriebsbedingten Ursachen für Umweltauswirkungen in den Kapiteln 3.1.2, 3.2.2, 3.3.2, 3.4.2 und 3.5.2 nicht berücksichtigt worden sind.

Folgende Maßnahmen werden in Nr. 2.4 u. Nr. 2.5 des Anhangs 2 der UVP-VwV explizit aufgeführt:
- Maßnahmen im räumlich-funktionalen Zusammenhang des Eingriffs, die geeignet sind, die gestörten Funktionen des Naturhaushaltes gleichartig und gleichwertig wieder herzustellen,
- Maßnahmen, die zur Wiederherstellung des Landschaftsbildes führen,
- Maßnahmen, die zur landschaftsgerechten Neugestaltung des Landschaftsbildes führen,
- Maßnahmen in dem vom Eingriff betroffenen Landschaftsraum, welche die beeinträchtigten Funktionen ähnlich und im angemessenen Zeitraum zu den Beeinträchtigungen wiederherstellen,
- Maßnahmen im erweiterten Landschaftsraum, die ähnliche Funktionen haben wie Ausgleichsmaßnahmen und zu einer Verbesserung der Funktionen des Naturhaushaltes und des Landschaftsbildes beitragen.

Vorhabenalternativen als Ursachen für Umweltauswirkungen. Nach Satz 1 des § 4e der 9. BImSchV sind die vom Vorhabenträger geprüften *technischen Verfahrensalternativen* zum Schutz vor und zur Vorsorge gegen schädliche Umwelteinwirkungen sowie zum Schutz der Allgemeinheit und der Nachbarschaft vor sonstigen Gefahren, erheblichen Nachteilen und erheblichen Belästigungen zu berücksichtigen.

Im UVPG wird der Begriff der *Vorhabenalternativen* nicht nur auf die Alternativen in bezug auf technische Verfahrensalternativen zum Schutz vor und zur Vorsorge gegen schädliche Umwelteinwirkungen sowie zum Schutz der Allgemeinheit und der Nachbarschaft vor sonstigen Gefahren, erheblichen Nachteilen und erheblichen Belästigungen beschränkt. Dort heißt es ganz allgemein: "... Übersicht über die wichtigsten, vom Träger des Vorhabens geprüften Vorhabenalternativen und Angabe der wesentlichen Auswahlgründe unter besonderer Berücksichtigung der Umweltauswirkungen des Vorhabens" (§ 6 Abs. 4 UVPG).

Da allerdings nach Nr. 0.5.2.2 der UVPVwV nur die Vorhabenalternativen, die nach Fachrecht zu prüfen sind, in die Bewertung eingehen sollen, greift bei Genehmigungsverfahren von UVP-pflichtigen BImSch-Vorhaben nicht die UVPG-Regelung, sondern die Bestimmung aus Satz 1 des § 4e der 9. BImSchV.

Betriebszustände als Ursachen für Umweltauswirkungen. In der Bewertung sind sowohl der *Normalbetrieb* als auch *besondere Betriebszustände* zu berücksichtigen.

In den gesetzlichen Vorgaben aus § 4e Satz 1 der 9. BImSchV, Nr. 0.3b UVP-VwV und Nr. 0.5.1.1 Abs. 2 UVPVwV wird festgelegt, daß bei der UVP von BImSch-Vorhaben der *bestimmungsmäßige Betrieb* zu betrachten ist.

Vorgaben über die Berücksichtigung *planmäßiger Betriebsunterbrechungen* wie große Revisionen, Anfahr- und Abstellvorgänge oder Reparaturen werden in den Regelungen, die alle Vorhaben betreffen nicht gemacht. Lediglich bei den Vorhaben, die unter die Regelungen der TA Luft fallen, müssen Anfahr- und Abstellvorgänge (vgl. Nr. 3.1 Abs. 4 TA Luft) berücksichtigt werden.

Nach § 4a der 9. BImSchV sind *Störungen im Verfahrensablauf* oder - wie in § 4e Satz 1 der 9. BImSchV formuliert - Störungen des Betriebes zu berücksichtigen (außerplanmäßige Betriebsunterbrechungen). Hierzu heißt es auch in Nr. 0.3b u. Nr. 0.5.1.1 Abs. 2 der UVPVwV, daß unter Umständen Betriebsstörungen, Stör- oder Unfälle zu betrachten sind.

Abgrenzungen der in diesem Zusammenhang benutzten Formulierungen gegeneinander werden in den betrachteten Vorschriften nicht gemacht. Sie ergeben sich z. T. aber aus anderen gesetzlichen Regelungen wie z. B. der Störfallverordnung. Da diese Einteilung für die vorliegende Arbeit nicht von Interesse ist, wird an dieser Stelle auf eine Diskussion dieser Begrifflichkeiten verzichtet.

Eintrittswahrscheinlichkeiten von Ursachen für Umweltauswirkungen. Über die *Eintrittswahrscheinlichkeit von Ursachen für Umweltauswirkungen* heißt es in Nr. 0.5.2.2 Satz 1 der UVPVwV: "Die zusammenfassende Darstellung enthält die für die Bewertung erforderlichen Aussagen über die voraussichtlichen Umweltauswirkungen des Vorhabens. Hierzu gehören u. a. Aussagen über ... - soweit durch Fachrecht geboten - Eintrittswahrscheinlichkeit ... bestimmter Umweltauswirkungen."

Umweltauswirkungen, die von Vorhaben hervorgerufen werden, sind direkt von den vorhabenbedingten Ursachen abhängig. Aus diesem Grund ist es zur Ermittlung der Eintrittswahrscheinlichkeit der Auswirkungen auch notwendig, die Eintrittswahrscheinlichkeit der vorhabenbedingten Ursachen zu ermitteln. Da nach BImSch-Recht die Angaben über die Häufigkeit der Umweltauswirkungen nicht explizit gefordert wird, ist es unsicher, ob diese Regelung hier allgemein zum Tragen kommt.

Bei Vorhaben, durch die Immissionen entstehen, für die aber keine Immissionswerte in Rechts- und Verwaltungsvorschriften (z. B. TA Luft, TA Lärm) gelten, könnten sie jedoch nach § 4e Abs. 2 9. BImSchV zu berücksichtigen sein, wenn der Einzelfall eine derartige Betrachtung verlangt.

4.1.3 Generelle Vorgaben für die zu berücksichtigenden Umweltauswirkungen

Verwendung der Begriffe Auswirkungen bzw. Einwirkungen. In den unterschiedlichen gesetzlichen Regelwerken, die für die Genehmigung UVP-pflichtiger BImSch-Vorhaben anzuwenden sind, werden unterschiedliche Begriffe für *Auswirkungen auf die Umwelt* verwendet.

Im BImSchG wird an 51 Stellen der Begriff *schädliche Umwelteinwirkungen* benutzt. Lediglich in § 15 Abs. 2 in Satz 1 und 2 heißt es abweichend *nachteilige Auswirkungen für die genannten Schutzgüter*.

In der 9. BImSchV werden nach § 1a *bedeutsame Auswirkungen* der UVP zugrunde gelegt. Hier heißt es: "Das Prüfverfahren ... umfaßt ... die Ermittlung, Beschreibung und Bewertung der ... bedeutsamen Auswirkungen einer UVP-pflichtigen Anlage ...". An vielen Stellen wird allerdings die Formulierung des BImSchG *schädliche Umwelteinwirkungen* (§ 4b Abs. 1 Punkt 1, § 4b Abs. 1 Punkt 4, § 4e Abs. 2 Punkt 1, § 4e Abs. 3) übernommen.

An anderen Stellen heißt es aber auch *erhebliche Beeinträchtigungen von Natur und Landschaft* (§ 4 Abs. 2 Satz 2), *erhebliche nachteilige Auswirkungen auf die Schutzgüter* (§ 1 Abs. 3), *Auswirkungen auf die Schutzgüter* (§ 4e Abs. 2 Punkt 1, § 23a Abs. 2), *erkennbare Auswirkungen auf die Schutzgüter* (§ 22 Abs. 3) oder *Auswirkungen auf die Umwelt* (§ 23a Abs. 1). Am häufigsten wird allerdings der Ausdruck *erhebliche Auswirkungen auf die Schutzgüter* verwendet (§ 4e Abs. 1, § 4e Abs. 2 Punkt 2, § 8 Abs. 2, § 11a Abs. 1, § 11a Abs. 2, § 20 Abs. 1a, § 20 Abs. 1b, § 22 Abs. 3) Den unterschiedlichen Begriffen kommt vom Kontext her kein unterschiedlicher Sinninhalt zu.

Im UVPG werden abwechselnd die Ausdrücke *Auswirkungen auf die Schutzgüter* (vgl. § 2 Abs. 1 Satz 2), *Umweltauswirkungen* (vgl. § 2 Abs. 1 Satz 4, § 6 Abs. 1, § 6 Abs. 4, § 9 Abs. 1, § 20 Punkt 1 u. Punkt 3), *erhebliche Beeinträchtigungen der Umwelt* (§ 6 Abs. 3 Punkt 2 u. Punkt 3) oder *erhebliche Auswirkungen auf die Schutzgüter* (vgl. z. B. § 6 Abs. 3 UVPG) gebraucht. In den meisten

138 4 Das Bewertungssubjekt sind die rechtlich-inhaltlichen Vorgaben

Fällen wird allerdings der Ausdruck *erhebliche Auswirkungen auf die Umwelt* verwendet (an 13 Stellen).

Die UVPVwV benutzt in den meisten Fällen die Auswirkungsbegriffe des UVPG (vgl. z. B. Nr. 0.3 Satz 1 u. Nr. 0.5.2.2 Satz 2), aber auch den Begriff *voraussichtliche Umweltauswirkungen* (vgl. z. B. Nr. 0.5.1.3 Satz 1).

In der TA Luft kommt durchgehend der Begriff des BImSchG *schädliche Umwelteinwirkungen* (z. B. Nr. 1 Satz 1) vor.

Die TA Lärm verwendet keinen Ausdruck der die Auswirkungen auf die Umwelt ausdrücken soll. Ihrer Regelungsbestimmung entsprechend wird in den entsprechenden Zusammenhängen ganz konkret von Lärm, Schall oder Geräusch gesprochen.

Auch in der UVP-Richtlinie werden unterschiedliche Auswirkungsbegriffe angewendet. In Art. 1 Abs. 1, Art. 2 Abs. 1 und Art. 7 Satz 1 sind es *erhebliche Auswirkungen auf die Umwelt*, in Art. 3 sind es *Auswirkungen auf bestimmte Faktoren* und in Art. 5 Abs. 2 *bedeutende nachteilige Auswirkungen* und *Hauptwirkungen, die das Projekt voraussichtlich auf die Umwelt haben wird*. Darüber hinaus wird in Anhang II Punkt 1d von *ökologisch negativen Veränderungen* in Anhang III Punkt 4 von *möglichen wesentlichen Auswirkungen* und *Umweltauswirkungen* sowie in Anhang III Punkt 5 wieder von *bedeutenden nachteiligen Auswirkungen* gesprochen.

Die Relation und Unterscheidung der unterschiedlichen Begriffe in den verschiedenen gesetzlichen Regelungen wird an keiner Stelle der Regelungstexte ausreichend erläutert, auch aus dem Kontext der Verwendung der Begriffe ergibt sich keine konsistente inhaltliche Abgrenzung und auch die kommentierende Literatur, die dieses Problem aufgreift (PÜCHEL 1989; HOPPE u. APPOLD 1990; PETERS 1994b, S. 25; ERBGUTH u. SCHINK 1996, S. 186) bietet keine ausreichende Erklärung.

Aus diesem Grund werden diese Ausdrücke in den folgenden Betrachtungen gleich behandelt und in der Richtung *jedwede Wirkung die durch den Industriebetrieb in der Umwelt verursacht wird* angewendet obwohl sich die Begriffe Auswirkung und Einwirkung vom Etymologischen her unterscheiden und beiden Begriffen eine separate Funktion - allerdings nur bei konsistenter Anwendung - zukommen würde (vgl. PETERS 1994b, S. 25). Wenn sich aus dem Kontext der aufgeführten Ausdrücke deutlich voneinander abweichende Bedeutungsinhalte ergeben, die für die Untersuchung wichtig sind, so werden diese abweichenden Bedeutungsinhalte verwendet. Zur Anwendung der Begriffe Einwirkung und Auswirkung vergleiche auch S. 144f bei WBGU 1994 und S. 186 bei ERBGUTH u. SCHINK 1996.

Allgemeine Auswirkungscharakteristika. Welche *Auswirkungscharakteristika* in die Bewertung einzubeziehen sind, läßt sich zum einen aus den Vorgaben, welche sich auf Immissionen beziehen, ableiten, da diese die Wirkungen auf Umweltbestandteile darstellen. Sie lassen sich zum anderen aber auch aus den Vorgaben, die sich auf die Emissionen beziehen, indirekt ableiten, da eine Emission, solange sich die Emissionsquelle in der Umwelt befindet, auch immer eine Immission zur Folge hat (vgl. Abb. 47). Bei der Herausarbeitung der Anforderungen an die Bewertung ist im Folgenden auf das diesbezüglich unterschiedliche Regelungsobjekt der Vorschriften geachtet und die Inhalte ihrer Regelungsintention entsprechend berücksichtigt worden.

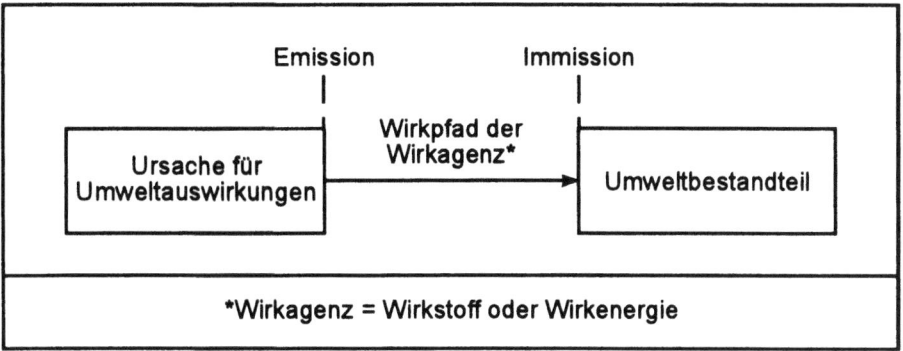

Abb. 47. Beziehung von Emission und Immission zueinander.

In Nr. 0.3 bestimmt die UVPVwV, was unter Auswirkungen auf die Umwelt zu verstehen ist. Nach Satz 1 handelt es sich demnach um "Veränderungen der menschlichen Gesundheit oder der physikalischen, chemischen oder biologischen Beschaffenheit einzelner Bestandteile der Umwelt oder der Umwelt insgesamt."

Zur näheren Bestimmung der Charakteristika der zu betrachtenden Auswirkungen kommt es in Satz 2 derselben Quelle. Hier heißt es:
"Auswirkungen auf die Umwelt können je nach den Umständen des Einzelfalls
...
e) aufhebbar (reversibel) oder nicht aufhebbar (irreversibel) sein und
f) positiv oder negativ - das heißt systemfördernd (funktional) oder systembeeinträchtigend (disfunktional) - sein."

Im BImSch-Recht gibt der § 1 des BImSchG Aufschluß über die allgemeinen Vorgaben hinsichtlich der Umweltauswirkungen. Hier heißt es: "Zweck dieses Gesetzes ist es, Menschen, Tiere und Pflanzen, den Boden, das Wasser, die Atmosphäre sowie Kultur- und sonstige Sachgüter vor schädlichen Umwelteinwirkungen und, soweit es sich um genehmigungsbedürftige Anlagen handelt, auch vor Gefahren, erheblichen Nachteilen und erheblichen Belästigungen, die auf andere Weise herbeigeführt werden, zu schützen und dem Entstehen schädlicher Umwelteinwirkungen vorzubeugen."

In dieser sehr verschachtelt formulierten Zweckbestimmung des BImSchG steckt u. a. ein Hinweis darauf, was mit schädlichen Umwelteinwirkungen in diesem Gesetz gemeint ist.

Aus der gleichberechtigten Reihung der Satzteile "... schädlichen Umwelteinwirkungen ... und ... Gefahren, erheblichen Nachteilen und erheblichen Belästigungen, die auf andere Weise herbeigeführt werden ..." wird ausgesagt, daß es sich bei schädlichen Umwelteinwirkungen im BImSch-Recht um die *umweltbedingten Ursachen für Gefahren, für erhebliche Nachteile und für erhebliche Belästigungen*, handelt.

Die Umweltauswirkungen, vor denen das BImSchG schützen soll, werden näher in § 3 Abs. 1 BImSchG erläutert: Dort heißt es: "Schädliche Umwelteinwirkungen im Sinne dieses Gesetzes sind Immissionen, die nach Art, Ausmaß oder Dauer geeignet sind, Gefahren, erhebliche Nachteile oder erhebliche Belästigungen für die Allgemeinheit oder die Nachbarschaft herbeizuführen."

Und nach § 3 Abs. 2 BImSchG in Verbindung mit § 3 Abs. 4 BImSchG sind Immissionen im Sinne dieses Gesetzes
- Veränderungen der natürlichen Zusammensetzung der Luft, insbesondere durch Rauch, Ruß, Staub, Gase, Aerosole, Dämpfe oder Geruchsstoffe,
- Geräusche, Erschütterungen, Licht, Wärme, Strahlen

und ähnliche Umwelteinwirkungen.

In der TA Lärm werden die Auswirkungen des Vorhabens auf die Umwelt v. a. über den Begriff der Immission festgelegt. Hierzu heißt es in Art 2.12 TA Lärm: "Immission ist die Einwirkung eines von einer Anlage ausgehenden Geräusches auf Nachbarn oder Dritte."

Im Sinne der TA Luft sind Immissionen "auf Menschen sowie Tiere, Pflanzen oder andere Sachen einwirkende Luftverunreinigungen" (Nr. 2.1.2 Abs. 1 TA Luft), wobei Luftverunreinigungen "Veränderungen der natürlichen Zusammensetzung der Luft, insbesondere durch Rauch, Ruß, Staub, Gas, Aerosole, Dämpfe oder Geruchsstoffe" (Nr. 2.1.1 TA Luft) sind. "Zu den Dämpfen kann auch Wasserdampf gehören" (ebenda).

Bei der Berechnung der Immissionen in der TA Luft wird zwar ein Unsicherheitsbereich bei der Ermittlung der Kenngrößen berücksichtigt, nicht jedoch mögliche kumulative Effekte und keine chemischen und physischen Umwandlungen der Schadstoffe sowie keine Veränderungen der Ausbreitungsbedingungen (vgl. Nr. 2.5 u. Nr. 2.6.4.1 TA Luft).

In Nr. 2.2 des Anhang 2 der UVPVwV werden eine Reihe von Auswirkungen aufgeführt, über die ein Vorhabenträger Informationen beibringen muß, wenn bei dem Vorhaben mit Auswirkungen auf Natur und Landschaft zu rechnen ist:
- Beeinträchtigung der Funktionsfähigkeit des Naturhaushaltes in dem betroffenen Landschaftsraum,
- Beeinträchtigung der Leistungsfähigkeit des Naturhaushaltes in dem betroffenen Landschaftsraum,
- Störungen der belebten Faktoren des Naturhaushaltes in dem betroffenen Landschaftsraum,
- Störungen der unbelebten Faktoren des Naturhaushaltes in dem betroffenen Landschaftsraum,

- Störungen der Wirkungsgefüge der belebten und unbelebten Faktoren des Naturhaushaltes in dem betroffenen Landschaftsraum.

Auswirkungsarten. In Abs. 2 Nr. 1b des § 4e der 9. BImSchV heißt es: "... durch die Anlage hervorgerufenen Immissionen und ihrer Auswirkungen ..."

Wenn man berücksichtigt, daß es sich bei Immissionen immer schon um Auswirkungen handelt (vgl. Abb. 47), so geht aus dieser Angabe hervor, daß auch *Folgeauswirkungen* bei der Bewertung zu berücksichtigen sind.

Dies entspricht der Aussage in Nr. 0.3 der UVPVwV. Hier heißt es: "Auswirkungen auf die Umwelt können je nach den Umständen des Einzelfalls durch Einzelursachen, Ursachenketten oder durch das Zusammenwirken mehrerer Ursachen herbeigeführt werden ...".

Weniger eindeutig wird in Art. 3 der UVP-Richtlinie ausgeführt: "Die Umweltverträglichkeitsprüfung ... bewertet ... die unmittelbaren und mittelbaren Auswirkungen eines Projekts ..."

Da nicht näher bestimmt wird, was unmittelbare und was mittelbare Auswirkungen sind, läßt diese Formulierung 2 Interpretationsrichtungen zu. Zum einen kann sie sich auf die Bestimmung des Anlagenbegriffs beziehen. Diese Interpretationsrichtung ist in Kapitel 4.1.2 berücksichtigt worden.

Die andere Interpretationsrichtung dieses Ausdrucks ist, daß sowohl
- Direkauswirkungen auf die Umwelt (unmittelbar; z. B. die Veränderung der Luftzusammensetzung durch Emissionen in die Luft) als auch
- Folgeauswirkungen (mittelbar; z. B. das Absterben von Bäumen durch den sauren Niederschlag, der sich aus dem in die Luft emittierten SO_2 gebildet hat)

zu betrachten sind. In diesem Fall sind die Ausdrücke mittelbar und unmittelbar auswirkungsbezogen gemeint.

Zusammenhänge von Umweltauswirkungen. Es liegt auf der Hand, daß bei allen Vorgaben, die sich mit Umweltauswirkungen befassen zumindest *singuläre Umweltauswirkungen* zu berücksichtigen sind. In Nr. 0.3 der UVPVwV wird dies explizit aufgeführt.

Es gibt nur 2 Vorgaben, die etwas zu den komplexeren Zusammenhängen der Umweltauswirkungen ausführen. In Nr. 0.3 der UVPVwV heißt es: "Auswirkungen auf die Umwelt können je nach den Umständen des Einzelfalls durch ... das Zusammenwirken mehrerer Ursachen herbeigeführt werden ...". Hiernach sind *kumulative Auswirkungen* (vgl. Kap. 3.1.3) zu berücksichtigen.

Dies wird für Anlagen, die der TA Luft unterliegen allerdings ausdrücklich eingeschränkt. In der TA Luft heißt es hierzu, daß bei der Ermittlung der Kenngrößen im Zuge der Berechnung der Immissionen nach der TA Luft das gleichzeitige Auftreten von unterschiedlichen Schadstoffen nicht zu berücksichtigen ist (vgl. Nr. 2.5 TA Luft). Zu *multiplen Auswirkungen* werden keinerlei Angaben gemacht.

Eintrittswahrscheinlichkeiten von Umweltauswirkungen. In Nr. 0.5.2.2 Satz 1 der UVPVwV heißt es, daß die zusammenfassende Darstellung Aussagen über die *Eintrittswahrscheinlichkeit bestimmter Umweltauswirkungen* enthalten soll, soweit dies durch Fachrecht geboten ist (vgl. Kap. 4.1.2).

Wie in Kapitel 4.1.2 festgestellt, werden nach BImSch-Recht Angaben über die Häufigkeit der Umweltauswirkungen nicht explizit gefordert. Daher ist es fraglich, ob diese Regelung hier zum Tragen kommt.

Sie könnte jedoch bei Vorhaben, durch die Immissionen entstehen und für die keine Immissionswerte in Rechts- und Verwaltungsvorschriften (z. B. TA Luft, TA Lärm) gelten, über § 4e Abs. 2 der 9. BImSchV als Sachverhalt, der für die Bewertung der durch die Anlage hervorgerufenen Immissionen und ihrer Auswirkungen erforderlich ist, in die Bewertung eingestellt werden, wenn der Einzelfall eine derartige Betrachtung verlangt.

Auswirkungen auf Nichtumweltbelange. In Abs. 2 der Nr. 0.6.1.1 der UVP-VwV wird deutlich ausgesagt, daß in der ganzheitlichen Bewertung Nichtumweltbelange nicht berücksichtigt werden dürfen.

"Außer Betracht bleiben für die Bewertung nichtumweltbezogene Anforderungen der Fachgesetze (z. B. Belange der öffentlichen Sicherheit und Ordnung oder des Städtebaus) und die Abwägung umweltbezogener Belange mit anderen Belangen (z. B. Verbesserung der Verkehrsverhältnisse, Schaffung oder Erhalt von Arbeitsplätzen)".

4.1.4 Generelle Vorgaben für die ganzheitliche Bewertung der Umweltauswirkungen von UVP-pflichtigen BImSch-Vorhaben

Als generelle Inhalte sind in die ganzheitliche Bewertung - je nach vorliegendem Einzelfall - einzubeziehen:

Generelle Inhalte für die ganzheitliche Bewertung der Umweltauswirkungen UVP-pflichtiger BImSch-Vorhaben bei Genehmigungsverfahren, für die es rechtliche Vorgaben* gibt:

- Ursache-Wirkung-Beziehungen in der Umwelt (TK)
    - Ursache-Wirkung-Beziehungen in der Umwelt mit direkter Rückwirkung (K)
    - Ursache-Wirkung-Beziehungen in der Umwelt mit indirekter Rückwirkung (K)
- Funktionen für Subjekte der Umwelt (TK / bv TU)
    - Funktionen für Menschen (K)
    - Funktionen für nichtmenschliche Lebewesen (U)
    - Funktionen für nicht lebende Sachverhalte (U)

- Funktionen für unterschiedliche Generationen (K)
  - Funktionen für existierende Lebewesen (K)
  - Funktionen für zukünftige Lebewesen (K)
- Funktionen für Lebewesen (TK / bv TU)
  - Funktionen für Arten (bv TU)
- Funktionen für Ökosysteme (U)
- Wirkungen auf Lebensfunktionen (U)
  - Wirkungen auf Leben (U)
  - Wirkungen auf Fortpflanzung / Vererbung (U)
  - Wirkungen auf Lebensqualität von Menschen (U)
- Lebewesen als Umweltbestandteile (K)
  - Menschen als Umweltbestandteile (K)
  - Nichtmenschliche Lebewesen als Umweltbestandteile (K)
- Arten als Umweltbestandteile (bV TK)
- Ökosysteme als Umweltbestandteile (U)
- Nicht-physische Sachverhalte als Umweltbestandteile (U)
- Primäre betriebliche Ursachen für Umweltauswirkungen (K)
  - Anlagen (K)
  - Produktionen (K)
  - Ausgleichs- und Ersatzmaßnahmen (bv K)
  - Vorhabenalternativen (K)
- Sekundäre betriebliche Ursachen für Umweltauswirkungen mit den sekundären Umweltauswirkungen (TK)
  - Inputs (TK)
  - Outputs (TK)
- Betriebszustände (TK)
  - Normalbetriebszustände (K)
  - Planmäßige Betriebsunterbrechungen (bv TK)
  - Außerplanmäßige Betriebsunterbrechungen (K)
- Nicht-physische Sachverhalte als Bestandteile des Vorhabens (U)
- Unterschiedliche Wahrscheinlichkeitsgrade von Ereignissen
  (U + bV K)
- Umweltauswirkungsarten (K)
  - Direktauswirkungen (K)
  - Folgeauswirkungen (K)
- Zusammenhänge von Umweltauswirkungen (TK + bV U)
  - Singuläre Umweltauswirkungen (K)
  - Kumulative Umweltauswirkungen (K + bv U)
- Auswirkungen auf Nichtumweltbelange (K)

* = Grundlage   4. BImSchV, 9. BImSchV, UVPVwV, BImSchG, UVPG, UVP-Richtlinie, TA Lärm, TA Luft

144   4 Das Bewertungssubjekt sind die rechtlich-inhaltlichen Vorgaben

---

Kategorien:

K	=	Hinreichend klar geregelte Sachverhalte
TK	=	Ein oder mehrere Teilsachverhalte sind hinreichend klar und andere nicht geregelt
TK / TU	=	Ein oder mehrere Teilsachverhalte sind hinreichend klar und andere unklar geregelt
TU	=	Ein oder mehrere Teilsachverhalte sind unklar geregelt und andere sind nicht geregelt
U	=	Unklar geregelte Sachverhalte
bV	=	Für bestimmte Vorhabenarten speziell geregelte Sachverhalte

Nähere Erläuterungen zu den Kategorien in Kapitel 5.1

4.2 Rechtlich-inhaltliche Vorgaben zu stofflichen Sachverhalten

In den folgenden Kap. werden die rechtlich-inhaltlichen Vorgaben für den stofflichen Bereich *der ganzheitlichen Bewertung* der Umweltauswirkungen von UVP-pflichtigen BImSch-Vorhaben bei Genehmigungsverfahren dargestellt.

4.2.1 Vorgaben für die zu berücksichtigenden stofflichen Umweltcharakteristika

Stoffzusammensetzungen, Aggregatzustände. Nach Nr. 0.3 UVPVwV ist die *physikalische, chemische oder biologische Beschaffenheit der Umweltgüter* bei der UVP zu berücksichtigen. Hierbei wird die physikalische, chemische und biologische Beschaffenheit in keiner Weise beschränkt. Aus diesem Grund fallen hierunter sowohl die Stoffzusammensetzungen als auch die Aggregatzustände.

Für eine Reihe besonderer Vorhabenarten sind einige allgemeine stoffliche Charakteristika noch besonders hervorgehoben:

Nach Anhang 2 der UVPVwV sind bei Vorhaben, von denen erwartet wird, daß sie die Funktions- und Leistungsfähigkeit des Naturhaushaltes nachhaltig beeinflussen werden, eine Reihe stofflicher Charakteristika aufgeführt.

Hierzu zählen nach Nr. 2.1 des Anhangs der UVPVwV
- die Gestalt und Nutzung von Grundflächen. Hierbei insbesondere
    - Oberflächengewässer und Gewässersysteme,
    - Grundwasservorkommen, Grundwasserneubildungsgebiete und Deckschichten,
    - Bodenarten, Bodentypen, geologische Situation,
    - strukturbildende Landschaftsbestandteile und Einzelelemente sowie

4.2 Rechtlich-inhaltliche Vorgaben zu stofflichen Sachverhalten 145

nach Nr. 2.2 des Anhangs 2 der UVPVwV:
- die sinnlich wahrnehmbaren, die Landschaft prägenden und sie charakterisierenden Strukturen (z. B. Geländegestalt, Gewässer, Pflanzen und Tiere, Nutzungen, Luft / Klima).

Stoffliche Umweltbestandteile. In § 1a der 9. BImSchV sind folgende *stoffliche Umweltbestandteile*, als bei der UVP zu beachtend, aufgeführt:
- Boden,
- Wasser,
- Kultursachgüter,
- sonstige Sachgüter.

Nach der TA Luft werden, im Gegensatz zur TA Lärm, auch die Vorbelastungen der Umgebung mit Luftschadstoffen - insbesondere durch Rauch, Ruß, Staub, Gas, Aerosole, Dämpfe oder Geruchsstoffe - betrachtet (vgl. Nr. 2.6.2ff u. Nr. 2.6.4.1ff TA Luft). Außerdem besagt sie, daß unter bestimmten Umständen der Boden (vgl. Nr. 2.2.1.3 Abs. 5 TA Luft) als Umweltbestandteil in die Bewertung einbezogen werden muß.

Bei der Bewertung von Vorhaben, die unter die Regelungen der TA Lärm fallen, sind u. a. Gebäude in der Umgebung des Vorhabens (vgl. Nr. 2.421.1 TA Lärm) zu berücksichtigen. Diese können als Teilmengen der sonstigen Sachgüter angesehen werden.

Vorgaben für die funktional-systemischen Charakteristika der zu berücksichtigenden stofflichen Umwelt. Es werden im stofflichen Bereich keine funktional-systemischen Vorgaben gemacht, die alle Vorhaben betreffen. Allerdings gibt es einige Regelungen, die für die Anlagen, welche unter die Regelungen der TA Luft fallen, einzuhalten sind.

In Nr. 2.2.1.3 der TA Luft wird bestimmt, daß unter bestimmten Umständen Lebens- und Futtermittel zur Umwelt gehören.

4.2.2 Vorgaben für die zu berücksichtigenden vorhabenbedingten stofflichen Ursachen für Umweltauswirkungen

Stoffliche Outputs als Ursachen für Umweltauswirkungen. Produkte: Nach § 4a der 9. BImSchV sind u. a. die *Neben- und der Endprodukte* in die Bewertung über die Umweltverträglichkeit einzustellen.

Feste Abfälle: In den Beispielen in Nr. 1.3.2 UVPVwV wird deutlich herausgestellt, daß auch *Reststoffe und Abfälle* bei BImSch-Vorhaben zu berücksichtigen sind. Diese Aussage wird durch § 4c der 9. BImSchV unterstützt.

Abwässer: In Nr. 1.3.2 UVPVwV wird deutlich gemacht, daß auch *Abwässer* als Bestandteile von BImSch-Vorhaben zu berücksichtigen sind. In gleicher Weise äußert sich § 6 Abs. 3 UVPG.

Abluft: Außerdem zählen zu den zu berücksichtigenden Ursachen für Umweltauswirkungen die Luftverunreinigungen, die von der Anlage ausgehen. Hierauf wird in § 3 Abs. 3 und 4 des BImSchG näher eingegangen:
" (3) Emissionen im Sinne dieses Gesetzes sind die von einer Anlage ausgehenden *Luftverunreinigungen*, ...
(4) Luftverunreinigungen im Sinne dieses Gesetzes sind Veränderungen der natürlichen Zusammensetzung der Luft, insbesondere durch Rauch, Ruß, Staub, Gase, Aerosole, Dämpfe oder Geruchsstoffe."
Daß luftverunreinigende Stoffe in die Bewertung einzubeziehen sind, wird auch in der TA Luft in Nr. 2.1.1 gefordert.

In keiner der Vorgaben werden allerdings Aussagen über die Berücksichtigung von Auslieferungspackmitteln gemacht.

Stoffzusammensetzungen als Ursachen für Umweltauswirkungen. In Nr. 3 des § 4a der 9. BImSchV sind die *Stoffarten* für die Einsatzstoffe, die Zwischenprodukte, die Nebenprodukte und die Endprodukte sowie die Reststoffe zu berücksichtigen.

Stoffumwandlungen als Ursachen für Umweltauswirkungen. Nach Nr. 3 des § 4a der 9. BImSchV ist das *Abbauverhalten* für die Einsatzstoffe, die Zwischen-, Neben- und Endprodukte sowie die Reststoffe zu berücksichtigen. Daß Reaktionen von Stoffen zu betrachten sind, wird außerdem in § 4a der 9. BImSchV für mögliche Reaktionen von Stoffen bei Störungen im Verfahrensablauf vorgeschrieben.

Aggregatzustände als Ursachen für Umweltauswirkungen. Die *Beschaffenheit* von Einsatzstoffen, von Zwischen-, Neben- und Endprodukten sowie von Reststoffen ist nach Nr. 3 des § 4a der 9. BImSchV zu berücksichtigen.

Stoffmengen als Ursachen für Umweltauswirkungen. *Mengen* von Stoffen sind für einige Einsatzstoffe, Zwischen-, Neben- und Endprodukte sowie Reststoffe nach Nr. 3 des § 4a der 9. BImSchV zu berücksichtigen.

Nutzfunktionen und Schadwirkungen. Nach Nr. 3 des § 4a der 9. BImSchV sind für einige Einsatzstoffe, Zwischen-, Neben- und Endprodukte sowie Reststoffe auch die physikalischen, chemischen, physikalisch-chemischen sowie *toxischen und ökotoxischen Eigenschaften* zu berücksichtigen.

4.2.3 Vorgaben für die zu berücksichtigenden stofflichen Umweltauswirkungen

Einige Aussagen über die *stofflichen Veränderungen als Umweltauswirkungen* macht das BImSchG. Hier werden die Arten der Beeinträchtigungen, vor denen das BImSchG schützen soll, in § 3 Abs. 1 näher dargestellt: "Schädliche Umwelteinwirkungen im Sinne dieses Gesetzes sind Immissionen, ..."; und in § 3 Abs. 2 BImSchG wird dazu erläutert: "Immissionen im Sinne dieses Gesetzes sind ... Luftverunreinigungen ... und ähnliche Umwelteinwirkungen.".

Stoffumwandlungen als Umweltauswirkungen. Die Berücksichtigung von Veränderungen der stofflichen Zusammensetzung der Luft wird durch § 3 Abs. 4 BImSchG deutlich: "Luftverunreinigungen im Sinne dieses Gesetzes sind *Veränderungen der natürlichen Zusammensetzung der Luft*, insbesondere durch Rauch, Ruß, Staub, Gase, Aerosole, Dämpfe oder Geruchsstoffe."
Eine ähnliche Auffassung der Berücksichtigung von Stoffumwandlungen liegt der TA Luft zugrunde. Hier werden die stofflichen Charakteristika von Immissionen bezeichnet als "Veränderungen der natürlichen Zusammensetzung der Luft, insbesondere durch Rauch, Ruß, Staub, Gas, Aerosole, Dämpfe oder Geruchsstoffe" (Nr. 2.1.1 TA Luft). Hier wird die Aufzählung der Immissionsarten allerdings noch durch einen Zusatz ergänzt: "Zu den Dämpfen kann auch Wasserdampf gehören".
Bei der Ermittlung der Kenngrößen werden in der TA Luft allerdings die chemischen und physischen Umwandlungen von Schadstoffen ausdrücklich nicht speziell berücksichtigt (vgl. Nr. 2.5 u. Nr. 2.6.4.1 TA Luft).

Stoffarten und Stoffmengen als Umweltauswirkungen. Nach Nr. 6 des § 4a der 9. BImSchV sind bei der Bewertung sowohl die *Art der Emissionen* zu betrachten als auch deren *Ausmaß*.
Vorgaben über Stoffmengen werden auch in der TA Luft gemacht. Bei der Bewertung von Stäuben wird hier z. B. der Massenstrom der Emissionen zugrunde gelegt (vgl. Nr. 3.1.5.1 TA Luft).

Schadwirkungen von Stoffen als Umweltauswirkungen. Bei der Bewertung von Stäuben ist in der TA Luft u. a. die *Gefährlichkeit von Stoffen* (der Emissionen) zu berücksichtigen (vgl. Nr. 3.1.5.1 TA Luft).

4.2.4 Rechtlich-inhaltliche Vorgaben für den stofflichen Bereich der ganzheitlichen Bewertung der Umweltauswirkungen von UVP-pflichtigen BImSch-Vorhaben

Als stoffliche Inhalte sind in die ganzheitliche Bewertung - je nach vorliegendem Einzelfall - einzubeziehen:

> **Stoffliche Inhalte für die ganzheitliche Bewertung der Umweltauswirkungen UVP-pflichtiger BImSch-Vorhaben bei Genehmigungsverfahren, für die es rechtliche Vorgaben* gibt:**
>
> - Stoffzusammensetzungen (K)
> - Stoffumwandlungen (TK)
> - Unterschiedliche Größenordnungen von Stoffmengen (TK)
> - Unterschiedliche Aggregatzustände (K)
>   - Feste Stoffe (K)
>   - Flüssige Stoffe (K)
>   - Gasförmige Stoffe (K)
> - Änderungen von Aggregatzuständen (TK)
> - Stoffliche Umweltbestandteile (K)
>   - Wasser (K)
>   - Boden (K)
>   - Luft (K)
>   - Sachgüter (K)
> - Nutzfunktionen von Stoffen (bV TK)
> - Schadwirkungen von Stoffen (K)
>
> * = Grundlage   4. BImSchV, 9. BImSchV, UVPVwV, BImSchG, UVPG, UVP-Richtlinie, TA Lärm, TA Luft
>
> ---
>
> **Kategorien:**
> K   =   Hinreichend klar geregelte Sachverhalte
> TK   =   Ein oder mehrere Teilsachverhalte sind hinreichend klar und andere nicht geregelt
> bV   =   Für bestimmte Vorhabenarten speziell geregelte Sachverhalte
>
> Nähere Erläuterungen zu den Kategorien in Kapitel 5.1

4.3 Rechtlich-inhaltliche Vorgaben zu energetischen Sachverhalten

In den folgenden Kap. werden die rechtlich-inhaltlichen Vorgaben für den energetischen Bereich der ganzheitlichen Bewertung der Umweltauswirkungen von UVP-pflichtigen BImSch-Vorhaben bei Genehmigungsverfahren dargestellt.

4.3.1 Vorgaben für die zu berücksichtigenden energetischen Umweltcharakteristika

Von den unterschiedlichen energetischen Erscheinungsformen in der Umwelt werden in den gesetzlichen Vorgaben, die für alle Vorhaben gelten nur zum *Klima* Vorgaben gemacht. In § 1a der 9. BImSchV heißt es für alle UVP-pflichtigen BImSch-Vorhaben: "Das Prüfverfahren ... umfaßt ... die Ermittlung, Beschreibung und Bewertung der ... bedeutsamen Auswirkungen einer UVP-pflichtigen Anlage auf ... Klima ...".

Für Vorhaben, bei denen erhebliche oder nachhaltige Auswirkungen auf die Funktions- und Leistungsfähigkeit des Naturhaushaltes oder des Landschaftsbild erwartet werden, wird in Anhang 2 UVPVwV aufgeführt, daß vom Vorhabenträger bei der Antragstellung Unterlagen über das Geländeklima beizubringen sind.

Bei der Berechnung der Immissionen nach der TA Luft heißt es in Nr. 2.6.4.1 Buchstabe e, daß Veränderungen der Ausbreitungsbedingungen nicht berücksichtigt werden, obwohl für die Ausbreitung von Luftschadstoffen der Zustand der Atmosphäre und dessen Veränderung von grundsätzlicher Bedeutung für die Immissionsbelastung ist.

Außerdem gibt es für die Vorhabenarten, die unter die TA Lärm fallen Bestimmungen zum *Geräusch*. Die TA Lärm berücksichtigt bei der Ermittlung von Lärmwerten die Vorbelastung mit Geräusch (vgl. Nr. 2.422.4 TA Lärm).

4.3.2 Vorgaben für die zu berücksichtigenden vorhabenbedingten energetischen Ursachen für Umweltauswirkungen

Energieformen als Ursachen für Umweltauswirkungen. In § 5 BImSchG Abs. 1 heißt es zu den zu berücksichtigenden Energieformen:

" (1) Genehmigungsbedürftige Anlagen sind so zu errichten und zu betreiben, daß

1. schädliche Umwelteinwirkungen und sonstige Gefahren, erhebliche Nachteile und erhebliche Belästigungen für die Allgemeinheit und die Nachbarschaft nicht hervorgerufen werden können,
2. Vorsorge gegen schädliche Umwelteinwirkungen getroffen wird, insbesondere durch die dem Stand der Technik entsprechenden Maßnahmen zur Emissionsbegrenzung, ..."

Erläuternd wird in § 3 BImSchG bestimmt:

" (3) Emissionen im Sinne dieses Gesetzes sind die von einer Anlage ausgehenden ... *Geräusche, Erschütterungen, Licht, Wärme, Strahlen und ähnliche Erscheinungen* ...

(6) Stand der Technik im Sinne dieses Gesetzes ist der Entwicklungsstand fortschrittlicher Verfahren, Einrichtungen oder Betriebsweisen, der die praktische Eignung einer Maßnahme zur Begrenzung von Emissionen gesichert erscheinen läßt. Bei der Bestimmung des Standes der Technik sind insbe-

sondere vergleichbare Verfahren, Einrichtungen oder Betriebsweisen heranzuziehen, die mit Erfolg im Betrieb erprobt worden sind."

Nach § 6 Abs. 3 UVPG ist allgemein die Art der zu erwartenden Emissionen zu berücksichtigen.

Auch in § 4a 9. BImSchV wird bestimmt, daß die *Wärme,* die von der Anlage ausgeht, zu berücksichtigen ist und in der TA Lärm wird dargelegt, daß Emissionen von *Geräuschen* zu berücksichtigen sind.

Nach § 5 Abs. 1 in Verbindung mit § 3 Abs. 3 BImSchG sind zu den zu berücksichtigenden *Ursachen für Umweltauswirkungen auch Licht und Strahlen* zu zählen (s. o.). Allerdings wird nach JARASS (1995, S. 78) nur die natürliche ionisierende Strahlung, die bei Vorhaben freigesetzt wird, vom BImSch-Recht erfaßt, weil die künstliche ionisierende Strahlung zum größten Teil nach Atomrecht behandelt wird.

Nach § 3 Nr. 3 BImSchG sind auch ähnliche Erscheinungen wie Luftverunreinigungen, Geräusche, Erschütterungen, Licht, Wärme und Strahlen zu berücksichtigen. Hierbei könnte es sich z. B. um *elektrische, magnetische oder elektromagnetische Wellen* handeln.

Energiemengen als Ursachen für Umweltauswirkungen. In § 6 Abs. 3 UVPG wird ausgesagt, daß neben der Art auch die *Menge der zu erwartenden Emissionen* und damit der entsprechenden Energie zu berücksichtigen ist.

4.3.3 Vorgaben für die zu berücksichtigenden energetischen Umweltauswirkungen

Absatz 2 des § 5 des BImSchG führt aus, daß die schon in Kapitel 4.3.2 aufgeführten energetischen Erscheinungen *Geräusche, Erschütterungen, Licht, Wärme, Strahlen und ähnliche Umweltauswirkungen* als energetische Umweltauswirkungen zu berücksichtigen sind.

Zusätzlich findet sich in der TA Lärm eine Aussage zu den zu berücksichtigenden energetischen Umweltauswirkungen. Hierzu heißt es in Nr. 2.12 TA Lärm: "Immission ist die Einwirkung eines von einer Anlage ausgehenden Geräusches auf Nachbarn oder Dritte." Demnach werden die Auswirkungen des Vorhabens auf die Umwelt über die Immission von Schall festgelegt.

4.3.4 Rechtlich-inhaltliche Vorgaben für den energetischen Bereich der ganzheitlichen Bewertung der Umweltauswirkungen von UVP-pflichtigen BImSch-Vorhaben

Als energetische Inhalte sind in die ganzheitliche Bewertung - je nach vorliegendem Einzelfall - einzubeziehen:

> **Energetische Inhalte für die ganzheitliche Bewertung der Umweltauswirkungen UVP-pflichtiger BImSch-Vorhaben bei Genehmigungsverfahren, für die es rechtliche Vorgaben* gibt:**
>
> - Energieformen (TK)
>   - Strahlungsenergie (TK)
>   - Wärmeenergie (TK)
>   - Mechanische Energieformen (TK)
>   - Bewegungsenergie (TK)
>   - Schall (TK)
>   - Erschütterungen (TK)
>   - Elektrische Energie (TK)
>   - Magnetische Energie (TK)
> - Unterschiedliche Größenordnungen von Energiemengen (TK)
> - Klima (K + bv U)
> - Schadwirkungen von Energie (K)
>
> * = Grundlage   4. BImSchV, 9. BImSchV, UVPVwV, BImSchG, UVPG, UVP-Richtlinie, TA Lärm, TA Luft
>
> ---
>
> **Kategorien:**
>
> | | | |
> |---|---|---|
> | K | = | Hinreichend klar geregelte Sachverhalte |
> | TK | = | Ein oder mehrere Teilsachverhalte sind hinreichend klar und andere nicht geregelt |
> | U | = | Unklar geregelte Sachverhalte |
> | bV | = | Für bestimmte Vorhabenarten speziell geregelte Sachverhalte |
>
> Nähere Erläuterungen zu den Kategorien in Kapitel 5.1

4.4 Rechtlich-inhaltliche Vorgaben zu räumlichen Sachverhalten

Im Folgenden werden die rechtlich-inhaltlichen Vorgaben für den räumlichen Bereich der ganzheitlichen Bewertung der Umweltauswirkungen von UVP-pflichtigen BImSch-Vorhaben bei Genehmigungsverfahren dargestellt.

4.4.1 Vorgaben für die zu berücksichtigenden räumlichen Umweltcharakteristika

Ausdehnungen. Nach Nr. 2.5 des Anhangs 2 der UVPVwV ist bei Ersatzmaßnahmen der betroffene Landschaftsraum bzw. der erweiterte Landschaftsraum zu berücksichtigen. Der *räumliche Ausschnitt*, der nach der TA Lärm einzubeziehen ist, wird durch den *Auswirkungsbereich der von der Anlage ausgehenden Geräusche* bestimmt (vgl. Nr. 2.323 TA Lärm).

Bei Vorhaben, die u. a. nach der TA Luft genehmigt werden, richtet sich die räumliche Abgrenzung der zu berücksichtigenden Umwelt im wesentlichen nach der Höhe der Emissionsquellen über dem Gelände (vgl. Nr. 2.6.2.2 u. Nr. 2.6.2.3 TA Luft).

Formen. An zu berücksichtigenden *Formen* stammen die einzigen Vorgaben aus dem Anhang 2 der UVPVwV und beziehen sich auf Landschaftsformen (Geländemorphologie nach Nr. 2.1; die sinnlich wahrnehmbaren, die Landschaft prägenden und sie charakterisierenden Formen nach Nr. 2.2).

Landschaften. In § 1a der 9. BImSchV (vgl. Kap. 4.1.1) wird die *Landschaft* als einer der Prüfsachverhalte einer UVP bestimmt.

Nähere Erläuterungen hierzu - allerdings nur für Vorhaben, welche die Funktions- und Leistungsfähigkeit des Naturhaushaltes oder des Landschaftsbild nachhaltig beeinträchtigen - werden im Anhang 2 der UVPVwV gemacht.

Nach Nr. 2.1 des Anhangs 2 müssen besonderes folgende *allgemeine räumlichen Sachverhalte* berücksichtigt werden:
- die Gestalt von Grundflächen, Insbesondere
  - Oberflächengewässer und Gewässersysteme,
  - Bodenarten, Bodentypen, geologische Situation,
  - strukturbildende Landschaftsbestandteile und Einzelelemente,
  - Geländemorphologie und

nach Nr. 2.2
- die Gestalt von Grundflächen,
- der betroffene Landschaftsraum,
- das Landschaftsbild,
- die sinnlich wahrnehmbaren, die Landschaft prägenden und sie charakterisierenden Formen,
- die sinnlich wahrnehmbaren, die Landschaft prägenden und sie charakterisierenden Strukturen (z. B. Geländegestalt, Gewässer, Pflanzen und Tiere, Nutzungen, Luft / Klima).

In Anhang 2 der UVPVwV ist für Vorhaben, bei denen mit erheblichen Auswirkungen auf die *Landschaft* oder den Naturhaushalt gerechnet wird, beschrieben, daß mit den Antragsunterlagen auch die Angaben über die Maßnahmen zur Vermeidung oder Verminderung und zum Ausgleich der Beeinträchtigungen von Natur und Landschaft sowie der Ersatzmaßnahmen enthalten sein sollen.

4.4 Rechtlich-inhaltliche Vorgaben zu räumlichen Sachverhalten 153

Hierzu zählen nach Nr. 2.4 und Nr. 2.5 des Anhang 2 der UVPVwV (vgl. Kap. 4.1.2) explizit:
- räumlich-funktionale Zusammenhänge,
- das Landschaftsbild,
- der vom Eingriff betroffene Landschaftsraum,
- der erweiterte Landschaftsraum.

Für Vorhaben, die unter die Regelungen der TA Luft fallen, wird in Nr. 3.1.5.1 TA Luft ausgeführt, daß die allgemeinen Umgebungsbedingungen der Anlagen zu berücksichtigen sind. Hierzu gehört - zumindest bei Anlagen, die nicht mitten in bebautem Gebiet errichtet werden - unzweifelhaft die Landschaft.

Räumliche Funktional-systemische Charakteristika. Für die *funktional-systemische Ebene der räumlichen Umwelt* gibt es einige Vorgaben für besondere Vorhaben.

Nach Art 2.1 des Anhangs 2 der UVPVwV muß bei Vorhaben, bei denen erwartet wird, daß sie die Funktions- und Leistungsfähigkeit des Naturhaushaltes oder des Landschaftsbildes nachhaltig beeinträchtigen, besonderes die *Nutzung von Grundflächen*, insbesondere durch
- Biotope,
- gefährdete und bedeutsame Tier- und Pflanzenarten und -gesellschaften,
- Grundwasservorkommen, Grundwasserneubildungsgebiete und Deckschichten,
- Nutzungsarten und -intensitäten in den Bereichen Landwirtschaft, Forstwirtschaft, Fischwirtschaft, Erholung, Wasserwirtschaft und
- Natur- und Landschaftsschutznutzung einschließlich kulturhistorischer Nutzungsformen

berücksichtigt werden.

Für Vorhaben, die unter Einbeziehung der TA Lärm zu bewerten sind, müssen u. a. die *Nutzungen von Gebäuden* in der Umgebung des Vorhabens (vgl. Nr. 2.321 und 2.421.1 TA Lärm) berücksichtigt werden.

In einigen Nummern der TA Luft werden Aussagen zu den im räumlichen Bereich zu berücksichtigenden funktional-systemischen Umweltbestandteilen gemacht. Durch Nr. 2.2.1.3 gehören hierzu insbesondere die *Nutzung von Grundstücken*. Außerdem wird gefordert, *planerische Festlegungen*, die sich ja in den meisten Fällen auf Nutzungen beziehen und Nutzungsbeschränkungen zu berücksichtigen.

4.4.2 Vorgaben für die zu berücksichtigenden vorhabenbedingten räumlichen Ursachen für Umweltauswirkungen

Absolute Lage als Ursache für Umweltauswirkungen. Anlagen im Sinne des BImSchG sind nach § 3 Abs. 5 BImSchG: "1. Betriebsstätten und sonstige ortsfeste Einrichtungen, ...". Hierdurch kommt zum Ausdruck, daß der Anlage in der Regel ein *lokal fest definierbarer Ort* zugeordnet werden kann.

Distanzen zum Anlagenstandort der Ursache für Umweltauswirkungen. Nach § 3 Abs. 5 BImSchG sind "*Grundstücke, auf denen Stoffe gelagert oder abgelagert oder Arbeiten durchgeführt werden*, die Emissionen verursachen können, ausgenommen öffentliche Verkehrswege" Bestandteile der Anlage.

Auch nach § 4a der 9. BImSchV sind sowohl die Anlage als auch der *Bedarf an Grund und Boden* zu berücksichtigen.

Daß - zumindest nach der Betriebseinstellung das *Anlagengrundstück* als mögliche Quelle von Umweltauswirkungen bei der Bewertung nach BImSchG zu berücksichtigen ist, macht auch § 5 Abs. 3 BImSchG deutlich: "Der Betreiber hat sicherzustellen, daß auch nach einer Betriebseinstellung von der Anlage oder dem Anlagengrundstück keine schädlichen Umwelteinwirkungen ... hervorgerufen werden können ..."

Und auch nach § 5 Abs. 1 Nr. 4 BImSchG ist, soll bei dem Vorhaben Wärme genutzt werden, der *Standort der Anlage* zu berücksichtigen.

Zur Anlage zählen nach Abs. 2 des § 1 der 4. BImSchV auch: "*Nebeneinrichtungen, die mit den Anlagenteilen und Verfahrensschritten ... in einem räumlichen ... Zusammenhang stehen* ...".

Zu Vorhaben, bei denen mit erheblichen Auswirkungen auf die Landschaft oder den Naturhaushalt gerechnet wird, gehören nach Nr. 2.4 des Anhangs 2 der UVPVwV auch *Maßnahmen im räumlich-funktionalen Zusammenhang* des Eingriffs.

Räumliche Verteilung als Ursachen für Umweltauswirkungen. Nach § 4a der 9. BImSchV Nr. 6 ist die *räumliche Verteilung der Emissionen* zu berücksichtigen.

Ausdehnung der Ursachen für Umweltauswirkungen. Zur quantitativen Abschätzung der Luftemissionen bei Vorhaben nach TA Luft werden ausdrücklich nur massenbezogene und *keine volumenbezogenen Maßangaben* von Emissionen ermittelt und "Luftmengen, die einer Einrichtung der Anlage zugeführt werden, um das Abgas zu verdünnen oder zu kühlen, bleiben bei der Bestimmung der Massenkonzentrationen unberücksichtigt" (Nr. 2.1.3 TA Luft).

4.4.3 Vorgaben für die zu berücksichtigenden räumlichen Umweltauswirkungen

Für die Vorhaben, bei denen mit erheblichen Auswirkungen auf den Naturhaushalt und die Landschaft gerechnet wird, sind nach Nr. 2.2 des Anhangs 2 der UVPVwV die *Veränderungen der Gestalt von Grundflächen* zu berücksichtigende räumliche Sachverhalte.

Außerdem ist hierin für diese Vorhaben festgelegt, daß *Veränderungen der Nutzung von Grundflächen* berücksichtigt werden sollen.

Außerdem sind nach § 3 BImSchG die schädlichen *Umweltauswirkungen auf die Nachbarschaft* zu berücksichtigen. In der TA Lärm heißt es hierzu in Nr. 2.12: "Immission ist die Einwirkung eines von einer Anlage ausgehenden Geräusches auf Nachbarn ...". Nachbarschaft drückt eine relative Lage aus. Sie kann in der Regel dem Nahraum der Anlage zugerechnet werden.

4.4.4 Rechtlich-inhaltliche Vorgaben für den räumlichen Bereich der ganzheitlichen Bewertung der Umweltauswirkungen von UVP-pflichtigen BImSch-Vorhaben

Als räumliche Inhalte sind in die ganzheitliche Bewertung - je nach vorliegendem Einzelfall - einzubeziehen:

Räumliche Inhalte für die ganzheitliche Bewertung der Umweltauswirkungen UVP-pflichtiger BImSch-Vorhaben bei Genehmigungsverfahren, für die es rechtliche Vorgaben* gibt:

- Absolute Lagen (TK)
- Räumliche Veränderungen (bv TK)
- Ausdehnungen (bv TK)
   - Unterschiedliche Größenordnungen von Volumina (bv TK)
- Formen (bV TK)
- Landschaften (K)
- Raumfunktionen (bv TK)
- Distanzen zum Anlagenstandort (TK)
   - Anlagenstandorte (K)
   - Anlagennahräume (TK)

* = Grundlage   4. BImSchV, 9. BImSchV, UVPVwV, BImSchG, UVPG, UVP-Richtlinie, TA Lärm, TA Luft

---

Kategorien:

K	=	Hinreichend klar geregelte Sachverhalte
TK	=	Ein oder mehrere Teilsachverhalte sind hinreichend klar und andere nicht geregelt
bV	=	Für bestimmte Vorhabenarten speziell geregelte Sachverhalte

Nähere Erläuterungen zu den Kategorien in Kapitel 5.1

4.5 Rechtlich-inhaltliche Vorgaben zu zeitlichen Sachverhalten

In den folgenden Kap. werden die rechtlich-inhaltlichen Vorgaben für den zeitlichen Bereich der ganzheitlichen Bewertung der Umweltauswirkungen von UVP-pflichtigen BImSch-Vorhaben bei Genehmigungsverfahren dargestellt.

4.5.1 Vorgaben für die zu berücksichtigenden zeitlichen Umweltcharakteristika

Absolute zeitliche Einordnung. Es finden sich keine Vorgaben für die Einbeziehung von absoluten zeitlichen Merkmalen in den rechtlichen Regelungen.

Relative zeitliche Einordnungen auf der Zeitachse. Es finden sich zwar keine Vorgaben zur Einbeziehung der Vergangenheit der Umwelt aber zur Einbeziehung deren Gegenwart und Zukunft.
Gegenwart: Aus Nr. 0.5.1.2 UVPVwV geht hervor, daß der *gegenwärtige Zustand der Umwelt* zu betrachten ist: "Grundsätzlich ist nur der aktuelle Ist-Zustand zu ermitteln" (Nr. 0.5.1.2 Satz 1 UVPVwV), und in Nr. 2.322 steht, daß die momentane Bebauung berücksichtigt werden muß.
Zukunft: Nr. 0.5.1.2 UVPVwV Satz 2 besagt, daß nur unter bestimmten Umständen von der Vorgabe in Nr. 0.5.1.2 Satz 1 (s. o.) abgewichen werden darf. Liegen derartige bestimmte Umstände vor, ist der Zustand der Umwelt zum *Zeitpunkt der Verwirklichung des Vorhabens* zu betrachten: "Sind wirtschaftliche, verkehrliche, technische oder sonstige Entwicklungen zu erwarten, ..., ist der vorhersehbare Zustand zu beschreiben, wie er sich bis zur Vorhabenverwirklichung darstellen wird" (Nr. 0.5.1.2 Satz 2 UVPVwV).
Die darüber hinausgehende zukünftige Umwelt ist demnach explizit von der Betrachtung ausgeschlossen. Dies steht im Gegensatz zur Forderung von Nr. 0.3 UVPVwV, wonach auch kurz-, mittel- und langfristige Auswirkungen einzubeziehen sind (vgl. Nr. 0.3f UVPVwV). Dies ist ohne eine Betrachtung der Umwelt zum Zeitpunkt dieser Auswirkungen nicht möglich, da jede Bewertung von Auswirkungen nicht nur von der Art der Auswirkung, sondern auch von der betroffenen Umwelt abhängt, und sich die Umwelt mit der Zeit verändert. Demnach müßte auch die Umwelt nicht nur in ihrer gegenwärtigen, sondern auch - je nach Einzelfall - in ihrer nahen, mittleren oder weiten zukünftigen Ausprägung zu betrachten sein.
Außerdem steht diese Forderung im Gegensatz zur Forderung aus Nr. 0.5.2.2 Abs. 4 3. Spiegelstrich der UVPVwV, in der ausgesagt wird, daß in der zusammenfassenden Darstellung neben den voraussichtlichen Veränderungen der Umwelt durch das Vorhaben auch die voraussichtlichen Veränderungen infolge sonstiger zu erwartender Entwicklungen darzustellen sind; und auch in der Verwaltungsvorschrift TA Lärm ist eine zeitliche Festlegung vorgegeben, dadurch, daß

u. a. die vorgesehene Entwicklung der Bebauung zu berücksichtigen ist (vgl. Nr. 2.322 TA Lärm).

Zeitliche Verteilung von Erscheinungen. In der Verwaltungsvorschrift TA Lärm sind v. a. auch *Tageszeiten* (vgl. Nr. 2.321 u. Nr. 2.422.5 TA Lärm) zu berücksichtigen.

Funktional-systemische zeitliche Charakteristika. Zu den wenigen Quellen über Funktionen von zeitlichen Charakteristika der Umwelt gehört die Nr. 2.5 des Anhangs 2 der UVPVwV. Hier wird aufgeführt, daß bei Ersatzmaßnahmen auch die Zeitpunkte des Wirksamwerdens der Ersatzmaßnahmen und die *Wiederherstellungszeiträume* zu beachten sind. Hierdurch wird der Faktor Zeit in der Bewertung des Ersatzes der durch das Vorhaben zerstörten oder beeinträchtigten Funktion berücksichtigt.

Bei Vorhaben, die nach der TA Luft zu bewerten sind, sollen auch *planerische Festlegungen* (z. B. in Bebauungsplänen festgelegte Nutzungen von Grundstücken, landesplanerische Ausweisungen, fachplanerische Ausweisungen) in die Bewertung einbezogen werden (vgl. Nr. 2.2.1.3 TA Luft). Da Planungen immer auf die Zukunft bezogen sind, wird hierdurch der zukünftige Aspekt der Umwelt in diesen Bewertungen vorgegeben. Im gleichen Sinn wirkt die Vorgabe, daß *Sanierungsmaßnahmen* zu betrachten sind (vgl. Nr. 2.2.1.3 TA Luft), da dies nur sinnvoll ist, wenn auch das Ergebnis der Sanierung berücksichtigt werden muß und dieses immer in der Zukunft liegt.

4.5.2 Vorgaben für die zu berücksichtigenden vorhabenbedingten zeitlichen Ursachen für Umweltauswirkungen

Anlagenexistenzphasen als Ursachen für Umweltauswirkungen. Anlagenerrichtung: Sowohl nach § 4e Satz 1 der 9. BImSchV als auch nach Nr. 0.3 Buchstabe b und Nr. 0.5.1.1 Abs. 2 der UVPVwV wird ausgeführt, daß die *Errichtung der Anlage* zu betrachten ist.

Anlagenbetrieb: In § 4e 9. BImSchV ist der *bestimmungsmäßige Betrieb* der Anlage zu berücksichtigen, soweit sonstige erhebliche Auswirkungen auf die Umweltschutzgüter zu erwarten sind, und auch nach Nr. 0.3 Punkt b und Nr. 0.5.1.1 Abs. 2 der UVPVwV ist die *Betriebsphase* des Vorhabens zu betrachten.

Anlagenstillegung: Nach § 4b Abs. 1 Nr. 4 der 9. BImSchV sind auch vorgesehene Schutzmaßnahmen bei der *Betriebseinstellung* zu betrachten, und nach § 4e der 9. BImSchV werden die Sachverhalte der Einstellung des Betriebs, die sonstige erhebliche Auswirkungen auf die Umweltschutzgüter erwarten lassen, einbezogen.

Daß die Stillegung bei der Bewertung zu berücksichtigen ist, macht auch § 5 Abs. 3 BImSchG deutlich: "Der Betreiber hat sicherzustellen, daß auch nach einer Betriebseinstellung

1. von der Anlage oder dem Anlagengrundstück keine schädlichen Umwelteinwirkungen und sonstigen Gefahren, erhebliche Nachteile und erhebliche Belästigungen für die Allgemeinheit und die Nachbarschaft hervorgerufen werden können und
2. vorhandene Reststoffe (Abfälle) ordnungsgemäß und schadlos verwertet oder (als Abfälle) ohne Beeinträchtigung des Wohls der Allgemeinheit beseitigt werden."

Zeitdauern der Ursachen für Umweltauswirkungen. Nach § 4a der 9. BImSchV Nr. 6 ist die *zeitliche Verteilung* der Emissionen zu berücksichtigen. Außerdem gibt es 2 Vorgaben für besondere Vorhabenarten:
In Anhang 2 der UVPVwV wird für die Vorhaben, bei denen mit erheblichen Auswirkungen auf den Naturhaushalt und die Landschaft zu rechnen ist, ausgeführt, daß mit den Antragsunterlagen auch die Angaben über die Maßnahmen in dem vom Eingriff betroffenen Landschaftsraum, welche die beeinträchtigten Funktionen ähnlich und im *angemessenen Zeitraum* zu den Beeinträchtigungen wiederherstellen, einzureichen sind.
Und es heißt in Nr. 3.1.5.1 der TA Luft, daß bei der Bewertung von Stäuben die *Zeitdauern* der Emissionen berücksichtigt werden sollen.

Zeitliche Verteilungen als Ursachen für Umweltauswirkungen. Nach § 4a der 9. BImSchV sind je nach Emission auch Angaben zu deren *zeitlichen Verteilung* zu machen.

4.5.3 Vorgaben für die zu berücksichtigenden zeitlichen Umweltauswirkungen

Absolute zeitliche Einordnung der Umweltauswirkungen. Zukunft: Bei der Abgrenzung, welche Art von Auswirkungen berücksichtigt werden sollen, wird in Art. 3 Satz 1 der UVP-Richtlinie recht allgemein ausgeführt, daß sowohl *mittelbare als auch unmittelbare Auswirkungen* zu bewerten sind.
Wie in den Kap. 4.1.1 und 4.1.3 ausgeführt, läßt diese Formulierung 2 Interpretationsrichtungen zu:
- eine anlagenbezogene (vgl. Kap. 4.1.1) und
- eine auswirkungsbezogene (vgl. Kap. 4.1.3).

In beiden Fällen ist durch die Einbeziehung der mittelbaren Auswirkungen ein erweiterter zeitlicher Horizont in die Zukunft geschaffen worden, da - gleichgültig, ob die mittelbaren Auswirkungen anlagen- oder umweltbezogen angewendet werden - mit der Abfolge von der unmittelbaren zur mittelbaren Auswirkung immer das *Vergehen von Zeit* verbunden ist.
Bei der Berechnung der Immissionen in der TA Luft werden mögliche Veränderungen der Ausbreitungsbedingungen nicht beachtet (vgl. Nr. 2.6.4.1 TA Luft). Das bedeutet, daß in bezug auf diese Berechnungen ein bestimmter Sachstand der

4.5 Rechtlich-inhaltliche Vorgaben zu zeitlichen Sachverhalten   159

Ausbreitungsbedingungen angenommen wird und die mit dem *Fortgang der Zeit* verbundenen Veränderungen ignoriert werden.

Zeitdauern der Umweltauswirkungen. In Nr. 0.3 der UVPVwV heißt es zu den *Zeitdauern*:
"Auswirkungen auf die Umwelt können je nach den Umständen des Einzelfalls ...
c) kurz-, mittel-, und langfristig auftreten,
d) ständig oder nur vorübergehend vorhanden sein, ..."
Dies bedeutet, daß sowohl *kurze als auch mittlere und lange Zeitdauern von Auswirkungen* in der Bewertung zu berücksichtigen sind. Die zeitlichen Charaktereigenschaften ständig oder vorübergehend können in die Betrachtung kurz-, mittel-, langfristig integriert werden.
Auch nach § 3 Abs. 1 BImSchG ist die Dauer von Umweltauswirkungen in die Bewertung einzustellen: "Schädliche Umwelteinwirkungen im Sinne dieses Gesetzes sind Immissionen, die nach ... Dauer geeignet sind, Gefahren, erhebliche Nachteile oder erhebliche Belästigungen für die Allgemeinheit oder die Nachbarschaft herbeizuführen.".

Zeitliche Verteilung der Umweltauswirkungen. Aus Nr. 0.5.2.2 Satz 2 UVPVwV geht hervor, daß in der Bewertung UVP-pflichtiger BImSch-Vorhaben auch Häufigkeiten der voraussichtlichen Umweltauswirkungen eine Rolle spielen sollen: "Die zusammenfassende Darstellung enthält die für die Bewertung erforderlichen Aussagen über die voraussichtlichen Umweltauswirkungen des Vorhabens. Hierzu gehören u. a. Aussagen über ... *Häufigkeit ... bestimmter Umweltauswirkungen*."

4.5.4 Rechtlich-inhaltliche Vorgaben für den zeitlichen Bereich der ganzheitlichen Bewertung der Umweltauswirkungen von UVP-pflichtigen BImSch-Vorhaben

Als zeitliche Inhalte sind in die ganzheitliche Bewertung - je nach vorliegendem Einzelfall - einzubeziehen:

Zeitliche Inhalte für die ganzheitliche Bewertung der Umweltauswirkungen UVP-pflichtiger BImSch-Vorhaben bei Genehmigungsverfahren, für die es rechtliche Vorgaben* gibt:

- Relative zeitliche Einordnungen auf der Zeitachse (TK / TU)
    - Gegenwart (K)
    - Zukunft (U)
- Unterschiedliche Zeiträume (TK)
    - Lange Zeiträume (TK)

- Mittlere Zeiträume (TK)
- Kurze Zeiträume (TK)
- Zeitliche Verteilungen (TK)
  - Periodische Erscheinungen (bV TK)
- Funktionen von Zeit (bV TK)
- Anlagenexistenzphasen (K)
  - Anlagenerrichtungen (K)
  - Betrieb von Anlagen (K)
  - Anlagenstillegungen (K)

* = Grundlage   4. BImSchV, 9. BImSchV, UVPVwV, BImSchG, UVPG, UVP-Richtlinie, TA Lärm, TA Luft

---

Kategorien:

K	=	Hinreichend klar geregelte Sachverhalte
TK	=	Ein oder mehrere Teilsachverhalte sind hinreichend klar und andere nicht geregelt
TK / TU	=	Ein oder mehrere Teilsachverhalte sind hinreichend klar und andere unklar geregelt
U	=	Unklar geregelte Sachverhalte
bV	=	Für bestimmte Vorhabenarten speziell geregelte Sachverhalte

Nähere Erläuterungen zu den Kategorien in Kapitel 5.1

5 Die Auswirkungen von Industriebetrieben auf die Umwelt werden in den gesetzlichen Vorgaben unterschiedlich berücksichtigt

5.1 Die Sachverhalte lassen sich nach ihrer Berücksichtigung in den gesetzlichen Vorgaben in unterschiedliche Kategorien einordnen

In Kap. 4 hat sich gezeigt, daß die *realen Sachverhalte*, welche die Auswirkungen von Industriebetrieben auf die Umwelt ausmachen, in den gesetzlichen Vorgaben für die ganzheitliche Bewertung bei Genehmigungsverfahren für UVP-pflichtige BImSch-Vorhaben unterschiedlich berücksichtigt werden. Je nach dem, wie sie berücksichtigt werden, können sie unterschiedlichen Kategorien zugeordnet werden.

Für die Darstellung, in welcher Art und Weise die einzelnen Sachverhalte durch die gesetzlichen Vorgaben geregelt werden, sind den jeweiligen Kategorien Buchstaben bzw. Buchstabenkombinationen zugeordnet (s. u.). Mit diesen Kürzeln werden in den Unterkapiteln .4 der Kap. 4.1 bis 4.5 die einzelnen Sachverhalte entsprechend ihres gesetzlichen Regelungsgehaltes markiert (vgl. Kap. 4.1.4, 4.2.4, 4.3.4, 4.4.4, 4.5.4).

Zu relativ vielen Sachverhalten werden in den gesetzlichen Regelungen *keinerlei Vorgaben* gemacht. Die Regelungen sind in Kapitel 5.7 aufgeführt.

Hinreichend klar geregelte Sachverhalte (K). Für einen Teil der Sachverhalte wird in den gesetzlichen Regelungen *hinreichend klar* vorgegeben, wie weit sie in der Bewertung zu berücksichtigen sind oder auch nicht zu berücksichtigen sind. Für sie werden meist relativ konkrete Vorgaben gemacht (vgl. Kap. 5.2).

Bei der Einordnung eines Sachverhaltes als hinreichend klar wird keine völlige Eindeutigkeit zugrunde gelegt, da es praktisch bei jedem der in den Gesetzen vielfach verwendeten unbestimmten Rechtsbegriffe Interpretationsspielräume gibt, die sowohl in der juristischen Wissenschaft als auch in der Praxis unterschiedlich angewendet werden.

Eine Einordnung als hinreichend klar erfolgt demnach dann, wenn in den gesetzlichen Regelungen Vorgaben über den entsprechenden Sachverhalt gemacht werden. Weiterhin muß gewährleistet sein, daß in den untersuchten gesetzlichen Regelungen keine weiteren Vorgaben zu dem betreffenden Sachverhalt enthalten sind, die der ersten Vorgabe widersprechen.

Unklar geregelte Sachverhalte (U). Andere Sachverhalte sind durch die gesetzlichen Vorgaben nicht eindeutig bzw. widersprüchlich geregelt. Sie sind demnach *unklar* (vgl. Kap. 5.3).

Ein oder mehrere Teilsachverhalte sind hinreichend klar und andere nicht geregelt (TK). Nicht alle Sachverhalte lassen sich in all ihren Teilsachverhalten in die Kategorien hinreichend klar geregelt oder unklar geregelt einordnen. Bei einigen Sachverhalten sind z. B. nur einige *Teilsachverhalte gesetzlich geregelt, während die anderen Teilsachverhalte nicht behandelt werden* (vgl. Kap. 5.4).

Ein oder mehrere Teilsachverhalte sind unklar geregelt und andere sind nicht geregelt (TU). Es hätte prinzipiell auch vorkommen können, daß für einige Sachverhalte nur Teilsachverhalte geregelt sind und diese Regelungen *ausschließlich mehrdeutig und / oder widersprüchlich* sind. Sachverhalte mit diesem Merkmal konnten in den untersuchten gesetzlichen Regelungen nicht nachgewiesen werden (vgl. Kap. 5.5).

Ein oder mehrere Teilsachverhalte sind hinreichend klar und andere unklar geregelt (TK / TU). Darüber hinaus gibt es die Situation, daß bei einigen Sachverhalten für einen Teilsachverhalt oder mehrere Teilsachverhalte *hinreichend klare und für andere Teilsachverhalte mehrdeutige oder widersprüchliche Vorgaben* vorkommen (vgl. Kap. 5.6).

Für bestimmte Vorhabenarten speziell geregelte Sachverhalte (bV). Ferner hat sich gezeigt, daß *nicht sämtliche gesetzlichen Vorgaben für alle Arten von Anlagen bzw. Vorhaben* gelten. Einige Sachverhalte sind *nur für bestimmte Vorhabenarten gesetzlich geregelt* (vgl. Kap. 5.2 u. 5.4). Außerdem sind *einige Sachverhalte für bestimmte Vorhaben anders geregelt als für andere Vorhaben*. (vgl. Kap. 5.2, 5.3 u. 5.4).

5.2 Einige Sachverhalte sind hinreichend klar geregelt

Sachverhalte. Nach dieser Einstufung sind lediglich für rund ein Drittel der gesetzlich geregelten Arten von Sachverhalten die Vorgaben hinreichend klar geregelt (vgl. Tabelle 6). Hervorzuheben ist hierbei, daß sich die Hälfte dieser Vorgaben auf allgemeine Sachverhalte bezieht. Besonders umfangreiche Vorgaben gibt es zu den Sachverhalten *Anlagen* (vgl. Kap. 4.1.2) und *Funktionen für Men-*

schen (vgl. Kap. 4.1.1). Aber auch über die *Produktionen*, die *Normalbetriebszustände* und die *außerplanmäßigen Betriebsunterbrechungen* (vgl. alle Kap. 4.1.2) finden sich an unterschiedlichen Stellen der gesetzlichen Regelungen Vorgaben, die sich jeweils ihrem Inhalt nach im wesentlichen nicht widersprechen und damit hinreichend klar geregelt sind.

Eine Sonderstellung nimmt der Sachverhalt der *Funktionen für existierende Lebewesen* ein (vgl. Kap. 4.1.1). Er ist unter dem Oberbegriff der Funktionen für unterschiedliche Generationen als Unterscheidung zu den Funktionen für zukünftige Generationen zu sehen (vgl. Kap. 4.1.1). Zwar wird in keiner der relevanten Regelungen eine Aussage dazu gemacht, auf welche Generationen von Lebewesen sich die einzelnen Vorgaben beziehen, aber es ist bei der bestehenden Rechtsanwendungspraxis davon auszugehen, daß mindestens jeweils die zu dem Zeitpunkt des Verwaltungsverfahrens existierenden Lebewesen unter die entsprechenden Regelungen fallen. So bezieht sich die Einstufung dieses Sachverhaltes als hinreichend klar nicht auf die explizite Erwähnung in den gesetzlichen Regelungen, sondern auf die Eindeutigkeit durch den üblichen Gesetzesgebrauch.

Über die zukünftigen Generationen wird in den untersuchten gesetzlichen Regelungen keine Aussage gemacht. Allerdings findet sich in dem für die Gesetzgebung und die Gesetzesauslegung maßgeblichen GG, daß auch *künftige Generationen* als Maßstab für Umweltschutzmaßnahmen herangezogen werden müssen (vgl. Kap. 4.1.1).

Von den unterschiedlichen in der Umwelt vorkommenden Ursache-Wirkung-Beziehungen finden sich lediglich Aussagen zu den *Wechselwirkungen* (vgl. Kap. 4.1.1). Diese Aussagen über Wechselwirkungen sind allerdings hinreichend klar geregelt.

Bei den unterschiedlichen *primären betrieblichen Ursachen für Umweltauswirkungen* (vgl. Kap. 4.1.2) sind die Teilsachverhalte *Anlagen, Produktionen, Vorhabenalternativen* und *für bestimmte Vorhaben auch die Ausgleichs- und Ersatzmaßnahmen als Ursachen für Umweltauswirkungen* hinreichend klar geregelt, so daß auch der übergeordnete Sachverhalt der *primären betrieblichen Ursachen für Umweltauswirkungen* als hinreichend klar geregelt eingestuft werden kann.

Es ist naheliegend, daß in den Vorgaben, bei denen betriebliche Ursachen für Umweltauswirkungen geregelt werden (vgl. Kap. 4.1.2), zumindest die *singulären Ursachen für Umweltauswirkungen* angesprochen werden. Dies wird in keiner der Vorgaben ausgeführt, kann aber dennoch als klar geregelt angesehen werden.

Nur für bestimmte Vorgaben lassen sich die *unterschiedlichen Wahrscheinlichkeitsgrade von Ereignissen* über indirekte Regelungen erschließen (vgl. Kap. 4.1.2, 4.1.3). Diese indirekten Regelungen haben darüber hinaus einen gewissen Interpretationsspielraum. Deshalb muß dieser Sachverhalt als unklar geregelt eingestuft werden (vgl. Kap. 5.3). Lediglich für *bestimmte Vorhaben* sind die Wahrscheinlichkeitsgrade hinreichend klar geregelt (vgl. Kap. 4.1.2, 4.1.3).

5 Unterschiedliche Berücksichtigung der Sachverhalte in den Vorgaben

Tabelle 6. Sachverhalte der Umweltauswirkungen von Industriebetrieben, welche durch die gesetzlichen Vorgaben für Genehmigungsverfahren für UVP-pflichtige BImSch-Vorhaben hinreichend klar geregelt sind.

Folgende Sachverhalte sind durch die gesetzlichen Vorgaben* hinreichend klar geregelt:

Sachverhalte	Gesetzliche Grundlagen
- Ursache-Wirkung-Beziehungen in der Umwelt mit direkter Rückwirkung	2, 5
- Ursache-Wirkung-Beziehungen in der Umwelt mit indirekter Rückwirkung	2, 5
- Funktionen für Menschen	2, 4, 5, 7, 8
- Funktionen für unterschiedliche Generationen	
- Funktionen für existierende Lebewesen	
- Funktionen für zukünftige Lebewesen	GG
- Lebewesen als Umweltbestandteile	2, 3, 4
- Menschen als Umweltbestandteile	2
- Nichtmenschliche Lebewesen als Umweltbestandteile	2, 3, 4
- Primäre betriebliche Ursachen für Umweltauswirkungen	1, 2, 3, 4, 7, 8
- Produktionen	1, 2, 4
- Anlagen	1, 2, 4, 5, 7, 8
- Ausgleichs- und Ersatzmaßnahmen (bv)	3
- Vorhabenalternativen	2, 3, 5
- Normalbetriebszustände	2, 3
- Außerplanmäßige Betriebsunterbrechungen	2, 3
- Singuläre betriebliche Ursachen für Umweltauswirkungen	
- Unterschiedliche Wahrscheinlichkeitsgrade von Ereignissen (bv + U)	2, 3
- Umweltauswirkungsarten	2, 3, 6
- Direktauswirkungen	
- Folgeauswirkungen	2, 3, 6
- Singuläre Umweltauswirkungen	3
- Kumulative Umweltauswirkungen (+ bv U)	3
- Auswirkungen auf Nichtumweltbelange	3
- Stoffzusammensetzungen	3
- Aggregatzustände	1, 3
- Feste Stoffe	1, 3
- Flüssige Stoffe	1, 3
- Gasförmige Stoffe	1, 3
- Stoffliche Umweltbestandteile	2
- Wasser	2
- Boden	2, 8
- Luft	2, 8
- Sachgüter	2

```
-   Schadwirkungen von Stoffen                    2, 4, 8
-   Klima (+ bv U)                                2, 3
-   Schadwirkungen von Energie                    3, 4, 7
-   Landschaften                                  2, 3
-   Anlagenstandorte                              2, 4
-   Gegenwart                                     3, 7
-   Anlagenexistenzphasen                         2, 3, 4
    -   Anlagenerrichtungen                       2, 3, 4
    -   Betrieb von Anlagen                       2, 3, 4
    -   Anlagenstillegungen                       2, 3, 4

* = Grundlage    GG, 4. BImSchV, 9. BImSchV, UVPVwV, BImSchG, UVPG, UVP-Richtlinie,
                 TA Lärm, TA Luft
```

Legende:

bv = Der Sachverhalt ist nur für bestimmte Vorhabenarten gesetzlich geregelt.

+ bv U = Die gesetzlichen Vorgaben für den Sachverhalt sind für bestimmte Vorhaben mehrdeutig oder widersprüchlich geregelt.

Nähere Erläuterungen zu den Kategorien in Kapitel 5.1

Gesetzliche Grundlagen: 1) 4. BImSchV, 2) 9. BImSchV, 3) UVPVwV, 4) BImSchG, 5) UVPG, 6) UVP-Richtlinie, 7) TA Lärm, 8) TA Luft, GG) Grundgesetz

Obwohl es nicht explizit erwähnt wird, so ist es hinreichend klar, daß bei den Vorgaben, welche die Auswirkungen auf die Umwelt regeln, zumindest die *Direktauswirkungen* zu berücksichtigen sind (vgl. Kap. 4.1.3). Daß darüber hinaus auch *Folgeauswirkungen* zu betrachten sind, wird sowohl aus der UVPVwV als auch aus dem BImSchG deutlich. Die unklare Formulierung in der UVP-Richtlinie braucht aus diesem Grund nicht weiter beachtet zu werden (vgl. Kap. 4.1.3).

Entsprechend verhält es sich mit den Sachverhalten *singuläre und kumulative Auswirkungen*, die generell durch die Vorgaben in der UVPVwV hinreichend klar geregelt sind (vgl. Kap. 4.1.3). Allerdings wird diesen hinreichend klaren Regelungen für Vorhaben, die auch unter die TA Luft fallen, teilweise widersprochen (vgl. Kap. 5.3).

Die Vorgaben bezüglich der *Auswirkungen auf Nichtumweltbelange* (vgl. Kap. 4.1.3) und der Lebewesen als Umweltbestandteile mit den Teilsachverhalten *Menschen* bzw. *nichtmenschliche Lebewesen als Umweltbestandteile* (vgl. Kap. 4.1.1) finden sich jeweils nur an wenigen Stellen. Da ihnen aber an anderen Stellen nicht widersprochen wird, kann man sie als hinreichend klar geregelt einstufen.

Gleiches gilt auch für die *Ausgleichs- und Ersatzmaßnahmen* (vgl. Kap. 4.1.2). Hierbei ist festzuhalten, daß diese Vorgaben per se nur für Vorhaben gelten, bei denen mit erheblichen nachteiligen Beeinträchtigungen der Funktions- und Leistungsfähigkeit des Naturhaushaltes oder des Landschaftsbildes zu rechnen ist, da nur für diese Ausgleichs- und Ersatzmaßnahmen durchzuführen sind. Dieser Sachverhalt ist deshalb vollständig bezüglich der Vorhabenarten, obwohl er nur für bestimmte Vorhaben geregelt ist.

Ein Teil der stofflichen Sachverhalte dieser Kategorie ist hauptsächlich auf Nr. 3 der UVPVwV zurückzuführen. Hierzu gehören die *Stoffzusammensetzungen* (vgl. Kap. 4.2.1) und die *Aggregatzustände* (vgl. Kap. 4.2.2).

Als nächste größere Gruppe der hinreichend klar geregelten Sachverhalte fallen die *stofflichen Umweltbestandteile* auf. Sie sind jeweils in der 9. BImSchV geregelt, wobei die Luft und der Boden zusätzlich noch in der TA Luft angesprochen werden (vgl. Kap. 4.2.1).

Die *Schadwirkungen von Stoffen und von Energie* werden durch Vorgaben des BImSchG in Verbindung mit der 9. BImSchV geregelt, und die Vorgaben aus der TA Luft respektive der TA Lärm unterstreichen die dort getroffenen Aussagen (vgl. Kap. 4.2.1, 4.3.1).

Für die *klimatischen Gegebenheiten* sind die Vorgaben in der 9. BImSchV und der UVPVwV hinreichend klar formuliert (vgl. Kap. 4.3.1). Für Vorhaben, die unter die TA Luft fallen, sind diese jedoch widersprüchlich (ebenda, Kap. 5.3).

Von den räumlichen Vorgaben sind diejenigen für den Sachverhalt *Landschaften* hinreichend klar (vgl. Kap. 4.4.1). Die recht umfangreichen Angaben in Anhang 2 der UVPVwV für die Vorhaben, bei denen mit erheblichen nachteiligen Beeinträchtigungen der Funktions- und Leistungsfähigkeit des Naturhaushaltes oder des Landschaftsbildes zu rechnen ist, konkretisieren hierbei die allgemeine Vorgabe der 9. BImSchV für diese Vorhaben.

Durch unterschiedliche Vorgaben wird außerdem geregelt, daß der *Anlagenstandort* bei der Bewertung zu berücksichtigen ist (vgl. Kap. 4.4.1).

Die *Gegenwart* ist die einzige zeitliche Charakteristik der Umwelt, die hinreichend klar geregelt ist (vgl. Kap. 4.5.1), und bei den vorhabenbedingten zeitlichen Ursachen für Umweltauswirkungen gehören hierzu die *Anlagenexistenzphasen, die Anlagenerrichtung, der Anlagenbetrieb und die Anlagenstillegung* (vgl. Kap. 4.5.2).

Gesetzliche Regelungen. Für die hinreichend klar geregelten Sachverhalte fällt auf, daß die meisten Sachverhalte nur durch wenige und relativ allgemeine Vorgaben geregelt sind. Die wichtigsten Quellen sind die Aufzählung der zu berücksichtigenden Umweltbestandteile in der 9. BImSchV und die UVPVwV. Ausnahmen bilden nur die Vorgaben für die Anlagen und die Produktionen, bei denen auch Vorgaben aus der 4. BImSchV und dem BImSchG eine größere Rolle spielen.

5.3 Einige Sachverhalte sind mehrdeutig und / oder widersprüchlich geregelt

Sachverhalte. Bei den Sachverhalten der Umweltauswirkungen von Industriebetrieben, die *als Ganzes mehrdeutig und / oder widersprüchlich geregelt* sind, handelt es sich zum überwiegenden Teil um allgemeine Sachverhalte (vgl. Tabelle 7). Lediglich 2 der 13 Sachverhalte stammen aus den 4 Bereichen.

Die Unsicherheit darüber, ob *Funktionen für nichtmenschliche Lebewesen oder für nicht lebende Subjekte der Umwelt* bei der ganzheitlichen Bewertung einbezogen werden müssen, beruht v. a. auf den widersprüchlichen Angaben zum Subjekt der Umwelt (vgl. Kap. 4.1.1).

Bei den *Wirkungen auf Lebensfunktionen* muß man zwischen den Wirkungen auf die Lebensfunktionen von Menschen und denen auf die Lebensfunktionen anderer Lebewesen unterscheiden (vgl. Kap. 4.1.1). Die *Wirkungen auf die Lebensfunktionen von Menschen* werden nach BImSchG und 9. BImSchV prinzipiell berücksichtigt. Da allerdings ein Großteil der Lebensfunktionen unter privatrechtliche Titel fällt, sind diese bei der Bewertung nach UVP-Recht nicht zu berücksichtigen. Wie hier in der Praxis eine Trennung erfolgen soll, wird in den gesetzlichen Vorgaben nicht geklärt.

Für die *Wirkungen auf die Lebensfunktionen von nichtmenschlichen Lebewesen* gilt, genau wie für die Funktionen für nichtmenschliche Lebewesen (s. o.), daß sich die Widersprüchlichkeit der gesetzlichen Vorgaben aus den widersprüchlichen Angaben zum Subjekt der Umwelt ergeben (vgl. Kap. 4.1.1).

In den Ausführungen von Kapitel 4.1.1 wird zwar nachgewiesen, daß der Bewertung in der UVP nach BImSch-Recht ein Umweltbegriff zugrunde liegt, der die Umwelt als ein System oder als aufgebaut aus mehreren Systemen ansieht. Inwieweit aber *Ökosysteme als Umweltbestandteile* und damit auch *Funktionen für Ökosysteme* bei der Bewertung der Umweltauswirkungen anzusehen sind, bleibt unklar. Allerdings muß angemerkt werden, daß eine Reihe von Ökosystemtypen als 20c-Biotope im BNatSchG unter besonderen Schutz gestellt sind.

In der Frage der Berücksichtigung *nicht-physischer Erscheinungen als Umweltbestandteile* widersprechen sich v. a. die deutschen nationalen Regelungen und die Vorgaben aus der EG-Richtlinie (vgl. Kap. 4.1.1).

In der UVPVwV wird nachdrücklich betont, daß nicht-physische Sachverhalte nicht als Bestandteile des Vorhabens bei der Bewertung einbezogen werden dürfen. Hierzu steht im Gegensatz die Verknüpfung der Einbeziehung bestimmter Sachverhalte mit der Zumutbarkeit, da diese sich in der Regel auf monetäre und damit nicht-physische Belange stützt (vgl. Kap. 4.1.2).

Da nicht klar erkennbar ist, ob die *unterschiedlichen Wahrscheinlichkeitsgrade von Ereignissen* nach BImSch-Recht bei der ganzheitlichen Bewertung zu berücksichtigen sind, schaffen die Vorgaben in der UVPVwV in Verbindung mit dem BImSch-Recht keine Klarheit über diesen Sachverhalt (vgl. Kap. 4.1.2, 4.1.3).

Tabelle 7. Sachverhalte der Umweltauswirkungen von Industriebetrieben, welche durch die gesetzlichen Vorgaben für Genehmigungsverfahren für UVP-pflichtige BImSch-Vorhaben als ganzes mehrdeutig und / oder widersprüchlich geregelt sind.

Folgende Sachverhalte sind in den gesetzlichen Vorgaben* als ganzes mehrdeutig und / oder widersprüchlich geregelt:

Sachverhalte	Gesetzliche Grundlagen
- Funktionen für nichtmenschliche Lebewesen	2, 4, 5, 7, 8
- Funktionen für nicht lebende Subjekte der Umwelt	2, 4, 5, 7, 8
- Funktionen für Ökosysteme	2, 4, 5, 7, 8
- Wirkungen auf Lebensfunktionen	2, 4, 5, 7, 8
- Wirkungen auf das Leben	2, 4, 5, 7, 8
- Wirkungen auf die Fortpflanzung / Vererbung	2, 4, 5, 7, 8
- Wirkungen auf die Lebensqualität von Menschen	2, 4, 5, 7, 8
- Ökosysteme als Umweltbestandteile	2, 3
- Nicht-physische Sachverhalte als Umweltbestandteile	2, 3, 6
- Nicht-physische Sachverhalte als Bestandteile des Vorhabens	3, 4
- Unterschiedliche Wahrscheinlichkeitsgrade von Ereignissen (+ bv K)	2, 3
- Kumulative Umweltauswirkungen (bv + K)	3, 8
- Klima (bv + K)	2, 8
- Zukunft	3, 7, 8

* = Grundlage   GG, 4. BImSchV, 9. BImSchV, UVPVwV, BImSchG, UVPG, UVP-Richtlinie, TA Lärm, TA Luft

---

Legende:

+ bv K = Die gesetzlichen Vorgaben für den Sachverhalt sind für bestimmte Vorhaben hinreichend klar geregelt.

bv + K = Die gesetzlichen Vorgaben die für alle Vorhaben gültig sind, sind für den Sachverhalt klar, für bestimmte Vorhabenarten sind sie allerdings mehrdeutig, unklar und / oder widersprüchlich geregelt.

Nähere Erläuterungen zu den Kategorien in Kapitel 5.1

Gesetzliche Grundlagen: 1) 4. BImSchV, 2) 9. BImSchV, 3) UVPVwV, 4) BImSchG, 5) UVPG, 6) UVP-Richtlinie, 7) TA Lärm, 8) TA Luft

---

Während nach Nr. 0.3 der UVPVwV *kumulative Auswirkungen* bei der Bewertung zu berücksichtigen sind (vgl. Kap. 5.2), wird für Vorhaben nach der TA Luft bei der Berechnung der Immissionswerte das gleichzeitige Auftreten von Schadstoffen ausdrücklich nicht berücksichtigt (vgl. Kap. 4.1.3). Für diese Vorhaben sind die Vorgaben demnach widersprüchlich und damit unklar geregelt.

5.4 Einige Sachverhalte sind teilweise klar und teilweise nicht geregelt 169

Es lassen sich keine stofflichen Sachverhalte nachweisen, die als Ganzes mehrdeutig und / oder widersprüchlich geregelt sind, und von den energetischen Sachverhalten ist es nur *das Klima*. Während nach der 9. BImSchV die Ermittlung, Beschreibung und Bewertung auf das Klima zu erfolgen hat, sind für Vorhaben nach der TA Luft die Veränderung der Ausbreitungsbedingungen der Luftschadstoffe - zu deren wichtigsten die klimatischen Parameter gehören - nicht bei der Ermittlung der Immissionen einzubeziehen (vgl. Kap. 4.3.1).

Auch räumliche Sachverhalte gibt es in dieser Kategorie nicht. Bezüglich des zeitlichen Sachverhaltes *Zukunft* ergeben sich die Widersprüche hauptsächlich innerhalb der UVPVwV. Für einzelne Teilsachverhalte und für bestimmte Vorhaben werden diese widersprüchlichen Aussagen durch die TA Lärm und die TA Luft unterstützt (vgl. Kap. 4.5.1).

Gesetzliche Regelungen. Bei den Sachverhalten der Umweltauswirkungen von Industriebetrieben, welche durch die gesetzlichen Vorgaben für Genehmigungsverfahren für UVP-pflichtige BImSch-Vorhaben als Ganzes mehrdeutig und / oder widersprüchlich geregelt sind kann man grob 2 unterschiedliche gesetzliche Regelungsbereiche ausmachen.

Der erste, zu dem die Hälfte der Sachverhalte dieser Kategorie zählt, beruht auf den widersprüchlichen Aussagen zum Subjekt der Umwelt innerhalb des BImSchG bzw. zwischen dem BImSchG und der 9. BImSchV, dem UVPG, der TA Lärm und der TA Luft (vgl. Kap. 4.1.1).

Der zweite Regelungsbereich bezieht sich auf Vorgaben der UVPVwV, die entweder im Gegensatz zu UVPVwV-fremden Regelungen (vgl. z. B. zur UVP-Richtlinie bei der Einbeziehung nicht-physischer Belange als Umweltbestandteil; Kap. 4.1.2) oder zu Regelungen in der UVPVwV selbst (vgl. die Einbeziehung zukünftiger Aspekte in die Bewertung, Kap. 4.5.1) stehen.

Eine Ausnahme bilden die meteorologischen Gegebenheiten. Bei ihnen ergeben sich die Widersprüchlichkeiten aus unterschiedlichen Vorgaben in der 9. BImSchV und der TA Luft (vgl. Kap. 4.3.1).

5.4 Einige Sachverhalte bestehen sowohl aus hinreichend klar als auch aus nicht geregelten Teilsachverhalten

Sachverhalte. Wird bei den Sachverhalten, die als Ganzes hinreichend klar durch die gesetzlichen Vorgaben geregelt sind, die Hälfte von allgemeinen Regelungen gebildet (vgl. Kap. 5.2), so liegt dieser Anteil bei den Sachverhalten, bei denen nur *einzelne Teilsachverhalte hinreichend klar geregelt sind*, unter 25 % (vgl. Tabelle 8).

Tabelle 8. Sachverhalte der Umweltauswirkungen von Industriebetrieben, bei denen durch die gesetzlichen Vorgaben für Genehmigungsverfahren für UVP-pflichtige BImSch-Vorhaben ein oder mehrere Teilsachverhalte hinreichend klar geregelt sind.

Bei folgenden Sachverhalten sind ein oder mehrere Teilsachverhalte durch die gesetzlichen Vorgaben* hinreichend klar geregelt:	
Sachverhalte	Gesetzliche Grundlagen
- Ursache-Wirkung-Beziehungen in der Umwelt	2, 5
- Arten als Umweltbestandteile	3
- Betriebszustände	2, 3
- Planmäßige Betriebsunterbrechungen (bv)	8
- Sekundäre betriebliche Ursachen für Umweltauswirkungen mit den sekundären Umweltauswirkungen	1, 2, 3, 4, 7, 8
- Inputs	2, 3, 8
- Outputs	2, 3, 4
- Betriebliche Ursachen für Umweltauswirkungen mit unterschiedlicher Anzahl von Auswirkungen	3, 4, 6, 7, 8
- Unterschiedliche Zusammenhänge von Umweltauswirkungen und ihren betrieblichen Ursachen (+ bv U)	3, 4, 6, 7, 8
- Stoffumwandlungen	2, 8
- Unterschiedliche Größenordnungen von Stoffmengen	2
- Änderungen von Aggregatzuständen	2, 8
- Nutzfunktionen von Stoffen (bv)	8
- Energieformen	2, 4, 5
- Strahlungsenergie	2, 4
- Wärmeenergie	2, 4
- Mechanische Energieformen	4
- Bewegungsenergie	4
- Schall	4, 7
- Erschütterungen	4
- Elektrische Energie	4
- Magnetische Energie	4
- Unterschiedliche Größenordnungen von Energiemengen	2
- Absolute Lagen	4
- Räumliche Veränderungen (bv)	7, 8
- Ausdehnungen (bv)	3, 7, 8
- Unterschiedliche Größenordnungen von Volumina (bv)	3, 7, 8
- Formen (bv)	3
- Raumfunktionen (bv)	3
- Distanzen zum Anlagenstandort	2, 4
- Anlagennahraum	4, 7
- Unterschiedliche Zeiträume	2, 3, 8

5.4 Einige Sachverhalte sind teilweise klar und teilweise nicht geregelt 171

- Lange Zeiträume	3
- Mittlere Zeiträume	3
- Kurze Zeiträume	3
- Zeitliche Verteilungen	3, 7
- Periodische Erscheinungen (bv)	3, 7
- Funktionen von Zeit (bv)	3, 8

* = Grundlage   GG, 4. BImSchV, 9. BImSchV, UVPVwV, BImSchG, UVPG, UVP-Richtlinie, TA Lärm, TA Luft

Legende:
bv   =   Der Sachverhalt ist nur für bestimmte Vorhabenarten gesetzlich geregelt.
Nähere Erläuterungen zu den Kategorien in Kapitel 5.1

Gesetzliche Grundlagen: 1) 4. BImSchV, 2) 9. BImSchV, 3) UVPVwV, 4) BImSchG, 5) UVPG, 6) UVP-Richtlinie, 7) TA Lärm, 8) TA Luft

Hierzu zählen z. B. die *Ursache-Wirkung-Beziehungen in der Umwelt*, da zwar die Wechselwirkungen hinreichend klar geregelt sind, jedoch nicht die Ursache-Wirkung-Beziehungen, die keine Wechselwirkungen sind (vgl. Kap. 4.1.1).

Außerdem gehören zu den allgemeinen Sachverhalten dieser Kategorie die *planmäßigen Betriebsunterbrechungen* bei den Anlagen, die unter die Bestimmungen der TA Luft fallen. Für sie ist geregelt, daß die Anfahr- und Abstellvorgänge zu berücksichtigen sind (vgl. Kap. 4.1.2). Planmäßige Betriebsunterbrechungen wie Testläufe im Zuge von Revisionen oder Inspektionen und Durchläufe zu Reinigungszwecken (vgl. Kap. 3.1.2) werden nicht erfaßt. Dies ist auch der Grund, wieso der übergeordnete Sachverhalt *Betriebszustände* in diese Kategorie einzuordnen ist.

Der *Input* ist ein weiterer allgemeiner Sachverhalt, bei dem nur Teilsachverhalte hinreichend klar geregelt sind (vgl. Kap. 4.1.2). Hierzu werden mehrere Vorgaben zur Einbeziehung der Einsatzstoffe gemacht. Die Einsatzenergie und die Inputverpackungen werden allerdings nicht berücksichtigt (vgl. Kap. 3.1.2).

In den Regelungen der 9. BImSchV, der UVPVwV und des BImSchG gibt es zwar recht umfassende Vorgaben zu den *Outputs*, aber neben den geregelten Teilsachverhalten Produkte, feste, flüssige und gasförmige Abfälle sowie energetischer Output fehlen doch die Packstoffe (vgl. Kap. 4.1.2). Daraus, daß sowohl der Input wie der Output nur teilweise hinreichend klar geregelt sind, ergibt sich, daß der Sachverhalt *sekundäre betriebliche Ursachen für Umweltauswirkungen mit den sekundären Auswirkungen* auch zu dieser Kategorie von Sachverhalten gehört.

Sowohl bei den *betrieblichen Ursachen für Umweltauswirkungen mit unterschiedlicher Anzahl von Auswirkungen* (vgl. Kap. 4.1.2) als auch bei den *Zusammenhängen von Umweltauswirkungen* (vgl. Kap. 4.1.3) gibt es Teilsachverhalte, zu denen in den Vorgaben keine direkten Aussagen gemacht werden, die sich aber aus der Natur der Sache ergeben (vgl. singuläre Ursachen für Umweltauswirkungen, singuläre Umweltauswirkungen; Kap. 5.2).

Für die multiplen Teilsachverhalte, von denen man eine Einbeziehung nicht ohne weiteres voraussetzen kann, werden keine weiteren Regelungen getroffen (vgl. Kap. 5.7). Der Teilsachverhalt kumulative Auswirkungen des Sachverhaltes *Zusammenhänge von Umweltauswirkungen* wird demgegenüber durch eine ganze Reihe von Vorgaben hinreichend klar geregelt (vgl. Kap. 5.2).

Bezüglich der *Stoffumwandlungen* und der *Änderungen des Aggregatzustandes* wird in der 9. BImSchV indirekt eine Reihe von Vorgaben gemacht (vgl. Kap. 4.2.2). Hierbei wird bestimmt, daß Stoffumwandlungen v. a. in der Produktion, aber auch bei Störungen im Verfahrensablauf zu berücksichtigen sind. Für Vorhaben nach der TA Luft wird ausdrücklich ausgeschlossen, daß bei der Festlegung der Immissionswerte Stoffumwandlungen der Emissionen einzubeziehen sind. Allerdings gibt es z. B. keine Vorgaben für die Stoffumwandlungen von Abfallstoffen in der Umwelt.

Auch für *Größenordnungen von Stoff- und Energiemengen* sind einige Teilbereiche, wie die der Emissionen, hinreichend klar geregelt, aber andere, wie die der Erscheinungen der Umwelt, nicht (vgl. Kap. 4.2.3, 4.3.2). Keine Vorgaben gibt es z. B. für Energiemengen in der Umwelt (vgl. Kap. 3.3.1). Ähnlich verhält es sich bei den *Nutzfunktionen von Stoffen*. Es sind nur in bestimmten Fällen, und nur für Vorhaben nach der TA Luft, Nutzungen wie die als Futtermittel oder geplante Nutzungen ausdrücklich zu berücksichtigen (vgl. Kap. 4.2.1).

Für die *Energieformen Strahlungs- und Wärmeenergie* sowie der *mechanischen Energieformen Bewegungsenergie, Schall und Erschütterungen* gibt es Vorgaben, wenn es sich bei diesen um Emissionen des Vorhabens (vgl. Kap. 4.3.1) oder Bestandteile des Klimas handelt (vgl. Kap. 4.3.1). Als Bestandteile z. B. des Anlageninputs oder der Anlage selbst (z. B. Energiegehalte der Baustoffe, vgl. Kap. 3.3.2) werden sie nicht berücksichtigt.

Die Energieformen *elektrische und magnetische Energie* werden in keiner der Regelungen direkt erwähnt. Über die Auffangformulierung "und ähnliche Erscheinungen" (§ 3 Abs. 3 BImSchG) im BImSchG werden diese Sachverhalte zweifelsfrei - wenn auch nur als Emissionen - erfaßt (vgl. Kap. 4.3.2).

Der räumliche Sachverhalt der *absoluten Lage* wird lediglich in bezug auf den Anlagenstandort geregelt, für die absolute Lage z. B. von Umweltbestandteilen gibt es keine Vorgaben (vgl. Kap. 4.4.2). Eine Berücksichtigung der *Distanz zum Anlagenstandort* erfolgt u. a. dadurch, daß im BImSchG Vorgaben zur Berücksichtigung der Nachbarschaft und damit zum *Anlagennahraum* gemacht werden. Da die Nachbarschaft nicht immer mit der Abgrenzung des Nahraums einer Anlage identisch sein muß, wird dieser allerdings nur teilweise erfaßt.

Für eine Reihe der bestimmten Vorhaben wird der Nahraum außerdem durch die Vorgaben über die Auswirkungsbereiche der Emissionen berücksichtigt. Hierdurch sind auch unterschiedliche *Größenordnungen von Volumina* als Teilsachbereich der *Ausdehnungen* indirekt geregelt (vgl. Kap. 4.4.1).

Räumliche Veränderungen werden explizit nur für die Vorhaben, die unter die TA Lärm oder die TA Luft fallen, geregelt, und hier sind es lediglich die räumlichen Veränderungen von Geräuschemissionen und von Emissionen von Luftschadstoffen (vgl. Kap. 4.4.3).

Die Formen sind nur als Landschaftsformen zu berücksichtigen und diese nur, wenn mit erheblichen nachteiligen Beeinträchtigungen der Funktions- und Leistungsfähigkeit des Naturhaushaltes oder des Landschaftsbildes zu rechnen ist (vgl. Kap. 4.4.1).

Auch für die *Funktionen von Räumen* werden lediglich für die vorgenannten Vorhaben Vorgaben gemacht (vgl. Kap. 4.4.1). Bei diesen Vorgaben in Anhang 2 der UVPVwV wird eine Reihe von zu berücksichtigenden Nutzungen aufgezählt. Nutzungen z. B. als Gewerbe- oder Wohnflächen fehlen hierbei jedoch.

Durch die Vorgabe in der UVPVwV, daß Umweltauswirkungen kurz-, mittel- und langfristig sein können, werden diese *unterschiedlichen Zeitdauern* sowohl für die Umwelt als auch für die Auswirkungen eingeführt (vgl. Kap. 4.5.1). Es wird allerdings nicht vorgegeben, daß diese zeitlichen Kategorien auch für die betrieblichen Ursachen für Umweltauswirkungen (vgl. Kap. 3.1.2) gelten.

Vorgaben zu *zeitlichen Verteilungen von Erscheinungen* sind nur für die Auswirkungen vorhanden, wobei mit der Vorgabe der Berücksichtigung von Tag- und Nachtzeiten für Vorhaben nach der TA Lärm auch periodische Erscheinungen zu berücksichtigen sind (vgl. Kap. 4.5.3).

Funktionen von Zeit müssen nur für die Vorhaben, die unter den Anhang 2 der UVPVwV fallen, berücksichtigt werden, und hier sind es lediglich die Wiederherstellungszeiträume und die Zeitpunkte des Wirksamwerdens der Ersatzmaßnahmen (vgl. Kap. 4.5.1).

Gesetzliche Regelungen. Auch bei den Sachverhalten, bei denen ein oder mehrere Teilsachverhalte hinreichend klar geregelt sind, stammt der größte Teil der Vorgaben aus der 9. BImSchV und der UVPVwV. Allerdings tritt auch darüber hinaus oftmals das BImSchG als Quelle von derartigen Vorgaben auf, wie dies z. B. bei einem Teil der energetischen und räumlichen Vorgaben der Fall ist.

Einen deutlichen Anteil haben die Vorgaben, die nur für bestimmte Vorhaben gelten. Diese stammen aus dem Anhang 2 der UVPVwV, der TA Lärm und der TA Luft. Sie umfassen nahezu ein Viertel der Sachverhalte dieser Kategorie.

5.5 Es gibt keine Sachverhalte die nur aus mehrdeutig und / oder widersprüchlich geregelten Teilsachverhalten und aus nicht geregelten Teilsachverhalten bestehen

In den betrachteten gesetzlichen Regelungen gibt es *keine Sachverhalte, bei denen einige Teilaspekte nicht geregelt sind und die gesetzlich geregelten Vorgaben mehrdeutig und / oder widersprüchlich sind.*

5.6 Einige Sachverhalte bestehen sowohl aus hinreichend klar als auch aus mehrdeutig und / oder widersprüchlich geregelten Teilsachverhalten

Sachverhalte. Es gibt nur 2 Sachverhalte, die in diese Kategorie einzuordnen sind (vgl. Tabelle 9).

Die unterschiedliche Klarheit der Vorgaben des Sachverhaltes *Funktionen für Subjekte der Umwelt* ergibt sich zwangsläufig aus seinen Teilsachverhalten (vgl. Kap. 4.1.1). Die Einbeziehung der Funktionen für die Menschen sind - auch bei bestehenden unterschiedlichen Ansätzen - noch hinreichend klar geregelt (vgl. Kap. 5.2), wohingegen die Sachverhalte Funktionen für nichtmenschliche Lebewesen und Funktionen für nicht lebende Subjekte der Umwelt deutliche Widersprüche aufweisen (vgl. Kap. 5.3).

Tabelle 9. Sachverhalte der Umweltauswirkungen von Industriebetrieben, bei denen durch die gesetzlichen Vorgaben für Genehmigungsverfahren für UVP-pflichtige BImSch-Vorhaben einige Teilsachverhalte hinreichend klar und andere mehrdeutig und / oder widersprüchlich geregelt sind.

Bei folgenden Sachverhalten sind einige Teilsachverhalte durch die gesetzlichen Vorgaben* klar und andere Teilsachverhalte mehrdeutig und / oder widersprüchlich geregelt:

Sachverhalte	Gesetzliche Grundlagen
- Funktionen für Subjekte der Umwelt	2, 4, 5, 7, 8
- Relative zeitliche Einordnungen auf der Zeitachse	3, 7, 8

* = Grundlage GG, 4. BImSchV, 9. BImSchV, UVPVwV, BImSchG, UVPG, UVP-Richtlinie, TA Lärm, TA Luft

---

Legende:
Gesetzliche Grundlagen: 1) 4. BImSchV, 2) 9. BImSchV, 3) UVPVwV, 4) BImSchG, 5) UVPG, 6) UVP-Richtlinie, 7) TA Lärm, 8) TA Luft

---

Von den stofflichen, den energetischen und den räumlichen Vorgaben findet sich keine in dieser Kategorie. Aber aus den zeitlichen Vorgaben gibt es einen Sachverhalt, der hier einzuordnen ist. Es handelt sich dabei um die *relativen zeitlichen Einordnungen auf der Zeitachse* (vgl. Kap. 4.5.1). Während es zu deren Teilsachverhalt Gegenwart hinreichend klare Vorgaben gibt (vgl. Kap.

5.2), sind sie in bezug auf die Zukunft äußerst widersprüchlich (vgl. Kap. 5.3). Die Vergangenheit wird an keiner Stelle behandelt.

Gesetzliche Regelungen. Bezüglich der gesetzlichen Regelungen ergibt diese Kategorie kein deutliches Bild. Allgemein kann festgehalten werden, daß es zu jeder der aufgeführten Sachverhalte Vorgaben in unterschiedlichen Regelwerken gibt. Ansonsten stammen die relevanten Vorschriften aus allen Werken mit Ausnahme der 4. BImSchV und der UVP-Richtlinie.

5.7 Eine Reihe von Sachverhalten sind gesetzlich nicht geregelt

Für mehr als ein Drittel der Sachverhalte, das bei der ganzheitlichen Bewertung der Auswirkungen von Industriebetrieben auf die Umwelt prinzipiell zu berücksichtigen ist, gibt es in den gesetzlichen Regelungen von BImSch- und UVP-Recht keinerlei Vorgaben. *Die Zahlenangabe mehr als ein Drittel ist hierbei äußerst relativ, da die Unterteilung der Sachverhalte subjektiv geprägt ist.* Diese Subjektivität kommt in der Kategorie *einige Sachverhalte sind nicht geregelt* besonders zum Tragen.

Für folgende Sachverhalte sind in den gesetzlichen Regelungen* keine Vorgaben vorhanden:

- Direkte Ursache-Wirkung-Beziehungen in der Umwelt
- Indirekte Ursache-Wirkung-Beziehungen in der Umwelt
- Funktionen für die Menschheit
- Funktionen für Ökosystemtypen
- Funktionen für Arten
- Multiple betriebliche Ursachen für Umweltauswirkungen
- Sichere Ereignisse
- Wahrscheinliche Ereignisse
- Mögliche Ereignisse
- Multiple Umweltauswirkungen
- Große Stoffmengen
- Mittlere Stoffmenge
- Geringe Stoffmengen
- Änderungen von Größenordnungen von Stoffmengen
- Kernenergie
- Chemische Energie
- Formenergie
- Aggregatzustände

- Lageenergie
- Energieumwandlungen
- Große Energiemengen
- Mittlere Energiemengen
- Geringe Energiemengen
- Nutzfunktionen von Energie
- Relative Lagen
- Anlagenfernraum
- Unterschiedliche Größenordnungen von Distanzen
  - Große Distanzen
  - Mittlere Distanzen
  - Kurze Distanzen
- Große Volumen
- Mittlere Volumen
- Kleine Volumen
- Unterschiedliche Größenordnungen von Flächen
  - Große Flächen
  - Mittlere Flächen
  - Kleine Flächen
- Unterschiedliche Größenordnungen von Längen
  - Große Längen
  - Mittlere Längen
  - Kurze Längen
- Relative zeitliche Einordnungen
  - Vorher
  - Gleichzeitig
  - Nachher
- Vergangenheit
- Aperiodische Erscheinungen
- Unterschiedliche Geschwindigkeiten
  - Hohe Geschwindigkeiten
  - Mittlere Geschwindigkeiten
  - Geringe Geschwindigkeiten

* = Grundlage   GG, 4. BImSchV, 9. BImSchV, UVPVwV, BImSchG, UVPG, UVP-Richtlinie, TA Lärm, TA Luft

Der Grund für diese Subjektivität ist die Unterteilung der ordinalen und metrischen Sachverhalte (z. B. Wahrscheinlichkeitsgrad von Ereignissen, Stoffmengen, Größenordnungen von Flächen) in der Regel in 3 Klassen wie z. B. groß - mittel - klein. Sie könnten auch jeweils in 2, 10 oder 100 Klassen unterteilt werden. Da gerade von den ordinalen und metrischen Sachverhalten kaum einer der Teilsachverhalte in den gesetzlichen Regelungen behandelt wird, machen diese überproportional viele Sachverhalte der vorliegenden Kategorie der nicht gesetzlich geregelten Sachverhalte aus (über die Hälfte). Durch andere Klasseneinteilungen würde sich die eingangs gemachte prozentuale Zahlenangabe deutlich verändern.

Dennoch wird deutlich, daß es eine ganze Reihe von Sachverhalten gibt, die nicht durch die gesetzlichen Vorgaben geregelt werden. Sie stammen relativ gleichmäßig aus den 5 unterschiedlichen Gruppen allgemeine, stoffliche, energetische, räumliche und zeitliche Sachverhalte.

6 Die ganzheitliche Bewertung der Umweltauswirkungen bei Genehmigungsverfahren für UVP-pflichtige BImSch-Vorhaben könnte verbessert werden

Um die Unsicherheiten bei Genehmigungsverfahren von Genehmigungsbehörden, beteiligten Behörden, Antragstellern, Gutachtern und Betroffenen zu beseitigen, sollten die ganzheitlichen Bewertungen und damit auch die davon abhängenden Genehmigungsentscheidungen auf eine *sachgerechtere Basis* gestellt werden. Hierzu ist es notwendig
1. *die Mehrdeutigkeit und die Widersprüche in den gesetzlichen Regelungen zu beseitigen und*
2. *Vorgaben zu den bisher nicht berücksichtigten Sachverhalten zu erarbeiten.*

Dabei geht es nicht darum, daß bei sämtlichen Genehmigungsverfahren für UVP-pflichtige BImSch-Vorhaben alle dargestellten Sachverhalte untersucht werden müssen. Wenn jedoch ein *Bewertungssystem* die Auswirkungen von Industriebetrieben auf die Umwelt ganzheitlich erfassen soll, so *sollte es prinzipiell in der Lage sein, bei Bedarf jeden der aufgeführten Einzelsachverhalte in die Bewertung einzubeziehen.*

Die Vorauswahl, welcher Sachverhalt bei einem konkreten Vorhaben zu berücksichtigen ist, richtet sich dabei nach den Modellierungs- und Bewertungsmethoden sowie dem Wertesystem (vgl. Kap. 2.2-2.4).

Eine derartig sachgerechte Bewertung könnte dazu führen, daß *alle Beteiligten am Genehmigungsverfahren ein höheres Vertrauen in diese Bewertung selbst und die entsprechende Bestimmung der einzureichenden Antragsunterlagen haben.* Als positive Effekte hiervon könnten sich einstellen:
- eine *erhöhte Kooperationsbereitschaft und Akzeptanz bei Betroffenen.* Dies kann wiederum dazu führen, daß ein Verfahren schneller durchgeführt und v. a., daß die Genehmigungsentscheidung nicht beklagt wird.
- *höhere Rechtssicherheit für Gutachter.* Hierdurch wird sowohl das Erstellen von Angeboten sowie die Planung der Durchführung der Erstellung einer Umweltverträglichkeitsstudie vereinfacht.
- ein *höheres Vertrauen bei den Vorhabenträgern*, wenn sie wissen, daß ihr Genehmigungsverfahren in einem überschaubaren Zeitrahmen durchgeführt wird und daß es so gestaltet ist, daß anschließend ein Gerichtsverfahren sehr wahrscheinlich nicht notwendig wird.
- ein *höherer Schutz der Umwelt als Ganzes.*

Die Ermittlung der tatsächlichen negativen Auswirkungen auf die Umwelt und nicht bloß von Teilauswirkungen könnte folgende positiven Folgen haben:
- *verringerte gesundheitliche Belastung bzw. geringeres gesundheitliches Risiko für die existierende Menschen,*
- *verringerte gesundheitliche Belastung bzw. geringeres gesundheitliches Risiko für unsere Nachkommen,*
- *Erhaltung des Potentials für einen hohen Lebensstandard für breite Bevölkerungsschichten,*
- *verringerte Belastung und Gefährdung von einzelnen Lebewesen, von Arten und von Ökosystemen,*
- *höherer und besser einschätzbarer Spielraum für Industriebetriebe und andere menschliche Tätigkeiten.*

Beseitigung der Mehrdeutigkeiten und der Widersprüche. Als eine der bedeutendsten Quellen für widersprüchliche Vorgaben über die Inhalte der ganzheitlichen Bewertung in Genehmigungsverfahren für UVP-pflichtige BImSch-Vorhaben haben sich die *gegensätzlichen Vorgaben bezüglich des Subjekts der Umwelt* erwiesen (vgl. Kap. 4.1.1).

Das Kernproblem stellt hierbei die Formulierung des § 1 des BImSchG dar. Hier werden neben den Menschen auch die Tiere und die Pflanzen sowie - was noch weitaus problematischer ist - die abiotischen Faktoren Boden, Wasser, Atmosphäre und Sachgüter als Subjekte der zu schützenden Umwelt bestimmt.

Diese Vorstellung, die im Gegensatz zu allen anderen relevanten Vorgaben im BImSchG selbst und den anderen gesetzlichen Regelungen steht, stellt den Anwender vor unlösbare Aufgaben, da er feststellen müßte, was denn die beste Umwelt für einen bestimmten Bodenausschnitt, eine bestimmte Menge Wasser oder einen bestimmten Ausschnitt aus der Atmosphäre - unabhängig von den lebenden Individuen, die in diesen Umweltbestandteilen vorkommen - ist. Wer will aber bestimmen, ob es z. B. für einen Bodenausschnitt besser ist, ein Podsol oder eine Braunerde zu sein, welcher pH-Wert für eine Menge Wasser der beste ist oder welcher O_2-Gehalt in der Luft der beste für die Atmosphäre selbst ist?

Um dieser Problematik zu entgehen, ist es notwendig den Menschen selbst und u. U. bestimmte andere Lebewesen als Subjekte der Umwelt festzulegen. Dies könnte z. B. in Form eines *Systems abgestufter Eigenrechte von Lebewesen* erfolgen. Ein derartiges System sollte von einem umfassenden *gesellschaftlichen Konsens* getragen sein. Die Aufstellung eines abgestuften Wertesystems könnte z. B. nach dem Mehrstufenmodell des SRU erfolgen (vgl. SRU 1996b).

Von entscheidender Bedeutung ist bei dieser Vorgehensweise allerdings, daß die zum Leben der einzelnen Individuen und *zum Überleben* der Menschheit und der natürlichen Artenvielfalt *notwendige Umwelt in ihrer Vielschichtigkeit, Komplexität und Vernetztheit* erkannt und zum Gegenstand der Schutzanstrengungen gemacht wird, wie dies ansatzweise im BImSch- und UVP-Recht heute schon geschieht (vgl. Kap. 4.1.1).

6 Die ganzheitliche Bewertung für BImSch-Vorhaben könnte verbessert werden 181

Eine weitere allgemeine Schwierigkeit ergibt sich daraus, daß Ansprüche aus *privatrechtlichen Titeln* bei einer UVP nicht einbezogen werden dürfen (vgl. Kap. 4.1.1). Daß die Ansprüche selbst nicht in die UVP eingehen können, ist unzweifelhaft, da diese nicht dem öffentlichen, sondern dem Privatrecht zuzurechnen sind.

Allerdings ist zu berücksichtigen, daß die Beeinträchtigung der Ansprüche, die auf den genannten Titeln beruhen, zu den gravierendsten Belastungen der menschlichen Umwelt gehören. Diese aus der UVP herauszunehmen ist geradezu paradox. Es sollte eine klare Regelung geschaffen werden, daß die Inhalte, die sich aus der potentiellen Beeinträchtigung privatrechtlicher Titel ergeben, zwingend in eine UVP einzustellen sind, ohne daß dadurch die Ansprüche selbst an den betreffenden Titel berührt werden.

In Kapitel 4.1.1 wurde herausgearbeitet, daß neben mehreren Vorgaben, aus denen relativ klar hervorgeht, daß *nur Erscheinungen der physischen Umwelt* bei der ganzheitlichen Bewertung in der UVP im BImSch-Recht zu berücksichtigen sind, es auch Vorgaben gibt, die nahelegen, daß spezielle Aspekte der geistigen Umwelt berücksichtigt werden sollten. Hierzu zählt in der UVP-Richtlinie die Forderung der Betrachtung des *kulturellen Erbes* und in der UVPVwV die Betrachtung der *menschlichen Gesundheit über die physikalische, chemische und biologische Beschaffenheit* hinaus.

Während eine Regelung des ersten Sachverhaltes nur im europäischen Rahmen geregelt werden kann, so ist eine Änderung der UVPVwV auch kurzfristig im nationalen Rahmen möglich.

Die *Vorgaben in der TA Luft* zur Ermittlung der Immissionswerte, die einer Bewertung zugrunde zu legen sind, widersprechen durch die Nichtberücksichtigung
- der Auswirkungen bei gleichzeitigem Auftreten von unterschiedlichen Schadstoffen,
- von Umwandlungen der Emissionen und
- der möglichen Änderungen von Ausbreitungsbedingungen

Vorgaben in anderen gesetzlichen Regelungen (vgl. Kap. 5.3).

Diese Differenz könnte durch eine Anpassung der Berechnungsgrundlagen und Verfahren der TA Luft - was nach dem heutigen Sachstand der wissenschaftlichen Erkenntnisse und der computergestützten Modellierungstechniken durchaus möglich ist - beseitigt werden.

Die Vorgaben der UVPVwV, daß *nur der aktuelle Ist-Zustand zu ermitteln und zu beschreiben ist*, und auch beim Vorliegen bestimmter Voraussetzungen lediglich der Zustand der Umwelt zum Zeitpunkt der Verwirklichung des Vorhabens zu beachten ist, führt dazu, daß Vorgaben an anderer Stelle der UVPVwV und anderen gesetzlichen Regelungen nicht umgesetzt werden können (vgl. Kap. 4.5.1). Eine Streichung oder Umformulierung der beiden genannten Vorgaben würde diese Quelle der Unsicherheit für die an Genehmigungsverfahren für BImSch-Vorhaben beteiligten beseitigen.

Regelung bisher nicht geklärter Sachverhalte. Nachfolgend werden Vorschläge unterbreitet, welche Sachverhalte bei der Überarbeitung der gesetzlichen Regelungen für die Genehmigung UVP-pflichtiger Vorhaben wie z. B. der UVP-VwV zusätzlich geregelt werden sollten.

Dies geschieht im vollen Bewußtsein der Tatsache, daß einige der aufgeführten Sachverhalte durch Vorgaben in anderen als den in dieser Arbeit untersuchten gesetzlichen Regelungen behandelt werden. Diese haben allerdings im allgemeinen nur einen ganz speziellen Gültigkeitsbereich, der auf bestimmte Vorhabenarten (z.B Störfallverordnung) oder Situationen (z. B. WHG) beschränkt ist.

Generelle Sachverhalte. Von herausragender Bedeutung ist hierbei, daß *alle Ursache-Wirkung-Beziehungen in der Umwelt* - auch wenn es sich nicht um Wechselwirkungen handelt - zu berücksichtigen sind, da nur so dem systemaren Charakter der Umwelt gerecht wird. Hiervon hängt die Zuverlässigkeit der ganzheitlichen Bewertung entscheidend ab.

Funktionen für zukünftige Generationen der Menschheit und eventuell auch anderer Lebewesen sollten aus übergeordneten ethischen - hier nicht zu diskutierenden - Verantwortlichkeiten in eine UVP nach BImSch-Recht aufgenommen werden. Dies sollte nicht zuletzt in Ausführung der Vorgaben des GG erfolgen. In diesem wird seit 1994 vom deutschen Gesetzgeber gefordert, daß die natürlichen Lebensgrundlagen, auch im Interesse der zukünftigen Generationen zu schützen sind. Dadurch, daß keine zahlenmäßige Begrenzung der zu schützenden Generationen angegeben wird ist hier ein sehr weit in die Zukunft reichender Zeithorizont für die zu beachtenden Generationen geschaffen worden (vgl. Kap. 3.1.1.2).

Im Zuge der globalen Umweltprobleme, an denen die Industriebetriebe einen deutlichen Anteil haben (vgl. Kap. 1.1), sollten *Funktionen für die Menschheit* wie z. B. der Schutz der Ozonschicht oder die globale Klimaerwärmung bei Bewertungen in BImSch-Verfahren berücksichtigt werden.

Aus der Problematik der in Kapitel 5.7 erörterten Subjektivität bei der Klassenbildung heraus ist es nicht notwendig, bei
- dem Sachverhalt mit ordinalen Werten, also der *Wahrscheinlichkeit von Ereignissen* und
- den Sachverhalten mit metrischen Werten, das sind *Größen von Stoffmengen, Energiemengen, Distanzen, Volumen, Flächen, Längen, Zeiträume und Geschwindigkeiten*,

Regelungen für die in dieser Arbeit nur beispielhaft aufgestellten unterschiedlichen Klassen vorzugeben. Vielmehr sollten für diese Sachverhalte *Vorgaben*
- *zu den zu berücksichtigenden Bandbreiten der Werte sowie*
- *zu den Methoden zum Umgang mit dieser Art von Angaben*

gemacht werden.

Da von der natürlichen Artenvielfalt (NA) die Variationsbreite der von der Natur gefundenen Lösungsmöglichkeiten der Anpassungen an die Umwelt und deren Entwicklungspotential zur Anpassung an zukünftige Umweltbedingungen abhängen (vgl. Kap. 3.1.1.3) und viele Nutzfunktionen von Arten für den Menschen mit Sicherheit noch nicht entdeckt worden sind (vgl. Kap. 3.1.1.4), sollten auch *Funktionen für Arten* einzubeziehen sein.

Damit die *NA erhalten bleibt*, ist es unabdingbar, die entsprechenden *Ökosysteme zu schützen*, von denen sie abhängt (vgl. Kap. 3.1.1.3). Auch dieser Sachverhalt sollte deshalb in eine UVP eingestellt werden können.

Um eine wirklich ganzheitliche Bewertung vorzunehmen, ist es notwendig, nicht nur die singulären Ursachen für Umweltauswirkungen bzw. singulären und kumulativen Umweltauswirkungen zu berücksichtigen, sondern es ist auch notwendig, daß den *betrieblichen Ursachen für Umweltauswirkungen* und *den Umweltauswirkungen selbst* jeweils mehrere Auswirkungen folgen können - sie also *multiplen Charakter* haben (vgl. Kap. 3.1.3).

Um unvorhergesehene katastrophale Ereignisse in Industriebetrieben vorzubeugen, sollte die Berücksichtigung *planmäßiger Betriebsunterbrechungen* (vgl. Kap. 3.1.2) vorgeschrieben werden. Zur ganzheitlichen Betrachtung sollte auch geregelt werden, ob die *Anlieferungs- und Auslieferungspackmittel* (vgl. Kap. 3.1.2, 3.2.2) zu berücksichtigen sind.

Zur besseren Handhabbarkeit des Mittels UVP wäre es hilfreich, wenn das in dieser Arbeit entwickelte *Konzept der Ermittlung von vorhabenbezogenen Ursachen für Umweltauswirkungen und den sich daraus ergebenden Auswirkungen* (vgl. Kap. 3.1.2) zur Anwendung gelangen würde. Durch diese Methodik würden
- *Kausalzusammenhänge besser darstellbar*,
- *Auswirkungen deutlicher abgrenzbar*, und
- bei der Bewertung könnte eine stärkere *Konzentration auf die wirklich wesentlichen Auswirkungen* erfolgen.

Stoffliche Sachverhalte. Bei den stofflichen Sachverhalten ist von Bedeutung, daß *Größenordnungen von Stoffmengen* (vgl. Kap. 3.2.1) durch den Industriebetrieb verändert werden und in welchem Umfang *stoffliche Ressourcen* (vgl. Kap. 3.2.1) in Anspruch genommen werden. Dies wird in absehbarer Zeit - besonders im Zuge der sich rasant entwickelnden Technik und sich verbessernder Datenlage für Ökobilanzen - immer weniger Aufwandes bedürfen (vgl. z. B. BÖNING 1995; CORINO 1995; KLÖPFFER u. RENNER 1995; SCHALTEGGER u. KUBAT 1995; SCHMIDT u. SCHORB 1995; UBA 1995a; b; EYERER 1996).

Darüber hinaus wäre es sinnvoll, wenn auch *Nutzfunktionen von Stoffen und Energie für Menschen und andere Lebewesen* regelmäßig in die Bewertung eingehen würden. Hierbei sind allerdings die Aggregations- und Darstellungsmöglichkeiten, abgesehen von der verbal-argumentativen Beschreibung, bisher wenig entwickelt.

Energetische Sachverhalte. Bei den energetischen Sachverhalten ist hauptsächlich die *Umwandlung von chemischer Energie* und hierbei v. a. diejenige, die in Form *historischen oder fossilen organischen Materials* gebunden ist (vgl. Kap. 3.3.1), zu beachten. Aber auch bei den anderen Energieformen ist noch eine Reihe notwendiger Teilsachverhalte, wie z. B. Erdbebenwellen (vgl. Kap. 3.3.1), in den Bewertungsvorgaben nicht enthalten.

Räumliche Sachverhalte. Für die räumlichen Sachverhalte ist die Einbeziehung des Anlagennahraums und des Anlagenfernraums (vgl. Kap. 3.4.2), besonders im Rahmen der weiter oben erläuterten Einbeziehung der Funktionen für die Menschheit von Interesse.

Zur Ermittlung der kumulativen Auswirkungen ist weiterhin von Bedeutung, daß über den Anlagenstandort hinaus auch andere *absolute Lagebeschreibungen* (vgl. Kap. 3.4.1-3.4.3) in eine Bewertung der Umweltauswirkungen eingehen. Auf keinen Fall sollten außerdem *Funktionen von Räumen* unbeachtet bleiben (vgl. Kap. 3.4.1).

Zeitliche Sachverhalte. Eine Einbeziehung der unterschiedlichen relativen zeitlichen Einordnungen *vorher, gleichzeitig und nachher* (vgl. Kap. 3.5.1) ist u. a. für die Ermittlung der kumulativen Auswirkungen von erheblicher Bedeutung. Darüber hinaus sollten sowohl *periodische als auch aperiodische Erscheinungen* (vgl. Kap. 3.5.1) - v. a. zur sachgerechten Abschätzung von Eintrittswahrscheinlichkeiten (s. o.) und damit von Risiken (vgl. Kap. 3.1.2, 3.1.3) - untersucht und bewertet werden.

Um die Möglichkeiten zum Leben und Überleben im Auswirkungsbereich von Industrieanlagen zu bewerten, sollten auch die *Funktionen von Zeit* - über die Zeitvorgaben bei Ausgleichs- und Ersatzmaßnahmen hinaus - bei der ganzheitlichen Bewertung berücksichtigt werden können.

7 Zusammenfassung und Ausblick

Die Umwelt wird seit geraumer Zeit durch das Handeln des Menschen entscheidend verändert, wodurch ihre Funktion als wesentliche Voraussetzung für das Leben in zunehmendem Maße eingeschränkt wird.

Durch unterschiedliche politische, planerische, legislative und andere Maßnahmen wird deshalb seit einiger Zeit versucht, das menschliche Handeln so zu beeinflussen, daß dieses Handeln die Umwelt weniger oder nicht mehr schädigt. In diesem Zusammenhang wurden unterschiedliche Verfahren entwickelt, wie bewertet werden kann, inwieweit eine Handlung, ein Vorgehen oder eine Maßnahme umweltverträglich sind.

Bei der Anwendung dieser Bewertungsverfahren hat sich herausgestellt, daß einige methodische Probleme noch nicht gelöst sind. Neben den unterschiedlichen und z. T. fehlenden Wertmaßstäben, den fehlenden einheitlichen Erhebungs-, Modellierungs und Umsetzungsmethoden, zählt hierzu die Bestimmung der zu bewertenden Inhalte.

Da sich die anderen Verfahrensbestandteile - Erhebungs-, Modellierungs- und Umsetzungsmethoden im wesentlichen nach der Art und der Menge der in einem Bewertungsverfahren zu berücksichtigenden Inhalte richten müssen, kommt der sachgerechten Auswahl dieser Inhalte eine entscheidende Bedeutung zu.

Vor dem Aufbau eines Bewertungssystems muß demnach herausgearbeitet werden, welche Inhalte potentiell für eine Bewertung von Umweltauswirkungen in Frage kommen. In der vorliegenden Arbeit wird dies für *die ganzheitliche Bewertung der Umweltauswirkungen von Vorhaben im BImSch- und UVP-Recht* untersucht.

Die Arbeit geht von der Tatsache aus, daß Industriebetriebe in Deutschland einen wesentlichen Anteil an der Schädigung der Leistungsfähigkeit der Umwelt haben, obwohl eine Vielzahl von gesetzlichen Regelungen dafür sorgen soll, daß die Umwelt vor übermäßigen Belastungen durch Industriebetriebe geschützt wird. Als ein Grund für diese Diskrepanz wird die strikt mediale Bewertung, die lange Zeit im Umweltrecht vorherrschte, angesehen. Diese Einsicht führte dazu, daß gesetzliche Regelungen erarbeitet wurden, in denen die Umwelt ganzheitlich geschützt werden soll.

Eine dieser Regelungen, mit dem Anspruch die Umwelt ganzheitlich zu schützen, ist die Umweltverträglichkeitsprüfung zur Genehmigung von Anlagen nach dem Bundes-Immissionsschutzgesetz. Ziel der vorliegenden Untersuchung war es, herauszuarbeiten, inwieweit der Anspruch der Ganzheitlichkeit bei der Bewertung der Umweltauswirkungen erfüllt wird.

Von dieser Problemstellung ausgehend, wurde in einem ersten Schritt ein Modell entwickelt, wie ein sachgerechtes System zur Bewertung der Auswirkungen von Industriebetrieben auf die Umwelt aufgebaut sein könnte. Hierbei wurden sowohl die Realebene als auch die Wertebene berücksichtigt.

Zur Untersuchung, ob die *ganzheitliche Bewertung* auch tatsächlich dem Anspruch der *Ganzheitlichkeit* gerecht wird, wurden in einem zweiten Schritt die allgemeinen Merkmale, welche die Auswirkungen von Industriebetrieben auf die Umwelt charakterisieren, herausgearbeitet. Hierzu war es u. a. notwendig, eine Reihe von Begriffsdefinitionen vorzunehmen, die in dieser Form bisher nicht existierten.

Danach wurden die Auswirkungen von Industriebetrieben auf die Umwelt in ihre 4 Bereiche stofflich, energetisch, räumlich und zeitlich gegliedert und die einzelnen Sachverhalte und Teilsachverhalte, durch welche die Auswirkungen in diesen Bereichen charakterisiert sind, herausgearbeitet.

Die wichtigsten gesetzlichen Regelungen für die Genehmigung von Vorhaben, die einer Umweltverträglichkeitsprüfung nach Bundesimmissionsschutzrecht bedürfen, wurden anschließend daraufhin untersucht, inwieweit sie in ihren Vorgaben die ermittelten Sachverhalte berücksichtigen. Hierbei konnte gezeigt werden, daß eine ganze Reihe von Sachverhalten hinreichend klar von den gesetzlichen Regelungen erfaßt werden, andere jedoch ungenau oder widersprüchlich geregelt sind und wieder andere bislang in keiner Weise berücksichtigt werden.

Ausgehend von diesem Ergebnis sind Empfehlungen entwickelt worden, durch deren Umsetzung eine ganzheitliche Bewertung der Auswirkungen von Industriebetrieben auf die Umwelt in Genehmigungsverfahren nach Bundesimmissionsschutzrecht sachgerecht erfolgen könnte.

Ausblick. Die Ermittlung der zu berücksichtigenden Inhalte konnte nur der erste Schritt zum notwendigen Aufbau eines funktionsfähigen Bewertungssystems sein.

Soll in den betrachteten Genehmigungsverfahren tatsächlich eine Bewertung sachgerecht erfolgen, so ist es unbedingt erforderlich
- die notwendigen Selektions- und Aggregationsregeln und -methoden für die Modellierung der einzelnen Sachverhalte zu entwickeln,
- ein konsistentes Bewertungssystem aufzustellen,
- Bewertungsregeln und Bewertungsmethoden auszuarbeiten und
- Umsetzungsregeln und Umsetzungsmethoden vorzugeben.

Ein dergestalt ausgearbeitetes rationales Bewertungssystem wäre in der Lage, bei Genehmigungsverfahren
- die Zufälligkeit zu verringern,

- die Handhabung zu vereinfachen und
- die Akzeptanz bei Vorhabenträgern und Betroffenen zu verbessern.

Dies würde dazu führen,
- die Rechtssicherheit von Genehmigungsentscheidungen deutlich zu erhöhen,
- Kosten für Vorhabenträger und Genehmigungsbehörden zu sparen,
- Genehmigungsverfahren zu beschleunigen und
- einen höheren tatsächlichen Schutz der Umwelt zu erreichen.

Literaturverzeichnisse

Zitierte Literatur

ALTNER, G. (1987): Die Überlebenskrise in der Gegenwart. Darmstadt

ARENTZEN, U.; WINTER, E.; LÖRCHER, U. (^{13}1992): Gaebler-Wirtschafts-Lexikon in vier Bänden. Bd. Sp-Z. Wiesbaden

ARNDT, U.; NOBEL, W.; SCHWEIZER, B. (1987): Bioindikatoren: Möglichkeiten, Grenzen und neue Erkenntnisse. Stuttgart

AYALA, F. J. (^{6}1986): Mechanismen der Evolution. In: Evolution: Die Entwicklung von den ersten Lebensspuren bis zum Menschen, S. 20-31. Heidelberg

BACH, W. (1996): Energie und Klima. In: Spektrum der Wissenschaft, H. 7/96, S. 30-40

BÄHRMANN, R. (^{2}1995): Energiefluß. In: KUTTLER, W. (Hrsg.): Handbuch zur Ökologie, Handbücher zur angewandten Umweltforschung, Bd. 1, S. 104-111. Berlin

BARTHLOTT, W. (1994): Biodiversität - Von Reichtum und Armut in der belebten Natur. In: Jahrbuch der Akademie der Wissenschaften und der Literatur Mainz. Bd. 1994, S. 105-118. Stuttgart

BASTIAN, O.; SCHREIBER, K.-F. (Hrsg.) (1994): Analyse und ökologische Bewertung der Landschaft. Stuttgart, Jena

BAUMANN, W. (1983): Risikobewertung und Schadensobergrenze bei technischen Großvorhaben. In: KÜMMEL, R.; SUHRCKE, M. (Hrsg.): Energie und Gerechtigkeit. München

BECHMANN, A. (1988): Inhalt und Methodik der Umweltverträglichkeitsprüfung. Grundlagen der Bewertung von Umweltauswirkungen. In: STORM, P.-Ch.; BUNGE, Th. (Hrsg): Handbuch der Umweltverträglichkeitsprüfung (HdUVP), Loseblattsammlung, Stand: 4/96, S. 3510/1-23. Berlin

BECHMANN, G. (Hrsg.) (1993): Risiko und Gesellschaft. Grundlagen und Ergebnisse interdisziplinärer Risikoforschung. Opladen

BECKER, U. (1995): Die Berücksichtigung des Staatsziels Umweltschutz beim Gesetzesvollzug - Zum Erlaß abfallvermeidender Maßnahmen durch die Verwaltung. In: DVBl, H. 14/95, S. 713-722

BEDFOR, B. (1988): Cumulative Effects. In: Environmental Management, No. 5/88, S. 561-562. New York

BEGON, M.; HARPER, J. L.; TOWNSEND, C. R. (1991): Ökologie. Individuen, Populationen, Lebensgemeinschaften. Aus dem Englischen von D. SCHROEDER und B. HÜLSEN. Basel, Boston, Berlin

BELLMANN, K. (1995): Bionomik - können Unternehmen von Organismen lernen? In: Forschungsmagazin der Johannes-Gutenberg-Universität Mainz, H. 1/95, S. 14-21

BENDER, B.; SPARWASSER, R. (^{2}1990): Umweltrecht. Grundzüge des öffentlichen Umweltrechts. Heidelberg

BENECKE, J. et al. (1991): Risiko und Sicherheit technischer Systeme. Basel

BGA (1993): Dioxine und Furane - ihr Einfluß auf Umwelt und Gesundheit. 2. Internationales Dioxin-Symposium und 2. fachöffentliche Anhörung des Bundesgesundheitsamtes zu Dioxinen und Furanen in Berlin vom 9. bis 13. 11.1992. Erste Auswertung. In: Bundesgesundheitsblatt, Sonderheft 4

BGR (1995): Mineralische Rohstoffe. Bausteine für die Wirtschaft. Hannover

BICK, H. (^{2}1993): Ökologie. Grundlagen, terrestrische und aquatische Ökosysteme, angewandte Systeme. Stuttgart

BIRNBACHER, D. (^{2}1986): Sind wir für die Natur verantwortlich? In: BIRNBACHER, D. (Hrsg.): Ökologie und Ethik, S. 103-139. Stuttgart

BIRNBACHER, D. (1988): Verantwortung für zukünftige Generationen. Stuttgart

BIRNBACHER, D. (1991): Mensch und Natur. Grundzüge der ökologischen Ethik. In: BAYERTZ, K. (Hrsg.): Praktische Philosophie, S. 278-321. Hamburg

BLUME, H.-P. (^{13}1992): Böden als Teile von Ökosystemen. In: SCHEFFER, F.; SCHACHTSCHABEL, P. (Hrsg.): Lehrbuch der Bodenkunde, S. 358-361. Stuttgart

BMUNR (1995): Allgemeine Verwaltungsvorschrift zur Ausführung des Gesetzes über die Umweltverträglichkeitsprüfung (UVPVwV). In: GMBl, Nr. 32, S. 671-694

BÖNING, J. A. (^{2}1995): Methoden betrieblicher Ökobilanzierung. Marburg

BRECKLE, S.-W. (^{2}1995): Biosphäre. In: KUTTLER, W. (Hrsg.): Handbuch zur Ökologie, Handbücher zur angewandten Umweltforschung, Bd. 1, S. 75-81. Berlin

BRENNER, A. (1994): Streit um die ökologische Zukunft. Neue Ethik und Kulturalisierungskritik. Würzburg

BREUER, R. (1992): Empfiehlt es sich, ein Umweltgesetzbuch zu schaffen, gegebenenfalls mit welchen Regelungsbereichen? Gutachten zum 59. Deutschen Juristentag 1992. In: STÄNDIGE DEPUTATION DES DEUTSCHEN JURISTENTAGES (Hrsg.): Bd. 1, B 1-B 128, S. 42-67

BREUER, R. (1993): Entwicklungen des europäischen Umweltrechts - Ziele, Wege und Irrwege. In: Schriftenreihe der Juristischen Gesellschaft zu Berlin, H. 134. Berlin, New York

BREUER, R. (^{2}1994a): Sachverständiger. In: KIMMINICH, O.; VON LERSNER, H. Freiherr; STORM, P.-Ch., Handwörterbuch des Umweltrechts, Bd. 2, S. 1759-1767. Berlin

BREUER, R. (^{2}1994b): Stand der Technik. In: KIMMINICH, O.; VON LERSNER, H. Freiherr; STORM, P.-Ch., Handwörterbuch des Umweltrechts, Bd. 2, S. 1869-1882. Berlin

BROCKHAUS (^{19}1987): Brockhaus-Enzyklopädie in 24 Bänden. Apu-Bec, Bd. 02. Mannheim

BRÜLL, H. (1977): Das Leben europäischer Greifvögel. Ihre Bedeutungen in den Landschaften. Stuttgart, New York

BRÜNING, H. (1996): UVP in Schleswig-Holstein - bis heute Mangelware. In: UVP-report, H. 1/96, S. 17-22

BUNDESREGIERUNG DER BUNDESREPUBLIK DEUTSCHLAND (1968): Allgemeine Verwaltungsvorschrift über genehmigungsbedürftige Anlagen nach § 16 der Gewerbeordnung - GewO. Technische Anleitung zum Schutz gegen Lärm (TA Lärm). Fassung vom 16.07.68 nach Veröffentlichung Beilage zum Bundesanzeiger Nr. 137. Bonn

BUNDESREGIERUNG DER BUNDESREPUBLIK DEUTSCHLAND (1971): Umweltprogramm der Bundesregierung. In: BT-Drs., VI/2710

BUNDESREGIERUNG DER BUNDESREPUBLIK DEUTSCHLAND (1986a): Leitlinien Umweltvorsorge. Leitlinien der Bundesregierung zur Umweltvorsorge durch Vermeidung und stufenweise Verminderung von Schadstoffen. In: Umweltbrief 33

BUNDESREGIERUNG DER BUNDESREPUBLIK DEUTSCHLAND (1986b): Erste Allgemeine Verwaltungsvorschrift zum Bundes-Immissionsschutzgesetz (Technische Anleitung zur Reinhaltung der Luft - TA Luft). Fassung vom 27.02.86, nach Veröffentlichung GMBl 95. Bonn

BUNDESREGIERUNG DER BUNDESREPUBLIK DEUTSCHLAND (1994a): Grundgesetz für die Bundesrepublik Deutschland. Fassung vom 27.10.94 nach Veröffentlichung BGBl I 3146. Bonn

BUNDESREGIERUNG DER BUNDESREPUBLIK DEUTSCHLAND (1994b): Gesetz zur Umsetzung der Richtlinie des Rates vom, 7. Juni 1985 über die Umweltverträglichkeitsprüfung bei bestimmten öffentlichen und privaten Projekten (85/337/ EWG). Fassung vom 23.11.94 nach Veröffentlichung BGBl I 3486. Bonn

BUNDESREGIERUNG DER BUNDESREPUBLIK DEUTSCHLAND (1995a): Bericht der Bundesregierung zur Umsetzung des Übereinkommens über die biologische Vielfalt in der Bundesrepublik Deutschland. In: BT-Drs., 3/2707

BUNDESREGIERUNG DER BUNDESREPUBLIK DEUTSCHLAND (1996): Gesetz zum Schutz vor schädlichen Umwelteinwirkungen durch Luftverunreinigungen, Geräusche, Erschütterungen und ähnliche Vorgänge (Bundes-Immissionsschutzgesetz - BImSchG). Fassung vom 09.10.96, nach Veröffentlichung BGBl I 1498. Bonn

BURGHARDT, W. (^{2}1995): Wasserkreislauf. In: KUTTLER, W. (Hrsg.): Handbuch zur Ökologie, Handbücher zur angewandten Umweltforschung, Bd. 1, S. 494-499. Berlin

BURHENNE, W. E. (1996): Umweltrecht. Systematische Sammlung der Rechtsvorschriften des Bundes und der Länder. Sieben Bände. Stand 3/96. Berlin

CHARLSON, R. J.; WIGLEY, T. M. L. (1996): Sulfat-Aerosole und Klimawandel. In: SPEKTRUM DER WISSENSCHAFT VERLAGSGESELLSCHAFT MBH (Hrsg.): Klima und Energie, DOSSIER, Bd. 5, S. 74-81. Heidelberg

CORINO, C. (1995): Ökobilanzen - Entwurf und Beurteilung einer allgemeinen Regelung. Umweltrechtliche Studien, Bd. 19. Düsseldorf

CRONIN, J. W.; GAISSER, T. K.; SWORDY, S. P. (1997): Kosmische Strahlung höchster Energie. In: Spektrum der Wissenschaft, H. 3/97, S. 44-50

CUPEI, J. (1986): Umweltverträglichkeitsprüfung (UVP) - ein Beitrag zur Strukturierung der Diskussion; zugleich eine Erläuterung der EG-Richtlinie. Köln, Berlin, Bonn, München

CZIHAK, G.; LANGER, H.; ZIEGLER, H. (Hrsg.) (^{5}1992): Biologie. Ein Lehrbuch. Berlin, Heidelberg, New York u. a.

DAUNDERER, M. (1990): Umweltgifte. Landsberg

DARWIN, C. R. (1963): Die Entstehung der Arten durch natürliche Zuchtwahl. Stuttgart

DAWKINS, R. (1995): Gottes Nutzenfunktion. In: Spektrum der Wissenschaft, H.1/96, S. 94-100

DEBREU, G. (1976): Werttheorie. Übersetzung aus dem Englischen

DEBUS, R.; TRAUNSPURGER, W., KLEIN, W. (^{2}1995): Ökotoxikologie. In: KUTTLER, W. (Hrsg.): Handbuch zur Ökologie, Handbücher zur angewandten Umweltforschung, Bd. 1, S. 298-305. Berlin

DEMMKE, Ch. (1994):Umweltpolitik im Europa der Verwaltungen. In: Die Verwaltung, H. 1/94, S. 49-68

DFG (1995): MAK- und BAT-Werte-Liste. In: DFG Mitteilung, Bd. 31. Weinheim

EBEL, F. (^{2}1994): Umweltrechtsgeschichte. In: KIMMINICH, O.; VON LERSNER, H. Freiherr; STORM, P.-Ch.: Handwörterbuch des Umweltrechts, Bd. 2, S. 2364-2378. Berlin

EIBL-EIBESFELDT, I. (1996): Warum wir Natur lieben und dennoch zerstören. In: SPEKTRUM DER WISSENSCHAFT VERLAGSGESELLSCHAFT MBH (Hrsg.): Klima und Energie, DOSSIER, Bd. 5, S. 125-130. Heidelberg

EIPPER, Ch. (1995): Die Bewertung des Umweltrisikos von Gewerbe- und Industriebetrieben. In: Trierer Geographische Studien, H. 12. Trier

ELLENBERG, H. (1973a): Versuch einer Klassifikation der Ökosysteme nach funktionalen Gesichtspunkten. In: ELLENBERG, H. (Hrsg.): Ökosystemforschung. Ergebnisse von Symposien der Deutschen Botanischen Gesellschaft und der Gesellschaft für Angewandte Botanik in Innsbruck im Juli 1971. S. 235-265. Berlin

ELLENBERG, H. (1973b): Ziele und Stand der Ökosystemforschung. In: ELLENBERG, H. (Hrsg.): Ökosystemforschung. Ergebnisse von Symposien der Deutschen Botanischen Gesellschaft und der Gesellschaft für Angewandte Botanik in Innsbruck im Juli 1971. S. 1-32. Berlin

ELSNER, N. (1994): Einige Bemerkungen zum Begriff der Zeit aus philosophischer und naturwissenschaftlicher Sicht und die Bedeutung der Zeit in der Thermodynamik. In: Wissenschaft und Umwelt, H. 1/94, S. 23-29

ENDRES, A. (1993): Normen des Umweltrechts als Schutzgesetze im Sinne des § 823 Abs. 2 BGB. Augsburg

ENDRES, W. (1994): Der Betrieb. Grundriß der Allgemeinen Betriebswirtschaftslehre. Bergisch Gladbach, Köln

ENQUETE-KOMMISSION - SEA (Hrsg.) (1995): Mehr Zukunft für die Erde. Nachhaltige Energiepolitik für dauerhaften Klimaschutz. Bonn

ERBGUTH, W.; SCHINK, A. (^{2}1996): Gesetz über die Umweltverträglichkeitsprüfung, Kommentar. München

ERZ, W. (1994): Bewerten und Erfassen für den Naturschutz in Deutschland: Anforderungen und Probleme aus dem Bundesnaturschutzgesetz und der UVP. In: USHER, M. B.; ERZ, W. Erfassen und Bewerten im Naturschutz, S. 131-166. Heidelberg, Wiesbaden

EUROPÄISCHE GEMEINSCHAFT (1985): Richtlinie des Rates vom 27. Juni 1985 über die Umweltverträglichkeitsprüfung bei bestimmten öffentlichen und privaten Projekten (85/337/EWG). In: EU-ABl Nr. L 175/ 5.7.85, S. 40-48

EUROPÄISCHE GEMEINSCHAFT (1993): Verordnung (EWG) Nr. 1836/93 des Rates vom 29. Juni 1993 über die freiwillige Beteiligung gewerblicher Unternehmen an einem Gemeinschaftssystem für das Umweltmanagement und die Umweltbetriebsprüfung. In: EU-ABl Nr. L 168 vom 10.7.93, S. 1-18

EUROPÄISCHE GEMEINSCHAFT (1995): Änderung der Trinkwasserrichtlinie. In: EU-Abl Nr. C 131/95

EUROPÄISCHE GEMEINSCHAFT (1996): Richtlinie des Rates über die integrierte Vermeidung und Verminderung der Umweltverschmutzung. 96/61/EG. In: EU-ABl L 257 vom 10.10.96, S. 26

EUROPÄISCHE GEMEINSCHAFT (1997): Richtlinie des Rates vom 27. Juni 1985 über die Umweltverträglichkeitsprüfung bei bestimmten öffentlichen und privaten Projekten (85/337/EWG). Fassung vom 3.3.97 nach Veröffentlichung EU-ABl Nr. L 73, S. 5-15

EUROPÄISCHE KOMMISSION (1996): Vorschlag für eine Richtlinie des Rates über die Prüfung der Umweltauswirkungen bestimmter Pläne und Programme KOM(96) 511 endg.

EYERER, P. (Hrsg.) (1996): Ganzheitliche Bilanzierung. Werkzeug zum Planen und Wirtschaften in Kreisläufen. Berlin u. a.

FEIGE, G. B.; JENSEN, M. (^{2}1995): Kohlenstoff-Kreislauf. In: KUTTLER, W. (Hrsg.): Handbuch zur Ökologie, Handbücher zur angewandten Umweltforschung, Bd. 1, S. 164-167. Berlin

FEINBERG, J. (^{2}1986): Die Rechte der Tiere und zukünftiger Generationen. In: BIRNBACHER, D. (Hrsg.): Ökologie und Ethik, S. 140-179. Stuttgart

FELDHAUS, G. et al. (^{3}1995): Bundesimmissionsschutzrecht, Kommentar. Loseblattwerk. Heidelberg

FELLENBERG, G. (1985): Ökologische Probleme der Umweltbelastung. Berlin, Heidelberg, New York u. a.

FELLENBERG, G. (^{2}1995): Umweltbelastung. In: KUTTLER, W. (Hrsg.): Handbuch zur Ökologie, Handbücher zur angewandten Umweltforschung, Bd. 1, S. 462-469. Berlin

FLEURY, R. (1995): Das Vorsorgeprinzip im Umweltrecht. In: Erlanger Juristische Abhandlungen, Bd. 44. Köln

FRASER-DARLING, F. (^{2}1986): Die Verantwortung des Menschen für seine Umwelt. In: BIRNBACHER, D. (Hrsg.): Ökologie und Ethik, S. 9-19. Stuttgart

GEISLER, E. (1987): Zur Planung des Lagerstädtenabbaus aus der Sicht der Landschaftspflege und Naturschutz. Eine Analyse und Vorschläge für eine ökologisch orientierte Weiterentwicklung am Beispiel Niedersachsens. Bielefeld

GELLERMANN, M. (1994): Beeinflussung des bundesdeutschen Rechts durch Richtlinien der EG. In: Schriften zum deutschen und europäischen Umweltrecht, Bd. 2. Köln, Berlin, Bonn

GEMEINSAME VERFASSUNGSKOMMISSION DER BUNDESREPUBLIK DEUTSCHLAND (1993): Bericht der gemeinsamen Verfassungskommission. In: BR-Drs. 800/93

GIEGRICH, J.; MAMPEL, U.; DUSCHA, M.; ZAZCYK, R.; ISORIO-PETERS, S; SCHMIDT, T. (1995): Bilanzbewertung in produktbezogenen Ökobilanzen, Evaluation von Bewertungsmethoden, Perspektiven, Endbericht. In: UBA (Hrsg.): Methodik der produktbezogenen Ökobilanzen - Wirkungsbilanz und Bewertung -, Texte, H. 23/95, Teil 2

GNAUCK, A.; FRISCHMUTH, A.; KRAFT, A. (Hrsg.) (1995): Ökosysteme: Modellierung und Simulation. Taunusstein

GORRES, A. (1988): Anerkennung des Eigenwertes der Natur. Bonn

GOSSMANN, H. (1974): Umweltgefahren durch Kernkraftwerke. Problematik der Abwärme großer Kraftwerke und ihr Einfluß auf die Atmosphäre am Beispiel des geplanten Kernkraftwerkes Breisach bzw. Wyhl. In: GR, H. 3/74, S. 81-92

GOUDIE, A. (1995): Physische Geographie. Heidelberg

GROß, M. (1997): Künstliche lichtgetriebene Protonenpumpe. In: Spektrum der Wissenschaft, H. 3/97, S. 16

GUDERIAN, R.; BRAUN, H. (^{2}1995): Belastbarkeit von Ökosystemen. In: KUTTLER, W. (Hrsg.): Handbuch zur Ökologie, Handbücher zur angewandten Umweltforschung, Bd. 1, S. 55-59. Berlin

GESELLSCHAFT FÜR UMWELTSIMULATION E. V. (1997): Umwelteinflüsse erfassen, simulieren, bewerten. Ankündigung und Einladung zur Vortragsanmeldung. Pfinztal/Karlsruhe

HABEL, E. (1995): Menschenwürde und natürliche Lebensgrundlagen. In: Natur und Recht, H. 4/95, S. 165-169

HABER, W. (1993): Ökologische Grundlagen des Umweltschutzes. In: BUCHWALD, K.; ENGELHARDT, W. (Hrsg.): Umweltschutz - Grundlagen und Praxis, das Handbuch in siebzehn Bänden, Bd. 1. Bonn

HABER, W. (1995): Ökosystem. In: JUNKERNHEINRICH, M.; KLEMMER, P.; WAGNER, G. R. (Hrsg.): Handbuch zur Umweltökonomie, Handbücher zur angewandten Umweltforschung, Bd. 2, S. 193-198. Berlin

HAGEL, J.; MAIER, J.; SCHLIEPHAKE, K. (1982): Sozial- und Wirtschaftsgeographie: Sozialgeographie, Verkehrsgeographie, Freizeitstandorte und Freizeitverhalten, Raumordnung und Landesentwicklung. In: HARMS Handbuch der Geographie in drei Bänden, Bd. 2. München

HAGEL, J.; ROTHER, L.; SCHULTZ, J.; ZIMPEL, H.-G. (1980): Sozial- und Wirtschaftsgeographie: Bevölkerung und Ökomene, ländliche und städtische Siedlungen, zentrale Orte. In: HARMS Handbuch der Geographie in drei Bänden, Bd. 1. München

HAMBLOCH, H. (^{5}1982): Allgemeine Anthropogeographie. In: Erdkundliches Wissen, Bd. 31. Wiesbaden

HANSMANN, K. (^{10}1992): Bundes-Immissionsschutzgesetz und ergänzende Vorschriften. Baden-Baden

HANSMANN, K. (1995): Schwierigkeiten bei der Umsetzung und Durchführung des europäischen Umweltrechts. In: NVwZ, H. 4/95, S. 320-325

HANSMANN, K. (1997): Beschleunigung und Vereinfachung immissionsschutzrechtlicher Genehmigungsverfahren. In: NVwZ, H. 2/97, S. 105-111

HARTMANN, L. (1992): Ökologie und Technik. Analyse, Bewertung und Nutzung von Ökosystemen. Berlin

HEINRICH, W.; MARSTALLER, R.; BÄHRMANN, R. (^{2}1991): Ökosysteme. In: MÜLLER, H.-J. (Hrsg.): Ökologie, S. 251-348. Jena

HENNEKE, H.-G. (1995): Der Schutz der natürlichen Lebensgrundlagen in Art. 20a GG. In: Natur und Recht, H. 7/95, S. 325-335

HINTERBERGER, F.; WELFENS, M. J.; GERKING, D., WOESTE, H.; SCHMIDT-BLEEK, F. (1996): Ökonomie der Stoffströme. Ein neues Forschungsprogramm. In: ZAU, H. 3/96, S. 344-356

HOFFMANN-RIEM, W. (1995): Vom Staatsziel Umweltschutz zum Gesellschaftsziel Umweltschutz. Zur Notwendigkeit hoheitlicher Regulierung gesellschaftlicher Selbstregulierung, illustriert an Beispielen der Energiewirtschaft. In: Die Verwaltung, H. 4/95, S. 425-448

HÖHN, H.-J. (1993): Ethik in der Risikogesellschaft. In: Stimmen der Zeit, Bd. 118, S. 95-104

HOPPE, W. (Hrsg.) (1995): Gesetz über die Umweltverträglichkeitsprüfung. (UVPG) - Kommentar. Köln

HOPPE, W.; APPOLD, W. (Hrsg.) (1990): Umweltschutz in der Raumplanung

HOPPE, W.; BECKMANN, M. (1989): Umweltrecht. München

HOWE, H. F.; WESTLEY, L. C. (1993): Anpassung und Ausbeutung. Wechselbeziehungen zwischen Pflanzen und Tieren. Aus dem Englischen von K. DETTNER und C. LIEPERT. Heidelberg, Berlin, Oxford

HUTH, A. (1996): Die Behandlung betrieblicher Unfälle im Rahmen der UVP. In: UVP-report, H. 5/96, S. 231 - 233

ISING, H. et al. (1997): Risikoerhöhung für Herzinfakt durch chronischen Lärmstreß. In: Zeitschrift für Lärmbekämpfung, H. 1/97

JAHNKE, S.; FEIGE, G. B. (^{2}1995): Stickstoff-Kreislauf. In: KUTTLER, W. (Hrsg.): Handbuch zur Ökologie, Handbücher zur angewandten Umweltforschung, Bd. 1, S. 396-403. Berlin

JAHNS-BÖHM, J. (1994): Umweltschutz durch europäisches Gemeinschaftsrecht am Beispiel der Luftreinhaltung. Eine kritische Untersuchung der vertraglichen Grundlagen, ihrer sekundärrechtlichen Ausgestaltung und der Umsetzung in der Bundesrepublik Deutschland. In: Schriften zum Europäischen Recht, Bd. 20. Berlin

JANKE, G. (1995): Öko-Auditing. Handbuch für die Interne Revision in Unternehmen. Berlin

JANZEN, H. (1995): Unternehmerische Risikopolitik und Umweltschutz. In: JUNKERN-HEINRICH, M.; KLEMMER, P.; WAGNER, G. R. (Hrsg.): Handbuch zur Umweltökonomie, Handbücher zur angewandten Umweltforschung, Bd. 2, S. 348-356. Berlin

JARASS, H. D. (1994): Grundfragen der innerstaatlichen Bedeutung des EG-Rechts. Die Vorgaben des Rechts der Europäischen Gemeinschaft für die nationale Rechtsanwendung und die nationale Rechtsetzung nach Maastrich. In: Völkerrecht - Europarecht - Staatsrecht, Bd. 14. Köln

JARASS, H. D. (^{3}1995): Bundes-Immissionsschutzgesetz. Kommentar. München

JARASS, H. D.; KLOEPFER, M.; KUNIG, Ph. (1994): Umweltgesetzbuch. Besonderer Teil - (UGB-BT). In: Umweltbundesamt (Hrsg.): Berichte, Bd. 4/94. Berlin

JARASS, H. D.; PIEROTH, B. (^{3}1995): GG Grundgesetz für die Bundesrepublik. Deutschland. München

JEDICKE, E. (^{2}1994): Biotopverbund. Grundlagen und Maßnahmen einer neuen Naturschutzstrategie. Stuttgart

JENSEN, M.; FEIGE, G. B. (^{2}1995): Photosynthese. In: KUTTLER, W. (Hrsg.): Handbuch zur Ökologie, In: Handbücher zur angewandten Umweltforschung, Bd. 1, S. 344-353. Berlin

JONAS, H. (1979): Das Prinzip Verantwortung. Versuch einer Ethik für die technologische Zivilisation. Frankfurt/M

KARGEL, J. S.; STROM, R. G. (1997): Die Klimageschichte des Mars. In: Spektrum der Wissenschaft, H. 4/97, S. 50-59

KARL, H. (1995): Umweltrisiken. In: JUNKERNHEINRICH, M.; KLEMMER, P.; WAGNER, G. R. (Hrsg.): Handbuch zur Umweltökonomie, Handbücher zur angewandten Umweltforschung, Bd. 2, S. 327-332. Berlin

KATALYSE (Hrsg.) (^{3}1993): Das Umweltlexikon. Köln

KAZDA, M. (^{2}1995): Nährstoffhaushalt. In: KUTTLER, W. (Hrsg.): Handbuch zur Ökologie, Handbücher zur angewandten Umweltforschung, Bd. 1, S. 191-197. Berlin

KLEEMANN, M. (1995): Die Berücksichtigung von Summen- und Folgewirkungen bei der Flächennutzungs-UVP. In: UVP-report, H. 4/95, S. 178-180

KLEMMER, P. (1995): Umwelträume. In: JUNKERNHEINRICH, M.; KLEMMER, P.; WAGNER, G. R. (Hrsg.): Handbuch zur Umweltökonomie, Handbücher zur angewandten Umweltforschung, Bd. 2, S. 324-327. Berlin

KLINK, H.-J. (1978): Ökologische Raumgliederung aus geographischer Sicht - In: OLSCHOWY, G. (Hrsg.): Natur- und Umweltschutz in der Bundesrepublik Deutschland. S. 55-68. Hamburg, Berlin

KLINK, H.-J. (1983): Ökosystemforschung. In: KLINK, H.-J.; MAYER, E.: Vegetationsgeographie. Braunschweig. S. 143-151

KLOEPFER, M. (1994): Zur Geschichte des deutschen Umweltrechts. In: Schriften zum Umweltrecht, Nr. 50. Berlin

KLOEPFER, M. (1995): Zur Kodifikation des Umweltrechts in einem Umweltgesetzbuch. In: Die Öffentliche Verwaltung, H. 18/95, S. 745-754

KLOEPFER, M. (1996a): Umweltschutz als Verfassungsrecht: Zum neuen Art. 20a GG. In: DVBl, H. 2/96, S. 73-80

KLOEPFER, M. (1996b): Umweltschutz. Loseblatt-Textsammlung des Umweltrechts der Bundesrepublik Deutschland, Stand 94. München

KLOEPFER, M.; REHBINDER, E.; SCHMIDT-AßMANN, E. (^{2}1991): Umweltgesetzbuch - Allgemeiner Teil. In: UBA (Hrsg.): Berichte, H. 7/90. Berlin

KLÖPFFER, W.; RENNER, J. (1995): Methodik der Wirkungsbilanz im Rahmen von Produkt-Ökobilanzen unter Berücksichtigung nicht oder nur schwer quantifizierbarer Umwelt-Kategorien. In: UBA (Hrsg.): Methodik der produktbezogenen Ökobilanzen - Wirkungsbilanz und Bewertung -, Texte, H. 23/95, Teil 1

KLÖTZLI, F. A. (^{3}1993): Ökosysteme. Aufbau, Funktionen, Störungen. Stuttgart, Jena
KLÖTZLI, F. A. (^{2}1995): Ökosystem. In: KUTTLER, W. (Hrsg.): Handbuch zur Ökologie, Handbücher zur angewandten Umweltforschung, Bd. 1, S. 288-295. Berlin
KNOLL, H. (1991): Das Ende des Proterozoikums: Schwelle zu höherem Leben. In: Spektrum der Wissenschaft, H. 12/91, S. 100-108
KOCH, A. (1996): Kaisergräber der Tang-Dynastie. In: Spektrum der Wissenschaft, H. 11/96, S. 100-107
KOCH, H.-J.; RUBEL, R. (^{2}1992) Allgemeines Verwaltungsrecht. Neuwied, Kriftel, Berlin
KOCH, R.; SCHÜÜRMANN, G. (1994): Wirkungsschwellen für chemische Stoffe in Biosystemen - Eine theoretische Betrachtung. In: Umwelt- und Schadstofforschung, H. 1/94, S. 28-30
KOLLERT, R. (1982): Bewertung und Quantifizierung von Risiko. Heidelberg
KÖNIG, B.; LINSENMAIR, K. E. (1996): Biologische Vielfalt. Heidelberg
KRAFT, V. (^{2}1951): Die Grundlagen einer wissenschaftlichen Wertlehre. Wien
KRÄMER, L.; KROMAREK, P. (1995): Europäisches Umweltrecht. Chronik vom 1.10.1991-31.3.1995. In: Zeitschrift für Umweltrecht, H. 3/95, Beilage
KREMSER, H. (1995): Verfassungsrechtliche Zulässigkeit technischer Regelwerke bei der Genehmigung von Atomanlagen. In: Die Öffentliche Verwaltung, H. 7/95, S. 275-283
KUCHLING, H. (^{14}1994): Physik. Leipzig
KUHLMANN, H. (1995): Der Mitweltschutz im gesamtdeutschen Grundgesetz. In: Natur und Recht, H. 1/95, S. 1-10
KUTTLER, W.; STEINECKE, K. (1995): Umweltmedien. In: JUNKERNHEINRICH, M.; KLEMMER, P.; WAGNER, G. R. (Hrsg.): Handbuch zur Umweltökonomie, Handbücher zur angewandten Umweltforschung, Bd. 2, S. 306-311. Berlin
LAUER, W. (^{2}1995): Klimatologie. Braunschweig
LEIST, A. (1991): Intergenerationelle Gerechtigkeit. Verantwortung für zukünftige Generationen, hohes Lebensalter und Bevölkerungsexplosion. In: BAYERTZ, K. (Hrsg.): Praktische Philosophie, Grundorientierungen angewandter Ethik. S. 322-360. Reinbeck bei Hamburg
LESER, H. (^{3}1991): Landschaftsökologie. Stuttgart
LESER, H. (1993): Ökosysteme. Jena
LESER, H. et al. (^{6}1992): Wörterbuch Ökologie und Umwelt. Braunschweig
LEWONTIN, R. C. (^{6}1986): Anpassung. In: Evolution: Die Entwicklung von den ersten Lebensspuren bis zum Menschen. S. 32-41. Heidelberg
LEXIKONREDAKTION DES BIBLIOGRAPHISCHEN INSTITUTS (Hrsg.) (1980): Duden Lexikon in drei Bänden. Bd. 1-3. Mannheim, Wien, Zürich
LINDLAR, A. (^{2}1995): "Umwelt-Audits". Bonn
LORZ, A. (1994): Die Rechtsordnung als Hilfe für das Tier. In: Natur und Recht, H. 10/94, S. 473-477
LÜBBE, A. (1994): Hat der Tierschutz Verfassungsrang? In: Natur und Recht, H. 10/94, S. 469-472

LUDWIG, H. (1994): TA Luft. Technische Anleitung zur Reinhaltung der Luft. Textausgabe mit Einführung. München

LUHMANN, N. (1968): Zweckbegriff und Systemrationalität. Über die Funktion von Zwecken in sozialen Systemen. Tübingen

MAINZER, K. (1995): Zeit. Von der Urzeit zur Computerzeit. München

MANHART, K. (1995): KI-Modelle in der Sozialwissenschaft. Logische Struktur und wissensbasierte Systeme von Balancetheorien. München

MARQUARDT, H.; SCHÄFER, S. G. (Hrsg.) (1994): Lehrbuch der Toxikologie. Mannheim, Leipzig, Wien, Zürich

MAURER, H. (^{8}1992): Allgemeines Verwaltungsrecht. München

MAY, E. (^{2}1995): Humanökologie. In: KUTTLER, W. (Hrsg.): Handbuch zur Ökologie. Handbücher zur angewandten Umweltforschung, Bd. 1, S. 148-155. Berlin

MAY, R. M. (Hrsg.) (1980): Theoretische Ökologie, Aus dem Englischen von O. HOFRICHTER und K. P. SAUER. Weinheim, Deerfield Beach (Florida), Basel

MAYER, E. (1983): Die Vegetationsgürtel der Erde. In: KLINK, H.-J.; MAYER, E.: Vegetationsgeographie, S. 152-262. Braunschweig

MCCOLD, L.; HOLMAN, J. (1995): Cumulative Impacts in Environmental Assessments: How well are they considered? In: The Environmental Professional, No. 1/95, S. 2-8

MCDOWELL, A. G. (1997): Die Schriftkultur einer altägyptischen Siedlung. In: Spektrum der Wissenschaft, H. 2/97, S. 76-81

MEIER-KOLL, A. (1995): Chronobiologie. Zeitstrukturen des Lebens. München

MEIXNER, R. (1997): Gefahrenabwehr nach Polizeirecht bei immissionsschutzrechtlich anzeigepflichtigen Anlagen. In: NVwZ, H. 2/97, S. 127-130

MEYER, D. E. (^{2}1995): Stoffkreislauf. In: KUTTLER, W. (Hrsg.): Handbuch zur Ökologie, Handbücher zur angewandten Umweltforschung, Bd. 1, S. 404-412. Berlin

MINKOWSKI, H. (1988): Raum und Zeit. In: AICHELBURG, P. C. (Hrsg.): Zeit im Wandel der Zeit. Facetten der Physik, Bd. 23, S. 123-136. Braunschweig

MÜLLER, A. M. K. (1986): Zeit und Evolution. Eine Kontroverse um das Werk von Ilya Prigogine. In: ALTNER, G. (Hrsg.): Die Welt als offenes System, S. 124-160. Frankfurt/M

MÜLLER, H. J. (^{2}1991): Wechselbeziehungen zwischen Elementen und Faktoren der Ökosysteme. In: MÜLLER, H. J. (Hrsg.): Ökologie, S. 150-250. Jena

MÜLLER, J.; SCHÄLLER, G.; HEINRICH, W.; DUNGER, W. (^{2}1991): Elemente (Bestandteile) der Ökosysteme. In: MÜLLER, H. J. (Hrsg.): Ökologie, S. 25-149. Jena

MURSWIEK, D. (^{2}1994): Gefahr. In: KIMMINICH, O.; VON LERSNER, H. Freiherr; STORM, P.-Ch. (Hrsg.): Handwörterbuch des Umweltrechts, Bd. 1, S. 803-814. Berlin

NAKATEN, Ch.; POSCHMANN, Ch. (1995): Erläuterung wichtiger Begriffe. In: KOCKS CONSULT (Hrsg.): Aspekte der Bewertung und Entscheidungsfindung in der Umweltplanung, Seminarband, unveröffentlicht. Koblenz

NEUMANN, D. (^{2}1995): Rhythmik. In: KUTTLER, W. (Hrsg.): Handbuch zur Ökologie, Handbücher zur angewandten Umweltforschung, Bd. 1, S. 377-385. Berlin

NEUMANN, P. (1995): Ein traditioneller Werkstoff mit hohem Innovationspotential. In: Spektrum der Wissenschaft, H. 11/95, S. 96-100

NEUMEISTER, (1988): Geoökologie - Geowissenschaftliche Aspekte der Ökologie. Jena

NIMTZ, G.; MÄCKER, S. (1994): Elektrosmog. Eine physikalische Wirkung elektromagnetischer Strahlung. Mannheim, Leipzig, Wien, Zürich

NISBET, E. G. (1994): Globale Umweltveränderungen. Ursachen, Folgen, Handlungsmöglichkeiten. Heidelberg

OBE, G.; NATARAJAN, A. T. (^{2}1995): Genetische Toxikologie. In: KUTTLER, W. (Hrsg.): Handbuch zur Ökologie, Handbücher zur angewandten Umweltforschung, Bd. 1, S. 135-142. Berlin

ODUM, E. P. (^{2}1983): Grundlagen der Ökologie in zwei Bänden. Übersetzt und bearbeitet von J. OVERBECK, E. OVERBECK, Bd. 1. Stuttgart, New York

OLSSON, M.; PIEKENBROCK, D. (1993): Kompakt-Lexikon Umwelt- und Wirtschaftspolitik. Wiesbaden

OSORIO-PETERS, S.; SCHMIDT, S. (1995): Bewertung in der Ökonomie. In: GIEGRICH, J.; MAMPEL, U.; DUSCHA, M.; ZAZCYK, R.; ISORIO-PETERS, S.; SCHMIDT, T.: Bilanzbewertung in produktbezogenen Ökobilanzen, Evaluation von Bewertungsmethoden, Perspektiven, Endbericht, Anhang B, in: UBA (Hrsg.) Methodik der produktbezogenen Ökobilanzen - Wirkungsbilanz und Bewertung -, Texte, H. 23/95

PASSMORE, J. (^{2}1986): Den Unrat beseitigen. Überlegungen zur ökologischen Mode. In: BIRNBACHER, D. (Hrsg.): Ökologie und Ethik. S. 207-246. Stuttgart

PETERS, H.-J. (1994b): Die UVP-Richtlinie der EG und die Umsetzung in das deutsche Recht. Gesamthafter Ansatz und Bewertung der Umweltauswirkungen. In: Schriften des Instituts für regionale Zusammenarbeit und Europäische Verwaltung - EURO-INSTITUT - Kehl/Straßbourg, Bd. 2. Baden-Baden

PETERS, H.-J. (1995a): Vorschriftensammlung mit Einführung in das UVP-Recht. In: Das Recht der Umweltverträglichkeitsprüfung in zwei Bänden. Bd. 1. Baden-Baden

PETERS, H.-J. (1995c): Art. 20a GG - Die neue Staatszielbestimmung des Grundgesetzes. In: NVwZ, H. 6/95, S. 555-557

PETERSON, E. B.; CHAN, Y.-H.; PETERSON, N. M.; CONSTABLE, G. A.; CATON, R. B.; DAVIS, C. S.; WALLACE, R. R.; YARRANTON, G. A. (1987): Cumulative Effects Assessment in Canada: An Agenda for Action and Research. Hrsg.: CANADIAN ENVIRONMENTAL ASSESSMENT RESEARCH COUNCIL. Hull (Quebec, Canada)

PFORDTEN, D. V. D. (1996): Ökologische Ethik. Zur Rechtfertigung menschlichen Verhaltens gegenüber der Natur. Hamburg

PRIESNER, C. (1995): Der Stein des Lichtes - Elementargeschichte des Phosphors. In: Spektrum der Wissenschaft, H. 3/95, S. 78-89

PÜCHEL, G. (1989): Die materiell-rechtlichen Anforderungen der EG-Richtlinie zur Umweltverträglichkeitsprüfung. Münster

PÜTZ, M.; BUCHHOLZ, K. (^{4}1991): Die Genehmigungsverfahren nach dem Bundes-Immissionsschutzrecht. Bielefeld

RAT DER EUROPÄISCHEN GEMEINSCHAFT (1993): Für eine dauerhafte und umweltgerechte Entwicklung. Ein Programm der Europäischen Gemeinschaft für Umweltpolitik und Maßnahmen im Hinblick auf eine dauerhafte und umweltgerechte Entwicklung. In: EU-ABl, Nr. C 138, S. 5-98

REHBINDER, E. (1991): Das Vorsorgeprinzip im internationalen Vergleich. In: Umweltrechtliche Studien, Bd. 12. Düsseldorf

REMMERT, H. (^{5}1992): Ökologie. Berlin, Heidelberg, New York

RENGELING, H. W. (1985): Der Stand der Technik bei der Genehmigung umweltgefährdender Anlagen. In: Osnabrücker Rechtswissenschaftliche Abhandlungen, Bd. 2. Köln

RIECKEN, U. (1992): Planungsbezogene Bioindikation durch Tierarten und Tiergruppen - Grundlagen und Anwendung. In: Schriftenreihe für Landschaftspflege und Naturschutz, Bd. 36

RIECKEN, U. (1994): Stellenwert und Bedeutung biologischer Beiträge in der Landschaftsplanung. In: NORDDEUTSCHE NATURSCHUTZAKADEMIE (Hrsg.): Biologische Beiträge und Bewertung in Umweltverträglichkeitsprüfung und Landschaftsplanung, NNA Berichte, 1/94, S. 4-11. Schneverdingen

ROCK, M. (^{2}1986): Theologie der Natur und ihre anthropologisch - ethischen Konsequenzen. In: BIRNBACHER, D. (Hrsg.): Ökologie und Ethik, S. 72-102. Stuttgart

RONELLENFITSCH, M. (1995): Selbstverantwortung und Deregulierung im Ordnungs- und Umweltrecht. In: Tübinger Schriften zum Staats- und Verwaltungsrecht, Bd. 29. Berlin

ROßNAGEL, A. (1997): Lernfähiges Europarecht - am Beispiel des europäischen Umweltrechts. In: NVwZ, H. 2/97, S. 122-126

RUNGE, K. (1995): Kumulative Umweltauswirkungen In: UVP-report. 4/95, S. 174-177

RUNNELS, C. N. (1995): Umweltzerstörung im griechischen Altertum. In: Spektrum der Wissenschaft, H. 5/95, S. 84-91

SCHALTEGGER, St., KUBAT, R. (^{2}1995): Das Handwörterbuch der Ökobilanzierung. Begriffe und Definitionen. In: WWZ-Studien, Nr. 45. Basel

SCHEDLER, K. (^{2}1992): Handbuch Umwelt: Technik, Recht, Luftreinhaltung, Abfallwirtschaft, Gewässerschutz, Lärmschutz, Umweltschutzbeauftragte. Ehningen bei Böblingen

SCHELER, M. (^{5}1954): Der Formalismus in der Ethik und die materielle Wertethik. Neuer Versuch der Grundlegung eines ethischen Personalismus. Bern

SCHEMEL, H.-J. (1989): Prognose und Bewertung von Wechselwirkungen und Langfristwirkungen. Unveröffentlichtes Manuskript

SCHERHAG, R.; LAUER, W. (^{10}1982): Klimatologie. Braunschweig

SCHIEGL, H.; SCHORLING, M. (^{2}1994): TA Luft. Vorschriften und Erläuterungen zum Immissionsschutz. Landsberg/Lech

SCHIDLOWSKI, M. (1981): Die Geschichte der Erdatmosphäre. Spektrum der Wissenschaft, H. 4/81, S. 17-27

SCHINK, A. (1994a): Die Entwicklung des Umweltrechts im Jahr 1993 - Erster Teil -. In: ZAU, H. 2/94, S. 183-196

SCHINK, A. (1994b): Die Entwicklung des Umweltrechts im Jahr 1993 - Zweiter Teil -. In: ZAU, H. 3/94, S. 337-356

SCHINK, A. (1995a): Die Entwicklung des Umweltrechts im Jahr 1994 - Erster Teil -. In: ZAU, H. 1/95, S. 67-78

SCHINK, A. (1995b): Die Entwicklung des Umweltrechts im Jahr 1994 - Zweiter Teil -. In: ZAU, H. 2/95, S. 227-239

SCHINK, A. (1995c): Die Entwicklung des Umweltrechts im Jahr 1994 - Dritter Teil -. In: ZAU, H. 3/95, S. 338-359

SCHINK, A. (1996a): Die Entwicklung des Umweltrechts im Jahr 1995 - Erster Teil -. In: ZAU, H. 3/96, S. 357-378

SCHINK, A. (1996b): Die Entwicklung des Umweltrechts im Jahr 1995 - Zweiter Teil -. In: ZAU, H. 4/96, S. 520-543

SCHLESWIG-HOLSTEIN (1994): "Wechselwirkungen" in der Umweltverträglichkeitsprüfung. Von der Begriffsdefinition zur Anwendbarkeit. Kiel

SCHLITT, M. (1992): Umweltethik. Philosophisch- ethische Reflexionen - Theologische Grundlagen - Kriterien. Paderborn

SCHMIDT, E. (1992): Natur am Verhandlungstisch. In: GLAUBER. H.; PFRIEM, R. Ökologisch Wirtschaften. Frankfurt/M.

SCHMIDT, M. (Hrsg.) (1989): Leben in der Risikogesellschaft. Karlsruhe

SCHMIDT, M.; SCHORB, A. (1995): Stoffstromanalysen in Ökobilanzen und Öko-Audits. Berlin u. a.

SCHMIDT, R. (1994): Der Staat der Umweltvorsorge. In: Die öffentliche Verwaltung, H. 18/94, S. 749-756

SCHMIDT-BLEEK, F. (1994): Wieviel Umwelt braucht der Mensch? - MIPS - Das Maß für ökologisches Wirtschaften. Berlin

SCHMIDTHÜSEN, J. (1973): Was verstehen wir unter Landschaftsökologie. In: Verhandlungen des deutschen Geographentags, Bd. 39, S. 409-417

SCHOLL-SCHAAF, M. (1975): Werthaltung und Wertsystem. In: Abhandlungen zur Philosophie, Psychologie und Pädagogik, Bd. 113. Bonn

SCHRÖDER, W. (1996): Einsatz von Biosphärenreservaten für Integrative Umweltbeobachtung und -bewertung sowie Naturschutz. In: VEREIN DER FREUNDE UND FÖRDERER DER AKADEMIE FÜR NATUR- UND UMWELTSCHUTZ BEIM MINISTERIUM FÜR UMWELT UND VERKEHR BADEN-WÜRTTEMBERG (Hrsg.): Bewertung im Naturschutz. Ein Beitrag zur Begriffsbestimmung und Neuorientierung in der Umweltplanung, Beiträge der Akademie für Natur- und Umweltschutz Baden-Württemberg, Bd. 23, S. 143-167. Stuttgart

SCHUBERT, R. (Hrsg.) (^{3}1991): Lehrbuch der Ökologie. Jena

SCHUBERT, R.; WAGNER, G. (^{10}1991): Botanisches Wörterbuch. Stuttgart

SCHWEIZER, A. (1981): Gesammelte Werke. München

SONNTAG, N. et al. (1987): Cumulative Effects Assessment - A context for further research and development. CANADIAN ENVIRONMENTAL ASSESSMENT RESEARCH COUNCIL (Hrsg.). Hull (Quebec, Canada)

SRU (1988): Umweltgutachten 1987. In: BT-Drs., 11/1568

SRU (1994): Umweltgutachten 1994. Für eine dauerhaft-umweltgerechte Entwicklung - Schlußfolgerungen und Handlungsempfehlungen. Stuttgart

SRU (1996b): Ein Mehrstufenmodell zur Festlegung von Umweltstandards - Zur Umsetzung einer dauerhaft-umweltgerechten Entwicklung -. In: ZAU, H. 2/96, S. 166-172

STADT DORTMUND (1990): Handbuch zur Umweltbewertung. Konzept und Arbeitshilfe für die kommunale Umweltplanung und Umweltverträglichkeitsprüfung. Dortmund, München, Hannover

STAUDACHER, T.; SARDA, P. (1993): Die Entwicklung der Erdatmosphäre aus dem Erdmantel. In: Spektrum der Wissenschaft, H. 2/93, S. 36-43

STEIGER, H.: (1995): Entwicklungen des Rechts der natürlichen Lebenswelt. In: Natur und Recht, H. 9/95, S. 437-443

STEINBERG, Ch. (1995a): Zulassung von Industrieanlagen im deutschen und europäischen Recht. In: NVwZ, 95, S. 209-218

STEINBERG, Ch. (^{2}1995b): Phosphor-Kreislauf in Binnengewässern. In: KUTTLER, W. (Hrsg.): Handbuch zur Ökologie, Handbücher zur angewandten Umweltforschung, Bd. 1, S. 340-344. Berlin

STEINECKE, K. (^{2}1995): Ernährungsformen. In: KUTTLER, W. (Hrsg.): Handbuch zur Ökologie, Handbücher zur angewandten Umweltforschung, Bd. 1, S. 111-121. Berlin

STEINECKE, K.; KUTTLER, W. (^{2}1995): Nahrungskette. In: KUTTLER, W. (Hrsg.): Handbuch zur Ökologie, Handbücher zur angewandten Umweltforschung, Bd. 1, S. 197-203. Berlin

STELZER, V. (1993b): Umweltschutz bei Anlagenbau- und Bauprojekten. In: HILLEJAN, U.; MORTSIEFER, J. (Hrsg.): Praxishilfen für den Umweltschutzbeauftragten, Umweltschutzmanagement, Projektmanagement und Umweltschutz, Loseblattsammlung, S. 7.2.2.1-7.2.2.50. Köln

STELZER, V. (1994a): Was bringt die neue "EG-Richtlinie über die integrierte Vermeidung und Verminderung der Umweltverschmutzung" für den Umweltschutz? In: UVP-report, 4/94, S. 230-232

STELZER, V. (1994b): Was kann der Vorhabenträger tun, um die Realisierungszeit für eine Abfallbehandlungsanlage zu beschleunigen? In: Müll und Abfall, H. 4/94, S. 189-199

STELZER, V. (1994c): UVP-pflichtige Genehmigungsverfahren: Günstiger Zeitpunkt. In: Entsorga-Magazin, H. 6/94, S. 48-50

STELZER, V. (1994d): Projektmanagement. Keine Zeit zu verschenken. Methoden zum beschleunigten Bau von Energiegewinnungsanlagen. In: Energie, H. 6/94, S. 23-29

STELZER, V. (1994f): Projektmanagement: Formel für kürzere Genehmigungszeiten. In: Chemische Industrie, H. 11/94, S. 44-46

STELZER, V. (1995a): Schnelle Realisierung einer metallverarbeitenden Anlage. In: Metall, H. 1/95, S. 30-34

STELZER, V. (1995b): Der Planer als Experte oder als einfacher "Vollzieher" fachgesetzlicher Normen? In: KOCKS CONSULT (Hrsg.): Aspekte der Bewertung und Entscheidungsfindung in der Umweltplanung. Seminarbericht, unveröffentlicht. Koblenz

STELZER, V. (1996a): Die neue "EG-Richtlinie über die integrierte Vermeidung und Verminderung der Umweltverschmutzung IVU". In: SCHIMMELPFENG, L.; MACHMER, D. (Hrsg.): Öko-Audit und Öko-Controlling gemäß ISO 14000ff und EG-Verordnung Nr. 1836/93, S. 177-197. Taunusstein

STELZER, V. (1996b): Dokumentation der 2. Konferenz der EUREGIO Maas-Rhein zur grenzüberschreitenden UVP in der EU. Hrsg: REGIO AACHEN, Seminarbericht, unveröffentlicht, auch übersetzt ins Niederländische und ins Französische. Aachen

STONE, E. C; ZIMANSKY, P. (1995): Die innere Organisation einer mesopotamischen Stadt. In: Spektrum der Wissenschaft, H. 7/95, S.80-86

STORM, P.-Ch. (^{5}1992): Umweltrecht. Berlin

STORM, P.-Ch.; LOHSE, S. (1994): EG-Umweltrecht. Systematische und ergänzbare Sammlung der Verordnungen, Richtlinien und sonstigen Rechtsakte der Europäischen Union zum Schutz der Umwelt. Berlin, Bielefeld, München

STRASBURGER, E.; NOLL, F.; SCHENCK, H.; SCHIMPER, A. F. W.; SITTE, D.; ZIEGLER, A.; EHRENDORFER, F.; BRESINSKY, A. (^{33}1991): Lehrbuch der Botanik für Hochschulen. Stuttgart, Jena, New York

STREIT, B. (Hrsg.) (1995): Evolution des Menschen. Heidelberg

STREIT, B.; STREIT, E. (Hrsg.) (^{2}1994): Lexikon Ökotoxikologie. Weinheim

SUMMERER, St. (1989): Grundbegriffe der Umweltverträglichkeitsprüfung. Der Begriff "Umwelt". In: STORM, P.-Ch.; BUNGE, Th. (Hrsg): Handbuch der Umweltverträglichkeitsprüfung (HdUVP), Loseblattsammlung, Stand: 4/96, S. 0210/1-33. Berlin

TANSLEY, A. G. (1935): The use and abuse of vegetational concepts and terms. In: Ecology, H. 16, S. 284-307

TISCHLER, W. (^{4}1993): Einführung in die Ökologie. Stuttgart, New York

TOBIAS, K. (1996): Die Prinzipien deutscher Umweltpolitik. In: UVP-report, H. 5/96, S. 221 - 224

TRIBE, L. H. (^{2}1986): Was spricht gegen Plastikbäume? In: BIRNBACHER, D. (Hrsg.): Ökologie und Ethik. S. 20-71. Stuttgart

TROLL, C. (1950): Die geographische Landschaft und ihre Erforschung. Studium Generale 3, H. 4/5, S. 163-181

TROLL, C. (1968): Landschaftsökologie. In: TÜXEN, R. (Hrsg.): Pflanzensoziologie und Landschaftsökologie. Den Haag

UBA (Hrsg.) (1995a): Methodik der produktbezogenen Ökobilanzen - Wirkungsbilanz und Bewertung -. In: Texte, H. 23/95

UBA (Hrsg.) (1995b): Standardberichtsbogen für produktbezogene Ökobilanzen. In: Texte, H. 24/95

UHLE, A. (1993): Das Staatsziel "Umweltschutz" im System der grundgesetzlichen Ordnung. In: Die Öffentliche Verwaltung, H. 21/93, S. 947-954

ULLRICH, P. (1995): Die Vorschriften der Gewerbeaufsicht. Daten und Empfehlungen für die Praxis. Aachen

UNEP (1995): Global Biodiversity Assessment. Cambridge (Großbritanien)

USHER, M. B. (1994): Erfassen und Bewerten von Lebensräumen: Merkmale, Kriterien, Werte. In: USHER, M. B.; ERZ, W.: Erfassen und Bewerten im Naturschutz. S. 17-47. Heidelberg, Wiesbaden

VALENTINE, J. W. (^{6}1986): Evolution vielzelliger Pflanzen und Tiere. In: Evolution, Die Entwicklung von den ersten Lebensspuren bis zum Menschen. S. 138-151. Heidelberg

VESTER, F. (^{2}1991): Leitmotiv vernetztes Denken. Für einen besseren Umgang mit der Welt. München

VON LERSNER, Freiherr H. (^{2}1994): Vorsorgeprinzip. In: KIMMINICH, O.; VON LERSNER, H. Freiherr; STORM, P.-Ch.: Handwörterbuch des Umweltrechts, Bd. 2, S. 2703-2710. Berlin

VON UEXKÜLL, J. (1909): Umwelt und Innenwelt der Tiere. Berlin

VON UEXKÜLL, J. (^{6}1936): Nie geschaute Welten. Berlin

VON UEXKÜLL, J.; KRISZAT, G. (1970): Streifzüge durch die Umwelten der Tiere und Menschen. Frankfurt

VON WEIZSÄCKER, C. F. (1988):. Der zweite Hauptsatz und der Unterschied von Vergangenheit und Zukunft. In: AICHELBURG, P. C. (Hrsg.): Zeit im Wandel der Zeit, Facetten der Physik, Bd. 23, S. 168-177. Braunschweig

WALTER, H. (1975). Besonderheiten des Stoffkreislaufs einiger terrestrischer Ökosysteme. In: Flora, H. 164, S. 169-183

WALTER, H.; BRECKLE, S.-W. (1983): Ökologische Grundlagen in globaler Sicht. In: Ökologie der Erde, Bd. 1. Stuttgart

WALTER H., BRECKLE, S.-W. (1991): Gemäßigte und Arktische Zonen außerhalb Euro-Nordasiens. In: Ökologie der Erde, Bd. 4. Stuttgart

WASIELEWSKI (1995): Die geplante IPC-Richtlinie der EU. In: UPR, H. 95, S. 90

WBGU (Hrsg.) (1993): Welt im Wandel: Grundstruktur globaler Mensch-Umwelt-Beziehungen. Jahresgutachten 1993. Kurzfassung. Bonn

WBGU (Hrsg.) (1994): Welt im Wandel: Die Gefährdung der Böden. Jahresgutachten 1994. Bonn

WBGU (1995a): Klimaänderungen durch die Menschheit - aus dem neuen Sachstandsbericht des IPCC für die Vertragsstaatenkonferenzen zur Klimakonvention. In: Prisma Global Change, H. 1/95

WEBER, H. (1937): Zur neueren Entwicklung der Umweltlehre J. v. Uexküls. In: Die Naturwissenschaften, H. 25, S. 97-104

WILHELMY, H. (^{4}1981): Exogene Morphodynamik. In: Geomorphologie in Stichworten, Bd. III, Kiel

WILSON, E. O. (1995): Der Wert der Vielfalt. Die Bedrohung des Artenreichtums und das Überleben des Menschen. München, Zürich

WINTER, G. (1994b): Von der ökologischen Vorsorge zur ökonomischen Selbstbegrenzung. In: Aus Politik und Zeitgeschichte, H. 37/94, S. 11-19

WITTIG, R. (^{2}1995): Biozönose. In: KUTTLER, W. (Hrsg.): Handbuch zur Ökologie, Handbücher zur angewandten Umweltforschung, Bd. 1, S. 89-91. Berlin

WOLF, R. (1986): Der Stand der Technik. Opladen

ZICK, M. (1996): Der Mythos vom Heiligen Land. In: bild der wissenschaft, Bd. 12/96, S. 64-77

ZORPETTE, G. (1997): Hanford: nukleare Altlast der USA. In: Spektrum der Wissenschaft, H. 4/97, S. 36-43

ZUCKER, F. J. (^{2}1986): Information, Entropie, Komplementarität und Zeit. In: VON WEIZSÄCKER, E. U. (Hrsg.): Beiträge zur Zeitstruktur. Heidelberg.

Weiterführende Literatur

ALBERT, H.; TOPITSCH, E. (1971): Werturteilsstreit. Darmstadt
ARNOLD, F.; KOEPPEL, H.-W.; MRASS, W.; WINKELBRANDT, A.; SINZ, M.; ROSENKRANZ, D. (1977): Gesamtökologischer Bewertungsansatz für einen Vergleich zweier Autobahntrassen. In: Schriften der BfANL, H. 16. Bonn-Bad Godesberg
BACHMANN, G. (1991): Inhalt und Methodik der Umweltverträglichkeitsprüfung. Ermittlung von Umweltauswirkungen stofflicher Belastungen von Böden. In: STORM, P.-Ch.; BUNGE, Th. (Hrsg): Handbuch der Umweltverträglichkeitsprüfung (HdUVP), Loseblattsammlung, Stand: 4/96, S. 2305/1-44. Berlin
BACK, H.-E.; ROHNER, M.-S.; SEIDLING, W.; WILLECKE, S. (1996): Konzepte zur Erfassung und Bewertung von Landschaft und Natur im Rahmen der "ökologischen Flächenstichprobe". In: UGR-Materialien, Beiträge zur Umweltökonomischen Gesamtrechnung, H. 6, Wiesbaden
BARROW, J. D. (1993): Die Natur der Natur. Wissen an den Grenzen von Raum und Zeit. Aus dem Englischen von A. EHLERS. Heidelberg
BARSCH, D.; KARRASCH, H. (Hrsg.) (1993): Geographie und Umwelt: Erfassen - Nutzen - Wandel - Schonen. Tagungsbericht und wissenschaftliche Abhandlungen zum 48. Deutschen Geographentag Basel 1991. Stuttgart
BARSCH, D.; KARRASCH, H. (Hrsg.) (1995): Ökologie und Umwelt. Analyse, Vorsorge, Erziehung, 49. Deutscher Geographentag Bochum, 3.-10. Oktober 1993. Bd. 2. Stuttgart
BECHMANN, A. (1989): Inhalt und Methodik der Umweltverträglichkeitsprüfung. Die Nutzwertanalyse. In: STORM, P.-Ch.; BUNGE, Th. (Hrsg): Handbuch der Umweltverträglichkeitsprüfung (HdUVP), Loseblattsammlung, Stand: 4/96, S. 3555/1-31. Berlin
BECHMANN, A.; HARTLIK, J. (1996): Umweltverträglichkeitsprüfung. In: BUCHWALD, K.; ENGELHARDT, W. (Hrsg.): Umweltschutz - Grundlagen und Praxis, das Handbuch in siebzehn Bänden, Bd. 2, BUCHWALD, K.; ENGELHARDT, W. (Hrsg.): Bewertung und Planung, S. 447-471. Bonn
BMZ (1993): Umwelt-Handbuch. Bd. 1-3. Braunschweig
BOYLE, T. J. B.; BOYLE, C. E. E. (Hrsg.) (1994): Biodiversity, Temperate Ecosystems and Global Change. Overijse (Belgien)
BREUER, W. (1991): Die Beziehung zwischen Eingriffsregelung und Umweltverträglichkeitsprüfung (UVP). In: Informationsdienst Niedersachsen, H. 4/91, S. 86-88
BUCHWALD, K.; ENGELHARDT, W. (Hrsg.) (1993ff): Umweltschutz - Grundlagen und Praxis, das Handbuch in siebzehn Bänden. Bd. 1 - 17. Bonn
BUNDESREGIERUNG DER BUNDESREPUBLIK DEUTSCHLAND (1995b): Bericht der Bundesregierung zum Jahresgutachten 1994 des wissenschaftlichen Beirates der Bundesregierung Globale Umweltveränderungen "Welt im Wandel: Die Gefährdung der Böden". Bonn
BUNGE, Th. (1994): Gesetz über die Umweltverträglichkeitsprüfung (UVPG). Kommentar. In: STORM, P.-Ch.; BUNGE, Th. (Hrsg): Handbuch der Umweltverträglichkeitsprüfung (HdUVP), Loseblattsammlung, Stand: 4/96, S. 0600/1ff. Berlin

CUPEI, J. (1994): Vermeidung von Wettbewerbsverzerrung innerhalb der EG durch UVP? Eine vergleichende Analyse der Umsetzung der UVP-Richtlinie in Frankreich, Großbritanien und den Niederlanden. Baden-Baden

DAWKINS R. (1994): Das egoistische Gen. Heidelberg

DEMSKE, K.; PUSTER, H. (1994): Die Bewertung nach § 12 UVP-Gesetz am Beispiel einer Kläranlagenerweiterung. In: UVP-report, H. 2/94, S. 107-109

DREIBIGACKER, H.-L.; BÜCKMANN, W. (1991): Ökologische Folgenbewertung mit Umweltverträglichkeitsprüfung als Analyse und Prognosetechnik. Köln, Berlin, Bonn, München

DÜRR, H.-P.; ZIMMERLI, W. Ch. (1989): Geist und Natur - Über den Widerspruch zwischen naturwissenschaftlicher Erkenntnis und philosophischer Welterfahrung. Stuttgart

DUTTMANN, R.; MOSIMANN, Th. (1994): Die ökologische Bewertung und dynamische Modellierung von Teilfunktionen und -prozessen des Landschaftshaushaltes - Anwendung und Perspektiven eines Geoökologischen Informationssystems in der Praxis. In: Petermanns Geographische Mitteilungen, 1994, S. 13-17

EBERLE, D. (1984): Die ökologische Risikoanalyse - Kritik der theoretischen Fundierung und der raumplanerischen Verwendungspraxis. In: Regional- und Landesplanung Universität Kaiserslautern Werkstattberichte, Nr. 11. Kaiserslautern

EBERLE, D.; BAUSENWEIN, I.; SPIETH, A. (1994): Medienübergreifende Bewertung im Rahmen der UVP. Praxishandhabung, Verfahrensmöglichkeiten, methodische Anforderungen. In: Werkstattberichte zur Angewandten Geographie, H. 1. Tübingen

GASSNER, E.; WINKELBRANDT, A. (^{2}1992): UVP. Umweltverträglichkeitsprüfung in der Praxis. München

GLAESER, B. (1990): Ganzheitlichkeit im Umweltschutz - mehr als nur ein Schlagwort? In: FAULSTICH, M.; LORBER, K. E. (Hrsg.): Ganzheitlicher Umweltschutz, S. 107-115

HARTLIK, J. (1990): Bewertungsverfahren im Rahmen der Umweltverträglichkeitsuntersuchung. Dortmund

HARTLIK, J. (1994): Anforderungen an UVU und Möglichkeiten zur Standardisierung. In: UVP-report, H. 5/94, S. 296-300

HENKEL, W. (1991): Kombinationswirkungen von Umweltfaktoren. Untersuchung der Einwirkung physikalischer und chemischer Noxen auf den Organismus. In: Schadstoffe und Umwelt, Bd. 7. Berlin

HOFSTETTER, P.; BRAUNSCHWEIG, A. (1994): Bewertungsmethoden in Ökobilanzen - ein Überblick. In: Gaia, H. 3, S. 227-236.

HÖHN, H.-J. (1994): Umweltethik und Umweltpolitik. In: Politik und Zeitgeschichte, H. 9/94. Bonn

HORGAN, J. (1995): Komplexität in der Krise. In: Spektrum der Wissenschaft, H. 9/95, S. 58-64

HÜBLER, K.-H.; ZIMMERMANN, M. (Hrsg.) (1992): UVP am Wendepunkt. In: Planung und Praxis im Umweltschutz, Bd. 1. Bonn

JONAS, H. (1994): Das Prinzip Leben. Ansätze zu einer philosophischen Biologie. Frankfurt/M., Leipzig

KISTENMACHER, H.; EBERLE, D. (1985): Methodenfiebel zur Umweltverträglichkeitsprüfung. In: KTBL-Schriften, Bd. 309. Münster-Hiltrup/Westf.
KISTENMACHER, H. et al. (1990): Näheres zur notwendigen Berücksichtigung von Summen- und Folgewirkungen bei der Plan-UVP. In: KISTENMACHER, H. et al. Aufgaben und methodische Ansätze einer "Plan-UVP" in der räumlichen Planung unter besonderer Berücksichtigung der Regionalplanung in Rheinland-Pfalz. S. 10
KLEINSCHMIDT, V. (1993): Die Bewertung in UVS und UVP - Empfehlungen für Gutachter und Behörden. In: Laufener Seminarbeiträge, Bd. 2/93, S. 99-104
KÖPPEL, J.; JESSEL, B. (1992): Bewertungsverfahren und Beweissicherung in Umweltverträglichkeitsstudien. In: Laufener Seminarbeiträge, Bd. 6/92, S. 49-58
KRÄMER, B.; LOHRBERG, F. (1994): Umweltverträglichkeit bewerten - Überlegungen und Ansätze am Beispiel des Straßenbauvorhabens A 26. In: UVP-report, H. 1, S. 42-45
KÜHLING, W. (1990): Inhalt und Methodik der Umweltverträglichkeitsprüfung. Luftbelastungen. In: STORM, P.-Ch.; BUNGE, Th. (Hrsg): Handbuch der Umweltverträglichkeitsprüfung (HdUVP), Loseblattsammlung, Stand: 4/96, S. 2710/1-62. Berlin
KÜHLING, D.; RÖHRIG, W. (1996): Mensch, Kultur- und Sachgüter. In: UVP-Spezial, Bd. 12. Dortmund
LEHNES, P. (1994): Zur Problematik von Bewertungen und Werturteilen auf ökologischer Grundlage. In: Gesellschaft für Ökologie, Bd. 23, S. 421-426
MARKS, R.; MÜLLER, M. J.; LESER, H.; KLINK, H.-J. (Hrsg.) (1989): Anleitung zur Bewertung des Leistungsvermögens des Landschaftshaushaltes (BA LVL). In: Forschungen zur deutschen Landeskunde, Bd. 229. Trier
MARX, D. (1991): Die Umweltverträglichkeitsprüfung von Vorhaben. Anlagen zur Hausmüllverbrennung. In: STORM, P.-Ch.; BUNGE, Th. (Hrsg): Handbuch der Umweltverträglichkeitsprüfung (HdUVP), Loseblattsammlung, Stand: 4/96, S. 4150/1-65. Berlin
MEEREIS, J. (1994): Medienübergreifende Betrachtung (§ 2 UVPG) Versus Bewertung nach Fachgesetzen (§ 12 UVPG) am Beispiel des Umweltmediums Luft. In: Vierter Kongreß Umweltverträglichkeitsprüfung (UVP), kommunale Umweltplanung und Umweltbetriebsprüfung", Seminarunterlagen, unveröffentlicht. Freiburg
MODIS, Th. (1994): Die Berechenbarkeit der Zukunft. Warum wir Vorhersagen machen können. Basel, Berlin, Boston
MÜLLER, J. (1824): Von dem Bedürfnis der Physiologie nach einer philosophischen Naturbetrachtung. In: VON UEXKÜLL, J. (1977): Der Sinn des Lebens, S. 11-59. Stuttgart
O'RIORDAN, T. (Hrsg.) (1996): Umweltwissenschaften und Umweltmanagement. Aus dem Englischen von A. STASCH. Berlin u. a.
OTT, K. (1993): Ökologie und Ethik. Tübingen
PARTZSCH , D. (1970): Daseinsgrundfunktionen. In: Handwörterbuch der Raumforschung und Raumordnung, Bd. 1, S. 424-430. Hannover
PEISL, H. J. (1995): Unsere Umwelt. Einsichten in ein komplexes System. Altenkessel
PETERS, H.-J. (1994a): Bewertung und Berücksichtigung der Umweltauswirkungen bei UVP-pflichtigen BImSchG-Anlagen. In: UPR, 3/94, S. 93-95
PETERS, H.-J. (1995b): Funktion, Inhalt und Methode der Bewertung in der gesetzlichen Umweltverträglichkeitsprüfung In: UVP-report, 1/95, S. 8-10
PFAFF-SCHLEY, H. (Hrsg.) (1994): Anlagen- und Planungs-UVP. Taunusstein

PFAFF-SCHLEY, H. (Hrsg.) (1996): Die Umweltverträglichkeitsprüfung. Probleme in der Planungspraxis und ihre Ursachen. Berlin

PLACHTER, H. (1989): Zur biologischen Schnellansprache und Bewertung von Gebieten. In: Schriftenreihe für Landschaftspflege und Naturschutz, Bd. 29, S. 107-135

PLACHTER, H. (1992): Grundzüge der naturschutzfachlichen Bewertung. In: Veröffentlichungen Naturschutz und Landschaftspflege Baden-Württemberg, Bd. 67, S. 9-48

PLACHTER, H. (1994): Methodische Rahmenbedingungen für synoptische Bewertungsverfahren im Naturschutz. In: Zeitschrift für Ökologie und Naturschutz, Bd. 3/94, S. 87-106

PROTOSCHILL-KREBS, G.; SERWE, H.-J.; KOBUSCH, A.-B.; FEHR, R. (1994): Quantitative Risikoabschätzung als zentrale Methode der Gesundheitsverträglichkeitsprüfung (GVP) - Grundlagen. In: UVP-report, H. 1/94, S. 5-9

RAUSCHELBACH, B.; GRÜGER, C.; GRÜGER, J.; HANKE, H.; SCHEMEL, H.-J. (1990): Bestandsaufnahme vorliegender Ansätze zur Bewertung und Aggregation von Informationen im Rahmen von Umweltverträglichkeitsprüfungen. München

REMMERT, H. (1985): Der vorindustrielle Mensch in den Ökosystemen der Erde. In: Naturwissenschaften, Bd. 72, S. 627-632

RENNERS, M. (1991): Geoökologische Raumgliederung der Bundesrepublik Deutschland. In: Forschungen zur deutschen Landeskunde, Bd. 235. Trier

RETTENBERGER, G.; HERMANN, B.; URBAN-KISS, St. (Hrsg.) (1994): UVP bei Deponien und Anlagen der Abfallwirtschaft. In: Trierer Berichte zur Abfallwirtschaft, Bd. 5. Bonn

RIECKEN, U.; RIES, U. (1993): Zur Bewertung und Bedeutung naturnaher Landschaftelemente in der Agrarlandschaft. Teil II: Laufkäfer (Coleoptera: Carabidae). In: Gesellschaft für Ökologie, Bd. 22, S. 241-248

SCHEMEL, H.-J. (1988): Die Umweltverträglichkeitsprüfung von Vorhaben. Sport- und Freizeitanlagen. In: STORM, P.-Ch.; BUNGE, Th. (Hrsg): Handbuch der Umweltverträglichkeitsprüfung (HdUVP), Loseblattsammlung, Stand: 4/96, S. 4560/1-54. Berlin

SCHERNER, E. R. (1995): Realität oder "Realsatire" der Bewertung von Organismen und Flächen. In: Schriftenreihe für Landschaftspflege und Naturschutz, Bd. 43, S. 377-410

SCHOLLES, F. (1996): Methoden zur Bewertung der Umweltverträglichkeit - Beispiele. In: BUCHWALD, K.; ENGELHARDT, W. (Hrsg.): Umweltschutz - Grundlagen und Praxis, das Handbuch in siebzehn Bänden, Bd. 2, BUCHWALD, K.; ENGELHARDT, W. (Hrsg.): Bewertung und Planung, S. 447-471. Bonn

SCHOLLES, F. (1997): Abschätzen, Einschätzen und Bewerten in der UVP. Weiterentwicklung der ökologischen Risikoanalyse. In: UVP-Spezial, Bd. 13. Dortmund

SCHRÖDER, W., DASCHKEIT, A. (1994): Ökosystemare Umweltbewertung. In: Zeitschrift Umweltchemie Ökotoxikologie, H. 3/94, S. 139-144

SCHRÖDER, W.; VETTER, L.; FRÄNZLE, O. (Hrsg.): Neuere statistische Verfahren und Modellbildung in der Geoökologie. Braunschweig, Wiesbaden

SPAEMANN, R. (^{2}1986): Technische Eingriffe in die Natur als Problem der politischen Ethik. In: BIRNBACHER, D. (Hrsg.): Ökologie und Ethik, S. 180-206. Stuttgart

SPEKTRUM DER WISSENSCHAFT VERLAGSGESELLSCHAFT MBH (Hrsg.) (1996): Klima und Energie. In: DOSSIER, Bd. 5. Heidelberg

SPINDLER, E. A. (1992): UVP für Industriebetriebe. In: Entsorgungstechnik, H. 5/92

SRU (1996a): Umweltgutachten 1996. Stuttgart

STELZER, V. (1993a): Allgemeines zum Projektmanagement. In: HILLEJAN, U.; MORTSIEFER, J. (Hrsg.): Praxishilfen für den Umweltschutzbeauftragten, Umweltschutzmanagement, Projektmanagement und Umweltschutz, Loseblattsammlung, S. 7.2.1.1-7.2.1.19. Köln

STELZER, V. (1994e): Beschleunigung von Vorhaben nach WHG. In: WasserAbwasser-Praxis, H. 2/94, S. 27-32

STELZER, V. (1997): Los Efectos de la Horticultura intensiva sobre las Nutrientes del Suelo en el Valle Alto del Chama. In: Revista Geográfica Venezolana. Mérida, Venezuela

STEUBING, L.; BUCHWALD, K.; BRAUN, E. (1995): Natur- und Umweltschutz. Methoden, Ökologische Grundlagen, Umsetzung. Stuttgart, Jena

SUMMERER, St. (1988): Umweltethik. In: Handwörterbuch des Umweltrechts. S. 2138-2147. Berlin

SUMMERER, St. (^{3}1993): Umweltethik und UVP. In: HÜBLER, K.-H.; OTTO-ZIMMERMANN, K. (Hrsg.): Bewertung der Umweltverträglichkeit. S. 18-30. Taunusstein

USHER, M. B.; ERZ, W. (1994): Erfassen und Bewerten im Naturschutz. Heidelberg, Wiesbaden

UVP-FÖRDERVEREIN (Hrsg.) (1993): Umweltvorsorge für ein Flußökosystem. Methodische Weiterentwicklung der Projekt-UVP zur Berücksichtigung gesamtsystemarer Bewertungsmaßstäbe am Beispiel der Unterweser. In: UVP-spezial, Bd. 6. Dortmund

VALLENDAR, W. (1993): Bewertung von Umweltauswirkungen - Gibt § 12 UVPG sein Geheimnis preis? - In: UPR, H. 11-12/93, S. 417-420

VEREIN DER FREUNDE UND FÖRDERER DER AKADEMIE FÜR NATUR- UND UMWELTSCHUTZ BEIM MINISTERIUM FÜR UMWELT UND VERKEHR BADEN-WÜRTTEMBERG (Hrsg.) (1996): Bewertung im Naturschutz. Ein Beitrag zur Begriffsbestimmung und Neuorientierung in der Umweltplanung. In: Beiträge der Akademie für Natur- und Umweltschutz Baden-Württemberg, Bd. 23. Stuttgart

VON UEXKÜLL, J. (1977): Der Sinn des Lebens. Stuttgart

WALTER, H. (1976): Die ökologischen Systeme der Kontinente (Biogeosphäre). Stuttgart

WBGU (Hrsg.) (1995b): Welt im Wandel: Wege zur Lösung globaler Umweltprobleme. Jahresgutachten 1995. Berlin

WBGU (Hrsg.) (1996): Welt im Wandel: Herausforderung für die deutsche Wissenschaft. Jahresgutachten 1996. Berlin

WEILAND, U. (1994a): Strukturierte Bewertung in der Bauleitplan-UVP - Konzept zur Rechnerunterstützung der Bewertungsdurchführung. Dortmund

WEILAND, U. (1994b): Strukturierte Bewertung in Umweltverträglichkeitsprüfungen - Rechnerunterstützung am Beispiel der UVP in der Bauleitplanung. In: UVP-report, H. 4/94, S. 224

WIDMANN, S.; LINSMEIER, K.-D. (1997): Baustoff Holz. In: Spektrum der Wissenschaft, H. 4/97, S. 97-102

WIEGLEB, G. (1997): Leitbildmethode und naturschutzfachliche Bewertung. In: Zeitschrift Ökologie und Naturschutz, Bd. 6

WINTER, G. (^{2}1994a): Umweltrechtssoziologie. In: KIMMINICH, O.; VON LERSNER, H. Freiherr, STORM, P.-Ch.: Handwörterbuch des Umweltrechts, Bd. 2, S. 2381-2391. Berlin

ZAZCYK, R. (1995): Bewertung in der Rechtswissenschaft. In: GIEGRICH, J.; MAMPEL, U.; DUSCHA, M.; ZAZCYK, R.; ISORIO-PETERS, S.; SCHMIDT, T.: Bilanzbewertung in produktbezogenen Ökobilanzen, Evaluation von Bewertungsmethoden, Perspektiven, Endbericht, Anhang A, in: UBA (Hrsg.) Methodik der produktbezogenen Ökobilanzen - Wirkungsbilanz und Bewertung -, Texte, H. 23/95

ZEPP, H. (1991): Zur Systematik landschaftsökologischer Prozeßgefüge-Typen und Ansätze ihrer Erfassung in der südlichen Niederrheinischen Bucht. In: Arbeiten zur rheinischen Landeskunde, Bd. 60, S. 135-151

Sachverzeichnis

4. BImSchV **112**, 118, **128**, 130-132, 143, 148, 151, 154f, 160, 165f, 168, 171, 174-176
9. BImSchV **112**, 115, 118, 120f, 123-126, 128f, 137, 141f, 145-152, 154f, 157f, 160, 165-169, 171-174, 176

Aale 84f
abbrennen 62, 67, 73
Abfall 2f, 38, **41f**, 45, 59-61, 78, 88f, 99, 105, 107f, 110f, 129, 130-133, 145, 158, 172 *u. Reststoffe, Rückstände*
-, fester *s. fester Abfall*
-, flüssiger *s. flüssiger Abfall*
-, gasförmiger *s. gasförmiger Abfall*
-, TA *s. TA Abfall*
-, überwachungsbedürftiger 111, 129
-ablagerungen 2f
-beseitigungen 45, 131-133, 158
-beseitigungsanlagen 38
-deponien 41, 105, 131 *u. Ablagerungen, Deponien*
-energie 2, 89
-entsorgung, Sonder- 99
-entsorgungsmaßnahmen 131, 133
-gesetz 2, 107f, 110 *u. Kreislaufwirtschaft- und Abfallgesetz*
-sparende Maschinenführung 133
-stoffe 2, 45, 59, 89, 172 *u. fester Abfall*
-trennungen 133
-verbrennungen 42, 59
-verbrennungsanlagen, Sonder- 130
-vermeidung 132f
-verwertung 133, 158
Abgas 3, 60, 105, 131, 154 *u. gasförmiger Abfall, gasförmige Emissionen*
abiotische Faktoren 31, 54, 125, 180 *u. unbelebte Faktoren*
- Subjekte von Umwelten 121, 125 *u. unbelebte Subjekte von Umwelten*
- Umweltbedingungen 31
- Weltbestandteile 125

Ablagerung 56, 59, 62, 91, 102, 129 *u. Abfalldeponien, Deponien*
-sflächen 62
Abnutzungen 59, 97
Abstand, räumlicher **81**
-, zeitlicher 93f, **96**
-sflächen 38, 131
Abwärme 41, 105, 133
-einleitungen 105
-freisetzungen 105
-nutzungen 133
Abwasser 2-4, 45, 47, 62, 89, 108, 112, 131, 133, 145 *u. flüssiger Abfall*
-abgabengesetz 108
-behandlungen 3f, 131, 133
-VwV, allgemeine Rahmen- 112
Äcker 85
administrative Phase **108f**
Aerosole 76, 83, 140, 145-147 *u. Luftbestandteile*
-abgaben 83
-aufnahmen 83
Afrika *s. Ägypten, Angola, Gabun, Liberia, Madagaskar, Marokko, Mauretanien, Nigeria, Sambia, Sierra Leone, Südafrikanische Union*
Aggregationsregeln bei Bewertungen 186
Aggregatzustände **53f**, 59f, 63, 69, 78f, 90, 144, 146, 148, 164, 166, 170, 172 *u. feste, flüssige, gasförmige Abfälle*
Ägypten 93
Albedo **68f**, 89, 91
Allergiker 58
allgemein anerkannte Regeln der Technik 111
Allgemeine Rahmen-AbwasserVwV 112
Allgemeinheit **123-125**, 128, 131-134, 136, 140, 149, 158f
-, Funktionen für die 125, 128
Allgemeinheit, Nachteile für die 123, 131, 133f, 136, 140, 149, 158f
Aluminium 60, 88
Ameisen-Pflanzen-Symbiose 31

212 Sachverzeichnis

Amerika s. Bolivien, Brasilien, Canada, Chile, Guayana, Kleine Antillen, Kolumbien, Mexiko, Nicaragua, Peru, USA, Venezuela
Ammoniaktoxizität 52
Ammonium 52
-toxizität 52
Amphibien 82f, 85, 91 u. Frösche
Angola 88
Anlagen 2-4, 14, 17, 28, **36-38**, 40-45, 48, 50, 59-63, 74, 76-78, 86f, 89-93, 96-106, 109, 111-115, 118, 123f, 128-135, 137, 139-141, 143, 145f, 149f, 152-158, 160, 162-166, 170-173, 176, 184, 186 u. chemische, Filter-, genehmigungsbedürftige, Industrie-, Produktionsanlagen, Einrichtungen, Gebäude, Gefahrgutbehälter, Lagerhallen, Maschinen, Zäune
-, bauliche 3, 91, 130
-, Existenzzeiten von 97
-, genehmigungsbedürftige 113f, 132, 139, 149 u. BImSch-, Großfeuerungs-, Sende-, Sonderabfallverbrennungs-, UVP-, Windkraftanlagen, Gaspipelines, Kühltürme, Schornsteine
- mit Emissionen in die Atmosphäre 114
- nach AtG 130
- zum Umgang mit radioaktiven Stoffen 114
-änderungen 111
-arten 2, 112, 128, 132, 134, 162
-bau 74, 91 u. Anlagenerrichtungen, Bau von Gebäuden
-bedingte Input-Ursachen für Umweltauswirkungen 41
-bedingte Output-Ursachen für Umweltauswirkungen 41
-begriff 141
-beseitigungen 60, **98**
-bestandteile **36**, 59, 154, 172 u. Anlageneinrichtungen, Anlagengebäude, Anlagen-, Bearbeitungs-, Lager-, Verkehrsflächen
-betrieb 2, 37, 42f, 60, 98, 100, 106, 157, 160, 165f u. Anlagenbetriebsphasen
-betriebsphasen 97, 102 u. Anlagenbetrieb, Nachbetriebsphasen, Vorbetriebsphasen
-betriebszeiten 74
-bezogene Anforderungen 111
-bezogene Energieflüsse **74**
-bezogene Maßnahmen 131

-bezogene Stoffflüsse **60**
-errichtungen 2, 4, 17, 36f, 40, 42, 45, 59f, 62, 74, 77, 87, 90, **97f**, 100, 102, 105f, 111, 128, 157, 160, 165f
-errichtungsphasen **98f**, 102, 135 u. Anlagenerrichtungen, Nacherrichtungsphasen Vorerrichtungsphasen
-existenz **40**, 97f, 100, 102,
-existenzphasen **42**, 74, **97f**, 106, 157, 160, 165f u. Anlagenbetrieb, Anlagenerrichtungen, Anlagenstillegungen
-existenzzeiten 98
-fernräume **87**, 90, 92, 176, 184 u. Fernbereichsumweltauswirkungen, Fernbereichsursachen für Umweltauswirkungen
-flächen 45
-gebäude 43, 101, 103, 129
-genehmigungen 113, 186
-geräusche 155
-größen 2
-grundstücke 154, 158
-inputs 37, 60, 74, 98, 172
-materialien 74
-nahe Auswirkungen 90
-nahräume **87**, 92f, 155, 170, 172, 184 u. Nahbereichsumweltauswirkungen, Nahbereichsursachen für Umweltauswirkungen
-oberflächen 76
-organisation 2
-outputs 60, 98
Anlagenphasen 98 u. Anlagenexistenphasen
--, gegenwärtige 99
--, Nach- 98, 101f
--, vergangene 99
--, Vor- 98, 102
--, zukünftige 99
Anlagenreparaturen 40
-revisionen 40
-sicherheit 109
-standorte 14, 17, 37, 40, 42, **86f**, 90-92, 96, 111, 115, 132, 154f, 160, 166, 170, 172, 184 u. Errichtungsorte
-standorten, Entfernungen zu s. Entfernungen zu Anlagenstandorten
-stillegungen 37, 40, 42, 59, 74, **98**, 100-102, 104, 106, 157, 160, 165f u. Anlagenstillegungsphasen, Betriebseinstellungen
-teile 130f, 141, 154

Anlagenumbau 97, 102
-umfang 128
-umweltauswirkungen **45**, 48, 158
-umwelten **28**
-ursachen für Umweltauswirkungen *s. ursachen für Umweltauswirkungen, Anlagen-*
Anlieferungspackmittel 61 *u. Europaletten*
Anlieger 103, 105
Anpassungen 95-97, 30f, 54, 133, 181f
Bewertungsansätze 3, 110f, 125, 174
Antarktis 67f *u. Südpol*
Antimon 88
Antragsteller 5, 179
Antragsunterlagen 116f, 119, 126, 128-130, 149, 152, 158, 179
aperiodische Erscheinungen 106, 176
aquatisches Leben 83f *u. Wasserlebewesen*
Arbeit (ges.) 130, 154
Arbeit (phys.) 2, **64**, 69, 70f, 73-75, 77
- der Fortbewegung 71
- der Revierabgrenzung 71
- der Wärmeerzeugung 73
- des Stoffwechsels 71, 73
- des Wachstums 73
-, Erläuterungen zur vorliegenden 2, 4, 5, 15, 26-28, 35, 51, 113, 115, 118, 125, 136, 182f, 185
-, maschinelle 2
-, mechanische **70**, 77
-, menschliche 2
arbeiten, Folge- 27, 125
Arbeiter 24
Arbeitsabläufe (ges.) 102
-energie (phys.) 71
-orte (ges.) 82
-plätze (ges.) 90, 127, 142
-schritte 59 (ges.)
-schutz (ges.) 131, 133f
-vermögen (phys.) **64**
-vorrat (phys.) **64**
Areale 83, 85, 91
-größen 91
Arten (biol.) als Umweltbestandteile 50, 143, 170
-, angepaßte 33
-, anspruchslose 91
-, bedrohte 105
-, Beeinträchtigungen von 35
-, eingewanderte 31
-, eliminierte 31

-, endemische 97
-, Entwicklungsmöglichkeiten von 33
-, Existenz von 33
-, Existenzzeiten von 105
-, Fortbestand von 33
-, Funktionen für **34**, 49, 143, 175, 183f
-, Funktionen von 31, 85, 183
-, Mindestansprüche von 85
-, mobile **84**
-, neue 31
-, physiologische Änderungen von 95
-, Schlüssel- 55
- von Lebewesen **29-31**, 33, 35, 55, 58, 67, 84f, 95, 97, 105, 180
-, vorhandene 31
-, wandernde 85
-gefüge 52
-inventar 57
-rückgang 85
-sterben **32f**, 55, 57, 97
-verluste 35, 103
-vernichtung 63
-vielfalt **31**, 35, 68, 91, 180, 182f *u. Biodiversität, Biodiversity, biologische Vielfalt*
--, natürliche *s. natürliche Artenvielfalt*
arttoxische Stoffe 63
Asien *s. Brahmaputra, China, Ganges, Howang-He, Indien, Indonesien, Iran, Japan, Korea, Malaysia, Malediven, Neuguinea, Philippinen, Theiland, Türkei, UdSSR, Vorderer Orient*
Atemluft 30
Atmosphäre 33, 52, 56, 59, 63-65, 67f, 71, 76f, 79-82, 84, 93f, 104, 114, 122f, 125, 139, 149, 180 *u. Klima, Lufthülle, Ozonschicht*
atmosphärische Zirkulation 82 *u. Wind, Wolken*
atmosphärischen Temperatur, natürliches Maß der 68
Atmung 72, 83 *u. Atemluft*
Atom **51**
-are Materie 51, 64
-gesetz 107f, 111, 114, 130
-kerne 64, 71
-recht 109f, 114, 132, 150 *u. Atomgesetz*
-uhren 95
ATP 72
Auengebiete 91
Auffangformulierungen 172

Auffanggesetze 115
Auffangklauseln 129
Ausdehnungen, räumliche *s. räumliche Ausdehnungen*
Ausdehnungen, zeitliche *s. zeitliche Ausdehnungen*
Ausgleichsmaßnahmen **135**, 143, 163-166, 184
auslegungsbestimmende Vorschriften 25
Auslese 32
Auslieferungspackmittel 61 *u. Europaletten, Pfandgläser*
Ausschachtungen 97, 101
Australien 88
Auswirkungen auf bestimmte Faktoren 138
-- Bewertungsobjekte 11
-- die Schutzgüter 137f
-- Funktionen von Zeit **105**
-- Nichtumweltbelange **142f**, 164f
Auswirkungen von Industriebetrieben auf die Umwelt *s. Umweltauswirkungen von Industriebetrieben*
-- Vorhaben auf die Umwelt *s. Umweltauswirkungen*
-- Vorhaben, gesellschaftliche 127
---, soziale 127
---, wirtschaftliche 127
Auswirkungen, wesentliche 138
Auswirkungsbegriffe **138**
-bereiche von Betrieben 111
-charakteristika 138
-potentiale 42
-rucksäcke von sekundären Ursachen für Umweltauswirkungen **45**
Autökologie 21
Automation 102
Autos 52, 69f

Bäche 62, 83, 85, 91, 135 *u. Ufer*
Bachneunaugen 85
Bacteriophagen 32
Bakterien 56, 66, 71, 73
Bären 55
bau, Straßen- 90, 101
- von Anlagen *s. Anlagenbau, Anlagenerrichtungen*
- von Gebäuden 7, 10, 57, 62
-abfall 60
-abstandsflächen 131
-liche Maßnahmen 135
-materialien 57, 74

Bäume 31, 55, 83, 85, 141 *u. Tannennadeln, Wälder*
Baumwollanbau 89
-kleidung 89
Bauschutt 61
-stoffe 59f, 172 *u. Beton, Holz*
-stoffrecycling 59
-ten 97 *u. Bebauung*
-vorhaben 10, 82 *u. BImSch-, UVP-Vorhaben*
-werke 89 *u. Bebauung*
Bearbeitungsflächen **38**
-prozesse 75, 90
-tiefen 4
bebaute Gebiete 153
Bebauung 81, 156f *u. Bauten, Bauwerke, Gebäude, Häuser, menschliche Siedlungen*
-spläne 157
Behörden 4f, 14, 16, 18, 107, 109, 111, 115-119, 129, 179, 187 *u. Dienstanweisungen*
-, beteiligte 117, 179
-, beurteilende 111
-, deutsche 115 *u. deutsche Umweltbehörden*
-, Genehmigungs- 111, **117f**, 179, 187
-, zu beteiligende 117
-, zuständige 117
-interne Klärung 117
-vorgaben, Direktheit der 118
behördliche Entscheidungen 5
- Ermessensspielräume 109
- Zuständigkeiten 116
Belästigungen, erhebliche 123, 131, 133, 136, 139f, 149, 158f
belebte Faktoren 120, 126, 140f
Beleuchtungsverhältnisse 97
beliehene Organe (jur.) 14
Bereich, energetischer *s. energetischer Bereich*
-, räumlicher *s. räumlicher Bereich*
-, stofflicher *s. stofflicher Bereich*
-, zeitlicher *s. zeitlicher Bereich*
-, unterschiedliche 6, **50f**, 167, 186
Bestäuber, Tiere als 32
Beteiligten, Konflikte unter den 2-4
Beton 51, 61, 75, 96 *u. Stahlbeton*
Betrieb, bestimmungsmäßiger 136, 157
-, Dauer- 2

Betrieb von Industrieanlagen 2, 43, 98, 106, 130, 132, 136, 150, 157, 160, 165
Betriebe 15, 28, **36**, 38, 40-42, 44, 46, 50f, 59f, 74, 77, 87, 97, 99, 102, 107, 110f, 129f, 132-134, 136, 143, 149f, 153f, 157, 163f, 170f, 183 *u. Industriebetriebe*
-, Industrie- *s. Industriebetriebe*
Betrieben, Existenzzeiten von 51, 59
-, wirtschaftliche Verhältnisse von 129
betriebliche Maßnahmen 133f
- Outputs 41
- Tätigkeiten 46
- Umwelt 28
- Umweltauswirkungen *s. Umweltauswirkungen*
- Ursachen für Umweltauswirkungen *s. Ursachen für Umweltauswirkungen*
Betriebsarten 87
-bezogene Bewertungen 111
-einstellungen 154, 157
-flächen 74
-gelände 36
-phasen 99, **102**, 157 *u. Anlagenbetrieb, Nachbetriebsphasen, Vorbetriebsphasen*
-stätten 130, 153
-störungen 136
-technische Zusammenhänge 130
-unterbrechungen **42**, 44, 50, 97, 136, 143, 163f, 170f, 183
-unterbrechungen, außerplanmäßige **42**, 44, 50, 136, 143, 163f
--, planmäßige **42**, 44, 50, 136, 143, 170f, 183
-weisen von Anlagen 132, 149f
-wirtschaftslehre 5, 36
-zeiten 111
-zustände als Ursachen für Umweltauswirkungen *s. Ursachen für Umweltauswirkungen, Betriebszustände als*
Beute 85 *u. Carnivore, Fraß*
Bewegungen 32, 69, 71, 73, 82f, 92, 95 *u. Fortbewegung, mobile Lebewesen*
-, tektonische 83
Bewegungsarbeit 73
-energie 69f, 75, 78f, 151, 170, 172
-richtungen 86
Bewertung der Umweltauswirkungen von geplanten Industrieanlagen, allgemeine Rahmenbedingungen für die 118

- von Umweltauswirkungen, Anforderungen an Systeme zur 49-51, 63, 78f, 91f, 105f
- von Umweltauswirkungen, Systeme zur 8, 15-18, 27, 49-51, 63, 78f, 91f, 105f, 125, 179f, 185-187
Bewertungen 1-18, 19-187
-, affektive Selektionen bei **10**, 14
-, allgemeine 1, **5-14**
- der Umweltauswirkungen, zusammenfassende 3
-, Doppelbetrachtungen bei 102
-, Erfassungslimitierungen bei 9, 14
-, Erkenntnislimitierungen bei 9, 14
-, Fehlentscheidungen bei 1-4
- gesetzliche 7, **14-18**, 112
-, Umsetzungsregeln bei gesetzlichen 18
- im eigentlichen Sinn **10**
-, Kapazitätslimitierungen bei 9, 14
-, kognitive Selektionen bei **10**, 14
-, Komplexität von 10
-, Komplexitätsreduktion bei 9
-, mediale 185
-, Organisation von **111f**
-, Selektionen bei **9f**, 14
-, Selektionsregeln bei 186
-, Subjektivität von **4**, 6
-, Umsetzungsprobleme bei 15
-, Umsetzungsregeln bei **12**, 17, 186
-, umweltbezogene **110**
- von Umweltauswirkungen **1-18**, 19-187
---, ganzheitliche **1-6**, 17-187
---, sachgerechte 179
-, zusammenfassende 3
Bewertungsansätze 3, 110f, 125, 174
-, betriebsbezogene **111**
- im Umweltrecht für Industriebetriebe **110**
Bewertungsaussagen, sachgerechte 51
Bewertungsergebnisse 1, 8f, 11-13, 15-18, 185f
-, Umsetzungsmethoden für 1, **12f**, 185f
-n, Umsetzung von **10f**, 16f
-erheblichen Sachverhalten, Ermittlung von **118f**
-konzepte 5
-maßstäbe 125
-methoden **12f**, 112, 179, 186
Bewertungsobjekte **7-15**, 19f, 105, 118
-objekten, Realstrukturen von 8, 11, 118
-objekts, Erfassung des 8f
--, Modell des **8-13**, 15

216 Sachverzeichnis

Bewertungsobjekts, Modellierung des **8-13**
– und Bewertungssubjekt, Beziehungen zwischen **7**, 10f, 15
Bewertungsprinzipien im Umweltrecht für Industriebetriebe 110
-programmatiken **12**
-prozesse 10
-regeln **12**, 17f, 186
-relevante gesetzlich Regelungen 6
-sachverhalte 4
-situationen 2
-subjekte **7**, 10f, 14f, 21, 24, 34, 107-160
–, Funktionen für 24
– und Bewertungsobjekte, Beziehungen zwischen **7**, 10f, 15
-systeme, allgemeine 2, 6, 8f, **12-14**, 18 *u. Systeme zur ganzheitlichen Bewertung*
–, gesetzliche 16, 18, 27
-systems bei BImSch-Verfahren, Modell eines **18**, 186
-systemen, Modelle von **12**
-urteile **10**
-verfahren 1f, 5, 115, 185
-verlauf 9, 11, **13**, 15f, 18
-vorgaben 184
-vorgänge 5, **8**, 10, 27
-ziele 10
-arten zwischen Real- und Wertebene bei Bewertungen 7
Bezugsobjekte von Umwelten **21**
Bezugssystem, räumliches **81f**
Biber 57
Bienen 82
BImSch-Anlagen 17f, 107-187 *u. Anlagen*
-Genehmigungsverfahren 5f, 17f, 25, 27, **114-118**, 121, 181f *u. Genehmigungsverfahren*
-Recht 2, 6, 17f, 107-187 *u. BImSchG, BImSch-Verordnungen, BImSch-Verwaltungsvorschriften*
-Recht, ganzheitliche Bewertungen im *s. ganzheitliche Bewertungen im BImSch-Recht*
-Regelungen *s. BImSch-Recht*
-Verfahren *s. BImSch-Genehmigungsverfahren*
-Verfahren, Modell eines Bewertungssystems bei **18**, 186
-Verordnungen *s. 4., 9. BImSchV, Störfallverordnung*

-Verwaltungsvorschriften 114 *u. TA Lärm, TA Luft*
-Vorhaben 4, 17f, 25, 114-185
-G 2, 25, 107-109, 111, 114, 122, 124, 180, 186
Bioakkumulation **57**
biochemische Reaktionen 30, 57
Biodiversität 97 *u. Artenvielfalt*
Biodiversity, natural **31** *u. Artenvielfalt, natürliche*
biogeochemische Kreisläufe 83
Biogeozöne 56
biologische Beschaffenheit 127, 139, 144, 181
- Reaktionen 54
- Vielfalt **35** *u. Artenvielfalt, Biodiversität*
Biomasse 75, 77 *u. Exkremente, Holz, Lebewesen*
Biome 31
Biosphäre **79f**, 93
Biosysteme 33
biotische Nährstoffaufnahmen 83
Biotop 17, 57, 59, 83-85, 90, 105, 111, 126, 153, 167
-e, schutzwürdige 167
-netze 85
-verbundsysteme 84f
-wechsel, jahreszeitlicher 85
biozentrische, Personen minimal- **21**
-, - umfassend- **22**
Biozönosen **31**, 84
Blattlausarten 85
Blei 88
Blitze 64, **70**, 95
Blow Outs 77
blütenbesuchende Hautflügler 85
Boden 2-4, 20, 38, 45f, **51-54**, 56f, 59, 62f, 65f, 68, 70, 76f, 79, 83f, 90f, 101, 104, 110, 120-125, 129, 139, 144f, 148, 152, 154, 164, 166, 180 *u. Braunerde, Pedosphäre, Schwarzerde, Streu*
-, Auswirkungen auf den 62
-abtrag 46, 62
-aktivitäten 52
-angebot 84
-arten 90, 144, 152 *u. Sand*
-atmung 56
-auftrag 62
-aushub 59, 101
-ausschnitte 180
-bakterien 56

Bodenbelastungen 3
-beseitigung 76
-bildungen 54
-feuchte 68
-fläche 62
-funktionen 62
-haltevermögen 46
-oberfläche 91
-schutzgesetz 110
-substrat 53
-typen 144, 152 *u. Boden*
-überdeckungen 59
-verbrauch 45
-vernichtungen 57
-versauerung 46
-verunreinigungen 129
-wasser 62, 83
-zerstörungen 38, 77
Bolivien 88
Brahmaputra 68
Brände 43, 67, 105, 131 *u. Brennstoffe, Feuer*
Brasilien 69, 88
Braunerden 180
Braunkohle 40
Braunkohlengewinnung 41
-kraftwerke 40
-tagebaubetriebe 40, 47
-tagebaue 47, 90
Brennstoffe 134 *u. Biomasse, Gas, Kohle, Öl*
Bund, norddeutscher 107
Bundes-Immissionsschutzgesetz *s. BImSchG*
-, Verordnungen zum *s. BImSch-Verordnungen*
Bundesministerium für Umweltschutz 109
Bundesnaturschutzgesetz 17, 107-109, 111, 134, 167
Bundesrat 25
Bundesregierung 107
Bundesrepublik Deutschland 109f, 114
Bundestag 25

Canada 88
Carnivore 32, 56, **72f**
Chamäleon 95
Chemikalien 47
-gesetz 108
chemisch umwandeln 59, 140, 147 *u. Kationenverluste*

--energetische Produktionsinputs 75
chemische Anlagen 14
- Beschaffenheit der Umwelt 127, 139, 144
-- von Gesundheit 181
- Energie *s. Energie, chemische*
--, fossile 73, 77 *u. fossiles organisches Material*
--, historische 77 *u. historisches organisches Material*
--, rezente *s. rezentes organisches Material*
- Verbindungen 30, 51, 66, 75, 89, 130 *u. DDT, Dioxine, Kohlendioxid, Schwefeldioxid, Stickoxide*
--, energiereiche 30, 75
Chile 82, 88f,
China 88, 93
Chrom 88
Computer 99, 133, 181

Dampfmaschinen 74
dänische Inseln 69
Darstellung der Ergebnisse von Genehmigungsverfahren 116
-- Umweltauswirkungen, zusammenfassende Darstellungen 17f, 117-119, 136, 142, 156, 159
Datierbarkeit 100f
Datierung **93**, 99
Datierung, absolute **99**
Dauern 51, 59, 68, **93-95**, 105, 123, 140, 158f, 173
-betrieb 2
DDT 57f, 63
Deflation (geomorph.) 68
Deltagebiete 68
Deponien 41, 59-62, 105, 111, 131 *u. Ablagerungen*
-oberflächenabdichtungssysteme 111
Destillationskolonnen, Leistungsdaten von 130
Destruenten 56, 72 *u. Zersetzer*
deutsche Behörden 115 *u. deutsche Umweltbehörden*
- Gesetze *s. deutsche Umweltgesetze, Gewerbeordnung, Grundgesetz*
- Gesetzgebung 25f, 182
Umweltbehörden *s. Bundesministerium für Umweltschutz, kommunale Umweltämter, Landesumweltämter, Umweltbundesamt*
- Umweltgesetze *s. Umweltgesetze, deutsche*

218 Sachverzeichnis

deutscher Alltag 4
-s Recht 4, 25-28, 107-187 u. deutsche Umweltgesetze
Deutschland 2f, 69, 88, 185 u. Niedersachsen, Lüdenscheid, Ruhrgebiet
die Umwelt s. Umwelt, die
Dienstanweisungen 15
Dienstleistungen 135
-sunternehmen 86
DIN 109, 112
Dioxine 3, 38, 42, 58, 77, 89f
Direktumweltauswirkungen s. umweltauswirkungen, Direkt-
Distanzen **81f**, 84 u.
-, Größenordnungen von 92, 176, 182 u. *große, kurze, mittlere Distanzen*
- zu Anlagenstandorten 37, **86f**, 90, 92, 154f, 170, 172 u. *Anlagennah-, Anlagenfernräume*
Dörfer 83
Dritte (jur.) 118, **125**, 129, 132f, 140, 150

Einrichtungen, ortsfeste 36, 130, 153f
-, ortsveränderliche 130
Einstrahlung 71
Eintrittswahrscheinlichkeiten von Ereignissen s. *Wahrscheinlichkeitsgrade von Ereignissen*
Einwirkungen auf die Umwelt 123, **137f**, 140, 150, 155 u. *Umweltauswirkungen*
-sbereiche von Anlagen 124
-sgarben 47
Eis **53**, 68f, 79 u. *Kryosphäre*
Eisen 35, 51, 59, 88, 90 u. *Stahl*
-bakterien 71
Eiweiße 54, 66, 72
Elektrifizierung der Umwelt 71
elektrische Energie s. *Energie, elektrische*
- Felder **70**, 78
- Fische 70
- Geräte 70
- Produktionsinputs 75
- Wellen 150
-s Licht 64
elektrochemische Impulse 8
Elektrofilter 131
-magnetische Energie 70f
— Felder **70**, 78
— Wellen 71, 150
-stahlöfen 130

Emissionen 2, 38, 45-47, 76, 83, 89, 105, 107, 110, 114, 130-134, **139**, 141, 146-148-150, 152, 154, 158, 172f, 181
-, gasförmige 38, 110
-, Geräusch- 38, 150, 173
-, Geruchs- 107
-, Getöse- 107
- in die Luft 45f, 114, 141, 154, 173
-, Kohlendioxid- 89
-, Massenstrom von 147
-, Rauch- 107
-, Schwefeldioxid- 47
-, Stickoxid- 47
- von radioaktiven Stoffen 105
- von Umweltagenzien 130
-arme Brennstoffe 134
-arten 147, 150
-begrenzungen 131f, 149
-quellen 130, 139, 152
-werte 133
endothermische Prozesse 133
Endprodukte 38, 41, 43, 90, 103, 145f u. *Computer, Fruchtjoghurts, Kühlschränke, mikrochirurgische Geräte, Standuhren*
Endprodukten, Beseitigung von 38, 90, 103
-, Verbrennung von 38, 90, 103
energetische Funktionen 71
- Grundvoraussetzungen des Lebens 67
- Parameter 53
- Vorgaben, rechtlich-inhaltliche **148-151**, 161-184
- Ressourcen 35, 64, 78
- Sachverhalte 71
- Schadwirkungen s. *Schadwirkungen von Energie*
- Situation der Umwelt 59, **64-79**
- Umsetzungsprozesse 66
- Zustände der Atmosphäre 71
-r Bereich 2, 41, 51, 53, 59, **64-79**, 82, 86, 139, 148-151, 161-184 u. *energetischer Bereich*
Energie 2, 6, 30-32, 35-42, 51, 53f, 59, **64-80**, 82, 86, 89, 93, 95, 98-101, 104, 130, 132f, 139, 148-151, 154, 161-184
-, Abfall- 89
-, anthropogene Zusatz- 67
-, Arbeits- 71
-, Bewegungs- 69f, 75, 78f, 151, 170, 172
-, chemische 54, **65f**, 70, 72-77, 79, 82, 89, 173, 175, 183

energie, Bewegungs- *s. kinetische Energie*
-, Einsatz- 99, 171
-, elektrische 40, **70**, 75, 78f, 151, 170, 172 *u. Strom*
-, elektromagnetische 70f
-, Form- **69**, 78f, 175
-, fossile 73 *u. fossile Energieträger*
-, freigesetzte 64
-, historische *s. historische Energieträger*
-, Kern- 36, **64**, 67, 70f, 74-80, 93, 104, 130, 175
-, kinetische **69**, 75, 78f, 151, 170, 172
-, Lage- **69**, 75, 78f, 176
-, Licht- 72
-, magnetische **70**, 78f, 151, 170, 172
-, mechanische 64, **69f**, 73-75, 78f, 151, 170, 172
-, Nahrungs- 77f
-, Nutz- 35, **71-74**
-, nutzbare 35, 64, 73f
-, Nutzfunktionen von **71**, 79, 176, 183
-, pflanzlich gebundene 74, 77
-, potentielle **69**
-, Produkt- 42
-, Schadwirkungen von **66**, 70, 79, 151, 165f
-, Schall- 71
-, Sonnen- 66, **73f**, 77
-, stofflich gebundene 82, 86
-, Strahlungs- **64**, 66, 70f, 73, 75-78, 151, 170, 172
-, Wärme- 54, 64, **66f**, 70, 73, 75-77, 79, 151, 170, 172
-, Wirk- 139
-ärmere Stoffe 73
-aufnahmen 82
-aufwand **69**
-bearbeitung 101
-bedarf eines Menschen 71
-bereitstellungen 74, 98 *u. Kraftwerke, Stromerzeugungen*
-beseitigungen 39f
-durchläufe 37
-einbringungen 89
-einheiten 82, 98f, 101
--, Existenzzeiten von **98**
-entnahmen 89
-fixierungen, natürliche 73
-flüsse 32, 75, 100
--, anlagenbezogene **74**
--, produktionsbedingte **75**

-formen 2, 64, 70, 74-76, 78, 149, 151, 170, 172, 183
-freisetzungen 89, 98
-gebrauch 39f
-gehalte 51, 69f, 73, 82, 172
-gewinnungen 39-41, 76, 101
-inputs **41**, 75, 98
-inventar 82
-kreisläufe 74
-mengen **70f**, 79, 100f, 150f, 170-172, 176, 182
-mobilisierungen, anthropogene 73
-nachbehandlungen 39f
-nachfrage 74
-nutzungen 66, 70, 73f, 76-78, 132f, 154
--, militärische 66
--, zivile 66
-outputs **41**, 98
-quellen 66, 74
-reiche Stoffe 73, 75
-reiche Verbindungen 30, 75
-ressourcen 35, 64, 78
-speicherungen 72, 74
-träger 73, 77 *u. fossile, historische, rezente Energieträger, Uran*
--, fossile 67, **74** *u. Erdgas, Erdöl, Kohle*
--, historische **67** *u. Boden, Moore, Torf*
--, rezente *s. Biomasse, Lebewesen, Holz, Sonne, Wind*
-transfers 64, 72
-transporte 39-41, 82, 86 *u. Hochspannungsfreileitungen, Umspanneinrichtungen*
-umsätze 71, 74
-umwandlungen 30f, 36, 38, 71, 73-77, 79, 176
--, industriebedingte 36, 38, 74-76, 79, 176
--, natürliche 30, 71, 73
-verarbeitung 101
-veredlungen 101
-verlagerungen 95
-verluste 72
-vorbehandlungen 39-41
-vorkommen 78
-zuführen 98
Entfernungen **81**
- zu Anlagenstandorten **86f**, 90 *u. räumliche Distanzen zu Anlagen*
Entscheidungen über Genehmigungsverfahren 116, 151, 170, 172
Entsorgung von Produkten 40, 105

Entsorgungswege 101f
Entwicklungsprozesse, natürliche 93
Erbe, kulturelles **126f**, 181
Erbgut, angepaßtes 96
-anpassungen 96
Erdatmosphäre 64, 68 *u. Atmosphäre*
Erdbeben 81
-wellen 70, 184
Erdbeeren 102
Erdboden 65f, 70
Erde 2, 30, 33, 54, 56, 64, 66f, 69-71, 73, 76, 79, 81f, 92f, 104
-nzeit 92f, 100
-nzeit, absolute 100
Erdgas 38, 74f
Erdmagnetfeld 70
Erdoberfläche 65, 69, 84, 93
Erdöl 38, 53, 70, 74f, 77, 128
Erdregionen *s. gemäßigte, mittlere Breiten, Südhalbkugel, Südpol, Tropen*
Erfassung des Bewertungsobjekts 8f
-slimitierungen bei Bewertungen 9, 14
Ergebnisse von Genehmigungsverfahren, Darstellung der 116
erhebliche Belange, nicht 127
Erholung 57, 86, 153
Erkenntnislimitierungen bei Bewertungen 9, 14
Erkenntnislücken 58
Erlebnisgehalte, visuelle 91
Ermessen von Nationalstaaten 119
-sspielräume, behördliche 109
--, gerichtliche 109
--, planerische 111
Ernährung 63 *u. Nahrungsstoffe*
Ernten 83
-ausfälle 68
Erörterungstermine 125
Erosion 46, 53, 68f
Errichtungen von Anlagen *s. Anlagenerrichtungen*
- von Gebäuden 2, 46, 91, 97
-sorte 10 *u. Anlagenstandorte*
-soutputs 37, 98
-sphasen von Anlagen *s. Anlagenerrichtungsphasen*
Ersatzmaßnahmen 128, **135**, 143, 152, 157, 163-166, 173, 184
Erschütterungen 79, 123, 132, 140, 149-151, 170, 172

erste Einschätzungen über Umweltauswirkungen 116
Erwärmung der Erde 76f, 104, 182 *u. globale Temperatur, Temperaturerhöhung, Treibhauseffekt*
-, globale *s. globale Erwärmung*
-, natürliche 105
Etikette 102
Europa 82 *u. Deutschland, Europäische Gemeinschaft, Griechenland, Niederlande, Polen, Skandinavien, Spanien, Südosteuropa*
-, Südost- 88 *u. Griechenland, Türkei, Zypern*
europäisch legislative Phase 108
Europäische Gemeinschaft 88, 113
- Umweltgesetze *s. Umweltgesetze, europäische*
-s Recht 4, 25, 107-160, 181 *u. europäische Umweltgesetze*
Europaletten 41
Eutrophierungen 96
Existenz von Menschen 35
-phasen von Anlagen *s. Anlagenexistenzphasen*
-zeiten von Anlagen 97 *u. Anlagenexistenzphasen*
--- Arten (biol.) 105
--- Betrieben 51, 59,
--- Energieeinheiten **98**
--- Ökosystemen 105
--- Stoffe 40, **98**
existierende Lebewesen, Funktionen für 34, 49, 143, 163f
Exkremente 56

Fachgesetze 3, 112f, 114f, 127, 142 *u. Abwasserabgaben-, Atom-, BImSch-, Bodenschutz-, Bundesnaturschutz-, Chemikalien-, Gentechnik-, Kreislaufwirtschafts- und Abfall-, Strahlenschutzvorsorge-, Wasserhaushaltsgesetz*
-planungen 157
-recht **115**, 136f, 142 *u. Fachgesetze*
Fahrzeuge 35f, 38, 103, 130, 134 *u. Autos*
Faktoren, unbelebte *s. unbelebte Faktoren*
Faulgas 3
FCKW 59, 66, 76, 90, 104
Fehlentscheidungen bei Bewertungen **1-4**
Feldbiotope 83
Felder (landw.) 68, 81, 83

Felder (phys.) **70**, 78
Fernbereichsumweltauswirkungen 87, **90**
-ursachen für Umweltauswirkungen **87**
fernräume, Anlagen- s. *Anlagenfernräume*
fernsehen 35, 42, 71
Fernwelt 22, **24**, 81
Fertigung 70
-smaschinen 38, 59, 70
fester Abfall 41, 145, 171 *u. Abfallstoffe*
Fette 54, 66, 72
Feuer 64, 73, 107, 133 *u. Brände, Brennstoffe*
Filteranlagen 105, 131
Fische 52, 70, 81, 105, 153 *u. Aale, Bachneunaugen, Forellen*
Flächen 32, 35, **38**, 41, 45, 57, 62, 67-69, 74, 77, 82f, 85f, 89, 91f, 131, 135, 144f, 152f, 155, 157, 173, 176, 182
- für Parkplätze 91
-, Größenordnungen von **92**, 176 *u. große, mittlere, kleine Flächen*
- landwirtschaftliche 68f
- mit hoher Albedo 91
-, natürliche 69
-, Überbauung von 85
-hafte Ausdehnungen 89
-- Umweltauswirkungen **91**
-inanspruchnahmen 45, 91
-nutzungen 144f, 152f, 155, 157, 173
-nutzungsbeschränkungen 153
-veränderungen 45
-versiegelungen 85
-zerschneidungen 85
Fledermäuse 84f
Fliegen (biol.) 82, 85, 95
Fließgewässer 3, 69, 82f *u. Bäche, Flüsse, Kanäle*
Flugzeuge 70
Fluorit 88
Flüsse 83, 97 *u. Brahmaputra, Deltagebiete, Ganges, Mississippi, Ufer*
flüssiger Abfall 41, 171 *u. Abwasser*
Flußtransporte 83
Folgearbeiten *s. arbeiten, Folge-*
-umweltauswirkungen *s. umweltauswirkungen, Folge-*
-ursachen für Umweltauswirkungen 46
-wirkungen 45
-zeit 112 *u. nachher*
Förderbänder 102
Forellen 95

Formen (räuml.) **69**, 89, 91f, 155, 170 *u. Relief*
- in der Umwelt 91, 152, 173
-, Landschafts- 152, 173
-, längliche 89
- von Industrieanlagen **89**, 135
-- Oberflächen 89
-- Umweltausschnitten 83
-energie *s. energie, Form-*
-stabilitäten 54
-veränderungen 91
Forst 68
-wirtschaft 83, 153
Fortbewegung 71
Fortpflanzung 30, 33f, 50, 58, 66, 72, 143, 145, 168
Fortpflanzungsfähigkeit 58
-keime 84
-zellen 58
fossile Energie *s. Energie, fossile*
- Kohlenwasserstoffe 67, 73, 76-78 *u. fossiles organisches Material*
-s organisches Material **56**, 183 *u. Erdgas, Erdöl, fossile Kohlenwasserstoffe*
Fraß 32 *u. Beute, Konsumenten*
friesische Inseln 69
Frösche 84, 95 *u. Kaulquappen, Laichplätze*
fruchtbare Gebiete 68
Früchte 73 *u. Erdbeeren*
Fruchtjoghurts 102
funktional-systemische Charakteristika des Lebens **29f**, 34
-- Einheiten 31
-- räumliche Sachverhalte 84, 153
-- Sachverhalte in der Umwelt 84, 120, 139, 145
-- zeitliche Sachverhalte 157
- Zusammenhänge in der Umwelt 31, 37, 40-42, 45, 84, 130, 135, 153f
Funktionen für Arten **34**, 49, 143, 175, 183f
-- Bewertungssubjekte 24
-- die Allgemeinheit 125, 128
-- die Menschheit **36**, 49, 175, 182, 184
-- die Nachbarschaft 125, 128
-- existierende Lebewesen 34, 49, 143, 163f
--Lebewesen 24, 27-29, 34, 36, 49f, 62, 71-77, 81, 84-86, 91f, 95, 97, 105f, 125,

127f, 135, 142f, 158, 162-169, 174f, 182-185 *u. Nutzfunktionen*
Funktionen für Menschen 24, 29, 34, **36**, 49, 143, 162-169, 174
− nichtlebende Subjekte von Umwelten 143, 167f, 174
− nichtmenschliche Lebewesen 24, 49, 135, 143, 167f, 174
− Ökosysteme *s. Ökosysteme, Funktionen für*
− Ökosystemtypen *s. Ökosystemtypen, Funktionen für*
− Subjekte von Umwelten 142, 174
− unterschiedliche Generationen 34, 49, 143, **163f** *u. Funktionen für existierende, für zukünftige Lebewesen*
− zukünftige Lebewesen 34, 49, 143, 163f, 182
−, Lebensraum- 81
−, Nahrungs- 27
−, ökologische 135 *u. ökologische Funktionen*
−, Standraum- 27
− von Arten *s. Arten, Funktionen von*
− Lebewesen 27, 35, 182f
− Menschen 24
− Räumen *s. Raumfunktionen*
− Zeit *s. Zeitfunktionen*
Funktionsfähigkeit des Landschaftsbildes 120, 128, 135, 149, 152f, 166, 173
−− Naturhaushaltes 120, 128, 135, 140, 144, 149, 152f, 166, 173
Futtermittel 145, 172
-plätze 84

Gabun 88
Ganges 68
ganzheitliche Bewertungen von Umweltauswirkungen **1-6**, 17-187
ganzheitlichen Bewertung der Umweltauswirkungen von Industriebetrieben, Systeme zur **14-18**, 49-51, 63, 78f, 91f, 102, 105f, 112, 125, 127-177, 179, 181-187
−−−−, Anforderungen an Systeme zur 49-51, 63, 78f, 91f, 102, 105f, 112, 125, 127-177, 181-187
ganzheitlicher Umweltschutz 4, 185f
Gas 3, 30, 38, 41f, 54, 59, 62f, 67, 69, 76f, 83f, 110, 132, 140, 145-148, 164, 171
-abgaben 83

-aufnahmen 83
-e, treibhauswirksame 67, 76
-förmige Emissionen 38, 110
--r Abfall 41f, 171 *u. Abgas*
--r Aggregatzustand 54, 59, 62f, 69, 84, 148, 164
Gasheizkraftwerke 42
-pipelines 77
Gebäude 2, 7f, 10, 36, 43, 46, 57, 59, 62, 67, 82, 89, 91, 97, 101, 103, 124, 129, 135, 145, 153 *u. Bauten, Bauwerke, Häuser*
-errichtungen 2, 46, 91, 97
-nutzungen 153
Gebiete, betroffene 68, 104f, 113
-, fruchtbare 68
-, überschwemmungsgefährdete 68f, 97
Gebrauchszeiten 102
Gefahren 110, 123, 130, 133f, 136, 139f, 147, 149, 158f
-enabwehr 110
-gutbehälter 134
-güter 134
-stoffe 134
Gegenstände 23
Gegenwart **94**, 99, 104, 106, 156, 159, 165f, 174, 181
Gehirne 70
Gehölze 85 *u. Bäume, Hecken, Sträucher*
geistige Ebene 127
- Entwicklungen 35
- Umweltaspekte 127
- Umwelten **35**, 127, 181
Gelände 27, 36, 84, 145, 149, 152
-morphologie 152
gemäßigte Breiten 68f
Gemeinden 124
Genehmigungen, legislative Rahmen von **112**
Genehmigungen von Industrieanlagen *s. Genehmigungen*
Genehmigungen 5f, 17f, 25, 98, 109, 111-116, 118, 126, 132, 139, 149, 151, 179, 182, 186f *u. Anlagengenehmigungen*
genehmigungsbedürftige Anlagen 113, 115, 132, 139, 149 *u. Anlagen*
Genehmigungsbehörden 111, **117f**, 179, 187
-entscheidungen 118, 179, 187
-- über Vorhaben 17f, 112, 115f, 118, 179, 187

Genehmigungsgesetze 112 *u. Fachgesetze*
-sphasen **98**
-srecht 26, 107-160 *u. Genehmigungsgtze*
-sverfahren 4-6, 17f, 25, 27, 111f, **114-118**, 121f, 124, 126, 130, 136 142, 144, 148, 151, 155, 159, 161-174, 179-182, 186 *u. erste Einschätzungen über Umweltauswirkungen, Erörterungstermine, Genehmigungsentscheidungen, Information der Behörde über das Vorhaben, Information des Vorhabenträgers über das Ergebnis*
--, Ablauf **115-118**
--, Darstellung der Ergebnisse von 116
--, Entscheidungen über 116, 151, 170, 172
--, Verzögerungen von 117
Generationen 26, 34, 49, 66, 96f, 126, 143, 163f, 182
-, Funktionen für unterschiedliche 34, 49, 143, **163f** *u. Funktionen für existierende, für zukünftige Lebewesen*
-, Kinder- 66, 96
-, zukünftige 25f, 57, 63, 68, 78, 126, 163f, 182 *u. nachfolgende Generationen*
Generationszeiten 95
generative Veränderungen 96
Generatoren 70
generelle rechtlich-inhaltliche Vorgaben **107-144**, 161-184
- Ursachen für Umweltauswirkungen 44
Gentechnikgesetz 108, 111
Genverluste 68
geologische Hohlräume 79
- Prozesse 73 *u. Tektonik, Vulkanismus*
- geologische Situationen 144, 152
geomorphologische Prozesse 73 *u. Deflation, Erosion, Sedimentationen, Setzungen, Verwitterungen, Vulkanismus*
Geosphäre **79-81**
Geräte elektrische 70
Geräusche 38, **70**, 123, 131, 138, 140, 149f, 152, 155, 173 *u. Getöse, Lärm, Schall*
Gerichte (jur.) 5, 14, 109, 118, 125, 179 *u. Judikative, Rechtsanwendungspraxis*
gerichtliche Anfechtungen 118
- Ermessensspielräume 109
Gerichtsverfahren 5, 179
Gerüche 107, 140, 145-147
Geruchsemissionen 107
Gesamtumweltauswirkungen 90f

Geschwindigkeiten 64, **95**, 102, 106, 176, 182 *u. langsam, schnell*
Gesellschaft (soziol.) 20, 74, 126f, 129, 153, 180
-, Massen- 20
gesellschaftliche Belange 127, 129
- Umgebungen 20
- Umweltauswirkungen 127
Gesetze 3f, 15, 25f, 108f, 118f, 160, 163, 165 *u. Gewerbeordnung, Grundgesetz, Umweltgesetze*
-, Auslegungsrichtungen bei 25, 118f, 163
-, Fach- *s. Fachgesetze*
-, normprägende 123
-, Rahmen- 109
Gesetzen, kulturelle Umsetzungsprobleme von 15
Gesetzesänderungen 108
-anwendungen 2
-auslegungen 163
-gebrauch 163
-vollzug psychologische Umsetzungsprobleme im 15
Gesetzgeber 2f, 26, 109, 126, 182
Gesetzgebung 3, 25f, 109, 163 *u. legislative Maßnahmen*
-sphasen 109
gesetzlich geregelte Beziehungen 14
- Bewertungen 7, **14-17**, 112
- Bewertungssysteme 16, 18, 27
- Normen 15, 115 *u. Gesetze, Rechtsnormen, Verordnungen*
- Regelungen 2-4, 6f, 14-18, 25-28, 107-171, 173f, 175-179, 180-182, 185f *u. gesetzliche Normen*
- Regelungsbereiche 169
- Regelungsgehalte 161
- Regelwerke 114
- Vorgaben 4, 6, 28, 107-162, 164f, 167-170, 173f, 177
- Vorschriften 2, 25, 107
- Wertesysteme 15f, 18
- Wertmaßstäbe 15
Gestein 51, 54-56, 62, 79, 83, 95 *u. Lithosphäre*
Gestirne *s. Erde, Mars, Sonne, Venus*
Gesundheit, chemische Beschaffenheit von 181
-, menschliche 65, 127f, 139, 181f *u. Krankheiten, Organe*
-, psychische 127

gesundheitliche Belastungen 180 u. *Krankheit*
– Risiken 180
-schäden 110
Getöseemissionen 107
Gewässer 3, 33, 54, 68, 79, 85, 90, 103, 105, 114, 144, 152 u. *Oberflächengewässer, Wasser*
-güte 3 u. *Eutrophierungen*
-verunreinigungen 103
Gewerbeflächen 173
-ordnung **107**, 112f
Gewitter 71 u. *Blitze*
Gifte **57f**, 105 u. *toxische Stoffe, Vergiftungen*
Gleichzeitigkeit **93f**, 105, 141, 168, 176, 181, 184
globale Erwärmung 3, 77, 94, 182 u. *Erwärmung der Erde*
- Temperatur **66-69**, 71, 96
- Temperaturerhöhung 3, 68f, 77, 94 u. *globale Erwärmung, Treibhauseffekt*
Graphit 88
Greifvögel 55, 63, 85
Grenzwerte 110, 112
-, Immissions- 110
Griechenland 93
große Distanzen 83, **92**, 176
- Flächen **92**, 176
- Längen **92**, 176
- Volumina **92**, 176
Großfeuerungsanlagen 118
Grund und Boden 154
-flächen 144, 152-155
-gesetz 12, 25f, 109, 126, 163-165, 168, 171, 174, 176, 182
-stücke 47, 62, 97, 124, 130, 153f, 157f
-wasser 47, 59, 62, 79, 89f, 144, 153f u. *Kanalisation*
-wasserabsenkungen 47, 90
-wasserhorizonte 47
-wasserneubildungen 62, 144, 153
Grundwerte 5, **12**
Gruppenumwelten **21-24**
Guayana 88
Gunsträume für Lebewesen 91
–– Menschen 91
Gutachten 4, 112
Gutachter 112, 117, 179
-, sachverständige 112

Habitate 82
-funktionen 81
Halbwertszeiten 105
Handlungssteuerungen 10f
Hasen 55
Häuser 82
Hautflügler blütenbesuchende 85
Hecken 85
Herbivore 32, 56, 72f
Herrschaftsgebiete 82f
Herz-Kreislauf-Systems, Schädigungen des 70
Hilfsstoffe 2, 41, 61, 99, 134 u. *Klebstoffe*
historische Energie s. *Energie, historische*
- Kohlenwasserstoffe 73, 76, 78 u. *historisches organisches Material*
-s organisches Material 56, 183 u. *Boden, historische Kohlenwasserstoffe, Humus, Torf*
hochfrequente Bereiche 70
Hochspannungsfreileitungen 78, 89f
Hochwälder 81
Höhen 32
-züge 83
Hohlräume 62, 79
Holz 35, 58, 73, 90
Hörorgane, Schädigungen der 70
Howang-He 68
humantoxisch **58**
Humus 32, 56
Hydrosphäre **79f**, 93 u. *Kryosphäre*

Immissionen 6f, 48, 78, 90, 110, 123, 128, 130f, 133f, **137-142**, 147, 149f, 155, 158f, 168f, 172, 181
Immissionsarten 140, 147
-belastungen 149
-grenzwerte 110
-schutz-Regelungen 6
--maßnahmen 131, 133f,
--recht 7 u. *BImSchG, BImSch-Verordnungen, BImSch-Verwaltungsvorschriften*
-werte 128, 133, 137, 142, 168, 172, 181
Impulse, elektrochemische 8
Indien 93 u. *Brahmaputra, Ganges*
Indikatoren, komplexe 84
Individualumwelten **21-24**
Indonesien 69, 88
Industrie 2-6, 14-19, 24, 26-29, 33, **35-38**, 41f, 44-46, 48-52, 59, 61, 63, 74-79, 86f, 89-91, 97-105, 107, 111-113, 115, 118,

128, 135, 138, 161, 164, 167-170, 174-176, 179f, 182-186
Industrieanlagen 2f, 5, 26, 42, 59, 74, 86, 89f, 97f, 100f, 111-113, 115, 118, 128, 135, 184 u. *Anlagen*
-bedingte Energieumwandlungen 36, 38, 74-76, 79, 176
-betriebe 2, 4-6, 14-19, 24, 26-29, 33, **35f**, 38, 41f, 44-46, 48-51, 61, 63, 75-78, 86f, 90f, 98f, 102-105, 107, 112, 128, 138, 161, 164, 167-170, 174f, 179f, 182f, 185f
--, Anforderungen an 109, 111f, 139, 142
-input 87
industrielle Prozesse 102
- Revolution 33
- Tätigkeiten 2, 74
Infektionskrankheiten 66
Information der Behörden über das Vorhaben 116
- des Vorhabenträgers über das Ergebnis des Genehmigungsverfahrens 116
-sfluß zwischen Vorhabenträger und Behörden 116
Infrarotstrahlung 64, 75f
Inhalte von Bewertungen 13, 185
Input Betrieb 37, 41, 87, 98
- Errichtung 37, 98
- Produktion *s. Produktionsinputs*
- Stillegung 37, 98
Input-Ursachen für Umweltauswirkungen 41, 44, 50, 134, 143, 170f u. *Inputs*
-s betriebliche **41**, 45, 50, 59, 75, 86f, 89, 91, 98-102, 134, 143, 170f u. *Anlagen-Inputs, Produktions-Inputs*
-stoffe 59, 134
-umweltauswirkungen **45-47**, 49 u. *Inputs*
Insekten 31, 53 u. *Ameisen, Bienen, Blattläuse, Fliegen, Hautflügler, Käfer, Libellen, Schmetterlinge*
Inseln 69 u. *friesische Inseln, dänische Inseln, Madagaskar, Malediven*
integrierte Vermeidungen und Verminderungen von Umweltverschmutzungen 3
ionisierende Strahlung, natürliche 150
Iran 88
IVU-Richtlinie 3

Jäger 55
Jahreszeiten 1, 85, 95, 97 u. *Winter*
jahreszeitliche Biotopwechsel 85
Japan 88

Judikative, Entscheidungen der 109
juristische Umweltwertesysteme 18

Käfer 85
Kalk 53, 59, 100
Kaltluftbahnen 46, 91
-entstehungsgebiete 83
-seen 83
Kanäle 83, 90, 135
Kanalisationen 89
Kaolin 88
Kapazitätslimitierungen bei Bewertungen 9, 14
Kationenverluste 52
Kaulquappen 84, 95
kausale Vorschriften 107
Kernenergie *s. energie, Kern-*
--nutzungen 70, 74, 76
--träger **67**
--umwandlungen 76
-kraftwerke 36, 64, 93, 104
-spaltung 64
-waffen 64
Kinder 66, 94, 96
-generationen 66, 96
kinetische Energie **69**, 75, 78f, 151, 170, 172
Klärschlammverbrennungsgas 3
Klebstoffe 102
Kleidung 89
Kleine Antillen 69
kleine Flächen **92**, 176
kleine Volumina **92**, 176
Kleinstlebewesen *s. lebewesen, Kleinst-*
Klima 10, 68, **71**, 77, 79, 81, 85, 91, 97, 120f, 124, 145, 149, 151f, 165f, 168f, 172, 182 u. *Atmosphäre, meteorologische Erscheinungen*
-, Gelände- 149
-, Mikro- 85, 91 u. *Bodenatmung, Bodenfeuchte*
-, Stadt- 10
-bedingungen, veränderte 97
-erwärmung, globale 182
-relevante Stoffe 77
-tische Erscheinungen **68** u. *Trockenphasen*
-- Parameter **68**, 169 u. *meteorologische Erscheinungen*
-zonen 68 u. *gemäßigte Breiten, Tropen*
Kobalt 88
Kohle 74f u. *Braunkohle*

Kohlendioxid 32f, 41, 51, 54, 56, 59, 67, 73, 93
--Bindung 62
--Konzentration 94
--Senken **67**, 77
-emissionen 89
Kohlenhydrate 54, 66, 72
Kohlenstoff 54, 56, 62, 68 *u. Graphit*
--Kreisläufe **56**
-fixierung 62
Kohlenwasserstoff-Verbindungen 75
Kohlenwasserstoffe, fossile 67, 73, 76-78 *u. fossiles organisches Material*
-, historische 73, 76, 78 *u. historisches organisches Material*
-, rezente *s. rezentes organisches Material*
Kolumbien 69
Kombinationswirkungen bei Bewertungen **47**, **58**
kommunale Umweltämter 109
Komplexbesiedler 85
Komplexität der Welt 10
- von Bewertungen 10
-- Umwelten 28, 180
-- Wahrnehmungen 8
-sreduktion bei Bewertungen **9**
Konflikte unter den Beteiligten 2-4
Konsumenten (biol.) 32, 55f
Kontinente 81f *u. Afrika, Amerika, Antarktis, Asien, Australien, Europa*
Kontinuum, Raum-Zeit- 79, 92
Konzept der relevanten Inhalte 5
-- vorhabenbedingten Ursachen-Vorhabenauswirkungen 183
-e 7, 183
-erstellungsphasen **98**
Koordinatensysteme 81
Koprophagen 56 *u. Exkremente*
Korallen 69, 84
Korea 88
Kormophyten 84
Körper (biol.) 55, 73 *u. Organe (biol.)*
- (phys.) 64, 66, 70
-charakteristika (phys.) 81f, 89f *u. Flächen, Längen, Volumina*
-eigenes Material (biol.) 55
-raum (phys.) **84**
Korrosion 59
Kosmosphäre 53, 69, 73, **79f** *u. Gestirne*

Kraftwerke 47, 78, 90 *u. Braunkohlen-, Gasheiz-, Kern-, solarthermische-, Wasserkraftwerke, Windkraftanlagen*
Krankheit *s. Allergiker, Gesundheit, Gifte, Herz-Kreislauf-Schädigungen, Hörorganschädigungen, Infektionskrankheiten, Krebs, Lärm, Leukämie, Rachitis, Vergiftungen*
Krebs (med.) 38, **58**
Kreisläufe, biogeochemische 83
-, räumliche **82**, **84**
- von Energie 74
- von Nahrungsstoffen 56f
Kreislaufwirtschafts- und Abfallgesetz 108, 110
Kryosphäre 80
Kühlschränke 41
-türme 61, 78, 89
Kultur 15, 20, 55, 120-127, 139, 145, 153
-ell-zivilisatorische Umwelten 20
-elle Aspekte der Umwelt 127
-- Umsetzungsprobleme von Gesetzen 15
--s Erbe **126f**, 181
kulturhistorische Landnutzungen 153
Kultursachgüter 120-126, 139, 145
-umwelten 20
-wälder 55
Kunststoffe 59, 75
Kupfer 53, 57, 82, 88f, 99
kurze Distanzen **92**, 176
- Längen **92**, 176
- Zeiträume 33, 58, 73f, 77, 96, 105f, 110, 117, 135, 160, 171, 181
kurzwellige Strahlung 59, 64-66, 69, 84
Kurzzeiterscheinungen **95** *u. kurzzeitige Ereignisse, Kurzzeitumweltauswirkungen, Kurzzeitursachen für Umweltauswirkungen*
-zeitige Ereignisse 95, **102**
-zeitumweltauswirkungen **104f**, 156, 159, 173
--ursachen für Umweltauswirkungen **103**
Küsten 69, 104

Ladungsausgleiche 70
-trennungen 70
Lage, absolute **81**, 86, 89-91, 153, 155, 170, 172, 184
- zu Anlagenstandorten, relative **87** *u. Distanzen zu Anlagenstandorten*

Lagebeziehungen, relative 69, **81**, 84, 87, 89f, 92, 155, 176
-charakteristika der Umwelt **81**
— von Betrieben **86-88**, 153, 155
—— Umweltauswirkungen **89f**
-energie s. energie, Lage-
-n 135 u. Höhen
Lagerflächen 38
-hallen 43, 46
-stätten 73
-ung 38, 43, 46, 66, 73, 102
Laichplätze 81f, 83f
Land, neues 83
Länder 7, 97 u. Nationalstaaten
landesplanerische Ausweisungen 157
-umweltämter 109
Landlebewesen 93
-nutzungen, kulturhistorische 153
-oberflächen 46
-pflanzen 57
Landschaften 3, **83-85**, 91f, 101, 120f, 124, 126, 128f, 134f, 137, 140f, 144f, 149, 152-155, 158, 165f, 173 u. *Gelände, Küsten*
Landschaftausschnitte 85
-bestandteile 144, 152 u. *Felder (landw.), Gebäude, Gehölze, Höhenzüge, Oberflächengewässer, Täler*
—n, Funktionsfähigkeit von 120, 128, 135, 149, 152f, 166, 173
—n, Leistungsfähigkeit von 149, 152f, 166, 173
-bilder 91, 120, 128f, 135, 149, 152f, 166, 173
-selemente, Beseitigung von 85
-formen 152, 173
-gerechte Neugestaltungen 135
-gestaltende Maßnahmen 101
-räume, betroffene 126, 128, 135, 140f, 152f, 158
-räume, erweiterte 135, 152f
-schutznutzungen 153
Landwirtschaft 52, 68f, 83, 86, 91, 97, 113, 153 u. *Baumwollanbau, Ernteausfälle, Naßreisanbau, Nutzpflanzen, Urbarmachungen, Viehhaltung, Weiden*
landwirtschaftlich raumbedeutsame Vorhaben 113
-e Flächen 68f, 91
-e Nutzungen 153
Längen (räuml.) **83**, 89, 182

-, Größenordnungen von 92, 176 u. *große, kurze, mittlere Längen*
Langfristwirkungen 104
längliche Formen 89
langsam 59
langwellige Strahlung 64f
Langzeiterscheinungen 82, **94f** u. *Langzeitumweltauswirkungen, Langzeitursachen für Umweltauswirkungen*
—umweltauswirkungen **104f**, 156, 159, 173
—ursachen für Umweltauswirkungen **103**
Lärm 38, **70**, 78, 90, 103, 105, 138, 149 u. *Geräusch*
-, Fahrzeug- 103
- TA s. TA Lärm
-belastungen 90, 105
-emissionen 38
-immissionen 90
-schwellen 78
-werte 149
Laubwälder 56
Leben 1f, 20, 22f, 25f, **29-36**, 38, 42, 50, 53-59, 63, 66-68, 70f, 74, 78, 81-86, 90f, 93-95, 97, 105, 120, 125f, 135, 140f, 143, 145, 167f, 180, 182, 184f u. *belebte Faktoren, Lebewesen, Vitalität*
-, aquatisches 83f u. *Wasserlebewesen*
-, menschliches 25
-, natürliches Ende von 57 u. *tot, Tod*
lebend 32
lebende Individuen 180
- Objekte 135
- Organismen 20
- Zellen 70
-n Welt, ökologische Basis der 33
Lebens, energetische Grundvoraussetzungen des 67
-, funktional-systemische Charakteristika des **29f**, 34
-bezogene Raumfunktionen, nicht- **86**
-einheiten 20
-erhaltung, reine 57
-erwartung 97
-fähigkeit 67
-feindlichkeit der Umwelt 71
-freundlichkeit der Umwelt 71
-funktionen 33f, 50, 84, 143, 167f
-gemeinschaften **31**, 35, 58, 83 u. *Biozönosen*
—, aquatische 83 u. *Wasserlebewesen*
—, terrestrische 83

Lebensgestaltung 78
-grundlagen 1f, 20, 25, 35, 126, 135, 182
--, natürliche 20, 25, 126, 182
-mittel 42, 145 *u. Früchte, Fruchtjoghurts*
-möglichkeiten für Menschen 2
-plätze 84
-qualität **34-36**, 50, 57, 63, 74, 143, 168 *u. Funktionen für Lebewesen*
--, materielle 74
--nachfrage 74
-räume 31, 33, 35, 59, 81-85, 90f, 105, 120
--, Minimal- 84f
-raumfunktionen 81
-spanne 94
-standard 38, 86, 180
-umwelt 1f, **22f**, 125 *u. die Umwelt*
-welt 23
-zeiten von Menschen 95, 105
--- nichtmenschlichen Lebewesen 95, 105
Lebewesen 2, 9, 21-24, **26-30**, 32-35, 48-50, 53-59, 66-68, 70f, 73, 77, 79, 81, 83f, 91, 93, 95, 105, 121, 125f, 135, 143, 145, 163-168, 174, 180, 182 *u. Menschen, nichtmenschliche Lebewesen, Zellen*
- als Maßstabgeber für Bewertungssysteme 27
-- Umweltbestandteile 26-30, 34, 50, 125, 143, 164f
-, Doppelfunktionen von 27
-, Eigenrechte von 180
-, existierende 2, 33f, 126, 143, 163f
-, Funktionen für *s. Funktionen für Lebewesen*
-, -- existierende 34, 49, 143, 163f
-, -- nichtmenschliche 24, 49, 77, 135, 143, 167f, 174 *u. Funktionen für Tiere, Pflanzen*
-, -- zukünftige 34, 49, 143, 163f, 182
-, - von 27, 35, 182f
-, Gunsträume für 91
-, höhere 57, 70 *u. Wirbeltiere*
-, Kleinst- 54, 91 *u. Bakterien, Mikroorganismen, Plankton*
-, mobile 84 *u. Tiere*
-, nichtmenschliche 26, 34, 49f, 77, 95, 105, 143, 164f, 167f, 174 *u. Bakterien, Destruenten, Landlebewesen, Konsumenten, Mikroorganismen, Parasiten, Pflanzen, Pilze, Produzenten, Saprophage, Saprovore, Tiere, Wasserlebewesen*

-, ortsgebundene *s. sessile Lebewesen*
-, ortsveränderliche *s. mobile Lebewesen*
-, photoautotrophe 32, 73, 84
-, physiologische Änderungen von 95
-, sessile **84** *u. Pflanzen*
-, Wasser- *s. Wasserlebewesen*
-, Wirkungen auf Fortpflanzung / Vererbung von **33f**, 50, 145, 168
-, Wirkungen auf *s. Wirkungen auf Lebewesen*
-, zukünftige *s. zukünftige Lebewesen*
legislative Maßnahmen 1, 185
- Normenhierarchie 118
- Phasen **108**
- Rahmen von Genehmigungen **112**
Leichen, tierische 56
Leistungsdaten von Destillationskolonnen 130
Leistungsfähigkeit der Umwelt 185
- des Naturhaushaltes 120, 128, 135, 140, 144, 149, 152f, 166, 173
- von Landschaftsbildern 149, 152f, 166, 173
Leitlinien für Tiere 85
Leukämie 94, 104
Libellen 85
Liberia 88
Licht 8, 32, 64, 72, 75f, 123, 132, 140, 149f *u. Beleuchtungsverhältnisse*
-, elektrisches 64
-, sichtbares **64**
-energie 72
-erscheinungen 64
-geschwindigkeit 64
-quellen, technische 72
-wellen 8
linienhafte Bauwerke 89
- Erscheinungen **83**, 89, 91
Lithosphäre 53f, 56, 73, 79-81, 93 *u. Gestein, Untergrund*
lithosphärische Ressourcen 88
Löschwasser 105, 131
-rückhaltesysteme 131
Lüdenscheid 94
Luft 2-4, 20, 26, 30, 38, 45f, 54f, 60, 62f, 68, 71, 78f, 82f, 90-93, 105, 110, 114, 120f, 123f, 140f, 145-150, 152, 154, 164, 166, 169, 173, 180
-, Atem- 30
-, Raum- 90
-, TA *s. TA Luft*

Luftaustausch 46
-bahnen, Kalt- 46, 91
-belastungen 3
-bestandteile 93
-emissionen 45f, 114, 141, 154, 173
-entstehungsgebiete, Kalt- 83
-feuchte 68
-hülle **79** u. *Atmosphäre*
-massen 71, 78, 82 u. *Wind*
-mengen 154
-schadstoffe 145, 149, 169, 173
-seen, Kalt- 83
-temperaturen 68
-verunreinigungen 123, 140, 146f, 150
-zusammensetzungen 38, 46, 60, 90, 92, 140f, 146f u. *Aerosole, Kohlendioxid, Ozon, Sauerstoff, Schwefeldioxid, Stickstoff, Stickstoffoxide*
--, natürliche 140, 146f

Madagaskar 88
Magnete 70
Magnetfeld, Erd- 70
magnetische Dipole 70
- Energie s. *Energie, magnetische*
- Felder **70**
- Gegenstände 70
- Wellen 150
Malaysia 88
Malediven 69
Mangan 88
-bakterien 71
Mangroven 69
Marokko 88
maschinelle Arbeit 2
Maschinen 24, 97, 130 u. *Dampfmaschinen, Fertigungsmaschinen, Förderbänder, Generatoren*
-führer 90
-führung 133
Massenstrom von Emissionen 147
Maßstabgeber für Bewertungssysteme 27
Materialausdehnungen 74
Materialien 2 u. *Anlagenmaterialien, Baumaterialien, Bodenaushub, Produktmaterialien*
materialintensive Industrien 89
Materialzersetzungen 52
materielle Lebensqualität 74
- Umsetzungsprobleme von Bewertungen 15

materiellrechtliche Anforderungen 109
- Anforderungen an Umweltauswirkungen 109
- Bewertungsprinzipien 110
- Ebene 110
Mauretanien 88
Maximalumgebungstemperaturen 67
mechanische Arbeit **70**, 77
- Energie s. *Energie, mechanische*
mediale Vorschriften 107
Medien 32
Meere 56, 69, 83 u. *Küsten, Ozeane, Wattenmeere*
Meeressedimente 83
-spiegel 81, 92
--schwankungen, eustatische 95
-strömungen 82
Mehrdeutigkeiten in gesetzlichen Regelungen, Beseitigung von 179f
Mehrstufenmodelle in Bewertungen 180
Menschen 1f, 5, 10, 15, 20-27, 29f, 33-36, 38, 49f, 52f, 54, 57, 59, 64f, 67f, 70f, 73f, 76, 78, 82f, 86, 91, 93-95, 97, 105, 120-125, 127f, 135, 139f, 143, 162-169, 174f, 180-185
- als Umweltbestandteile 36, 50, 120, 123, 125, 143, 164f
-, Funktionen für 24, 29, 34, **36**, 49, 143, 162-169, 174
-, - von 24
-, Gunsträume für 91
-, Lebensmöglichkeiten für 2
-, Wirkungen auf 24, **36**, 49, 143, 167f
-rechte 25
-schutz 27
Menschheit 21, 23, 35f, 49, 175, 180, 182, 184
-, Funktionen für die **36**, 49, 175, 182, 184
menschliche Aktivitäten 83
- Arbeit 2
- Generationen, zukünftige 57, 68, 182
- Gesellschaft 74
- Gesundheit 65, 127f, 139, 181f
- Nahrungsstoffe 57
- Reaktionen 10, 57
- Siedlungen s. *Dörfer, Bebauung, Städte*
- Tätigkeiten 180
- Umwelt s. *Umwelt, menschliche*
menschliches Handeln 1, 185
- Leben 25
Merkwelten **24**, 26, 81, 95

Merkwelten, physische **26**
Metalle 75 *u. Aluminium, Antimon, Blei, Eisen, Kobalt, Kupfer, Mangan, Molybdän, Nickel, Niob, Quecksilber, Stahl, Tantal, Titan, Uran, Vanadin, Wolfram, Zink, Zinn*
-herstellung 101
-reste 101
Meteorite 53, 94
meteorologische Erscheinungen **71**, 169 *u. Gewitter, Kaltluft, Klima, Luftfeuchte, Luftmassen, Wind, Wolken*
Mexiko 88
Mietparteien 124
mikrochirurgische Geräte 89
-klima 85, 91
-nesien 69
-organismen 52, 54 *s. Kleinstlebewesen*
militärische Energienutzungen 66
Mindestumgebungstemperaturen 67, 71
Minerale, amorphe 51
mineralische Rohstoffe *s. Rohstoffe mineralische*
Mineralisierer 32
Mineralisierung von Gesteinen 95
Mineralstoffe 32, 54
minimal-biozentrische Personen 21
-lebensräume 84f
-volumina 89
Minimierung von Risiken 110
Minimumareale 83, 85
-gehalte von Gasen 30
Mississippi (Fluß) 68
- (Staat) 69
mittelbare Umweltauswirkungen 129, **141**, 158
mitteleuropäische Wälder 55
mittelindustrialisierte Staaten 76
mittlere Breiten 95
- Distanzen **92**, 176
- Flächen **92**, 176
- Längen **92**, 176
- Volumina **92**, 176
mobile Lebewesen **84**
Modell der Umweltauswirkungen von Industriebetrieben **15f**
- des Bewertungsobjekts **8-13**, 15
- eines Bewertungssystems bei BImSch-Verfahren **18**, 186
- eines Bewertungssystems **12**
-bildung 10

-e, Mehrstufen- 180
-e, Real- 14
modellierbare Sacheigenschaften 14
Modellierung der Umweltauswirkungen **15-17**
- des Bewertungsobjekts **8-13**
Modellierungsmethoden 1, **12f**, 179, 185
-regeln **12**, 17f, 186
-techniken 181
Modernisierungen 59
mögliche Umweltauswirkungen **48f**, 138, 146 *u. mögliche Ereignisse*
- Ursachen für Umweltauswirkungen, betriebliche **43f**
Molybdän 88
monetäre Aspekte 35, 127
- Belange 167
- Ertragswirtschaft 135
- Werte 5
Moore 56, 68
Mosaik-Zyklus 95
multiple Umweltauswirkungen **43**, 46, 49f, 141, 175
- betriebliche Ursachen für Umweltauswirkungen **43f**, 50, 175, 183
mutagene Stoffe 66
- Strahlung 66
Mutationen 58
-sraten 63
-szeiten 95

Nachanlagenphasen 98, 101f
Nachbarn 124, 140, 150, 155
-grundstücke 62
-schaft 7, 62, 90, 110, **123-125**, 128, 131, 133f, 136, 140, 149f, 155, 158f, 172
--, Funktionen für die 125, 128
--, Nachteile für die 123, 131, 133f, 136, 140, 149, 158f
Nachbehandlung von Energie 40
-- Stoffen 40
Nachbetriebsphasen 98
-errichtungsphasen **98**
-folgende Generationen 34
Nachfrage nach Energie 74
-- Lebensqualität 74
-- Nahrungsmitteln 57
-- nicht nahrungsbezogenen Nutzstoffen 57, 86
-- Nutzstoffen 57, 86

nachhaltig 2, 5, 57, 66, 93, 110, 144, 149, 152f
-her (i.S.v. nach) 8, 10, 38, 45, 55f, 58f, 61f, 73, 90f, **93f**, 101, 104f, 113, 128, 154, 157, 176 *u. Folgezeit*
-kommen 33, 35, 84, 180, 184
-produktionsphasen **99**, 102
-rüsten von Filteranlagen 105
-stillegungsphasen 98
Nacht 38, 95, 97, 173
Nachteile für die Allgemeinheit 123, 131, 133f, 136, 140, 149, 158f
— Nachbarschaft 123, 131, 133f, 136, 140, 149, 158f
— Umweltsubjekte 139f *u. Nachteile für die Allgemeinheit, die Nachbarschaft*
nachteilige Auswirkungen auf Schutzgüter 137f
- Beeinträchtigungen von Landschaftsbildern 166, 173
Nachtruhe 38
nachwachsende Rohstoffe, kurzfristig 77
Nahbereichsumweltauswirkungen 87, **90**
-umwelt **87**
Nähe, räumliche 47, 66, 91, 155, 170
Nährstoffe 30, 32, 54-57, 83
-abflüsse 83
-aufnahmen 83
Nahrung 1, 27, 30f, 35, 54-58, 73, 77f, 83, 85
Nahrungsbeziehungen 85
-bezogene Nutzstoffe 57
-energie 77f
-funktionen 27
-grundlagen 56
-ketten 35, 55, 73
-kreisläufe 56f
-liefernde Pflanzen 57
-mittel 57 *u. Lebensmittel*
-nachfrage 57
-netze 55
-pyramiden 31, **55f**, 58
—, Endglieder von 58
-stoffe 27, 30, 54f, **57**, 83 *u. Nährstoffe, Futtermittel*
—n im Wasser, erhöhte Konzentrationen von 83
Naßreisanbau 67
national-legislative Phase **108**
Nationalstaaten 119, 126, 181 *u. Ägypten, Angola, Australien, Bolivien, Brasilien, Canada, Chile, China, Deutschland, Gabun, Griechenland, Guayana, Indien, Indonesien, Iran, Japan, Kleine Antillen, Kolumbien, , KoreaLiberia, Madagaskar, Malaysia, Malediven, Marokko, Mauretanien, Mexiko, Neuguinea, Nicaragua, Niederlande, Nigeria, Peru, Philippinen, Polen, Sambia, Sierra Leone, Spanien, Südafrikanische Union, Theiland, Türkei, UdSSR, USA, Venezuela*
-, Ermessen von 119
Natur 3, 20, 25, 27, 30f, 33, 35, 45, 53-55, 57-59, 63f, 66-71, 73, 77, 89, 91, 93, 95, 97, 105, 120, 126, 128, 134f, 137, 140f, 144, 146f, 149f, 152-154, 158, 166, 173, 180, 182f
-al Biodiversity 31 *u. natürliche Artenvielfalt*
-haushalt 120, 126, 128, 135, 140f, 144, 149, 152f, 154, 158, 166, 173
—es, Funktions- und Leistungsfähigkeit des 120, 128, 135, 140, 144, 149, 152f, 166, 173
-identische Stoffe 59
natürliche Artenvielfalt **31**, 35, 63, 68, 91, 180, 182f *u. natural Biodiversity*
- Energiefixierungen 73
- Energieumwandlungen 30, 71, 73, 77
- Entwicklungsprozesse 93
- Erwärmung 105
- Flächen 69
- ionisierende Strahlung 150
- Lebensgrundlagen 20, 25, 126, 182
- Luftzusammensetzungen 140, 146f
- Ökosysteme 68 *u. Korallen, Mangroven, Moore, Mosaik-Zyklus*
- Phänomene 70
- Stoffe 58f
- Stofferschließer 58
- Stoffmobilisierungen 54
- Stoffumwandlungen 53
- Umgebungen 20
- Umsetzungen 58
- Umwelt 53
- Veränderungen 95
- Vorkommen radioaktiver Substanzen 66
- zeitliche Variabilitäten von Ökosystemen 97
-n Artenvielfalt, Nutzfunktionen der 35, 182f
-r Stoffbesatz 53

natürlicher Zerfall radioaktiver Substanzen 64
-rweise abbaubare toxische Stoffe 105
-- bewachsene Flächen 67
-s Ende von Leben 57 *u. tot, Tod*
-s Maß der atmosphärischen Temperatur 68
-keitsgrade 59
naturnahe Seen 68
-- Wälder 33, 55, 68, 89, 135
-schutz 27
--nutzung 153
-recht *s. Bundesnaturschutzgesetz*
-wälder 33, 55
-wissenschaften 19
Nekrophagen 56 *u. tot*
Nervensysteme 8
Neugestaltungen, landschaftsgerechte 135
Neuguinea 88
neutrale Umweltauswirkungen **47f**
New York 94
Nicaragua 88
Nicht-Allergiker 58
-nahrungsbezogene Nutzstoffe 57
-physische Erscheinungen 120, 126f, 129, 143, 167-169
-physische Ursachen für Umweltauswirkungen **129**
-lebende Erscheinungen 28, 174 *u. Anlagen, Gebäude, Gestein, Luft, Wasser*
-- Subjekte von Umwelten, Funktionen für 143, 167f, 174
-lebensbezogene Raumfunktionen **86**
-menschliche Lebewesen *s. Lebewesen nichtmenschliche*
--- als Umweltbestandteile 34, 50, 143, 164f
---, Funktionen für 24, 49, 135, 143, 167f, 174
-umwelt Belange 127, 142f, 164f
Nickel 88
niedere Pflanzen 67
Niederlande 69 *u. friesische Inseln*
Niedersachsen 69 *u. friesische Inseln*
Niederschläge 31, 42, 46f, 52, 68, 83, 141 *u. Pluviale, Regen*
-, saure 52 *u. Regen, saurer*
Nigeria 88
Niob 88
Nitrate 52
-anreicherungen 52

Normalbetriebszustände 42, 44, 50, 136, 143, 163f
Normen, gesetzliche *s. gesetzliche Normen*
Normenhierarchie, legislative 118
normprägende Gesetze 123
nutzbare Energie 35, 64, 73f
-energie 35, **71-74**
-flächen 91
-funktionen der natürlichen Artenvielfalt 35, 182f
-- von Energie **71**, 79, 176, 183
--- Stoffen 63, 146, 148, 170, 172, 183 *u. Nutzstoffe*
-pflanzen *s. Baumwollanbau, Erdbeeren, Forste, Naßreisanbau, Weiden*
-stoffe **53**, 57f, 62f, 86
--nachfrage 57, 86
-ungen, Naturschutz- 153
-, Landschaftsschutz 153
-- von Energie 66, 70, 73f, 76-78, 132f, 154
--- Flächen 144f, 152f, 155, 157, 173
--- Gebäuden 153
--- Stoffen 66f, 73, 76, 78, 99, 101, 133f
--- Torf 74
--- Vegetation 73
-ungsbeschränkungen von Flächen 153

Oberflächen 46, 65, 68f, 84, 89, 91, 93
-gewässer *s. Fließ-, Stillgewässer, Vorfluter*
Objekte, lebende 135
öffentliche Ordnung 127, 129, 142
- Projekte 3, 113
- Sicherheit 127, 129, 142
- Verkehrswege 130, 154
-r Verkehr 130
-s Recht 181
Öffentlichkeit 117
-sbeteiligungen **117**
Ökobilanzen 102, 183
Ökologie *s. Autökologie*
ökologisch negative Veränderungen 138
- Basis der lebenden Welt 33
- Funktionen 135
ökonomische Prozesse 36
- Sachverhalte 26, 36
ökosystemare Wirkungsgefüge 97
Ökosysteme 21, **31-34**, 47, 49f, 58, 67f, 72, 81, 95, 97, 105, 143, 167f, 175, 180, 183 *u. Hecken, natürliche Ökosysteme, Wälder, Wattenmeere, Weiden (landw.)*

Ökosysteme als Umweltbestandteile 50, 143, 167f
-, Funktionen für 34, 49f, 143, 167
-n, Elastizitäten von **31**, 97
-n, Existenzzeiten von 105
-n, physiologische Änderungen von 95
-typen 167
--, Funktionen für 34, 50, 143, 167f, 175
-wechsel 97
Ökotope **31**
ökotoxisch **58**, 146
Öl 58 *u. Erdöl, Rohöl*
-tankerunfälle 77
Omnivore 56
Ordnung, öffentliche 127, 129, 142
Organe (biol.) *s. Gehirne, Herz-Kreislauf-Systeme, Hörorgane, Nervensysteme*
-, beliehene (jur.) 14
organische Stoffe 30, 55, 73, 75 *u. Eiweiße, Fette, Kohlenhydrate*
- Substanzen 32
organisches Material 56, 66
--, fossiles **56**, 183 *u. Erdgas, Erdöl, fossile Kohlenwasserstoffe*
--, historisches 56 *u. Boden, historische Kohlenwasserstoffe, Humus, Torf*
--, rezentes 56 *u. Lebewesen*
Organismen, lebende 20
Orte 31, 71, **81f**, 84, 86, 104, 154 *u. Arbeits-, Errichtungs-, Standorte*
örtlichen Gegebenheiten 90
Ortsbewegungen 32
-feste Einrichtungen 36, 130, 153f
-gebundene Lebewesen *s. sessile Lebewesen*
-veränderliche Einrichtungen 130
-- Lebewesen *s. mobile Lebewesen*
-wechsel 32
Otter 55, 85
Output-Ursachen für Umweltauswirkungen **41**, 44, 50, 134, 143, 145, 170
Outputgebrauch 41
Outputs **41f**, 45, 50, 86f, 89, 91, 98f, 101f, 134, 143, 145, 170f *u. Anlagen-, Produktions-, Energieoutputs*
-, Beseitigung von 41, 98
- Betrieb 37, 41, 98
-, betriebliche 41
- Errichtung 37, 98
- Produktion *s. Produktionsoutputs*
- Stillegung 37, 98

-umweltauswirkungen **45-47**, 49 *u. Outputs*
Oxidation 59
Ozeane 53, 68, 82 *u. Meere*
Ozon 47, 52, 66
-abbauende Stoffe 66
-löcher 66
-schicht 38, **66**, 76, 90, 93, 104, 182

Packmittel 171 *u. Anlieferungs-, Auslieferungspackmittel*
Parasiten 32, 56
Parkplätze 91
PCB 58
Pedosphäre 56, **79f**, 93
periodische Erscheinungen **95**, 102-107, 160, 171, 173, 184
- Ursachen für Umweltauswirkungen **103**
Personen minimal-biozentrische **21**
- umfassend-biozentrische **22**
Peru 88
Pfandgläser 102
Pflanzen 20, 27, 30-32, 35, 46, 52, 54-57, 62, 65-67, 72-74, 77, 82, 85, 95f, 120-126, 139f, 145, 152f, 180 *u. Ameisen-Pflanzen-Symbiosen, Bestäuber, bewachsene Flächen, blütenbesuchend, Gehölze, Kormophyten, Vegetation, Wuchsoptima, Wurzeln*
-, niedere 67
-, Nutz- *s. Nutzpflanzen*
--Symbiose, Ameisen- 31
-arten 95f, 126, 153
-fresser 73 *u. Herbivore*
-gesellschaften 95, 126
-schutz 27
-vitalität 52
-wachstum 77
pflanzlich gebundene Energie 74, 77
-es Material 73f
pH-Werte 52, 180
Philippinen 88
Phosphat 88
photoautotrophe Lebewesen 32, 73, 84
-heterotrophe Bakterien 73
-synthese **71f**
-voltaik 74
-wirksame UV-Strahlung 64
physikalisch-chemische Eigenschaften 146
physikalische Beschaffenheit 127, 139, 144, 146, 181
- Eigenschaften 146

physiologische Änderungen von Arten 95
- Änderungen von Lebewesen 95
- Änderungen von Ökosystemen 95
- Vorgänge 67
physische Aspekte 127
- Belange, nicht- 126f, 129, 167, 169
- Ebene 36
- Erscheinungen 6, 126f
--, nicht- *s. nichtphysische Erscheinungen*
- Erscheinungsformen 36
- Existenz 34
- Faktoren 26
- Merkwelten **26**
- Sachverhalte, nicht- 129, 143, 167f
- Umwandlungen 140, 147
- Umwelten **26**, 181
- Welt 6, 126
Pilze 54, 73, 84 *u. Mycorrhizapilze*
Pipelines 77, 89
PKW-Produktion 89
Plänen, Prüfung der Umweltauswirkungen von 110
Planentscheidungen 111
planerische Ausweisungen, fach- 157
- Ausweisungen, landes- 157
- Ermessensspielräume 111
- Festlegungen 153, 157
- Maßnahmen 1, 185
Plankton 84
Planungen 2, 115f, 128, 157, 179
-, Fach- 157
- für UVP-pflichtige BImSch-Vorhaben 18
-, Umwelt- 34
Planungsphasen **98**
Planverfahren 111
Platinen 82, 99
-aufbereitung 99
-herstellung 99
Plattentektonik 95
Plätze 84
Pluviale 82
Polen 88
politik, Umwelt- 34
politische Maßnahmen 1, 185
- Umgebung 20
polwärts 68
Populationen 58, 83, 96
primäre Anlagenumweltauswirkungen 45
- betriebliche Ursachen für Umweltauswirkungen *s. Ursachen für Umweltauswirkungen, primäre betriebliche*

- Produktionsumweltauswirkungen 45
- Umweltauswirkungen **44f**, 48
Primärrohstoffen, Verbrauch von 57
Prinzipien des Umweltrechts **110**
private Projekte 3, 113
- Träger 109
Privatrecht 75, 112, 125, 167, 181
privatrechtliche Belange 75, 125
- Titel 125, 167, 181
- Verbände 112
Produkte 2, 36, 38, 40-42, 53, 59-62, 75, 77, 89f, 99, 105, 132, 145, 171 *u. End-, Industrie-, Neben-, Vor-, Zwischenprodukte*
-arten 132
-en, Entsorgung von 105
-en, Herstellung von 36
-en, Verbrennung von 75
-energie 42
-existenz **40**
-gebrauch 38, 41, 90
Produktion 36-38, 40-42, 44-48, 50, 57, 59-62, 71, 74f, 77f, 86f, 89, 91, 97, 99, 101f, 129, 131-133, 135, 143, 163f, 166, 172 *u. Fertigung, Lagerung*
Produktionsanlagen 36, 131 *u. Anlagen*
-auswirkungen auf die Umwelt **37f**, 40f, 44, 50, 59f, 74, 132, 143, 163f
-bedingte Energieflüsse 75
-- Umbauten 97
-- Umwelt-Qualitätskriterien 132
-bezogene Stoffflüsse **61**
-inputs 37, 42, 59, 61, 75, 99
-outputs 37, 42, 60f, 75, 99
-phasen **99**, 101 *u. Nach-, Vorproduktionsphasen, Produktionsprozesse*
-prozesse 36, 38, 40, 42, 59-61, 75, 86, 99, 102, 129, 132
-prozessen, Ende von 99
-umweltauswirkungen **45**, 48
-ursachen für Umweltauswirkungen *s. - Ursachen für Umweltauswirkungen*
-verfahren 133
Produktkauf 2
-material 42
Produzenten (biol.) 32, 55f, 72
Prognosen 43f, 104
-problematik 42, 44

Programme, Prüfung der Umweltauswirkungen bestimmter 110

Sachverzeichnis 235

Projekte, öffentliche 3, 113
Prozesse 10, 28, 36, 60, 69, 73, 82, 84, 102, 133 u. *Produktionsprozesse*
-, Bewertungs- 10
-, endothermische 133
-, geologische s. *geologische Prozesse*
-, geomorphologische s. *geomorphologische Prozesse*
-, industrielle 102
-, ökonomische 36
-, psychische 36
Prozeßsteuerungen 133
Prüfung der Umweltauswirkungen bestimmter Pläne 110
---- Programme 110
psychische Aspekte 35, 127, 129
- Gesundheit 127
- Prozesse 36
- Sachverhalte 26
- Umweltbeziehungen von Organismen 20
psychologische Umsetzungsprobleme im Gesetzesvollzug 15

Qualitätskriterien, Umwelt- 132
Quecksilber 57

Rachitis 65
radioaktive Elemente 66 u. *Halbwertszeiten*
- Kerne 74
- Stoffe 64, 66, 104f, 114
- Substanzen 64, 66
radioaktiver Substanzen, natürliche Vorkommen 66
--, natürlicher Zerfall 64
Radioübertragungen 71
Rahmen-AbwVwV 112
-gesetze 109
Rastgebiete für Tiere 85
Rauchemissionen 107
raum, Welt- 64, 79, 81
--Zeit-Kontinuum 79, 92
-ansprüche 84, 86
-bedeutsame Vorhaben 113
Räume 27, 32, 42, 44, 53, 57, 62, **79-92**, 151-155
-, Hohl - 62, 79
-, Körper- (phys.) **84**
-, Landschafts- s. *Landschaftsräume*
-, Lebens- s. *Lebensräume*
-, Reproduktions- 84
-, Stand- 27

-, Umwelt- 53
-, Zeit- s. *Zeiträume*
Raumfunktionen 27, 81, 86, 92, 155, 170, 173, 184
-, nichtlebensbezogene **86**
räumlich fixierbare Erscheinungen 81
--funktionale Beziehungen 85, 135, 153f
räumliche Sachverhalte, rechtlich-inhaltliche Vorgaben für **151-155**, 161-184
- Ausdehnungen 4, 51, 69, 74, **82f**, 89f, 92, 97, 152, 154f, 170, 172
- Begrenzungen 67
- Charakteristika der Umwelt 81, 86, 152f
- Distanzen zu Anlagen 37, 86f u. *Anlagenfernräume, -nahräume, -standorte*
- Kreisläufe **82**
- Lage zueinander s. *Lagecharakteristika, relative*
- Merkmale 84
- Nähe 47, 66, 91, 155, 170
- rechtlich-inhaltliche Vorgaben **151-155**, 161-184
- Sachverhalte, funktional-systemische 84, 153
- Stoffverlagerungen 95
- Strukturen 84, 91
- Umwelt s. *räumlicher Bereich der Umwelt*
- Ursachen für Umweltauswirkungen **86-89**, 153f, 184
- Veränderungen **82**, 87, 89, 92, 155, 170, 173
- Verknüpfungen 85
- Verteilungen 154
- Zusammenhänge 40, 130-135, 154
räumlicher Bereich 4, 6, 27, 32, 37, 40, 42, 44, 47, 51, 53, 57, 62, 66f, 69, 74, **79-92**, 94f, 97, 118, 130-135, 151-155, 161-187
räumliches Bezugssystem **81f**
Raumluft 90
-konzentrationen 90
Raumordnungsrecht 118
Raumstrukturen 32
Reaktionen, biochemische 30, 57
-, biologische 54
-, menschliche 10, 57
Reaktionszeiten 96
reale Sachverhalte 17, 112, 161
- Welt 10, 22, 24
Realebenen bei Bewertungen 8, **11**, 13-19, 186

-isierung von Vorhaben 111
Realitäten, technische 107
-modelle 14
-strukturen von Bewertungsobjekten **8**, 11, 118
recht, Atom- *s. Atomrecht*
-, deutsches *s. deutsches Recht*
-, EG- 114
-, europäisches *s. europäisches Recht*
-, Fach- *s. Fachrecht*
-, Genehmigungs- 26, 107-160
-, Immissionsschutz- *s. BImSch-Recht*
-, öffentliches 181
-, Privat- 181 *u. privatrechtliche Titel*
-, Raumordnungs- 118
-, Umwelt- *s. Umweltrecht*
-, UVP- *s. UVP-Recht*
-, Völker- 25
-, Wasser- 114, 118
rechte, Menschen- 25
- von Lebewesen 180
rechtlich-inhaltliche Vorgaben **107-160**, 161-184
—, energetische **148-151**, 161-184
—, generelle **107-144**, 161-184
—, räumliche **151-155**, 161-184
—, stoffliche **144-148**, 161-184
—, zeitliche **156-160**, 161-184
rechtliche Anfechtungen der Ergebnisse von Genehmigungsverfahren 116
- Bindungswirkungen 118f
- Ebenen 25
- Grenzen 110
- Prinzipien 110
- Regelungen 25, 129, 156 *u. gesetzliche Regelungen, Technische Regeln Gefahrgut Straße*
- Ungleichbehandlungen 6
- Zulassungsregelungen 118
Rechtsanwendungspraxis 126, 163 *u. Gerichte, Judikative*
-begriffe, unbestimmte 25, **111**, 114f, 118f, 161
-bereiche 109
-mittel 117
-normen 115
-quellen 138
-sicherheit 4, 179, 187
-vorschriften 128, 137, 142
Rechtswerte (kart.) 81
Recycling 59, 102 *u. Baustoffrecycling*

-systeme 59
Regelkreise 28
Regeln der Technik, allgemein anerkannte 111
Regelungszuständigkeiten für genehmigungsbedürftige Anlagen 113, 115
Regen 68 *u. Niederschläge*
-, saurer 58 *u. Niederschläge, saure*
Rehwild 55
Reibung 70, 75
Reihenfolgen **93**, 95 *u. nachher, relative zeitliche Einordnungen, vorher*
relative zeitliche Einordnungen *s.zeitliche Einordnungen, relative*
Relativitätstheorie 92
Relief (geomorph.) 81
-ierung 91
Renaturierungen 45
Rentiere 67
Reparaturen 37, 40, 59f, 97, 101, 136
-abfall 60
-stoffe 60
Reproduktionsräume 84
Reptilien *s. Chamäleon*
Ressourcen **35f**, 82
-, endliche 62
-, energetische 35, 64, 78
-, lithosphärische 88
-, stoffliche 35, **57**, 62, 183
-verbräuche 45
Reste von Gebäuden 101
Reststoffe 41, 59, 62, 91, 101, 131, 133, 145f, 158
-ablagerungen 91
-behandlungen 41, 131, 133
-beseitigungen 131, 133, 158
-deponien 62
-vermeidungen 131, 133
-verminderungen 131, 133
-verwertungen 131
Revierabgrenzungen 71
Revisionen 40, 42, 97, 102f, 105, 136, 171
Revolution, industrielle 33
rezente Kohlenwasserstoffe- *s. rezentes organisches Material*
-s organisches Material **56** *u. Lebewesen*
Rhythmen **95**, 102
rhythmische Charakter 97
richtungen, Bewegungs- 86
Richtwerte 112
Risiken **42f**, 110, 180, 184

-, gesundheitliche 180
risiken, Störfall- 42
Risikoermittlungen 94
Rohgas 132
Rohstoffe 2, 4, 38, 40f, 45, 53, 57, 60-62, 66f, 69, 76-78, 87, 89, 91, 99, 103, 133 *u. nachwachsende, mineralische Rohstoffe, Schwefel*
-abbau 53, 78
-ausnutzung 133
-e, nachwachsende 77 *u. Nutzpflanzen*
-e, mineralische 53, 66 *u. Aluminium, Antimon, Blei, Chrom, Eisen, Fluorit, Graphit, Kalk, Kaolin, Kohle, Lagerstätten, Metalle, Phosphat, Schwefelkies, Zinkblende, Zirkon*
-e, primäre 57
-gewinnung 38, 40f, 62, 76f, 87, 89, 91, 99 *u. Tagebaue*
--sflächen 45, 67, 69
-reserven 2
-verbrauch 4
-vorkommen 103
Röntgenröhren 64
-strahlung 64
Rückbau 135
Rucksack an Ursachen für Umweltauswirkungen 41
Rückstände 56, 73 *u. Abfall, Reststoffe*
Rückstrahlung 68f *u. Albedo*
Rückwirkungen 28f, 34, 49, 142, 164
ruhe, Nacht- 38
-störungen 38, 103, 105
Ruhrgebiet 3

Sacheigenschaften 8, 14
Sachen 124, 140
Sachgüter 59, 62f, 122, 124-127, 139, 145, 148, 164, 180
-, Kultur- 120-126, 139, 145
Sachstände 117, 158, 181
Sachumwelten 23f, 123, 125
Sachverstand, fachlicher 111f
sachverständige Gutachter 112
Sachverständigengutachten 112
salze, Nähr- 54
Salzgehalte 68, 90
Sambia 88
Sand 61, 90, 99
Saprophagen 56
Saprovore 32

Sauerstoff 32f, 54, 56, 93 *u. Oxidation, Ozon*
-gehalte 82, 93, 180
-produktion 62
Säugetiere 91 *u. Bären, Biber, Fledermäuse, Hasen, Otter, Rehwild, Rentiere, Wölfe*
Säuglinge 95
Schäden 105, 132, 158
-, Gesundheits- 110
Schadenergie 66, 70
Schadensbeseitigungen 110
Schädigungen der Hörorgane 70
Schadstoffe 57f, 63, 86, 140f, 145, 147, 149, 168f, 173, 181
Schadwirkungen von Energie 66, 70, 79, 151, 165f
-- Stoffen 58, 63, 146-148, 165f
Schall 70f, 78f, 131, 138, 150f, 170, 172 *u. Geräusche*
-energie 71
-wellen 70
Schlafphasen 97
-plätze 84
Schmetterlinge 85
schnell 32f, 72, 78, 179
Schornsteine 46, 62, 89, 131
Schutz der Umwelt *s. Umweltschutz*
-, Natur- 27
-, Pflanzen- 27
-güter 137f
-maßnahmen 131, 133f, 157
-würdige Biotope 167
-ziele 124
Schwarzerden 56, 73
Schwefel 54, 69, 88
-bakterien 71
-dioxid 3, 42, 46f, 62, 110, 141
-kies 88
Scoping-Termin 116f, 119, 127, 129
--Dokumentation 116
Sedimentation 53, 83
Seen 47, 68, 81-83, 85, 96f
Seitenlängen 89
sekundäre betriebliche Ursachen für Umweltauswirkungen *s. Ursachen für Umweltauswirkungen, sekundäre betriebliche*
- Umweltauswirkungen *s. Umweltauswirkungen, sekundäre*
Sekunden 95, 102

Selektionen bei Bewertungen 9f, 14
—, affektive **10**, 14
—, kognitive **10**, 14
Selektionsregeln bei Bewertungen 186
seltene Ereignisse **44**
Sendeanlagen 89
sessile Lebewesen **84** u. *Pflanzen*
Setzungen 62
sichere betriebliche Ursachen für Umweltauswirkungen **43f**
- Umweltauswirkungen **48f** u. *sichere Ereignisse*
Sicherheit, öffentliche 127, 129, 142
Sichtbeziehungen 7, 91
siedler, Komplex- (biol.) 85
-, Teil- (biol.) 85
Siedlungen, menschliche s. *Dörfer, Bebauung, Städte*
Sierra Leone 88
singuläre betriebliche Ursachen für Umweltauswirkungen **43f**, 50, 134, 163f, 183
Skandinavien 88 u. *dänische Inseln*
Sofortumweltauswirkungen **103f**
solare Strahlung **64**, 66, 69, 71, 77
- Wassererwärmung 74
Solarenergienutzungen 74, 77
-kollektoren 75f
-thermische Kraftwerke 36
Sollzustand der Umwelt 110f
Sonderabfallentsorgung 99
-verbrennungsanlagen 130
Sonne 31, 64-66, 68, 72-74, 77, 81
Sonnenenergie 66, **73f**, 77
-energienutzungen s. *Solarenergienutzungen*
-licht 72
-strahlung 31, **65f**, 68, 74, 81
soziale Belange 127
- Umweltauswirkungen 127
Spanien 88
Spätumweltauswirkungen **104**
Spinnen 82, 85
Sportplätze 82
Staaten 21, 25, 76, 82, 113, 126 u. *Mississippi, Nationalstaaten, Niedersachsen*
staatliche Gewalt 25
Städte 10, 20, 24, 82f u. *Lüdenscheid, New York, Tschernobyl*
-bau 127, 129, 142
Stadtklima 10

Stahl 38, 42, 71, 100, 128, 130
-beton 100
-bleche 71
-erzeugung 38, 128
-matten 100
-werke 42 u. *Elektrostahlöfen*
Stand der Technik 111, 132, 149
— Wissenschaft 111
- von Wissenschaft und Technik 111
Standorte von Anlagen s. *Anlagenstandorte*
— Lebewesen 84
— Ökosystemen 31
Standortflächen von Anlagen 91
-umweltauswirkungen 87, **90**
-ursachen für Umweltauswirkungen 87
Standräume 27
-raumfunktionen 27
-uhren 69
Stellungen von Gebäuden 135
Stellungnahmen der beteiligten Behörden 117
Stickstoff 52, 56, 68 u. *Ammonium, Nitrat*
-oxide 47, 52
Stillegungen von Anlagen s. *Anlagenstillegungen*
Stillegungsoutputs 37, 98
-phasen 99, 102 u. *Anlagenstillegungen, Nach-, Vorstillegungsphasen*
Stillgewässer s. *Meere, Ozeane, Seen, Tümpel*
Stoffabgaben 53, 82
Stoff 2, 32, 35, 41, **51-64**, 66, 70, 72f, 75, 78, 82, 86, 98f, 101, 130, 144-147, 154-156, 158, 161-184, 186 u. *stofflicher Bereich*
-anreicherungen 88
-arten **53**, 58, 146f
-aufbereiter **55**, 57
-aufbereitung 55
-aufnahmen 53, 82
-austräge 53
-bearbeitung 38, 61, 101
-besatz, natürlicher 53
-beseitigungen 39f, 131, 133, 158
-bewegungen bei Bauvorhaben 82
-dichte 54
-durchläufe 37
-, Abfall- s. *Abfallstoffe*
-, Bau- s. *Baustoffe*
-, Brenn- 134 u. *Gas, Holz, Kohle, Öl*
-, Einsatz- 40, 43, 99, 101, 134, 146, 171

Sachverzeichnis 239

Stoffe, energiearme 73
-, energiereiche 73, 75
-, explosive 133f
-, feste 59, **62f**, 148, 164 u. *Abfall, Beton, Boden, Holz*
-, flüssige **63**, 69, 148, 164 u. *Abwasser, Wasser*
-, gasförmige **63**, 69, 148, 164 u. *Abgas, Gas*
-, gebrauchte 59
-, Gefahr- 134
-, Geruchs- 140, 145f
-, Hilfs- *s. Hilfsstoffe*
-, Input- 59, 134
-, Kleb- 102
-, klimarelevante 77
-, Kunst- 59, 75
-, künstliche **53**, 58, 135
-, Mineral- 32, 54
-, mutagene 66
-, Nähr- 30, 32, 83, 154-156
-, Nahrungs- *s. Nahrungsstoffe*
-, naturidentische 59
-, natürliche 58f
-, Nutz- **53**, 57f, 62f, 86
-, organische *s. organische Stoffe*
-, ozonabbauende 66
-, Pack- 171
-, persistente **57**, 105
-, radioaktive 64, 66, 104f, 114
-, Reparatur- 60
-, Rest- *s. Reststoffe*
-, Roh- *s. Rohstoffe*
-, Schad- *s. Schadstoffe*
-, toxische *s. toxische Stoffe*
-, Wirk- 139
Stoffeinbringungen 62, 89
-einheiten 99, 101
-einträge 53
Stoffen, chemische Eigenschaften von 146
-, Existenzzeiten von 40, **98**
-, Gefährlichkeit von 147
-, Nutzfunktionen von *s. Nutzfunktionen von Stoffen*
-, räumliche Veränderungen von 87
-, Schadwirkungen von *s. Schadwirkungen von Stoffen*
Stoffentnahmen 62, 89
-erschließer 57f
-flüsse 60f, 82, 87, 100, 102
--, anlagenbezogene **60**

--, lineare 82
--, produktionsbezogene **61**
-freisetzungen 98
-gebrauch 39f
-gehalte von Räumen **82**
-gewinnungen 36, 38-40, 61, 101
-inventare von Räumen 82, 84
-konzentrationen 58
-kreisläufe 35, 72
-läufe 32, 37
stofflich gebundene Energie 82, 86
stoffliche Bestandteile von Industrieanlagen 59
- Erscheinungen 54, 134
- Medien 70
- Outputs 145
- rechtlich-inhaltliche Vorgaben **144-148**, 161-184
- Ressourcen 35, **57**, 62, 183
- Umwelt *s. stofflicher Bereich der Umwelt*
- Umweltauswirkungen **60-63**, 146f
- Ursachen für Umweltauswirkungen **59**, 61, 145f, 183
- Wechselwirkungen 52
- Zusammensetzungen **50f**, 60f, 63, 144, 146-148, 164, 166
-licher Bereich 2f, 6, 30, 32, 35-41, 43, **50-64**, 66f, 69-73, 75-78, 82-84, 86-90, 95, 98-102, 104f, 114, 130f, 133-135, 139f, 144-151, 154-156, 158, 161-184, 186
-mengen **53**, 61, 63, 90, 100f, 146-148, 170, 172, 175f, 182f
-mobilisierungen, natürliche 54
-nachbehandlungen 39f
-nutzungen 66f, 73, 76, 78, 99, 101, 133f
-förderungen 53
-quellen 54
-recycling 59
-ströme, technische 82
-transporte 39-41, 82
-umsetzungsprozesse in der Umwelt 62
-umwandlungen **51-53**, 59f, 63, 146-148, 170, 172
-veränderungen 59, 146
-verarbeitungen 38, 61, 101
-veredelungen 38, 61, 101
-verlagerungen 95
-vermeidungen, Rest- 131, 133
-verminderungen, Rest- 131, 133
-vermischungen 88
-vorbehandlungen 3, 39f

Stoffwechsel 30, 53, 57, 71, 73
-produkte 54
-zufuhren 98
-zusammensetzungen **50f**, 59f, 63, 144, 146-148, 164, 166
Störfall 2, 42, 48, 102, 104, 109, 118, 136, 182 *u. Unfälle*
-kommission 109
-risiken 42
-verordnung 118, 136, 182
Strahlen 8, 54, 76, 123, 132, 140, 149f
-belastungen 105
-schutzvorsorgegesetz 108f
Strahlung 27, 31f, 53, 59, 64-66, 68f, 71-77, 81, 84, 93, 130, 150 *u. Einstrahlung*
-, harte 66
-, Infrarot- 64, 75f
-, ionisierende **66**, 130, 150
-, kosmische 53, 66
-, künstliche 150
-, kurzwellige 59, 64-66, 69, 84
-, langwellige 64f
-, mutagene 66
-, natürliche ionisierende 150
-, photowirksame UV- 64
-, Röntgen- 64
-, Rück- **68f** *u. Albedo*
-, solare **64**, 66, 69, 71, 77
-, Sonnen- 31, **65f**, 68, 74, 81
-, terrestrische 66
-, UV- 64-66, 93
-, Wärme- **64**, 69, 73
Strahlungsabsorption 65, 71, 74, 76
-arten **64f**, 76
-energie *s. energie, Strahlungs-*
-haushalt, terrestrischer **65**, 76
-reflexion 65
Straßen 81, 83, 87, 90, 105, 135
-bau 90, 101
Strathosphäre 66, 93 *u. Atmosphäre, Ozonschicht*
Sträucher 85
Streu 56
Strom (phys.) 38, 41, **70**, 78 *u. elektrische Energie*
-durchflossene Leiter 70
-erzeugung 38
Subjekt-Umwelt-Relationen **20f**, 24, 28f
Subjekte bewertende *s. Bewertungssubjekte*
- von Umwelten *s. Umweltsubjekte*
Subjektivität von Bewertungen **4**, 6

Substanzen, radioaktive 60, 64 *u. radioaktive Stoffe*
Substrate 32, 53
Südafrikanische Union 88
Südhalbkugel 66
Südosteuropa 88 *u. Griechenland, Türkei, Zypern*
Südpol 70 *u. Antarktis*
Südwinter 66
Sukzessionszeiten **95**
Summenwirkungen **47**
Symbionten 32
Symbiose, Ameisen-Pflanzen- 31
synergistische Umweltauswirkungen **47f**
system, räumliches Bezugs- **81f**
Systeme abgestufter Eigenrechte von Lebewesen 180
-, Bewertungs- *s. Bewertungssysteme*
-, Bio- 33
-, Koordinaten- 81
-, Nerven- 8
-, Öko- *s. Ökosysteme*
-, Umwelt- *s. Umweltsysteme*
-, Werte- *s. Wertesysteme*
- zur Bewertung der Umweltauswirkungen von Industriebetrieben 8, **14-18**, 27, 49-51, 63, 78f, 91f, 102, 105f, 112, 125, 127-177, 179f, 181-187
————, Anforderungen an 49-51, 63, 78f, 91f, 105f

TA Abfall 111f
TA Lärm **109**, 113, 119, 124f, 128, 131, 137f, 140, 142f, 145, 148-153, 155-157, 160, 165f, 168f, 171, 173f, 176
TA Luft **109**-160, 165f, 168f, 171-174, 176, 181
Tag 33, 89, 93f, 95, 97, 102, 105
Tagebaue 40, 47, 62, 89f
Tageszeiten 157, 173 *u. Tag, Nacht*
tageszeitliche Biotopwechsel 85
Täler 46, 83
Tannennadeln 83
Tantal 88
Tätigkeiten, industrielle 2, 74
Technik 9, 20, 36, 52f, 55f, 67f, 70-74, 82, 93, 95, 107, 109, 111f, 130-132, 134-136, 149, 156, 183
-, Stand der 111, 132, 149
technische Apparate 70 *u. Maschinen*
- Beförderungen 73

technische Beschreibungen 112
- Einrichtungen 36, 68, 130
- Entwicklungen 156
- Geräte 9 u. *Maschinen*
- Lichtquellen 72
- Maßnahmen 131, 135
- Realitäten 107
- Regeln 109
- Regeln Gefahrgut Straße 134
- Stoffströme 82
- Umgebungen 20
- Verfahrensalternativen 135f
- Zeitdimensionen 95
- Zivilisation 20
technischer Aufwand 55
- Ausschuß für Anlagensicherheit 109
Technisierung 53, 56, 67, 74, 82, 93, 95
- der Umwelt 56, 82
Tektonik 83, 95
Temperatur 3, 26f, 30f, 53f, **66-69**, 71, 77, 93-97
-, globale **66-69**, 71, 96
-abnahmen 96
-änderungen 97
-anstieg anthropogener **67-69**, 77
-bereiche 67
-differenzen 67
- auf der Erde, Durchschnitts- 66f, 94
-, Jahresdurchschnitts- 67
-, Luft- 68
-, Maximal- 30
-, Maximalumgebungs- 67
-, Mindestumgebungs- 67, 71
-, Minimal- 30
-, Oberflächen- 68
-, Umgebungs- **67**
Temperaturerhöhung, globale 3, 68f, 77, 94 u. *globale Erwärmung, Treibhauseffekt*
-swirkungen 77
Temperaturjahreszeiten 95
-niveaus 67
-obergrenzen 67
-regulationen 31
-spielräume 67
-toleranzen 93, **95f**
-verhältnisse 67, 95
--, langfristige 95
-verteilungen 31
Thailand 88
Tier 20f, 27, 30-33, 35, 55f, 67, 70, 73, 78, 81f, 84-86, 90, 95, 97, 120-126, 139f, 145, 152f, 180 u. *Amphibien, Carnivore, Fische, Futter, Herbivore, Insekten, Koprophagen, Omnivore, Reptilien, Säugetiere, Spinnen, Vögel, Wirbeltiere*
-arten 21, 81, 85, 126, 153
-, gefährdete und bedeutsame 126, 153
-, Leitlinien für 85
-, wildlebende 85
-, Vermeidung von pessimalen Situationen für 85
Tiergesellschaften, gefährdete und bedeutsame 126, 153
tierische Leichen 56
- Organismen 33
Tierschutz 27
Titan 88
Tod **30**, 58, 70, 94 u. *Leichen, natürliches Ende von Leben, tot*
Topographie 62, 84, 89
Torf 73f
-nutzungen 74
tot 32 u. *Tod*
toxisch, human- 58
-, öko- **58**, 146
toxische Dioxine 42
- Eigenschaften von Stoffen 146
- Stoffe 4, 27, 30, **57f**, 63, 105, 133 u. *Gifte*
--, natürlicherweise abbaubare 105
- Wirkungen 105
Toxizitäten 52, 133
Transporte 77, 82f
-, Energie- s. *Energietransporte*
-, Stoff- s. *Stofftransporte*
Transportwege 91 u. *Flüsse, Hochspannungsfreileitungen, Pipelines, Straßen, stromdurchflossene Leiter*
Treibhauseffekt, anthropogener zusätzlicher 67 u. *Erwärmung der Erde, globale Temperaturerhöhung*
-es, Verstärkung des **67**, 77
Treibhausgase 67, 77, 104 u. *FCKW, Kohlendioxid*
-, Erhöhung der Konzentrationen der 67, 76f, 104
treibhauswirksame Atmosphärenbestandteile 67 u. *Aerosole, Treibhausgase, Wasserdampf*
Trennwirkungen 83
Trinkwasser-Richtlinie 109
Trockenbiotope 59
-fallen von Bächen 62

Trockengebiete 68 u. *Wüsten*
-heit 54
-phasen (klim.) 68
-wälder 89
Tropen 69
Tschernobyl 44, 93f
Tümpel 85
Türkei 88

Überbauung von Flächen 85
überschwemmungsgefährdete Gebiete 68f, 97
UdSSR 88 u. *Tschernobyl*
Ufer 83, 85
-filtrate 61
Umbau von Anlagen 97, 102
umfassend-biozentrische Personen **22**
Umrüstungen 59
Umsetzungen von Bewertungsergebnissen **10f**, 16f
— Umweltschutzmaßnahmen 4
— Umweltgesetzen 4, 14, 113
Umsetzungsmethoden für Bewertungsergebnisse 1, **12f**, 185f
Umsetzungsprobleme bei Bewertungen 15
- im Gesetzesvollzug, psychologische 15
Umsetzungsregeln bei Bewertungen **12**, 17f, 186
—, gesetzliche 18
Umspanneinrichtungen 78
Umwelt, aktuelle 77
- Belange, nicht- 127, 142f, 164f
-, betriebliche 28
-, betroffene 156
- der Menschen 21-23 u. *menschliche Umwelt*
-, die **19-64**, 66f, 70f, 73, 76-79, 81-84, 91f, 94f, 105-112, 120, 125-127, 138f, 142, 144f, 148f, 152, 155-157, 159f, 163-165, 170-173, 175, 179f, 181f, 185-187
-, Elektrifizierung der 71
-, erste **93**
-, funktional-systemische Sachverhalte in der 84, 120, 139, 145
-, funktionale Zusammenhänge in der s. *funktionale Zusammenhänge in der Umwelt*
-, generelle Charakteristika der 19-51
-, kulturelle Aspekte der 127
-, Lebens- s. *Lebensumwelt*
-, Lebensfeindlichkeit der 71

-, Lebensfreundlichkeit der 71
-, Leistungsfähigkeit der 185
-, menschliche 1, **21**, 23-25, 123-125, 127, 180f
-, natürliche 53
-, physische **26**, 181
-, Sollzustand der 110f
-, Stoffumsetzungsprozesse in der 62
-, Technisierung der 56, 82
-, Teile der 61, 76, 120
-, vergangene 73
- von Lebewesen **21-24**, 27f, 186 u. *Lebensumwelt, die Umwelt*
Umwelt-Audit-Verordnung 3
Umwelt-Qualitätskriterien, produktionsbedingte 132
-agenzien 130
-ansprüche **29-31**
-aspekte, geistige 127
-auditgesetz 108f
-ausprägungen 33
-ausschnitte 62, 81f, 83, 89f
-, die Anlage umgebende **28**, 63
Umweltauswirkungen 2f, 4-6, **14-19**, 24, 26f, 29, 33, 35f, 38, 41, 43-51, 62-64, 68f, 71, 73f, 76-79, 81, 83, 87, 89-91, 94, 97, 102-105, 107, 109f, 112f, 115-121, 123-125, 127-130, 134, 136-144, 146-152, 154-159, 162, 164f, 168, 172, 175, 180, 183-187 u. *Einwirkungen auf die Umwelt*
Umweltauswirkungen, absolute zeitliche Einordnung von **104**
-, Anlagen- **45**, 48, 158
-, antagonistische **47f**
- auf Wärmeenergie 77
— absolute Lagecharakteristika 89
— Artenvielfalt 91
— Boden **62**
— chemische Energie 76
— Kernenergie 76
— Klima 77
— Landschaften 91
— Lebensräume 91
— Luft **62**
— mechanische Energie **78**
— relative Lagebeziehungen **89**
— Sachgüter **62**
— Strahlungsenergie **76**
— Wasser **62**
-, bedeutende nachteilige 138

Umweltauswirkungen, bedeutsame 120f, 137, 149
- bestimmter Pläne, Prüfungen der 110
-- Programme, Prüfungen der 110
-, betriebliche 2f, 4-6, **14**, 19, 24, 26, 29, 33, 35f, 38, 44-51, 94, 102, 104, 107, 112f, 115, 117f, 120, 123-125, 127f, 136-140, 162, 185-187 *u. Anlagen-, Produktionsumweltauswirkungen*
-, betriebliche Gesamt- 41
-, Direkt- 43, **45-47**, 49f, 62, 64, 69, 71, 73f, 83, 90, 141, 143, 164f
-, Eintrittswahrscheinlichkeiten von **48f**, 142
-, energetische **76-79**, 148, 150, 183f
-, erhebliche 129, 134, 137f, 149, 152, 154, 157
-, Fernbereichs- 87, **90**
-, flächenhafte **91**
-, Folge- 43, **45-47**, 49f, 62, 68, 78, 90, 97, 104f, 141, 143, 164f
-, Formen von **91**
-, gegenwärtige **104**
-, generelle **44-49**, 137-142
-, Gesamt- 41, 90f
-, gesellschaftliche 127
-, Häufigkeit von 137, 142
-, indifferente **47f**
-, Input- **45**, 47, 49 *u. Inputs*
-, Körpercharakteristika von **90**
-, kumulative 5, **43**, 46f, 49f, 81, 104, 141, 143, 164f, 168, 172, 183f
-, Kurzzeit- **105**
-, Langzeit- **105**
-, linienhafte **91**
-, materiellrechtliche Anforderungen an 109
- mit Einfluß auf Lebewesen, Bestandteile der 27
-, mittelbare 129, **141**, 158
-, Modellierung der **15-17**
-, mögliche **48f**, 115, 138
-, multiple **43**, 46, 49f, 141, 175
-, nachhaltige 149
-, Nahbereichs- 87, **90**
-, negativ summarische **47f**
-, negative 2, 180
-, neutrale **47f**
-, Output- **45-47**, 49 *u. Outputs*
-, periodische **104f**
-, positiv summarische **47f**

-, primäre betriebliche **44f**, 48
-, Produktions- **45**, 48
-, räumliche **89-91**, 151, 155, 184
-, relative Lage von **90**
-, relativer zeitlicher Zusammenhang von **103**
-, schädliche 130, 155
-, sekundäre betriebliche **44f**, 48, 129, 143, 170f *u. Input-, Outputumweltauswirkungen, Inputs, Outputs*
-, sichere **48f**
-, singuläre **43**, 49f, 141, 143, 164f, 172, 183
-, Sofort- **103f**
-, soziale 127
-, Spät- **104**
-, Standort- 87, **90**
-, stoffliche **62f**, 144, 146f, 186
-, synergistische **47f**
-, Systeme zur Bewertung von 49, 63, 68, 91, 105
-, unmittelbare 129, **141**, 158
-, vergangene **104**
-, Volumen von **90**
- von Anlagen 45, 48, 158
-- Industriebetrieben, Modell der **15f**
-- Industriebetrieben s. *Umweltauswirkungen*
-- Pflanzen 62
-- Produktionen 45, 48
- von Industriebetrieben s. *Umweltauswirkungen*
-, voraussichtliche 117f, 136, 138
-, wahrscheinliche **48f**
-, wesentliche 183
-, wirtschaftliche 127
-, zeitliche Häufung von 105
-, Zeiträume von **104f** *u. Kurzzeit-, Langzeitumweltauswirkungen*
-, Zeitspannen von s. *Zeiträume von Umweltauswirkungen*
-, zukünftige **104**
-, zusammenfassende Darstellungen der 17f, 117-119, 136, 142, 156, 159
-, Zusammenfassung der voraussichtlichen 116
-, Zusammenhänge mit den Ursachen von Umweltauswirkungen 141, 143
Umweltauswirkungsarten **44-48**, 50, 140f, 143, 146, 156, 158, 164 *u. Anlagen-, Direkt-, Folge-, primäre betriebliche, Pro-*

244 Sachverzeichnis

duktions-, sekundäre betriebliche Umweltauswirkungen
Umweltbedingungen 30-32, 64, 81, 95
-, abiotische 31
-, Anpassungen an **30**, 95
-, spezifische **30**
Umweltbeeinflussungen 93
-beeinträchtigungen 110, 137
-belange, nicht-physische 129
-belastungen 3, 113, 185
-bereiche 80
--, kritische 3
-beschaffenheit 111
-bestandteile 2f, 21, 24, **29**, 34, 36, 38, 50, 62f, 90, 120-128, 138f, 143f, 149, 153, 157, 164-168, 170, 172, 180
--, Arten als 50, 143, 170
--, funktional-systemische 153, 157
--, lebende 34, 50, 120, 125, 164f *u. Lebewesen als Umweltbestandteile*
--, Menschen als 34, 36, 50, 120, 143, 164f
--, nicht-physische *s. nicht-physische Umweltbestandteile*
--, nichtmenschliche Lebewesen als 34, 50, 143, 164f
--, Ökosysteme als 50, 143, 167f
-betriebsprüfungen 3
-beziehungen von Organismen, psychische 20
-bezogene Belange 127
-bundesamt 109
-charakteristika 51-59, 64-74, 81-86, 93-97, 120, 144f, 148-153, 155-157, 159f, 164-166
--, energetische **64-74**, 149-151 *u. Energie*
--, räumliche **81-86**, 152f, 155 *u. Entfernungen, Formen, Räume*
--, stoffliche **51-59**, 144f, 148f, 164f *u. Stoffe*
--, zeitliche **93-97**, 156f, 159f, 166 *u. Zeit*
-definitionen **26f**
-einwirkungen *s. Einwirkungen auf die Umwelt*
--, Vorsorge gegen schädliche 130-136, 139, 149
-einwirkungsarten 123
Umwelten 5, **18-28**, 120-125, 156, 167, 174, 180
- als Eigenwelten **20**
-, betriebliche **28**
-, Bezugsobjekte von **21**

-, Funktionen für Subjekte von 142, 174
-, Funktionen von 125, 128, 143, 157, 174
-, geistige **35**, 127, 181
-, Gruppen- **21-24**
-, Individual- **21-24**
-, Komplexität von 28, 180
-, Kultur- 20
-, kulturell-zivilisatorische 20
-, Sach- **23f**, 123, 125
-, Subjekte von *s. Subjekte von Umwelten*
-, unterschiedliche **20-24**
- von Anlagen 21, **28** *u. Sachumwelten*
-- einzelnen Lebewesen **21-24**, 28 *u. Individualumwelten*
-- Gruppen von Lebewesen **21-24**, 28 *u. Gruppenumwelten*
-- Industriebetrieben **27f** *u. Sachumwelten*
-, Zivilisations- 20
-, zu schützende 21
-, Zusammenhänge von **21**
Umwelterscheinungen 82f, 91, 93-95, 102, 172
-faktoren 97, 122, 124
-gesetzbuch **110**
-gesetze, deutsche 25f, **107**, 109 *u. Abwasserabgaben-, Atom-, BImSch-, Bodenschutz-, Bundesnaturschutz-, Chemikalien-, Gentechnik-, Kreislaufwirtschafts- und Abfall-, Strahlenschutzvorsorge-, UVP-, Umweltaudit-, Umwelthaftungs-, Wasserhaushaltsgesetz*
--, europäische *s. IVU-Richtlinie, Trinkwasser-Richtlinie, Umwelt-Audit-Verordnung, UVP-Richtlinie*
--en, Umsetzungen von 4, 14, 113
-gesetzgebung 3, 26, 126
-güter 144
-haftungsgesetz 108f
-management 3
-medien 32, 54, 56, 124, 185
-nutzen 110
-parameter **30**
-pflegebereiche 109
-phänomene 95
-planungen 34
-politik 34
-probleme 182
-programm der Bundesregierung 107
-qualitäten 90
-räume 53

Umweltrecht 6, **25**, 27, 34, 107-187 *u. deutsche, europäische Umweltgesetze*
–, Entscheidungsvorbereitungen im 110
–, ganzheitliche Bewertungen im 6 *u. ganzheitliche Bewertungen von Umweltauswirkungen*
-rechtliche Regelungen 25
-rechts, Prinzipien des **110**
-schädigungen 1
-schutz 2f, 5, 27, 109, 131, 133, 135f, 179, 187
–, ganzheitlicher 4
–, nachhaltiger 5
–-gesetze *s. Umweltgesetze*
–-gesetzgebung *s. Umweltgesetzgebung*
–-güter 129, 157
–-maßnahmen 4, 131-134, 163
–-, Fehlsteuerungen von 4
–-, Umsetzung von 4
–-, Widerstände gegen 4
–-vorschriften 2 *u. Umweltrecht*
-situationen 111
-sphären 80
-subjekte 20-28, 34, 49, 121-126, 142, 167-169, 174, 180
–, unbelebte **23f**, 124f, 167f, 174, 180
–, Nachteile für 139f *u. Nachteile für die Allgemeinheit, die Nachbarschaft*
-systeme **28**, 120, 167, 182 *u. Biosysteme, Ökosysteme*
-veränderungen 30, 32f, 95, 97, 156
–, Potential zur Reaktion auf 30, **32f**, 156
-verschmutzungen, integrierte Verminderungen und Vermeidungen von 3
-verträgliche Maßnahmen 1
-verträglichkeit 121, 145
–-prüfung *s. UVP*
–--sgesetz *s. UVPG*
–-studien 179
–-untersuchungen 4
-verwaltungen 45, 109 *s. Umweltbehörden*
-zustand, gegenwärtiger 156, 181
–, zukünftiger 156f, 181f
unbelebte Faktoren 120, 126, 141 *u. abiotische Faktoren*
- Subjekte von Umwelten **23f**, 28, 121, 125
Unfälle 2, 42, 77, 93, 102, 136 *u. Blow Outs*
unmittelbare Umweltauswirkungen 129, **141**, 158
Unsicherheitsbeseitigungen 179, 181

Untergrund (geol.) 53, 79 *u. Gestein, Grundwasser, Tektonik, Vulkanismus*
Unterlagen für die Entscheidungsfindung 18
Unternehmen, wirtschaftliche Umgebungen von 20
Untersuchungsaufwand für die Ermittlung der Untersuchungsinhalte 117
Untersuchungsrahmen für UVPs, voraussichtlicher 116f
Untertagebau 60, 81
Uran 88
Urbarmachungen 83
Urlaubsende 95
Ursache-Wirkung-Beziehungen in der Umwelt 24, **28f**, 34, 49, 142, 163f, 170f, 175, 182
ursachen für Umweltauswirkungen, Anlagen- **37f**, 40, 44, 50, 59f, 74, 130, 143, 153-157, 163f
–, betriebliche 5, **36-38**, 40-46, 50, 59-61, 74f, 86-90, 94, 97, 102-104, 128-130, 132, 134-137, 139, 141, 143, 145f, 149, 153-157, 163f, 166, 170f, 173, 175, 183f
–-, Betriebszustände als **42**, 44, 50, 136, 143, 170f *u. Normalbetriebszustände, Betriebsunterbrechungen*
–-, energetische **74f**, 149, 183f
–-, Fernbereichs- **87**
–-, Folge- **46**
–-, generelle betriebliche **44**
–-, Input- **41**, 44, 50, 134, 143, 170f *u. Inputs*
–-, Kurzzeit- **103**
–-, Langzeit- **103**
–- mit unterschiedlicher Anzahl von Auswirkungen **43**, 134 *u. multiple, singuläre betriebliche Ursachen für Umweltauswirkungen*
–-, mögliche betriebliche **43f**
–-, multiple betriebliche **43**, 50, 175, 183
–-, Nahbereichs- 87, **90**
–-, nicht-physische **129**
–-, Output- **41**, 44, 50, 134, 143, 145, 170
–-, periodische **103**
–-, primäre betriebliche 37, **39f**, 44f, 50, 60, 129, 143, 163f *u. Anlagen, Produktionen*
–-, Produktions- **37f**, 40f, 44, 50, 59f, 74, 132, 143, 163f
–-, räumliche **86-89**, 153f, 184

Ursachen für Umweltauswirkungen, sekundäre 37, **39-41**, 44f, 50, 60, 129, 134, 143, 170f *u. Input-, Outputursachen für Umweltauswirkungen, Inputs, Outputs*
—, sichere **43f**
—, singuläre betriebliche **43**, 50, 134, 163f, 183
—, Standort- **87**
—, stoffliche **59**, 61, 145f, 183
— von Anlagen *s. Anlagenursachen für Umweltauswirkungen*
— von Produktionen *s. Produktionsursachen für Umweltauswirkungen*
—, Vorhabenalternativen als **135**, 143, 163f
—, wahrscheinliche betriebliche **43f**
—, Wahrscheinlichkeit der Entstehung von 43f, 136f *u. mögliche, sichere, wahrscheinliche betriebliche Ursachen für Umweltauswirkungen*
—, zeitliche **97**, 157, 166, 173, 184
—, Zeiträume der **103**
—, Zusammenhänge mit den Umweltauswirkungen 141, 143
USA 88 u. New York
UV-Strahlen 66, 93
UV-Strahlung 64-66
UVP 3f, 115-177, 181-186
–erhebliche Sachverhalte 114
–pflichtige Vorhaben 4-6, 17f, 25, 107-187
–Recht 2, 17f, 107-111, **112-187** *u. UV-PG, UVPVwV*
–relevante Regelungen 4, 109-187
–Richtlinie 3f, 109, **113**-177, 181
–Sachverhalte 116-187
-G 25, 108f, **113**-177
-R-Umsetzungsgesetz 4, **113**-177
-VwV 109, 114, **115**-177, 181f

Vanadin 88
Variabilität, zeitliche **97**
VDE 109, 112
VDI 109, 112
Vegetation 59, 62, 67, 73, 76 *u. Pflanzen*
-sbeseitigungen 69, 76, 103
-snutzungen 73
-szerstörungen 57, 67, 69, 76f, 82, 90, 103
Venezuela 88
Venus 33, 68
Verbindungen, chemische *s. chemische Verbindungen*

Verbindungsfunktionen in der Umwelt 83, **85**, 91
Verbreiter, Tiere als 32
Verbrennung 3, 38, 70, 75, 103, 133
- von Endprodukten 38, 90, 103
Verdunstung 68, 76
Vererbung 30, 33f, 50, 143, 145, 168
verfahren, Gerichts- 5, 179
- zur Genehmigung von Industrieanlagen 4f *u. BImSch-Verfahren*
—— UVP-pflichtigen BImSch-Vorhaben *s. Genehmigungsverfahren*
Verfahrensalternativen, technische 135f
Verfassung (jur.) 25, 109 *u. Grundgesetz*
Verformungen 69
Vergangenheiten 73, **94**, 99f, 104, 106, 156, 175f
Vergiftungen 105
Verhaltensänderungen in Betrieben 111
Verhältnismäßigkeit von Mittel und Zweck 110
Verkehr 2, 34, 38, 57, 67, 69, 86, 90, 95, 105, 113, 127, 130, 142, 154, 156 *u. Autos, Flugzeuge*
-, Liefer- 90, 105
-, öffentlicher 130
Verkehrsflächen 38, 57, 67, 69 *u. Parkplätze, Verkehrswege*
-staus 95
-verhältnisse 127, 142 *u. Verkehrsstaus*
-wege 2, 113, 130, 154 *u. Flüsse, Straßen*
——, öffentliche 130, 154
Verlagerungen, globale 88
- in der Umwelt 82 *u. Energie-, Stoffverlagerungen*
-, welthandelsbedingte 88
Verlagerungsprozesse 82
Verlauf von Bewertungen *s. Bewertungsverlauf*
vermeidung, Reststoff- 131, 133
- von Umweltverschmutzungen 3
Verminderung von Umweltverschmutzungen 3
Verordnungen 3, 109, 112, 118, 136, 182 *u. BImSch-Verordnungen*
Versalzungen 68
Versiegelungen 38, 85
Verwaltungen 36, 109 *u. Gemeinden, Städte, Umweltverwaltungen*
Verwaltungshandeln 113, 118
-verfahren 126, 163

Sachverzeichnis 247

Verwaltungsvorschriften 15, 109, 112f u. BImSch-Verwaltungsvorschriften, Rahmen-AbwasserVwV, TA Abfall, UVPVwV
verwertung, Reststoff- 131
Verwitterung 83
Verzögerungen von Genehmigungsverfahren 117
Viehhaltung 67
Viren (biol.) 73
visuelle Erlebnisgehalte 91
vitale Vorschriften 107
Vitalität 52
Vögel 57f u. Greifvögel, Zugvögel
Völkerrecht 25
Volumina 68, **82**, 89f, 92, 154f, 170, 172, 176, 182 u. große, kleine, mittlere Volumina
Voranlagenphasen **98**, 102
Vorbehandlungen 41
Vorbereitungs-Termin s. Scoping-Termin
Vorbetriebsphasen 98
Vorderer Orient 93
Vorerrichtungsphasen 98
Vorfluter 45, 47, 61f, 89f, 103, 105
Vorhaben 4, 17f, 90, 111-120, 125-131, 135-137, 140, 142-146, 148f, 151-158, 160, 162-169, 171-173, 179, 182, 187 u. BImSch-, UVP-Vorhaben
-, Bau- s. Bauvorhaben
-, BImSch- s. BImSch-Vorhaben
-, Entscheidungen über 17f, 112, 115f, 118, 179, 187
-, landwirtschaftliche 113
-, raumbedeutsame 113
-, UVP-pflichtige s. UVP-pflichtige Vorhaben
-, wasserrechtliche 114, 120
-, wasserrechtliche s. wasserrechtliche Vorhaben
-, wirtschaftliche Verhältnisse von 129
-alternativen 90, **135f**, 143, 163f
-- als Ursachen für Umweltauswirkungen **135**, 143, 163f
-arten 114, 118f, 125f, 128, 130f, 136f, 142-146, 148f, 151, 155, 158, 160, 162-166, 168f, 171-173, 182 u. landwirtschaftliche, raumbedeutsame Vorhaben
-träger 115-119, 128f, 135, 140, 149, 151-155, 157f, 179, 187
-verwirklichungen 156, 181

vorher 2, 6, 62, 68, 74, 76, 82, 89, **93f**, 105, 114, 176, 184f
Vorprodukte 41, 45, 61, 99 u. Etikette, Platinen, Stahlbleche, Stahlmatten
Vorproduktionsphasen 99, 101f
Vorschriften, auslegungsbestimmende 25
-, gesetzliche 107
-, kausale 107
-, mediale 107
-, Umweltschutz- s. Umweltschutzvorschriften
-, vitale 107
Vorsorge gegen schädliche Umwelteinwirkungen 130-136, 139, 149
Vorsorgeprinzip **110**
Vorstillegungsphasen 98
Vulkanausbrüche 81, 97
Vulkanismus 53, 64, 67

Wachstum (biol.) 30, 73, 84 u. Pflanzenwachstum
Wahrnehmungen, Komplexität von 8
wahrscheinliche betriebliche Ursachen für Umweltauswirkungen **43f**
- Ereignisse **43f**, 48-50, 67, 175, 179
- Umweltauswirkungen **48f**
Wahrscheinlichkeiten von Umweltauswirkungen **48f**, 104, 137, 142 u. mögliche, sichere, wahrscheinliche Umweltauswirkungen, Wahrscheinlichkeit von Ereignissen
-- Ursachen für Umweltauswirkungen **43f**, 136f u. mögliche, sichere, wahrscheinliche Ursachen für Umweltauswirkungen, Wahrscheinlichkeit von Ereignissen
Wahrscheinlichkeitsgrade von Ereignissen 42, **44**, 48f, 50, 94, 136f, 142f, 163f, 167f, 176, 182, 184 u. mögliche, sichere, wahrscheinliche Ereignisse, Wahrscheinlichkeiten von Umweltauswirkungen, von Ursachen für Umweltauswirkungen
Wälder 33, 55-57, 67f, 73; 83, 89f, 97, 135 u. Hoch-, Kultur-, Laub-, mitteleuropäische, Natur-, Trockenwälder, Forste
Wälder, naturnahe 33, 55, 68, 89, 135
Waldsterben 3
Wanderungen von Arten 31
-- Tieren 95, 97
Wärme 32, **64f**, 69f, 72-74, 76f, 123, 125, 129, 131-133, 140, 149f, 154 u. Abwärme, Erwärmung

248   Sachverzeichnis

wärme, Verdunstungs- 65
-austausch 65
-energie *s. energie, Wärme-*
-erzeugung 73
-gehalte von Körpern 64
-haushalt der Umwelt 77
-leitung 65
-strahlung **64f**, 69, 73
Wasser 2f, 20, 26, 32, 36, 47, 51-54, 59, 61-63, 66-71, 74f, 77f, 82-84, 86, 89f, 93, 105, 107, 114, 118, 120-125, 139f, 145, 147f, 153, 164, 180 *u. Ab-, Boden-, Hoch-, Lösch-, Trinkwasser, Eis, Gewässer, -güte, Grundwasser, Hydrosphäre, Luftfeuchte, überschwemmungsgefährdete Gebiete, Uferfiltrate, Verdunstung, Wolken*
-dampf 53, 61, 68, 71, 78, 93, 140, 147 *u. Luftfeuchte, Wolken*
-einzugsgebiete 83f
-erwärmung, solare 74
-gewinnung 47, 61f, 89
-haushalt 62, 86 *u. Klima*
--srecht 2, 107, 114, 118 *u. Trinkwasser-Richtlinie, Wasserhaushaltsgesetz*
-kraft 75, 77
--werke 36, 69
-lebewesen 66, 83 *u. aquatisches Leben, Plankton*
-mengen 90
-nutzungen 74, 77
-qualitäten 3
-recht 114, 118
-stoff 54
-wellen 70
-wirtschaft 153
-zusammensetzungen 105
Wattenmeere 69
Wechselwirkungen 3, **28**, 52, 120, 124f, 163, 171, 182
Weiden (landw.) 68, 85, 135
Wellen 70f, 150
-, elektrische 150
-, elektromagnetische 71, 150 *u. kurz-, langwellige Strahlung, Lichtwellen*
-, magnetische 150
-, mechanische 70 *u. Erdbeben-, Schall-, Wasserwellen, Erschütterungen*
Welt 6, 10, 20-25, 28f, 33, 51, 79, 121, 123, 125f
-, Komplexität der 10

-, Lebens- 23
-, ökologische Basis der lebenden 33
-, physische 6, 126
-, reale 10, 22, 24
-bestandteile, abiotische 125
-handelsbedingte Verlagerungen in der Umwelt 88
-raum 64, 79, 81
-raumfahrt 81
Werte 5, 7, 12, 27, 47, 66, 112, 149, 182
-, Grund- 5, **12**
-, monetäre 5
Wertebene **7-11**, 13, 15f, 18, 186
Wertesysteme **8-13**, 15-18, 27, 179f
-, gesetzliche 15f, 18
-, juristische Umwelt- 18
-methodiken 179
-regeln **12**, 17
Wertlehren 5
-maßstäbe 1, 5, 15, 17, 185
--, gesetzliche 15
-urteile **10**
-zuordnungen bei Bewertungen 10
WH-Recht *s. Wasserhaushaltsrecht*
WHG 2f, 107f, 111, 114, 182
Widersprüche bei Bewertungen, Beseitigung von 180
Wiederholungen 95
Wildwechsel 91
Wind 74f, 78, 84, 90, 97 *u. Wirbelstürme*
-kraft 75
--anlagen 74
--nutzungen 78
-richtungen 90
Winter 66, 81, 97
-quartiere von Tieren 81
-tourismus 97
Wirbelstürme 68
-tiere 21 *u. Säugetiere, Wildwechsel*
Wirkagenzien 139
-energie 139
-ketten **46**, 125
-netze **46**
-pfade **45f**, 139
-richtungen 43, 47f
-schwellen 58
-stoffe 139
Wirkungen 48, 58, 90, 138 *u. Rückwirkungen*
- auf das Leben von Lebewesen 33f, 50, 68, 143, 168, 185

Wirkungen auf Fortpflanzung von Lebewesen **33f**, 50, 145, 168
— Lebensfunktionen **33f**, 50, 143, 167f *u. Wirkungen auf Fortpflanzung / Vererbung von Lebewesen, auf Leben von Lebewesen, auf Lebensqualität von Menschen*
— Lebensqualität von Menschen 36, 50
— Lebewesen 34, **48**, 58f, 66f, 71, 143, 167f
— Umweltbestandteile 138
— Vererbung von Lebewesen **33f**, 50, 145, 168
-, kumulative 90, 94
-, Langfrist- **104**
-, schädigende 58, 130 *u. Schadwirkungen von Energie, von Stoffen*
-, toxische 105
-, Zusammenhänge von *s. Zusammenhänge von Wirkungen*
Wirkungsbeträge 48
-gefüge 31f, 97, 120, 141
--, ökosystemare 97
-verringerungen 48
-verstärkungen 48
-zusammenhänge 28 *u. Ursache-Wirkung-Beziehungen*
-zusammenspiel, unbekanntes 48
Wirkwelten **24**, 26
wirtschaftliche Auswirkungen von Vorhaben 127
- Belange 127, 129 *u. Forstwirtschaft, Landwirtschaft, Wasserwirtschaft*
- Entwicklungen 156
- Umgebungen von Unternehmen 20
- Umweltauswirkungen 127
- Verhältnisse von Betrieben 129
--- Vorhaben 129
Wirtswechsel 85
Wölfe 55, 67
Wolfram 88
Wolken 65
Wuchsoptima 95
Wurzeln 56
Wüsten 69, 76

Zaire 88
Zäune 85
Zeit 1, 3, 33, 37, 54, 57-59, 67, 73f, 79, 89, **92-107**, 109f, 126, 156-159, 166, 177, 183f *u. zeitlicher Bereich*

-, Anlagenbetriebs- 74
-, absolute **92**
-, eigene 92
-, Erden- 92f, 100
-, Folge- 112 *u. nachher*
-, Fortgang der 159
-, funktionale Eigenschaften von 95
-, Vergehen von 158
-abschnitte 93 *u. Zeiträume*
-achse 94, 106, 156, 159, 174
-dauern 158f, 173 *u. Zeiträume*
-differenzen 73
-dimensionen, technische 95
-einheiten 26, 126
zeiten, Betriebs- 111
zeiten, Existenz- 40, 51, 59, 97f, 105
-, Gebrauchs- 102
-, Generations- 95
-, Halbwerts- 105
-, Jahres- 1, 85, 95, 97 *u. Winter*
-, Lebens- 95, 105
-, Mutations- **95**
-, Reaktions- 96
-, Sukzessions- **95**
-, Tages- 157, 173 *u. Nacht, Tag*
- von Anlagen, Existenz- 97
-- Arten (biol.), Existenz- 105
-- Betrieben, Existenz- 51, 59
-- Energieeinheiten, Existenz- 98
-- Ökosystemen, Existenz- 105
-- Stoffe, Existenz- 40, **98**
Zeitfunktionen 95-97, 105f, 157, 160, 171, 173, 184
-gründe 9
-horizonte 26, 126, 158, 182
-kontinuum 94
zeitliche Abstände 93f, **96**
- Ausdehnungen 4, 126, 153
- Charakteristika der Umwelt *s. Umweltcharakteristika, zeitliche*
- Charakteristika, funktional-systemische 157
- Ebenen, verschiedene 94 *u. Gegenwart, Vergangenheit, Zukunft*
- Einordnungen, absolute **93f**, 99-102, 104f, 156, 158
- Einordnungen, relative 94, 104f, 141, 156, 159, 174, 176, 184 *u. nachher, Reihenfolgen, vorher*
- Festlegungen 156
- Häufung von Umweltauswirkungen 105

zeitliche Inhalte 159
- Kategorien 173
- Komponenten 26
- Phasen 98f
- Relationen 93
- Sachverhalte, funktional-systemische 157
--, rechtlich-inhaltliche Vorgaben **156-160**, 161-184
- Überschneidungen 42
- Umweltauswirkungen **103**, 105-107, 156, 158, 161-187
- Unterschiede 92
- Ursachen für Umweltauswirkungen *s. Ursachen für Umweltauswirkungen, zeitliche*
- Variabilitäten von Ökosystemen **97**
- Verläufe 62, 89, 94
- Verteilungen **95**, 106, 157-160, 171, 173
- Zusammenhänge 40, 42, 103
zeitlicher Bereich 1, 3f, 6, 9, 14, 26, 32f, 37, 40, 42, 51, 54, 56-59, 62, 67, 71, 73f, 77, 79, 81, 85, 89, **92-107**, 109-112, 117, 126, 135, 141, 153, 156-187
-limitierungen 9, 14
-punkte 42, **93**, 117, 126, 156f, 163, 173, 181
-rahmen 102, 179
-räume 26, 32, 56, 58, 67, 71, 73f, 77, 81, **94-97**, 99-107, 110, 135, 157-159, 169-171, 173, 182, 185 *u. kurzzeitige Erscheinungen, Sekunden, Tage*
-- der Ursachen für Umweltauswirkungen **103**
--, kurze 33, 58, 73f, 77, 96, 105f, 110, 117, 135, 160, 171, 181
--, lange 26, 56, 73f, 105-107, 159, 170, 185
-skala, absolute **93**, 99
-spannen 26, **97**, 102, 105, 126 *u. Zeiträume*
-system der Erde **92f**, 100
Zellen (biol.) 30, 58, 67, 70
Zersetzer (biol.) 32 *u. Destruenten*
Zink 57, 88
-blende 59

Zinn 57, 88
Zirkon 88
zivile Energienutzungen 66
Zivilisationsumwelten 20
Zugstrecken von Tieren 85
Zugvögel 81, 85, 97
Zukunft 25f, 30, 34-36, 44, 48f, 57, 63, 68, 78, **94**, 99f, 104, 106, 109f, 126, 143, 156-159, 163f, 168f, 175, 181f
- der Umwelt 30, 156f, 181f
- von Anlagen 99
-- Arten 35
zukünftige Generationen 25f, 57, 63, 68, 78, 126, 163f, 182
- Immissionen 48
- Lebewesen 34, 49, 126, 143, 163f, 182 *u. zukünftige Generationen*
- Menschen 26, 36, 57, 68, 182
- nichtmenschliche Lebewesen 26
- Vorgänge **94**, 99, 104, 169
Zukunftsvorsorge 110
Zulassungsregelungen, rechtliche 118
zusammenfassende Bewertungen 3
- Darstellungen der Umweltauswirkungen 17f, 117-119, 136, 142, 156, 159
Zusammenfassung der voraussichtlichen Umweltauswirkungen 116
Zusammenhänge von Umweltauswirkungen mit ihren Ursachen **44f**, 48, 141, 143 *u. kumulative, multiple, singuläre Umweltauswirkungen, Zusammenhänge von Wirkungen*
-- Wirkungen 28, **43-50**, 141, 143, 170-172 *u. kumulative, multiple, singuläre Umweltauswirkungen, multiple, singuläre Ursachen für Umweltauswirkungen*
zusammensetzungen, Luft- *s. Luftzusammensetzungen*
-, stoffliche **50f**, 60f, 63, 144, 146-148, 164, 166
-, Wasser- 105
Zuständigkeiten 14, 113, 115-117
Zwischenprodukte 132
Zypern 88

Legende: biol. = biologisch, geol. = geologisch, geomorph. = geomorphologisch, ges. = gesellschaftlich, i.S.v. = im Sinne von, jur. = juristisch, kart. = kartographisch, klim. = klimatologisch, landw. = landwirtschaftlich, med. = medizinisch, phys. = physikalisch, soziol. = soziologisch, räum. = räumlich

Springer und Umwelt

Als internationaler wissenschaftlicher **Verlag** sind wir uns unserer besonderen **Verpflichtung** der Umwelt gegenüber **bewußt** und beziehen umweltorientierte Grundsätze in Unternehmensentscheidungen mit ein. Von unseren Geschäftspartnern (Druckereien, Papierfabriken, Verpackungsherstellern usw.) verlangen wir, daß sie sowohl beim Herstellungsprozess selbst als auch beim Einsatz der zur Verwendung kommenden Materialien ökologische Gesichtspunkte berücksichtigen.
Das für dieses Buch verwendete Papier ist aus chlorfrei bzw. chlorarm hergestelltem Zellstoff gefertigt und im pH-Wert neutral.